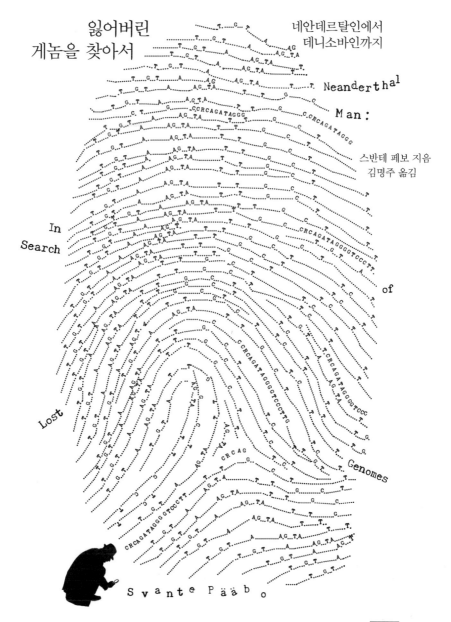

잃어버린
게놈을 찾아서

네안데르탈인에서
데니소바인까지

Neanderthal

Man :

스반테 페보 지음
김명주 옮김

In

Search

of

Lost

Genomes

Svante Pääbo

부·키

지은이 스반테 페보는 현재 독일 라이프치히에 있는 막스플랑크 진화인류학연구소 산하의 유전학 분과장으로 있다. 1955년 스웨덴 스톡홀름에서 태어났다. 웁살라 대학에서 대학원생으로 있을 때 고대 이집트 미라의 DNA를 연구하여 1985년『네이처』에 발표했다. 미국 캘리포니아 대학교 버클리 캠퍼스에서 박사후 과정을 밟았고, 1990년에는 독일 뮌헨 대학교에 정교수로 임용되어 매머드, 동굴곰, 대형 땅늘보 등 멸종된 동물의 DNA를 해독하면서 고대 게놈 연구의 기반을 닦았다. 이후 세계 최초로 네안데르탈인의 미토콘드리아 DNA 염기 서열을 해독하는 데 성공하고 1997년『셀』에 발표했다. 막스플랑크 진화인류학연구소로 자리를 옮긴 그는 2006년 네안데르탈인 게놈 프로젝트를 시작하여 4년 만인 2010년에 네안데르탈인의 핵 게놈 해독에 성공하여 이를『사이언스』에 발표했다. 같은 해 시베리아 남부의 데니소바 동굴에서 발견된 뼈의 게놈을 해독하여 이를『네이처』에 발표했다. 그동안 여러 과학상을 받았으며 2011년에는 매년『사이언스』에 발표된 최고의 논문의 저자들에게 주는 뉴컴 클리블랜드상을 수상하였다. 2007년「타임」은 그를 '세계에서 가장 영향력 있는 100명' 중 한 명으로 꼽았다.

옮긴이 김명주는 성균관대 생물학과와 이화여대 통번역대학원을 졸업했으며 현재 전문 번역가로 활동하고 있다. 옮긴 책으로는『다윈 평전』,『왜 종교는 과학이 되려 하는가』,『생명 최초의 30억 년』,『플라밍고의 미소』,『1만 년의 폭발』,『공룡 오디세이』,『아인슈타인과 별빛 여행』 등이 있다.

잃어버린 게놈을 찾아서

2015년 9월 30일 초판 1쇄 발행 | 2024년 6월 1일 초판 4쇄 발행

지은이 스반테 페보
옮긴이 김명주
펴낸곳 부키(주)
펴낸이 박윤우
등록일 2012년 9월 27일
등록번호 제312-2012-000045호
주소 서울시 마포구 양화로 125 경남관광빌딩 7층
전화 02) 325-0846
팩스 02) 325-0841
홈페이지 www.bookie.co.kr
이메일 webmaster@bookie.co.kr
제작대행 올인피앤비 bobys1@nate.com
ISBN 978-89-6051-512-3 03470

린다, 루네, 그리고 프레이아에게

머리말

이 책을 써 보라고 제안한 사람은 미국의 출판 기획자 존 브록만이었다. 그의 기획과 격려가 없었다면 나는 그동안 써 왔던 짧은 과학 기사보다 훨씬 긴 원고를 쓰겠다는 생각을 절대로 하지 않았을 것이다. 하지만 막상 시작하고 나서는 그 과정을 즐겼다. 이런 일이 일어나게 해준 것에 감사한다!

많은 사람들이 본문을 읽고 개선할 점을 지적해 주었다. 누구보다 아내 린다 비질런트에게 감사한다. 린다는 조언도 해 주었지만 내가 이 일로 인해 가족에게 소홀할 줄 알면서도 언제나 지지해 주었다. 무엇보다도 톰 켈레허를 비롯해 베이식 북스Basic Books의 뛰어난 편집자들인 새러 립핀코트, 캐롤 라우니, 크리스틴 아든에게 큰 도움을 받았다. 그들에게 많은 것을 배울 수 있었다. 또한 칼 하니스태드, 커스틴 렉잰더, 비올라 미태그를 비롯한 여러 사람들이 본문의 전체 또는 부분을 읽고 도

6

움이 되는 제안을 해 주었다. 선불교 승려 소켄 단조는 내가 이따금 속세를 벗어나야 할 때마다 일본 사원 사이코지 西光寺에서 나를 따뜻하게 맞아 주었다.

나는 기억나는 대로 사건들을 기술했다. 하지만 여기저기에서 세부 사항들이 뒤섞이거나 합쳐지기도 했을 것이다. 예를 들면 다양한 회의들, 베를린과 미국 생명공학 기업 454 라이프사이언스에 다녀온 일에 관한 이야기들이 그럴 것이다. 분명히 밝히지만 나는 주관적인 관점에서 사건들을 이야기했고 내 판단에 그럴만하다고 생각하는 사람들에게 공을 돌렸다.(그 반대의 경우도 마찬가지다.) 당연히 내 관점이 그러한 사건들을 바라보는 유일한 방식은 아닐 것이다. 수많은 이름과 자세한 사실들을 일일이 다 적다 보면 본문이 너무 늘어질까 봐, 중요한 사람인데도 불구하고 빠진 이들이 많다. 자신의 이름이 빠졌다는 게 말도 안 된다고 생각하는 모든 분께 사과드린다!

차례

머리말 6

3부 무모한 도전에 나서다

프로젝트에 쓸 뼈 확보에서 염기 서열 해독, 매핑까지

4부 네안데르탈인은 우리 몸 안에 살아 있다

유전자 이동과 이종교배 이야기

5부 프로젝트의 완성과 또 다른 인류의 발견

게놈 서열 발표와 그 반향, 데니소바인의 DNA 발견까지

1부

송아지 간으로 몰래 시작한 연구

– 이집트 미라 DNA에서
네안데르탈인의 미토콘드리아 DNA를 알아 내기까지 –

Neanderthal Man
In Search of Lost Genomes

1
기계장치에서 나온 네안데르탈인

1996년의 어느 늦은 밤이었다. 침대에서 막 잠이 들려고 하는데 전화벨이 울렸다. 뮌헨 대학교 동물학 연구소의 내 연구실에 있는 대학원생 마티아스 크링스였다. 그는 다짜고짜 이렇게 말했다. "인간이 아니에요!"

"금방 갈게." 나는 이렇게 웅얼거리고는 옷을 주워 입고 시내를 가로질러 연구실로 차를 몰았다. 마티아스는 그날 오후에 네안데르탈인의 작은 뼛조각에서 추출해 증폭시킨 DNA 단편으로 시퀀싱 기계(염기 서열 분석기─옮긴이)를 돌리기 시작했다. 그 뼛조각은 본Bonn의 라인 주립 박물관Rheinisches Landsesmuseum에 보관되어 있는 네안데르탈인 화석의 팔뼈에서 떼어 낸 것이었다. 수년 동안 대개가 실망스러운 결과였기 때문에 큰 기대를 하지 않았다. 우리가 추출한 DNA는 십중팔구 발굴된 뒤로 140년 동안 그 뼈에 침투한 박테리아의 DNA이거나 인간의 DNA일

터였다. 하지만 마티아스의 전화 목소리는 들떠 있었다. 그가 네안데르탈인의 유전물질을 회수했을까? 그것은 너무 큰 기대처럼 보였다.

내가 연구실에 도착했을 때 마티아스는 랄프 슈미츠와 함께 있었다. 랄프는 본에 보관된 네안데르탈인 화석의 팔뼈에서 작은 조각을 제거할 수 있도록 도와준 젊은 고고학자였다. 그들은 시퀀싱 기계에서 나오는 A, C, G, T 서열을 보여 주면서 기뻐 어쩔 줄 몰라 했다. 그들도 나도 본 적이 없는 서열이었다.

일반인의 눈에는 네 개의 영문 철자가 무작위로 배열된 것처럼 보이는 그것은 몸 안의 거의 모든 세포에 보관된 유전물질인 DNA의 화학구조를 나타내는 약어다. 그 유명한 DNA 이중나선의 두 가닥은 아데닌(A), 티민(T), 구아닌(G), 시토신(C)이라는 네 종류의 염기를 포함하는 뉴클레오티드 단위체가 연결되어 있는 것이다. 이 뉴클레오티드에 포함된 염기의 순서가 우리의 몸을 만들고 기능하게 하는 데 필요한 유전정보를 만든다.

그날 우리가 보고 있던 DNA 조각은 어머니의 난자 세포에 실려 자식들에게 전달되는 미토콘드리아 게놈(간단히 mtDNA라고 한다)의 일부였다. mtDNA는 세포 내 소기관인 미토콘드리아 안에 수백에서 수천 개의 사본이 존재하며, 미토콘드리아가 하는 일인 에너지 생산에 필요한 정보를 담고 있다. 우리는 모두 한 유형의 mtDNA만을 지니고 있으며, mtDNA의 유전정보는 전체 게놈의 단 0.0005퍼센트에 불과하다. mtDNA는 각각의 세포 안에 한 유형으로만 수백에서 수천 개의 사본이 존재하므로 세포핵 안에 어머니와 아버지로부터 받은 두 개의 사본만이 존재하는 나머지 DNA와 달리 연구하기가 쉽다.

1996년에 이미 전 세계에 사는 수천 명의 mtDNA 서열이 연구되어

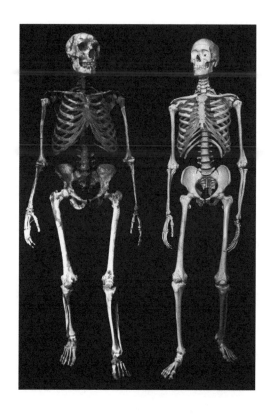

그림 1.1
복원된 네안데르탈인의 골격(왼쪽)과 현대인의 골격.
제작자는 미국 자연사 박물관의 켄 모브레이Ken Mowbray, 블레인 말리Blaine Maley,
이언 태터솔Ian Tattersall, 게리 소여Gary Sawyer.

있었다. 보통 이 서열을 최초로 해독된 인간의 mtDNA 서열과 비교하는데, 이러한 참조 서열을 이용해 어떤 위치에서 어떤 차이가 나타나는지 목록을 작성할 수 있다. 우리가 흥분했던 이유는 네안데르탈인의 뼈로 해독한 서열에 그러한 수천 명의 사람들에게서 한 번도 나타나지 않았던 변화들이 포함되어 있었기 때문이다. 나는 우리가 보고 있는 것이 사실인지 믿을 수가 없었다.

흥분되거나 예상치 못한 결과를 볼 때마다 항상 그랬듯이 일단은 의심을 했다. 우리가 본 것이 틀렸을 가능성을 몇 가지 찾아보았다. 혹시 어떤 사람이 어느 시점에 소가죽으로 만든 접착제로 뼈를 붙였다면, 우리가 보고 있는 mtDNA가 소의 것일 수도 있었다. 하지만 아니었다. 소의 mtDNA 서열을 당장 확인해 봤지만(다른 사람들이 이미 서열을 해독해 놓았다) 그것은 전혀 달랐다. 이 새로운 mtDNA 서열은 인간의 서열과 매우 비슷했지만 그 모두와 약간씩 달랐다. 나는 이것이 실제로 인류의 멸종한 형태에서 추출되어 해독된 최초의 DNA 조각이라는 사실을 믿기 시작했다.

우리는 휴게실의 냉장고에 넣어 둔 샴페인을 땄다. 우리가 보고 있는 것이 정말로 네안데르탈인의 DNA라면 엄청난 가능성이 열린 것이었다. 언젠가는 네안데르탈인의 유전자 전부 또는 특정한 유전자를 오늘날 살아 있는 사람들에게 있는 그에 상응하는 유전자들과 비교할 수 있을 것이다. 캄캄하고 조용한 뮌헨 거리를 걸어서(샴페인을 너무 많이 마셔 운전할 수가 없었다) 집으로 돌아가는 동안에도 그날 일어난 일을 믿을 수가 없었다. 침대에 누웠지만 잠이 오지 않았다. 나는 네안데르탈인에 대해 그리고 우리가 방금 손에 넣은 mtDNA의 주인에 대해 계속 생각했다.

다윈이 『종의 기원』을 출판하기 3년 전인 1856년 뒤셀도르프에서 동쪽으로 약 11킬로미터 떨어진 네안더 계곡의 한 채석장에서 인부들이 작은 동굴을 치우던 중 머리덮개 뼈 한 점과 다른 뼈 몇 점을 발굴했다. 그들은 그것을 곰의 뼈라고 생각했다. 하지만 몇 년 뒤 그 유해는 인류의 조상일지도 모르는 멸종한 형태의 것으로 확인되었다. 그러한 유해가 정식으로 기재된 일은 그때가 처음이었고, 이 발견은 자연학계를 뒤흔들었다. 그 뼈와 이후에 발견된 비슷한 종류의 더 많은 뼈에 대해 몇 년에 걸쳐 연구가 계속되었다.

연구자들은 네안데르탈인이 누구였는지, 어떻게 살았는지, 왜 3만 년 전에 사라졌는지, 현생인류와 유럽에서 수만 년 동안 공존하는 동안 그들과 어떻게 교류했는지, 그들이 친구였는지 적이었는지, 우리 조상이었는지 아니면 멸종한 사촌이었는지를 알아내고자 했다.(그림 1.1을 보라.) 다친 사람을 보살피고 매장 의식을 행했고 심지어는 음악도 만드는 등 우리와 비슷한 행동을 했음을 암시하는 잡힐 듯 말 듯한 증거들이 고고학 유적지에서 나왔고, 이 증거들은 네안데르탈인이 어떤 현생 유인원보다 우리와 비슷했음을 알려 주었다. 얼마나 비슷했을까? 그들이 말을 할 수 있었는지, 그들이 호미닌(인류 계통에서 호모속과, 침팬지에서 갈라진 뒤에 생긴 오스트랄로피테쿠스속을 일컫는 말—옮긴이) 계통수의 막다른 가지였는지 아니면 그들의 유전자들 중 일부가 오늘날의 우리 안에 숨어 있는지와 같은 질문들은 고인류학과 불가분의 관계가 있었다. 고인류학은 네안더 계곡에서 그 뼈가 발견된 것과 함께 시작됐다고 해도 과언이 아니며, 이제 우리는 그 뼈로부터 유전정보를 추출할 수 있게 되었다.

이러한 질문들은 물론 흥미로운 것이지만, 나는 우리가 그 네안데르탈인의 뼛조각으로 더 대단한 일을 할 수 있다고 생각했다. 네안데르탈인은 현생인류와 가장 가까운 친척이었다. 그들의 DNA를 연구할 수 있다면 그들의 유전자가 우리의 유전자와 매우 비슷하다는 것을 알게 될 것이 분명했다. 몇 년 전 우리 연구팀은 침팬지 게놈의 많은 DNA 단편을 해독해 우리가 침팬지와 공유하는 DNA 서열에서 1퍼센트가 조금 넘는 뉴클레오티드만이 다르다는 것을 증명해 보였다. 네안데르탈인과 우리는 이보다 훨씬 더 가까울 것이다.

하지만—이것이 정말 흥미로운 점인데—네안데르탈인의 게놈에 있는 아주 작은 차이 중 어떤 부분이 우리와 초기 형태의 인류를 다르게 만든 것이 틀림없다. 즉 그 차이로 인해 우리는 네안데르탈인과 달라졌을 뿐 아니라 약 160만 년 전에 살았던 투르카나 소년과도, 320만 년 전에 살았던 루시와도, 50만 년 전에 살았던 베이징 원인과도 달라졌을 것이다. 이 작은 차이가 현생인류가 출현하면서 인류 계통이 내딛은 완전히 새로운 경로의 생물학적 토대를 이루었음에 틀림없다. 그러한 토대 위에서 하루가 다르게 발전하는 기술이 생기고, 오늘날 우리가 알고 있는 형태의 미술이 생기고, 지금 우리가 알고 있는 언어와 문화가 생겼을 것이다. 우리가 네안데르탈인의 DNA를 연구할 수 있다면 이 모든 것을 이해할 수 있을 것이다. 나는 그러한 꿈(어쩌면 과대망상)에 젖어 있다가 해가 뜰 무렵에야 잠이 들었다.

다음 날 마티아스와 나는 둘 다 연구실에 늦게 나타났다. 혹시 무슨 실수를 하지 않았는지 확인하기 위해 전날 밤에 본 DNA 서열을 점검한 뒤 우리는 다음에 할 일을 진지하게 생각해 보았다. 네안데르탈인 화석에서 한 mtDNA 단편의 흥미로운 서열을 얻은 것과 그것이 (이 사례에서는) 약 4만 년 전에 살았던 누군가의 mtDNA임을 세상 사람들은 고사하고 우리 자신에게 납득시키는 것은 전혀 다른 문제였다. 지난 12년 간의 연구 경험을 통해 나는 다음에 해야 할 일이 무엇인지 분명하게 알고 있었다.

첫 번째 그 실험을 반복해야 했다. 그 뼈의 새로운 조각으로 마지막 단계만이 아니라 모든 단계를 반복해서 우리가 획득한 서열이 심하게 손상되고 변형된 현대인의 mtDNA 분자에서 우연히 나온 요행이 아님을 증명해야 했다. 두 번째 뼈 추출물에서 중첩되는 DNA 단편을 회수해 우리가 획득한 mtDNA 서열을 연장해야 했다. 그렇게 하면 더 긴 mtDNA 서열을 복원할 수 있고, 그것을 가지고 네안데르탈인의 mtDNA가 요즘 사람들의 mtDNA와 얼마나 다른지 추정할 수 있다.

그다음에는 세 번째 단계가 필요했다. 나는 오래된 뼈에서 얻은 DNA 서열에 대해 특별한 주장을 하려면 뭔가 특별한 증거가 필요하다고 강조해 왔다. 즉 다른 연구실에서 같은 결과가 재현될 필요가 있다는 말인데, 이는 경쟁이 일상화되어 있는 과학계에서는 이례적인 절차였다. 네안데르탈인의 DNA를 획득했다는 주장은 틀림없이 특별한 주장으로 여겨질 것이다. 우리 연구실에 오류를 일으킬 수 있는 미지의 원인이 있을 가능성을 배제하기 위해 우리는 그 귀중한 뼈 시료의 일부를 독립된 연구실에 보내고 그 연구실이 우리가 얻은 결과를 재현해 낼 수 있기를 기대해야 했다. 나는 이 모든 일을 마티아스와 랄프와 함께 논의했다. 우리는 이 일을 위한 계획을 세우고 나서 외부에는 절대 비밀로 하기로 서로에게 맹세했다. 우리가 얻은 것이 진짜임을 확신할 때까지는 어떤 주목도 받고 싶지 않았다.

마티아스는 즉시 일에 착수했다. 이집트 미라에서 DNA를 추출하는 일을 3년 가까이 해 왔음에도 뚜렷한 성과를 내지 못했던 그는 성공에 대한 기대에 부풀었다. 랄프는 본으로 돌아가야 한다는 사실에 낙심한 것처럼 보였다. 그곳에서 우리가 결과를 전해 주기만을 애타게 기다리는 일 말고는 달리 할 일이 없었기 때문이다. 나는 다른 프로젝트에 전념하려고 노력했지만 마티아스가 하고 있는 일에 자꾸 신경이 쓰였다.

✄

마티아스가 해야 하는 일은 쉽지만은 않았다. 우리가 다루고 있는 시료는 살아 있는 사람에게서 뽑은 혈액 샘플에서와 같이 손상도 오염도 없는 DNA가 아니었다. 두 개의 당-인산 뼈대에 뉴클레오티드의 A, T, G, C가 상보적인 쌍(아데닌은 티민과, 구아닌은 시토신과 결합한다)을 이루며 붙어 있는, 교과서에서 볼 수 있는 이중나선 모양의 깔끔하고 단정한 DNA 분자는 우리 세포의 핵과 미토콘드리아 안에 있을 때에도 변함 없이 고정되어 있는 화학 구조가 아니다. DNA는 계속해서 화학적 손상을 입고 복잡한 기제들이 그것을 인식하고 수선한다. 게다가 DNA 분자들은 엄청나게 길다. 핵 안에 있는 23쌍의 염색체 각각은 하나의 거대한 DNA 분자로 이루어져 있고, 한 세트를 이루는 23개 염색체는 총 길이가 약 32억 개의 뉴클레오티드에 이른다. 핵은 유전정보를 두 부씩 갖고 있으므로(한 세트를 이루는 23개 염색체에 한 부씩 저장되어 있는데, 우리는 어머니와 아버지로부터 각기 한 세트의 염색체들을 받는다) 총 64억 개의 뉴클레오티드를 갖고 있는 셈이다. 미토콘드리아 DNA는 이에 비하면 작아서 뉴클레오티드의 개수는 1만 6500개가 조금 넘는다. 하지만 우리가 회수한 그 mtDNA는 아주 오래된 것이라서 염기 서열을 해독하기가 만만찮았다.

핵 DNA든 미토콘드리아 DNA든, DNA 분자에서 저절로 발생하는 가장 흔한 유형의 손상은 시토신(C)에서 아미노기가 떨어지면서 우라실

(U)로 바뀌는 것이다. 우라실은 DNA에는 원래 없는 뉴클레오티드다. 이러한 우라실을 제거한 다음에 올바른 뉴클레오티드인 시토신으로 대체하는 효소 체계들이 세포 내에 존재한다. 버려진 우라실들은 세포 쓰레기가 되는데, 소변으로 배출되는 손상된 뉴클레오티드를 분석한 결과 매일 세포당 약 1만 개의 시토신이 우라실로 변해서 제거되고 대체된다는 계산이 나왔다.

물론 이것은 게놈이 당하는 여러 종류의 화학적 공격들 중 하나에 불과하다. 예를 들어 뉴클레오티드들이 사라져 텅 빈 자리를 만들기도 하는데, 그렇게 되면 DNA 분자의 두 가닥이 순식간에 쪼개진다. 그래서 이중 가닥이 쪼개지기 전에 사라진 뉴클레오티드들을 채우는 효소들이 있다. 그래도 이중 가닥이 쪼개지면 다른 효소들이 DNA 분자를 다시 결합시킨다. 만일 이러한 수선 체계들이 DNA를 유지 보수하지 않는다면, 우리 세포 내의 게놈은 한 시간도 멀쩡하게 있지 못할 것이다.

이러한 수선 체계들이 작동하려면 당연히 에너지가 필요하다. 죽으면 우리는 숨을 쉬지 않으므로 몸 안의 세포들이 쓸 산소가 바닥나고 그 결과 에너지도 바닥난다. 그러고 나면 DNA 수선 기제가 멈추고, 그래서 다양한 종류의 손상이 빠르게 쌓인다. 살아 있는 세포에서 계속해서 일어나는 저절로 생기는 화학적 손상 외에 사후에 세포들이 부패하기 시작하면서 발생하는 손상들도 있다. 살아 있는 세포의 중요한 기능 중 하나는 효소들과 여타 성분들이 서로 분리되어 있도록 구획을 유지하는 것이다. 어떤 구획 안에는 DNA 가닥들을 끊을 수 있어서 특정한 유형의 수선에 꼭 필요한 효소들이 들어 있고, 어떤 구획 안에는 세포가 삼키는 다양한 미생물들의 DNA를 분해하는 효소들이 들어 있다. 한 생물이 죽어서 에너지가 바닥나면 그러한 구획을 만드는 막들이 손상되는데, 그러면 이러한 효소들이 새어나와 DNA를 마구 망가뜨리기 시작한다. 죽은 지 몇 시간, 때로는 며칠 내에 몸 안의 DNA 가닥들이 점점 더 작은 조각들로 끊어지는 한편, 다양한 형태의 다른 손상들이 축적된다. 이와 동시에 평상시에 박테리아를 억제하던 장벽들이 무너지면서 장과 폐에 사는 박테리아들이 걷잡을 수 없이 불어나기 시작한다. 이 모든 과정들이 힘을 합쳐 우리의 DNA 안에 저장되어 있는 유전정보—한때 우리 몸을 형성하고 유지하고 기능하게 만들었던 정보—를 없앤다. 그 과정이 완료되면 유일무이한 생물학적 존재로서의 마지막 흔적이 사라진다. 어떤 의미에서 보면 우리의 물리적 죽음은 이때 비로소 완료되는 것이다.

그런데 우리 몸에는 수조 개의 세포들이 있고 그러한 세포의 거의 모두가 완전한 DNA를 포함하고 있다. 따라서 몸의 어느 구석에 있는 몇몇 세포 내의 DNA가 만에 하나 완전한 분해를 피한다면 유전정보의 흔적이 일부 남을 것이다. 예를 들어 DNA를 분해하고 변형시키는 효소 반응들이 일어나기 위해서는 물이 필요하다. 그런데 몸의 어느 부분이 DNA 분해가 완료되기 전에 건조되면 이러한 효소 반응이 멈출 것이고, 그러면 DNA 단편이 더 오랫동안 살아남을 것이다. 사체가 건조한 장소에 퇴적되어 미라가 될 때 이런 일이 일어난다. 몸 전체가 건조되는 일은 사체가 놓인 환경 때문에 우연히 일어날 수도 있고, 고의적으로 그렇게 만들어질 수도 있다. 잘 알려져 있듯이 망자를 의례적으로 미라로 만드는 풍습이 있었던 고대 이집트에서는 약 1500~5000년 전에 살았던 수십 만 명의 사체가 영혼의 사후 거처를 위해 미라로 만들어졌다.

미라화가 일어나지 않을 때도 뼈나 치아 같은 몸의 일부분이 매장 후 오랫동안 남아 있을 수 있다. 이 단단한 골조직에는 골절이 일어나면 새로운 뼈를 만드는 것 같은 일을 하는 세포들이 현미경으로만 보이는 작은 구멍들에 파묻혀 있다. 이러한 골세포들이 죽으면 그 DNA가 새어 나와 뼈의 무기질 성분과 결합하는데, 이런 상태에서 DNA는 효소의 추가 공격을 피할 수 있다. 따라서 운이 좋은 일부 DNA는 사망 직후에 일어나는 분해와 손상을 피할 수 있다.

하지만 사후에 몸이 붕괴되는 과정에서 일부 DNA가 살아남는다 해도—비록 속도는 더 느리지만—다른 과정들이 계속해서 유전정보를 분해한다. 예를 들어 우주에서 지구를 계속해서 공격하는 자연 방사선은 반응성이 큰 분자들을 생성해 DNA를 변모시키고 부순다. 게다가 비교적 건조한 조건에서 DNA가 보존될 때도 물을 필요로 하는 과정들—예를 들어 시토신(C)에서 아미노기를 떨어뜨려 우라실(U)로 바꾸는 과정—이 계속 일어날 수 있다. DNA가 친수성이라서 건조한 환경에서도 두 DNA 가닥 사이의 홈에 물 분자들이 결합되어 있는 탓에 물에 의존하는 자발적인 화학반응들이 일어날 수 있기 때문이다. 시토신에서 아미노기가 떨어지는 탈 아미노화 반응은 이러한 과정들 중에서도 가장 빠르게 일어나는 것으로 DNA를 불안정하게 만들어 결국 이중 가닥을 분리시킨다.

이것 외에도 우리가 아직 잘 모르는 다른 과정들이 죽음으로 인해 세포 내에서 일어나는 파괴 과정을 요행히 피한 DNA조차 야금야금 갉아먹는다. 파괴 속도는 온도나 산도 같은 다양한 상황들에 따라 달라지는데, 분명한 것은 아무리 좋은 조건에 처한다 해도 한 사람을 존재할 수 있게 했던 유전 프로그램의 마지막 남은 정보 조각들까지도 결국에는 남김없이 파괴된다는 것이다. 나와 내 동료들이 분석한 네안데르탈인의 뼈에서는 4만 년이 흐른 뒤에도 이러한 파괴 과정들이 아직 완료되지 않은 것처럼 보였다.

✂

　마티아스는 61개의 뉴클레오티드가 연결된 mtDNA 조각의 서열을 회수했다. 이를 위해 그는 이 DNA 조각의 수많은 복제본을 만들어야 했는데, 그러기 위해서는 중합 효소 연쇄 반응Polymerase Chain Reaction, PCR이라는 과정이 필요했다. 우리가 얻은 연구 결과를 재확인하기 위해 그는 우선 처음에 했던 그대로 PCR 실험을 반복했다.

　PCR 실험은 프라이머primer라고 하는 짤막하게 합성된 두 개의 DNA 조각을 이용하는데, 이 실험에 쓰인 프라이머는 mtDNA에서 61개의 뉴클레오티드 거리만큼 떨어진 두 곳에 결합하도록 설계되었다. 이 프라이머를 뼈에서 추출한 소량의 DNA와 새로운 DNA 가닥들을 합성할 수 있는 'DNA 중합 효소'와 함께 섞는다. 이 혼합물을 가열하면 DNA의 두 가닥이 분리되고 그런 다음에 혼합물을 식히면 프라이머가 상보적인 염기를 갖고 있는 표적 서열을 찾아서 결합한다. 그러면 DNA 중합 효소가 원래의 DNA 가닥들에 결합한 프라이머에서부터 두 개의 새로운 가닥을 합성하고 그 결과 뼈에서 얻은 애초의 DNA 가닥이 복제되어 원래의 두 가닥이 네 가닥이 된다. 이러한 증폭 과정을 한 번 더 반복하면 DNA 가닥이 여덟 개가 되고 다시 반복하면 16개, 또다시 반복하면 32개가 된다. 이런 식으로 복제를 총 30~40차례 반복하게 된다.

　1983년에 과학계의 이단아 캐리 멀리스Kary Mullis가 발명한 간단하지만 정교한 기법인 PCR는 정말 대단한 힘을 갖고 있다. 원칙적으로 하나의 DNA 단편으로 PCR 과정을 40회 반복하면 약 1조 개의 복제 산물을 얻을 수 있다. 이 기술이 우리의 연구를 가능하게 했다는 점에서

1993년 멀리스가 노벨 화학상을 받을 자격이 있었다고 나는 생각한다.

하지만 PCR의 감도가 너무 높은 것이 우리 연구를 어렵게 만들기도 했다. 고대 뼈 시료에서 얻은 DNA 추출물에는—오래된 DNA 분자들은 별로 남아 있지 않겠지만—실험 과정에서 오염된 현생인류의 DNA 분자가 적어도 한 개 이상 포함되어 있을 수밖에 없다. 사용한 화학물질들에서 오염되었을 수도 있고, 실험실의 플라스틱 용기나 공기 중의 먼지에서 오염되었을 수도 있다. 사람들이 생활하거나 일하는 방 안의 먼지 입자들은 대다수가 인간의 피부에서 떨어져 나온 조각이라서 DNA로 가득한 세포를 포함하고 있다. 아니면 박물관에서 또는 발굴 과정에서 어떤 사람이 그 뼈를 만질 때 인간의 DNA에 오염되었을 수도 있다.

이러한 우려 때문에 우리는 네안데르탈인의 mtDNA에서 가장 변이가 많은 부분의 서열을 연구하기로 했다. 이 부분에서는 많은 사람들이 서로 다르기 때문에 적어도 우리는 분석한 결과에 한 명 이상의 서열이 포함되어 있는지는 알 수 있고, 따라서 오염 때문에 일어난 잘못된 결과를 가려낼 수 있다. 그렇기 때문에 우리가 어떤 인간에게서도 본 적이 없는 변화들을 갖고 있는 DNA 서열을 발견했을 때 그렇게 흥분했던 것이다. 만일 그 서열이 살아 있는 한 인간의 것과 비슷했다면, 네안데르탈인의 mtDNA가 오늘날의 일부 사람들과 실제로 똑같다는 뜻인지 아니면 우리가 먼지 알갱이 같은 곳에서 몰래 유입된 현대인의 mtDNA 단편을 보고 있는 것인지 알 수 없었을 것이다.

이 무렵 나는 오염을 겪을 만큼 겪은 뒤였다. 나는 동굴곰(동굴에서 서식했던 것으로 알려진 멸종한 곰의 한 종種—옮긴이), 매머드, 땅늘보(멸종한 거대한 나무늘보류—옮긴이) 같은 멸종한 포유류에서 고대 DNA를 추출하여 분석하는 일을 12년 넘게 해 왔다. 결과가 연이어 잘 나오지 않을 때마다 (내가 PCR로 분석한 거의 모든 동물 뼈에서 인간의 mtDNA가 나왔다) 오염을 최소로 줄이기 위한 방법을 생각하고 고안하는 데 많은 시간을 보냈다. 그 때문에 마티아스는 DNA 추출과 PCR의 첫 번째 온도 사이클까지의 다른 실험들을 작은 멸균실에서 실시했다. 그 방은 철저하게 살균하고 우리 연구실의 나머지 공간과 완전히 분리시켰다. 고대 DNA, 프라이머, 그리고 PCR에 필요한 나머지 성분들이 시험관 안에 모두 준비되면 우리는 시험관을 밀봉한 다음에 일반 실험실에서 PCR의 나머지 온도 사이클과 후속 실험들을 수행했다.

멸균실에서는 모든 표면을 일주일에 한 번씩 표백제로 세척했고 매일 밤마다 자외선을 쬐어 먼지에 실린 DNA를 파괴했다. 마티아스를 비롯해 멸균실에서 일하는 연구원들은 그 방에 들어가기 전 준비실에서 보호복, 얼굴 방패, 머리에 쓰는 망, 멸균 장갑을 착용했다. 모든 시약과 기구들은 멸균실로 직접 배달되었고 연구소의 다른 곳을 거치면 어떤 것도 그곳에 들어올 수 없었다. 마티아스와 그의 동료들은 우리 연구실의 다른 공간들에 들르지 않고 멸균실에 가장 먼저 도착해 하루를 시작해야 했다. 다른 공간들에서 많은 양의 DNA가 분석되고 있었기 때문이다. 그들이 그런 방들 중 어느 한 곳에 들어갔을 경우 그날은 더 이상 멸균실에 들어가지 못했다. 나는 DNA 오염을 막는 일에 강박적으로 매달렸고 그럴 만한 이유가 있다고 생각했다.

그런데도 마티아스가 처음에 했던 실험에서 인간의 DNA에 오염된 증거가 계속 발견되었다. 그는 뼈에서 추출한 mtDNA 조각을 증폭하기 위해 PCR를 돌린 후 원칙적으로는 동일한 것이어야 하는 DNA 증폭 산물들을 박테리아에 넣어 대량 복제하는 과정을 거쳤다. 박테리

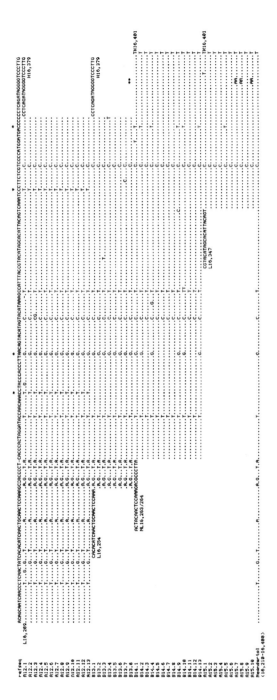

그림 1.2

네안데르탈인의 계곡에서 발굴된 네안데르탈인 화석에서 추출한 mtDNA 조각을 복원한 것. 맨 윗줄은 복원한 것. 그 아래 있는 서열은 각기 네안데르탈인 기준표본으로부터 증폭되어 박테리아에서 배양 복제된 개의 문자를 나타낸다. 이 서열과 참조 서열이 똑같은 부분은 점으로 표시했고, 다른 부분은 해당하는 철자를 표시했다. 맨 아랫줄의 서열은 복원된 네안데르탈인의 뉴클레오티드 서열이다. 참조 서열과의 차이가 클론들의 대다수에서 나타나야 하고 적어도 두 번의 독립적인 PCR 실험(그림에 제시된 실험 혹은 다른 실험)에서 나타나야 한다는 것을 원칙으로 했다.

(출처: Matthias Krings et al., "Neanderthal DNA sequences and the origin of modern humans," *Cell* 90, 19–30(1997).)

아에서 복제된 분자들 중에 한 가지 유형 이상의 mtDNA 서열이 존재하는지 보기 위해서였다. 각각의 박테리아는 플라스미드 plasmid 라고 하는 운반체 분자에 결합된 61개 뉴클레오티드 길이의 mtDNA 한 분자를 흡수해서 수백만 마리의 유전적으로 동일한 박테리아―'클론 clone'―로 증식된다. 이렇게 증식된 박테리아 각각은 최초의 박테리아가 흡수한 61개 뉴클레오티드 길이의 mtDNA 분자를 여러 부씩 지닌다. 따라서 많은 클론들의 염기 서열을 확인해 보면 증폭된 분자에 서로 다른 DNA 서열이 존재하는지 대략적으로 알 수 있다.

마티아스가 처음에 했던 실험에서 이러한 클론들 중 17개가 서로는 비슷하거나 똑같았지만 우리가 비교를 위해 이용한 현대인 2000명의 mtDNA 분자들과는 달랐다. 하지만 오늘날의 일부 사람들에게서 나타나는 서열과 똑같은 클론도 한 개 확인되었다. 이는 오염이 존재한다는 분명한 증거였다. 아마 박물관 큐레이터나 발견된 이후 140년 동안 그 뼈를 다루었던 사람들에게서 오염되었을 것이다.

그래서 처음 얻은 결과를 재현하기 위해 마티아스가 첫 번째로 한 일은 PCR와 박테리아 클로닝을 반복하는 것이었다. 이 두 번째 실험에서 우리를 흥분시켰던 독특한 서열을 갖고 있는 클론을 10개 발견했고, 현대인에게서 왔을 가능성이 있는 클론을 두 개 발견했다. 그런 다음에 그는 뼈에서 또 하나의 추출물을 만들어 PCR와 박테리아 클로닝 과정을 반복했다. 이번에는 흥미로운 유형의 클론이 10개, 현대인의 mtDNA와 비슷한 클론이 네 개 나왔다. 그때서야 우리는 만족했다. 우리가 처음에 얻은 결과는 1차 시험을 통과했다. 즉 우리는 실험을 반복할 때마다 매번 똑같은 특별한 DNA 서열을 볼 수 있었다.

마티아스는 그다음 단계로 mtDNA를 '연장해 나가기 walk along' 시작했다. 그러기 위해 첫 번째 단편과 일부분이 겹치면서 mtDNA의 다른 부분으로 연장되는 단편을 증폭할 수 있도록 설계된 다른 프라이머를 이용했다.(그림 1.2를 보라.) 이번에도 우리는 이 단편의 서열 중 일부가 현대인에게서는 나타난 적이 없는 뉴클레오티드 변화들을 갖고 있는 것을 확인했다. 다음 몇 달 동안 마티아스는 크기가 다른, 서로 다른 DNA 단편 13개를 증폭했고, 각각을 최소 두 번씩 증폭했다.

서열을 해석하는 일은 간단치 않았다. 한 DNA 분자는 다양한 원인으로 일어난 돌연변이를 지니고 있을 수 있기 때문이다. 그 돌연변이는 오래된 화학적 변형일 수도 있고 서열을 잘못 읽은 것일 수도 있으며 심지어는 한 개인의 한 세포 내에서 발견되는 mtDNA 분자들 사이에 존재할 수 있는 매우 드문 자연 변이일 수도 있다.

그래서 우리는 내가 전에 고대 동물의 DNA를 분석할 때 생각해 낸 전략을 이용했다.(그림 1.2를 다시 보라.) 각 실험에서 각 위치에 나타나는 뉴클레오티드들 중에 공통된 뉴클레오티드consensus nucleotide—즉 우리가 검사한 분자의 대부분이 그 위치에 지니고 있는 뉴클레오티드(A, T, G, C)—를 진짜로 취급했다. 또한 각 위치는 적어도 두 번의 독립된 실험에서 똑같아야 했다. 이 조건을 붙인 것은 극단적인 경우에 단일 가닥의 DNA로 PCR를 시작했기 때문인데, 이 경우 PCR의 첫 사이클에 어떤 오류가 발생하거나 그 DNA 가닥에 어떤 화학적 변형이 있으면 모든 클론이 같은 위치에 같은 뉴클레오티드를 지니게 된다. 만일 두 번의 PCR에서 단 한 개의 위치라도 서로 다르게 나오면 세 번째 PCR 실험을 해서 둘 중 어느 뉴클레오티드가 나오는지 보았다.

마티아스는 결국 123개의 클론을 이용해, 그 mtDNA의 가장 변이가 심한 부분의 379개 뉴클레오티드 서열을 짜 맞추었다. 우리가 정한 기

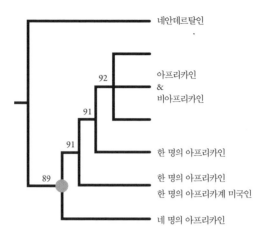

그림 1.3

mtDNA 계통수. 오늘날 살아 있는 사람들의 mtDNA가 mtDNA 공통 조상(원으로 표시된 '미토콘드리아 이브')에서 어떻게 갈라져 나왔는지를 보여 준다. 현생인류의 mtDNA 공통 조상은 네안데르탈인과 공유하는 mtDNA 조상보다 최근에 존재했다. 분기 순서는 뉴클레오티드 차이를 이용해 유추한 것이며, 숫자들은 그림에 제시된 분기 순서를 뒷받침하는 통계적 확률을 뜻한다.

〔출처: Matthias Krings et al., "Neanderthal DNA sequences and the origin of modern humans," *Cell* 90, 19-30(1997)에 실린 그림을 수정함.〕

준에 따르면 이것은 이 네안데르탈인이 살아 있을 때 지녔던 DNA 서열이었다. 이 긴 서열을 얻었을 때 우리는 그것을 현대인에게 나타나는 변이와 비교하는 흥미로운 작업을 시작할 수 있었다.

우리는 379개의 뉴클레오티드가 연결된 네안데르탈인 mtDNA 서열을 전 세계의 현대인 2051명에 있는 그에 상응하는 mtDNA 서열과 비교했다. 네안데르탈인과 현대인은 평균 28개 위치가 달랐던 반면에 현대인들끼리는 평균 일곱 개의 위치만이 서로 달랐다. 네안데르탈인의 mtDNA와 네 배의 차이가 났다.

그런 다음에 우리는 네안데르탈인의 mtDNA가 현대 유럽인에게서 발견되는 mtDNA와 더 비슷하다고 말할 수 있는 증거가 있는지 찾아

보았다. 네안데르탈인들이 유럽과 서아시아에서 진화해서 살았으므로 이런 증거가 나올 것이라는 기대를 충분히 할 수 있었다. 실제로 어떤 고생물학자들은 네안데르탈인들이 오늘날의 유럽인의 조상이라고 믿는다. 우리는 네안데르탈인의 mtDNA를 유럽인 510명의 mtDNA와 비교해 보았고 평균 28개의 차이를 발견했다. 그다음으로 우리는 네안데르탈인의 mtDNA를 아프리카인 478명, 아시아인 494명과 각기 비교했다. 이들의 mtDNA와도 평균 28개의 차이가 있었다. 이는 평균적으로 현대 아프리카인과 아시아인의 mtDNA보다 유럽인의 mtDNA가 네안데르탈인과 특별히 더 비슷하지 않다는 뜻이었다.

하지만 네안데르탈인의 mtDNA가 일부 유럽인에게서만 발견되는 mtDNA와 비슷할 수도 있을 것이다. 네안데르탈인들이 mtDNA를 일부 유럽인에게 전달했을 경우에 그럴 수 있을 것이다. 확인해 보니 우리 표본에서 네안데르탈인의 mtDNA와 가장 비슷한 mtDNA를 갖고 있는 유럽인들은 23개의 차이를 보였다. 그리고 네안데르탈인과 가장 비슷한 아프리카인들과 아시아인들은 각기 22개의 차이와 23개의 차이를 보였다. 요컨대 네안데르탈인의 mtDNA는 전 세계 현생인류의 mtDNA와 매우 달랐을 뿐 아니라, 네안데르탈인의 mtDNA와 오늘날 유럽에 살고 있는 어떤 집단의 mtDNA 사이에도 특별한 관계가 나타나지 않았다.

하지만 차이의 개수를 세는 것만으로는 한 DNA 조각의 진화적 역사를 복원하기에 충분하지 않다. DNA 서열 사이에서 발견되는 차이는 과거에 일어난 돌연변이를 나타낸다. 하지만 어떤 유형의 돌연변이는 다른 유형의 돌연변이보다 더 흔하고, DNA 서열의 일부 위치는 다른 위치보다 돌연변이를 더 잘 일으킨다. 그러한 위치에서는 DNA 서열의 역사에서 한 번 이상의 돌연변이가 일어났을 것이고 더 자주 일어나는 유형의 돌연변이라면 특히 그랬을 것이다.

그러므로 우리가 이 특정한 mtDNA 조각의 역사를 추정하기 위해서는 mtDNA의 특정한 위치가 한 번 이상 돌연변이를 일으켜 이전에 있었던 돌연변이를 가렸을 수도 있다는 전제 하에 그 mtDNA가 어떻게 돌연변이를 일으켜 진화했는지를 계산하는 모델들이 필요하다. 그렇게 재구성된 역사는 나무로 표현되는데, 이 나무에서 한 가지의 끝에 놓인 DNA 서열을 거꾸로 거슬러 올라가면 공통 조상 서열로 연결된다. 이러한 조상 서열은 나뭇가지들이 만나는 접점으로 표현된다(그림 1.3). 우리가 이러한 나무 모양의 분기도를 그려 보니, 오늘날 살아 있는 모든 사람들의 mtDNA가 하나의 mtDNA 공통 조상으로 거슬러 올라갔다.

이 연구 결과는 1980년대 앨런 윌슨이 했던 연구[1]를 통해 이미 알려져 있던 것이다. 그리고 실은 mtDNA이기 때문에 예상할 수 있는 것인데, 우리가 각자 한 유형의 mtDNA만을 지니고 있으며 집단 내에 있는 다른 mtDNA 분자들과 일부 조각들을 교환할 수 없기 때문이다. mtDNA는 어머니를 통해서만 전달되므로 만일 한 여성이 딸을 낳지 못하면 그녀의 mtDNA 계통은 끝나게 되고, 그래서 한 세대마다 일부 mtDNA 계통들이 사라진다. 그러므로 오늘날 모든 인간의 mtDNA의 조상이 되는 mtDNA 계통을 지니고 있는 한 여성─그녀를 '미토콘드리아 이브'라고 부른다─이 과거의 언젠가 존재했음이 틀림없다. 다른 모든 계통은 그 이후에 순전히 우연에 의해 사라졌기 때문이다.

하지만 우리가 적용한 모델들에 따르면 네안데르탈인의 mtDNA는 이 미토콘드리아 이브로 거슬러 올라가지 않고 더 이전으로 거슬러 올라가서 현대인의 mtDNA와 조상을 공유했다. 이 결과는 대단히 흥분되는 것이었다. 그것은 우리가 네안데르탈인의 DNA 조각을 복원했다는 것을 확실하게 증명해 주었고, 적어도 mtDNA의 견지에서는 네안데르탈인들이 우리와는 매우 달랐음을 보여 주었기 때문이다.

또한 내 동료들과 나는 이러한 모델들을 이용해 네안데르탈인의 mtDNA가 얼마나 오래전에 현대인의 mtDNA와 조상을 공유했는지도 추정해 보았다. 두 가지 유형의 mtDNA 사이에 존재하는 차이의 개수는 그 mtDNA들이 얼마나 오랫동안 서로 독립적으로 후대로 전달되었는지를 나타낸다. 관계가 먼 종─예컨대 쥐와 원숭이─의 돌연변이율은 다르겠지만, 유연관계가 가까운 종들─예를 들면 인류, 네안데르탈인, 대형 유인원─사이에서는 돌연변이율이 꽤 일정해서 과학자들은 관찰된 차이를 바탕으로 두 가지 DNA 서열이 언제 마지막으로 조상을 공유했는지 추정할 수 있다. mtDNA에서 서로 다른 유형의 돌연변이들이 얼마나 빨리 일어나는지를 계산하는 모델들을 사용해 우리는 오늘날의 모든 인간이 공유하는 mtDNA 공통 조상인 미토콘드리아 이브가 앨런 윌슨과 그의 팀이 알아낸 것처럼 10만 년 전에서 20만 년 전 사이에 살았다고 추정했다. 하지만 인간의 mtDNA와 네안데르탈인의 mtDNA가 공유하는 공통 조상은 약 50만 년 전에 살았다. 즉 둘의 조상은 모든 현대인의 mtDNA가 유래한 미토콘드리아 이브보다 서너 배나 더 오래되었던 것이다.

정말 놀라웠다. 나는 우리가 네안데르탈인의 DNA를 회수했으며 그것이 현생인류의 DNA와는 매우 다르다는 사실을 이제는 완전히 확신했다. 하지만 이 연구 결과를 발표하기 전에 마지막 장애물을 넘어야 했다. 즉 우리가 얻은 결과를 재현할 수 있는 독립적인 연구실을 찾아야 했다. 그러한 연구실에서 379개 뉴클레오티드 길이의 완전한 mtDNA 서열을 해독할 필요는 없지만 네안데르탈인을 오늘날의 인간과 구별 짓는 염기 치환을 한 개 이상 지니고 있는 부위를 찾아내야 했다. 그렇게 한다면 우리가 해독한 DNA 서열이 그 뼈에 실제로 존재하는 것이며, 우리 실험실에서 비롯된 미지의 서열이 아니었음이 증명될 것이다. 하지만 누구에게 이 일을 맡길 수 있을까? 이것은 민감한 문제였다.

세상의 주목을 받을 수 있는 이 정도 프로젝트라면 많은 연구실들이 참여하고 싶어 할 것이 분명했지만, 오염을 최소화하는 일과 고대 DNA와 관련된 다른 모든 문제들을 다루는 일에서 우리만큼 철저하지 않은 연구실을 고른다면 적절한 서열을 성공적으로 추출해 증폭하는 데 실패할 위험이 있었다. 그런 일이 일어난다면 우리가 얻은 결과는 재현 불가능한 것, 따라서 발표할 수 없는 것으로 여겨질 터였다.

나는 이러한 종류의 일에 우리만큼 많은 시간과 노력을 투자할 사람은 아무도 없다는 것을 알았지만 결국 펜실베이니아 주립 대학교의 집단유전학자 마크 스톤킹Mark Stoneking의 연구실에 의뢰하기로 결정했다. 마크는 캘리포니아 대학교 버클리 캠퍼스(UC 버클리)에서 앨런 윌슨의 지도 아래 대학원 과정과 박사후 과정을 거쳤고 나는 1980년대 후반에 그곳에서 박사후 연구생으로 있을 때 그를 알게 되었다. 그는 미토콘드리아 이브를 발견한 사람들 중 하나였고 현생인류의 아프리카 기원설을 세운 사람들 중 하나이기도 했다. 아프리카 기원설은 현생인류가 약 10만 년 전에서 20만 년 전 사이에 아프리카에서 기원했고, 그런 다음에 전 세계로 퍼져 나가면서 유럽의 네안데르탈인 같은 더 이전의 인류 형태 모두를 이종교배 없이 대체했다는 가설이다.

느긋하고 소탈한 성격의 마크는 판단력이 뛰어나고 진실했다. 게다가 그의 대학원생인 앤 스톤Anne Stone이 1992년부터 1993년까지 우리 연구실에 있었다. 진지하고 야심찬 과학자인 앤은 아메리카 원주민의 골격 유해 몇 점에서 mtDNA를 회수하는 일을 함께 진행했기 때문에 우리의 기법에 친숙했다. 나는 우리가 한 일을 재현할 수 있는 누군가가 있다면 그는 바로 앤이라고 느꼈다.

나는 마크에게 연락했다. 예상대로 그와 앤은 이 일을 하게 된 것에 흥분을 감추지 못했고, 우리는 랄프가 준 뼈의 마지막 남은 조각들 중 하나를 보냈다. 우리는 앤과 마크에게 mtDNA의 어느 부분을 증폭해야 하는지 말했고, 따라서 그들은 그 mtDNA 서열에서 우리의 네안데르탈인 서열의 돌연변이가 있는 위치들을 만날 확률이 매우 높았다. 하지만 우리는 그들에게 프라이머와 여타 시약들은 보내지 않고 본의 박물관에서 온 뒤로 밀봉하여 시험관에 보관해 두었던 뼛조각만을 보냈다. 이것은 우리 연구실의 오염원이 그들의 연구실로 전달될 확률을 최소화하기 위한 조치였다.

또한 우리는 어떤 위치들이 네안데르탈인 mtDNA의 전형적인 돌연변이가 있는 곳인지 알려 주지 않았다. 그들을 신뢰하지 않아서가 아니라 무의식적인 선입관조차 피하고 싶었기 때문이다. 요컨대 앤은 프라이머를 합성해야 하고 우리가 기대하는 결과가 무엇인지 정확하게 모르는 상태에서 독자적으로 모든 일을 해야 한다. 페덱스 편으로 뼈를 보내고 난 뒤 우리가 할 일은 기다리는 것밖에 없었다.

일반적으로 이러한 종류의 실험들은 예상보다 오래 걸린다. 주문한 프라이머는 약속된 시간에 오지 않고, 오염 여부를 가리기 위해 시약을 검사해 보면 그 안에서 인간의 DNA가 나오며, 중요한 시료로 시퀀싱 기계를 돌리기로 한 날에 하필 기술자가 아파서 쉰다. 펜실베이니아에서 앤이 전화하기를 기다리는 시간은 마치 영원처럼 느껴졌다.

그러던 어느 날 밤 앤이 전화를 걸어왔다. 목소리를 듣고 나는 좋은 소식이 아님을 직감했다. 그녀는 관심 부위에서 증폭한 15개의 DNA 분자를 대량 복제했는데, 모두가 현대인의 것과 비슷해 보였다고 했다. 내 mtDNA나 앤의 mtDNA와 비슷해 보였다는 말이다. 하늘이 무너지는 것 같았다. 그것이 무슨 뜻일까? 우리가 어떤 괴상한 mtDNA를 증폭했다는 말인가? 나는 그럴 리가 없다고 생각했다. 만일 그 mtDNA가 어떤 미지의 동물에서 온 것이라면 인간의 mtDNA와 그 정도로 비슷하지 않을 것이고, 지금까지 연구되어 있는 모든 인간의 mtDNA와 대략 네 배쯤 차이가 났다면 그것은 어떤 특별한 사람의 mtDNA일 수 없었다. 물론 우리가 얻은 서열이 고대 DNA의 같은 위치들을 줄기차게 공격한 어떤 화학적 변형에 의해 생긴 것일 가능성도 생각해 봐야 했다. 하지만 그렇게 변형된 mtDNA 서열이라면 이러한 미지의 화학적 과정 때문에 더 많이 변한 인간의 서열처럼 보여야지, 과거에 인류 계통과 갈라진 서열처럼 보이지는 않을 것이다. 그리고 그렇다고 치면 앤도 우리와 같은 서열을 발견해야 하지 않을까?

앤의 실험에 우리보다 더 많은 오염이 있었다는 것이 유일하게 가능한 설명으로 보였다. 오염된 분자들이 몇 안 되는 네안데르탈인의 DNA 분자들을 수적으로 압도했을지도 모른다. 어떻게 해야 할까? 랄프를 다시 찾아가 다음 실험은 더 성공적일 것이라고 말하면서 그 귀중한 화석을 한 조각 더 달라고 할 수는 없는 노릇이었다.

앤의 실험에 우리보다 더 많은 오염이 있다 해도 우리가 보낸 뼛조각으로 수천 개의 mtDNA 분자를 해독할 수 있을 것이고, 그렇게 함으로써 우리의 것과 비슷한 드문 서열을 얼마쯤 찾을 수 있지 않을까? 하지만 그 사이에 우리는 PCR에 사용한 네안데르탈인의 뼈 추출물에 네안데르탈인의 mtDNA 분자가 몇 개나 있는지 추산하기 위한 실험을 해 봤다. 결과는 약 50개였다. 이에 비하면 먼지 입자 같은 오염원에는 수만 개 혹은 수십만 개의 mtDNA 분자들이 포함되어 있을 것이다. 거기서 원하는 분자를 건져내기는 매우 어려울 것이다.

나는 이 난제에 대해 길게 논의했다. 마티아스와도 논의했지만 내 연구실의 고대 DNA 연구팀과 매주 갖는 회의에서도 이 문제를 논의했다. 그간의 경험을 통해 내 연구실에서 일하는 과학자들과 함께 나누는 집중적인 토론이 큰 도움이 된다는 것을 알고 있었다. 실제로 그동안의 성공에는 그러한 토론이 매우 중요한 역할을 했다고 생각한다. 자신의 연구에만 몰입하고 있는 사람에게는 떠오르지 않는 생각들이 그러한 토론에서 나오곤 한다. 나아가 프로젝트의 결과에 개인적인 이해관계가 걸려 있지 않은 과학자들은 현실을 직시할 수 있다. 그들은 애정을 쏟고 있을 뿐 아니라 과학자로서의 미래가 걸려 있는 프로젝트를 수행하고 있는 사람들이 흔히 사로잡히는 희망적 사고에서 자유롭기 때문이다. 이러한 토론에서 내 역할은 사회를 보면서 고려해 볼 만한 생각들을 선택하는 것이다.

이번에도 그 회의가 주효했고 우리는 한 가지 계획을 도출했다. 앤에게 현대인의 DNA와 완벽하게 일치하지 않는 프라이머를 제작하라고 요청하기로 했다. 즉 프라이머 말단의 마지막 뉴클레오티드가 우리가 네안데르탈인의 것이라고 추정하는 서열에서만 나타나는 뉴클레오티드에 결합할 수 있게 하는 것이다. 그러한 프라이머는 현대인의 mtDNA에서는 증폭을 시작하지 않을 것이고(아니면 매우 약하게 반응할 것이다), 따라서 네안데르탈인의 것과 비슷한 mtDNA 위주로 증폭될 것이다.

우리는 이 계획을 철저하게 논의했다. 특히 앤이 프라이머를 만들기 위해 우리가 갖고 있는 서열 정보를 이용한다면 그의 실험이 우리의 연구 결과와 독립적으로 재현한 것으로 간주할 수 있는가라는 중요한 문제를 중점적으로 논의했다. 물론 앤이 아무런 사전 정보 없이 우리와 똑같은 서열을 찾을 수 있었다면 가장 좋았을 것이다. 하지만 그 대안으로 우리는 그들이 합성하는 '네안데르탈인 특이적인' 프라이머로 얻어 낸 서열이 우리가 알려 준 곳 외에 다른 두 곳에서 네안데르탈인만의 독특한 뉴클레오티드를 지닐 것을 요구했다. 단 그러한 위치들이 몇 개나 있고 어디에 있는지는 말하지 않기로 했다. 만일 그녀가 우리가 알고 있는 것과 똑같은 뉴클레오티드 변화들을 찾아낸다면 그러한 분자들이 뼈 주인의 것이라고 봐도 좋을 것이다. 더 많은 논의를 거치고 나서 우리는 이것이 타당한 방법이라는 데 동의했다.

우리는 앤에게 필요한 정보를 보냈다. 그녀는 새로운 프라이머를 주문했고 우리는 기다렸다. 이때가 12월 중순이었다. 앤은 크리스마스 즈음에 부모님을 만나러 노스캐롤라이나에 갈 예정이었다. 나는 그녀가 그 계획을 취소하기를 바랐지만 당연히 그런 말을 할 수 없었다.

거의 2주가 흐른 뒤에 마침내 전화벨이 울렸다. 앤은 새로운 PCR 산물들로 다섯 개 분자를 해독했는데, 모든 분자가 우리가 네안데르탈인의 서열에서 보았던 두 개의 염기 치환을 포함하고 있었다. 이 염기 치환들은 현생인류에게는 드물거나 없는 것이다. 정말 다행이었다. 나는 우리 모두가 크리스마스 휴가를 떠날 자격이 있다고 느꼈다. 우리는 본에 있는 랄프에게 전화를 걸어 좋은 소식을 알렸다.

뮌헨에 있을 때 자주 그랬던 것처럼 나는 새해를 맞아 야생동물 생물학자 몇 명과 함께 오스트리아 국경 지대에 있는 알프스의 외딴 계곡으로 스키 여행을 떠났다. 하지만 이번에는 경치 좋은 계곡에서 스키를 타면서도 네안데르탈인에게서 얻은 최초의 DNA 서열을 기술하는 논문을 구상하고 있었다. 내게는 논문에 쓸 내용이 나를 둘러싼 눈 쌓인 풍경보다 훨씬 더 멋지게 보였다.

마티아스와 나는 크리스마스 휴가를 보낸 뒤 연구실에서 다시 만나 논문을 쓰기 시작했다. 한 가지 중요한 문제는 그 논문을 어디에 제출할 것인가였다. 영국 학술지 『네이처』와 미국 학술지 『사이언스』는 과학계에서나 일반 매체에게나 가장 알아주고 가장 많이 언급되는 학술지이므로 둘 중 하나를 고르는 게 확실한 선택이었다. 하지만 둘 다 원고의 길이에 엄격한 제한을 두는 점이 걸렸다. 나는 우리가 했던 일을 자세히 설명하고 싶었다. 그것은 우리가 발견한 것이 진짜임을 세상 사람들에게 납득시키기 위해서일 뿐 아니라 고대 DNA를 추출하고 분석하는 꼼꼼한 방법을 널리 알리기 위해서이기도 했다.

그뿐 아니었다. 나는 두 학술지에 실망하게 되었는데, 그 학술지들이 싣는 고대 DNA 연구 결과들이 우리가 생각하는 필수적인 과학 기준에는 부합하지 않고 겉만 번지르르한 경향이 있었기 때문이다. 그들은 논문에 적힌 연구 결과가 타당하며 확고한 것인지 확인하는 일보다는 「뉴욕타임스」 같은 주요 언론 매체에 보도될 논문을 출판하는 데 더 관심이 있는 것처럼 보였다.

이 모든 일을 토마스 린달Tomas Lindahl과 의논했다. 그는 런던에 있는 왕립 암 연구기금 연구소에서 일하는 스웨덴 태생의 과학자였다. DNA 손상에 관한 전문가로 유명한 토마스는 부드럽고 조용한 사람이지만 자신이 옳다고 생각하는 순간에는 논란을 피하지 않았다. 그의 연구실에서 6주를 지내며 고대 DNA의 화학적 손상을 연구했던 1985년부터 그는 내게 일종의 멘토 같은 역할을 해 왔다. 토마스는 논문을 『셀』에 보낼 것을 제안했다. 분자생물학과 세포생물학을 전문적으로 다루는 명성이 높고 영향력 있는 학술지다. 그곳에 발표한다는 것은 고대 DNA 서열을 해독하는 것이 매력적이긴 하지만 의문스러운 결과를 생산하는 일이 아니라 견고한 분자생물학임을 그 분야 사람들에 알리는 것이었다. 게다가 『셀』은 긴 분량을 허용했다. 토마스는 『셀』의 유명한 편집자인 벤저민 르윈Benjamin Lewin에게 전화를 걸어 그의 관심을 떠보았다. 사실 그러한 원고는 『셀』이 평소에 다루는 범위를 약간 벗어나는 것이었기 때문이다. 르윈은 그 원고를 제출하면 동료 검토에 부쳐 보겠다고 했다. 아주 좋은 소식이었다. 우리가 한 모든 실험을 기술할 수 있고 진짜 네안데르탈인의 DNA를 얻었다고 확신하는 근거들을 제시할 충분한 공간이 생겼기 때문이다.

지금도 나는 이 논문이 내가 쓴 최고의 논문이라고 생각한다. 논문에서 우리는 그 mtDNA 서열을 복원했던 꼼꼼한 과정들과 그 서열을 진짜라고 여기는 이유를 기술했을 뿐 아니라 그 mtDNA 서열이 오늘날 나타나는 변이 범위를 벗어난다는 증거, 그리고 네안데르탈인이 현생인류에게 mtDNA를 전달하지 않았다는 암시를 제공했다. 이러한 결론들은 앨런 윌슨, 마크 스톤킹 등이 제안한 인류의 아프리카 기원설과 잘 맞아떨어졌다. 내 동료들과 나는 그 논문에서 "네안데르탈인의 mtDNA 서열은 현생인류가 최근에 아프리카에서 독자적인 종으로 기원해서 이종교배를 거의 또는 아예 하지 않은 채 네안데르탈인을 대체했다는 가설을 뒷받침한다."라고 말했다.

또한 우리가 생각할 수 있는 각별히 주의를 요하는 사항을 빠짐없이 기술하려고 노력했다. 특히 mtDNA는 한 종의 유전적 역사를 제한적으로만 보여 준다는 점을 지적했다. mtDNA는 오직 어머니를 통해서만 자식으로 전달되기 때문에 여성 쪽의 역사만을 반영한다. 그러므로 네안데르탈인들이 현생인류와 이종교배를 했다 해도 우리가 그 흔적을 볼 수 있기 위해서는 여성이 건너왔어야 한다.

그런데 꼭 그렇지는 않았을 것이다. 최근의 인류 역사에서 사회적 지위가 다른 집단이 만나서 교류할 때 그들은 거의 항상 서로 섹스를 해서 자식을 낳았지만, 이러한 일은 남성과 여성의 위치에 따라 편향된 방식으로 일어났다. 즉 사회 지배층에 속한 파트너는 대체로 남성이었고, 이 결합에서 생긴 자식은 주로 어머니 쪽에 남았다. 물론 현생인류가 약 3만 5000년 전에 유럽에 와서 네안데르탈인을 만났을 때도 그러한 패턴이 일반적이었는지는 아무도 모른다. 그리고 현생인류가 오늘날 인간 집단 사이에 존재하는 것과 비슷한 의미의 사회적 지배 집단이었는지도 모른다. 하지만 여성 쪽의 유전만으로는 과거에 일어난 유전적 역사의 반쪽밖에 알 수 없다는 것은 분명하다.

mtDNA에는 더 중요한 또 하나의 한계가 있는데, 그것은 유전되는 방식에서 비롯된다. 앞에서 말했듯이 한 개인의 mtDNA는 다른 사람의 mtDNA와 조각을 교환하지 않는다. 게다가 만일 한 여성에게 아들만 있다면 그녀의 mtDNA는 멸종하게 된다. mtDNA의 역사에서는 우연이 이렇게 강력한 역할을 하기 때문에 설령 유럽에서 3만 5000년 전과 3만 년 전 사이의 어느 시점에 네안데르탈인의 mtDNA가 초기 현생인류에게 전달되었다 해도 그것이 사라졌을 가능성은 충분히 있다.

반면에 세포핵의 염색체에는 이러한 한계가 존재하지 않는다. 염색체가 모든 사람에게서 쌍으로 존재하며 쌍을 이루는 각각은 어머니와 아버지에게서 온다는 사실을 떠올려 보라. 한 개인에게서 정자 세포와 난자 세포들이 형성될 때도 그 염색체들은 분리되었다가 복잡한 방식으로 재결합하고 이 과정에서 염색체 조각들이 서로 교환된다. 그러므로 만일 우리가 한 개인이 갖고 있는 핵 게놈의 여러 부위들을 연구할 수 있다면 한 집단의 유전적 역사의 다양한 기록들을 보게 될 것이다. 예를 들어 게놈의 어떤 부위에서는 네안데르탈인이 기여한 변종들이 사라졌다 해도 모든 부분에서 그런 일이 일어난 것은 아닐 것이다. 그러므로 핵 게놈의 많은 부위들을 볼 수 있다면 우연의 영향을 덜 받은 역사 기록을 볼 수 있다. 이런 이유로 우리는 논문의 결론에서 "네안데르탈인이 현생인류에게 다른 유전자들을 기여했을 가능성을 배제하지 않는다."라고 썼다. 하지만 우리는 손에 쥔 증거를 근거로 아프리카 기원설 쪽에 확실히 무게를 두었다.

우리 논문은 동료 검토 과정을 통과하고 약간의 수정만 거친 후 『셀』의 출판 승인을 받았다. 최고의 학술지들이 보통 그렇듯이, 『셀』의 편집자들은 7월 11일 호[2]에 공식 발표될 때까지 결과를 말하지 말라고 했다. 그들은 보도 자료를 준비했고, 나는 잡지가 나오는 날 런던에서 열리는 기자회견을 위해 비행기를 탔다. 그것은 생애 첫 기자회견이었고, 나는 난생처음으로 언론의 집중적인 관심을 받았다. 뜻밖에도 나는 내 연구의 요점을 이해시키는 일을 즐겼다. 우리의 결론과 주의가 필요한 점들을 최선을 다해 설명했다. 이것은 쉬운 일이 아니었는데, 우리의 연구 결과가 인류학 분야에서 10년 넘게 벌어져 왔던 격렬한 싸움에 직접적인 영향을 미치는 것이었기 때문이다.

이 싸움이 시작된 것은 앨런 윌슨과 그의 동료들이 현대인의 mtDNA

변이 패턴을 바탕으로 아프리카 기원설을 제기하면서부터였다. 처음에 고생물학계는 이 가설에 냉소와 적대감으로 대응했다. 그 당시 거의 모든 고생물학자들이 이른바 다지역 기원설을 옹호했는데, 그것은 현생 인류가 호모 에렉투스로부터 여러 대륙에서 독립적으로 진화했다는 가설이다. 그들은 현재의 인류 집단이 오래전에 갈라졌다고 생각했다. 예컨대 현대 유럽인의 조상들은 네안데르탈인과 그 이전에 유럽에 살았던 호미닌이라고 여겼고, 현대 아시아인의 조상들은 베이징 원인에서 유래한 아시아에 살았던 다른 형태의 고생인류라고 여겼다.

하지만 런던 자연사 박물관의 크리스 스트링거Chris Stringer를 필두로 존경받는 고생물학자들 중 많은 이들이 현생인류의 아프리카 기원설이 화석 기록 및 고고학적 증거와 가장 잘 들어맞는다고 점차 생각하게 되었다. 『셀』의 초청을 받아 기자회견에 참석한 크리스는 우리 연구팀이 얻어 낸 네안데르탈인의 DNA는 고생물학에 있어서 우주탐사 역사의 달 착륙과 같은 사건이라고 선언했다. 그의 칭찬은 놀라울 것까지는 없어도 당연히 기분 좋은 것이었다. 그래도 나는 '다른 편'인 다지역 기원설파가 우리 연구에 대해 적어도 기술적 측면만큼은 좋게 평가했을 때 훨씬 더 기뻤다. 특히 그들 중에 가장 목소리 크고 호전적인 미시건 대학교의 밀포드 울포프Milford Wolpoff가 『사이언스』의 논평 코너에서 "만일 누군가가 이 일을 할 수 있다면 그것은 스반테일 것이다."라고 선언했을 때 가장 기뻤다.

나는 우리 논문에 쏟아진 관심에 놀랐다. 논문에 대한 소식은 많은 주요 일간지의 1면에 실렸으며 전 세계의 라디오와 텔레비전 뉴스에 보도되었다. 논문이 나오고 나서 일주일 동안 나는 기자들과 통화하는 데 하루 대부분을 썼다. 1984년부터 고대 DNA에 대한 연구를 해 오면서 네안데르탈인의 DNA를 회수하는 것이 원리상으로는 가능한 일이라는 것을 차츰 깨달았다. 그리고 마티아스가 전화해서 인간의 것처럼 보이지 않는 DNA 서열이 시퀀싱 기계에서 나왔다는 말로 나를 깨운 날로부터 어느덧 아홉 달이 흘렀다. 나는 이제 그 사실에 익숙해져서 대부분의 사람들과 달리 우리가 이룬 성취에 크게 동요되지 않았다. 하지만 언론의 열광이 사그라들었을 때 나는 이 일을 전방위로 조망해 볼 필요가 있다고 느꼈다. 이 발견으로 이어진 세월들을 돌아보고 다음 단계로 무엇을 할 것인지에 대해 생각해 보고 싶었다.

2
미라와 분자

시작은 네안데르탈인이 아니라 고대 이집트 미라였다. 열세 살 때 어머니가 이집트에 데려간 뒤로 나는 이집트 고대 역사에 매료되었다. 하지만 고국 스웨덴의 웁살라 대학교에서 이 학문을 본격적으로 공부하기 시작했을 때 나는 파라오, 피라미드, 미라에 대한 매혹이 사춘기 시절의 낭만적인 꿈이었음을 차츰 깨달았다. 숙제를 하고 상형문자와 역사적 사실들을 암기했으며 스톡홀름의 지중해 박물관에서 연달아두 번의 여름을 보내면서 도자기 파편과 다른 유물들의 목록을 작성하기도 했다. 만일 스웨덴에서 이집트학 학자가 되었다면 그곳이 내 일터가 되었을 것이다.

두 번째 여름을 보낼 때 나는 첫 번째 여름에 보았던 사람들이 작년과 거의 똑같은 일을 하고 있다는 것을 알아차렸다. 게다가 그들은 똑같은 시간에 똑같은 레스토랑으로 점심을 먹으러 가서 똑같은 메뉴를 주문했으며 똑같은 이집트 수수께끼와 학계 가십에 대해 이야기했다. 이집트학은 내 취향과는 달리 너무 천천히 움직인다는 사실을 깨닫게 되었다. 그것은 내가 상상했던 종류의 직업이 아니었다. 나는 더 스릴 있기를 원했고 나를 둘러싼 세상과 더 관련이 많은 일을 원했다.

그러한 환멸로 인해 나는 일종의 위기를 겪었다. 결국 의학박사를 따고 나서 생화학자가 된 내 아버지의 사례를 떠올리며 기초과학에 종사하는 것을 목표로 의학을 공부하기로 했다. 그래서 웁살라 대학교의 의과대학에 입학했는데, 몇 년 뒤 내가 환자를 진료하는 일을 얼마나 즐기는지 알고 스스로 놀랐다. 의사는 온갖 종류의 사람들을 만날 뿐 아니라 인생에서 긍정적인 역할을 할 수 있는 몇 안 되는 직업 중 하나로 보였다. 내게 사람들과 잘 어울리는 재능이 있는 줄은 몰랐기에 4년 동안 의학을 공부한 뒤 나는 다시 한 번 작은 위기를 겪었다. 의사가 될 것인가, 아니면 애초에 계획했던 대로 기초과학 연구로 빠질 것인가?

나는 박사를 마친 뒤 병원으로 돌아갈 수 있다고 생각하고—그리고 그럴 생각이었다—후자를 선택했다. 그리고 당시 웁살라에서 가장 잘나가는 과학자 중 한 사람이던 페르 페테르손Per Pettersson의 연구실에 들어갔다. 얼마 전 그의 연구팀은 중요한 이식항원의 DNA 서열을 최초로 복제했다. 이식항원은 세포 표면에서 면역 세포가 바이러스나 박테리아의 단백질을 인식할 수 있게 하는 단백질 분자이다. 페테르손은 임상 현장에서 활용할 수 있는 흥미로운 생물학적 통찰을 제공했다. 그뿐 아니라 그의 연구실은 당시 새로운 기법이던 박테리아에 DNA를 넣어 복제하고 조작하는 기술을 다룰 수 있는 웁살라에서 몇 안 되는 연구실 중 하나였다.

페테르손은 내게 아데노바이러스가 암호화하는 단백질을 연구하는 일에 합류해 달라고 요청했다. 아데노바이러스는 설사, 감기와 비슷한 증상이나 기타 불쾌한 증상을 유발하는 바이러스다. 당시 우리는 세포 내의 이식항원들이 이 바이러스 단백질을 감싸서 세포의 표면으로 가져가면 그것을 인식한 면역 세포들이 활성화되어 체내의 감염된 다른 세포들을 죽인다고 알고 있었다. 이후 3년에 걸쳐 나와 이 단백질을 연구한 사람들은 우리가 이 단백질에 대해 완전히 잘못 이해하고 있었음을 깨닫게 되었다. 이 바이러스 단백질은 면역계의 무력한 표적이 아니라 적극적으로 세포 내의 이식항원을 찾아 거기에 붙음으로써 이식항원이 세포 표면으로 가는 것을 막았다. 그러면 감염된 세포의 표면에 이식항원이 가지 못하게 되므로 면역계는 감염이 되었다는 것을 인식할 수 없다. 쉽게 말하면 이 단백질이 아데노바이러스를 숨겨 주는 셈이다. 사실상 이런 식으로 아데노바이러스가 오랫동안 생존할 수 있는 숙주 세포가 만들어진다. 심지어는 감염된 사람이 사는 내내 함께 살기도 한다. 이 바이러스가 이런 식으로 숙주의 면역계를 무력화시킬 수 있다는 것은 놀라운 발견이었고, 우리는 주목받을 만한 논문들을 최고의 학술지들에 여러 편 발표했다. 놀랍게도 다른 바이러스들도 비슷한 메커니즘을 이용해 면역계를 피하는 것으로 밝혀졌다.

이것은 내가 처음 맛본 최신 과학으로 정말 매혹적이었다. 그런 한편 과학 발전에는 나와 동료들의 생각이 틀렸음을 깨닫는 고통스러운 과정과 가장 가까운 동료들과 더 큰 세상을 상대로 새로운 생각을 납득시키는 훨씬 더 길고 험난한 과정이 따른다는 것을 처음으로(하지만 마지막은 아니다) 알게 되었다.

하지만 어쩐 일인지 이 모든 생물학적 흥분의 한가운데에서도 나는 고대 이집트에 대한 낭만적 매혹을 온전히 털어 버릴 수가 없었다. 시간

이 날 때마다 이집트학 연구소에 강연을 들으러 갔고 이집트 내 그리스
도 교도들이 썼던 고대 이집트어 계통의 언어인 콥트어를 계속 배우러
다녔다. 그때 핀란드 출신의 쾌활한 이집트학 학자인 로스티슬라프(로
티) 홀퇴르Rostislav Holthoer와 친해졌다. 그는 사회·정치·문화의 경계를
뛰어넘는 엄청난 친화력을 지니고 있었다.

1970년대 말과 1980년대 초에 웁살라에 있는 로티의 집에서 오랜 시
간 저녁을 먹고 이야기를 나누면서, 이집트학이 좋기는 하지만 미래가
별로 보이지 않는 데 반해 분자생물학은 인류의 삶에 무한한 발전을 약
속하는 것 같아서 갈등이 된다는 이야기를 종종 털어놓았다. 나는 똑같
이 매력적인 두 가지 진로 사이에서 갈팡질팡했다. 좋은 선택지만 가진
젊은이의 노심초사에 공감해 줄 사람은 없을 것이기에 그것은 나름대로
고통스러운 난제였다.

하지만 로티는 내 말을 인내심 있게 들어주었다. 나는 로티에게 요즘
과학자들이 어떤 생물(그것은 곰팡이, 바이러스, 식물, 동물 또는 인간일 수도 있다)
에서 DNA를 추출해서 그것을 플라스미드(세균성 바이러스의 DNA로 이루어
진 운반체 분자)에 끼워 넣은 다음, 그 플라스미드를 박테리아에 집어 넣으
면 플라스미드가 숙주와 함께 복제되어 삽입된 DNA의 사본이 엄청나
게 많이 만들어진다는 것을 설명했다. 또한 그런 다음에는 삽입된 DNA
를 이루고 있는 뉴클레오티드 서열을 알아내어 두 개체 또는 두 종의
DNA 서열에 존재하는 차이를 찾아낼 수 있다는 것도 설명했다. 이때
두 서열이 더 비슷할수록—즉 둘 사이에 차이의 개수가 적을수록—그
들은 더 가까운 관계다.

실제로 우리는 공통된 돌연변이가 몇 개인지를 통해 그 특정한 서
열이 조상 서열에서 수백만 년 동안 어떻게 진화했는지뿐 아니라 그러

한 조상 서열이 존재했던 대략적인 시기도 추론할 수 있었다. 예를 들어 1981년 영국의 분자생물학자 알렉 제프리스Alec Jeffreys는 인간과 유인원의 혈액 내 붉은 색소 단백질을 암호화하는 유전자의 DNA 서열을 분석해 그 유전자들이 인류와 유인원에서 언제 독립적으로 진화하기 시작했는지 유추했다.

나는 로티에게 머지않아 어떤 종의 많은 개체들과 많은 유전자들을 대상으로 이런 일을 할 수 있을 것이라고 설명했다. 이런 식으로 과학자들은 서로 다른 종이 과거에 어떤 관계였는지뿐 아니라, 그들이 언제 독자적인 역사를 시작했는지를 형태나 화석에 대한 연구에서보다 훨씬 더 정확하게 알 수 있을 거라고 말했다.

이 모든 것을 로티에게 설명하면서 한 가지 의문이 들었다. 살아 있는 인간과 동물들에서 채취한 혈액과 조직의 DNA에 대해서만 이러한 종류의 연구를 할 수 있을까? 이집트 미라를 대상으로 이러한 연구를 할 수는 없을까? 그 안에 혹시 DNA 분자들이 남아 있을 수도 있지 않을까? 그 DNA를 플라스미드에 끼워 넣어 박테리아 안에서 복제할 수 있지 않을까? 고대 DNA 서열을 연구함으로써 고대 이집트인들이 서로 어떤 관계였는지, 그리고 오늘날의 현대인과 어떤 관계인지를 명확하게 밝히는 것이 가능할까?

만일 그런 일을 할 수 있다면 지금까지 이집트학이 해 왔던 방법으로는 누구도 답할 수 없었던 질문들에 해답을 구할 수 있을 것이다. 예컨대 현대 이집트인들은 파라오가 통치하던 2000~5000년 전에 살았던 이집트인들과 어떤 관계일까? 기원전 4세기에 있었던 알렉산더 대제의 정복 또는 서기 7세기에 있었던 아랍인들의 정복처럼 커다란 정치적·문화적 변화들이 일어났을 때 이집트 인구의 대부분이 대체되었을까? 아니면 이 변화들은 단지 본토 주민이 새로운 언어, 새로운 종교, 새로운 생활 방식을 채용하게 한 군사적·정치적 사건들에 불과했을까? 오늘날 이집트에 사는 사람들은 피라미드를 건설한 이들과 본질적으로 같을까? 아니면 그들의 조상들이 침입자들과 너무 많이 섞여서 현대 이집트인들은 고대 이집트인들과 완전히 다른 사람들이 되었을까? 이 모든 질문은 정말로 궁금한 것들이었다. 나 아닌 다른 사람들도 한 번쯤 떠올려 봤을 법한 질문임이 틀림없었다.

나는 대학 도서관에 가서 학술지와 책들을 찾아보았지만 고대 시료에서 DNA를 분리했다는 보고는 어디서도 찾을 수 없었다. 고대 DNA를 분리하려는 시도를 한 사람조차 없는 것 같았다. 만일 시도했다면 성공하지 못한 것이 분명했다. 성공했다면 연구 결과를 발표하지 않았을 리 없기 때문이다. 나는 페테르손의 연구실에 있는 선배 대학원생들과 박사후 연구생들에게도 물어보았다. 그들은 DNA처럼 민감한 분자가 수천 년 동안 남아 있을 턱이 있느냐고 답했다.

그들의 말에 실망했지만 희망을 버리지 않았다. 과학 문헌을 뒤지던 중 박물관에 있는 100년 된 동물 가죽에서 단백질을 찾아냈다고 주장한 논문을 찾았다. 논문의 저자는 항체를 이용해 아직까지 남아 있는 단백질을 찾아낼 수 있었다고 했다. 또 고대 이집트 미라 안에 남아 있는 세포들의 윤곽을 현미경으로 확인했다고 주장한 연구들도 발견했다. 따라서 뭔가가 적어도 가끔씩은 남아 있는 것 같았다. 나는 몇 가지 실험을 해 보기로 했다.

우선 사후 조직에 DNA가 오랫동안 남아 있을 수 있는지부터 알아보기로 했다. 고대 이집트에서 미라를 만들던 사람들이 했던 것처럼 조직을 건조시키면 DNA가 오랫동안 남을 것이라고 추측했다. DNA를 분해하는 효소들이 활성화되기 위해서는 물이 필요하기 때문이다. 나는 이것부터 시험해 보기로 했다.

1981년 여름, 연구실에 사람들이 별로 없을 때 슈퍼마켓에 가서 송아지 간 한 덩어리를 사 왔다. 나는 이 실험들을 기록할 새로운 실험 노트의 첫 장을 열고 슈퍼에서 받은 영수증을 붙였다. 그 실험 노트에는 내 이름 말고는 어떤 것도 표기하지 않았다. 가능하면 이 실험을 비밀로 하고 싶었기 때문이다. 페테르손 교수가 알면 못하게 할지도 모르는 일이었다. 내가 해야 하는 면역계에 관한 분자생물학적 연구는 경쟁이 매우 치열한 분야인데, 그의 눈에는 내가 쓸데없는 일에 시간을 낭비하는 것처럼 비칠 수도 있었다. 실패할 경우 실험실 동료들의 비웃음을 사지 않기 위해서도 이 실험을 비밀로 하고 싶었다.

나는 고대 이집트에서 미라를 만들던 방법을 모방하여 50도로 가열한 오븐에 송아지 간을 넣고 그것을 인위적으로 미라로 만들기로 했다. 그런데 이것 때문에 내 프로젝트의 비밀이 탄로 나고 말았다. 실험 이틀째가 되자 고약한 냄새가 난다고 불평하는 사람들이 많아서, 나는 누군가가 송아지 간을 찾아서 버리기 전에 내 프로젝트에 대해 털어놓아야 했다. 다행히 건조가 진행되면서 냄새는 줄어들어, 연구실에서 부패하고 있는 물질과 관련한 냄새와 소문이 교수님께는 전해지지 않았다.

며칠이 지나자 간은 딱딱해지고 거무튀튀한 색을 띠었으며 바싹 말랐다. 꼭 이집트 미라처럼 보였다. 나는 거기서 DNA를 추출하는 데 성공했다. 추출한 DNA는 신선한 조직에서 빼낸 DNA에서 전형적으로 나타나는 수천 개의 뉴클레오티드 길이가 아니라 몇 백 개의 뉴클레오티드가 연결된 작은 단편이었다. 하지만 단편의 수는 엄청나게 많았다. 내 생각이 틀리지 않다. 죽은 조직에 DNA가 남아 있을 수 있다는 것은 터무니없는 생각이 절대 아니었다. 적어도 며칠에서 몇 주 동안은 가능했다. 하지만 수천 년이라면 어떨까?

다음으로 할 일은 이집트 미라로 똑같은 일을 해 보는 것이었다. 여기서 로티와의 친분이 도움이 되었다. 로티는 내가 이집트학과 분자생물학 사이에서 갈팡질팡하는 것을 알고 있었기에 이집트학을 분자생물학의 시대로 데려오려는 내 시도에 기꺼이 협조했다. 그가 큐레이터로 있는 작은 대학 박물관에는 미라가 몇 구 있었는데, 그는 거기서 시료를 채취하고 싶다는 내 부탁을 들어주었다. 물론 그 미라들을 절개해서 간을 꺼내도 된다는 말은 아니었다. 하지만 만일 미라를 감싸고 있는 붕대가 이미 풀려 있고 팔다리가 떨어져 나간 상태라면 미라가 부서져 있는 부위에서 피부나 근육 조직을 약간 떼어 내도 된다고 했다. 세 구의 미라를 쓸 수 있었다.

약 3000년 전에 존재했던 사람의 피부와 근육이었던 곳에 칼을 대자마자 나는 그 조직의 질감이 오븐에 구웠던 송아지 간의 질감과는 다르다는 것을 금방 알 수 있었다. 그 간은 딱딱해서 잘 잘라지지 않았던 반면, 미라들은 부서질 듯 약해서 칼로 자르면 조직이 갈색 가루로 부스러질 것 같았다. 그래도 굴하지 않고 송아지 간에 했던 것과 똑같은 방법으로 추출물을 만들었다. 미라 추출물은 미라처럼 갈색이라는 점에서 간의 것과 달랐다. 간 추출물은 물처럼 투명했다. 나는 미라 추출물에서 DNA를 찾기 위해 추출물을 전기영동 겔 gel (전기장을 걸어 분자들을 이동시키는 매질―옮긴이)에 걸고, DNA와 결합하면 자외선 아래서 형광 분홍빛을 띠는 염색약을 처리했다.

하지만 나는 갈색 물질 외에는 아무것도 보지 못했다. 그 물질은 자외선에서 형광 빛을 띠긴 했지만 분홍색이 아니라 푸른색을 띠었다. 그것은 DNA일 때 나타나는 색이 아니었다. 나는 다른 두 구의 미라를 가지고 이 과정을 반복했다. 이번에도 DNA는 없었다. DNA가 포함되어 있을 것이라고 기대한 추출물 속에는 무엇인지 알 수 없는 갈색 물질 외에는 아무것도 없었다. 연구실 동료들의 말이 옳았는지도 모른다. 그 연약한 DNA 분자들이 어떻게 수천 년을 견딜 수 있겠는가? 세포 안에 있을 때도 분해되지 않으려면 끊임없는 수선 과정이 필요한데 말이다.

나는 비밀 실험 노트를 책상 서랍 맨 밑에 감추고 영리한 단백질로 면역계를 속이는 바이러스에게 돌아갔다. 하지만 미라에 대한 생각을 떨쳐 버릴 수가 없었다. 다른 사람들이 어떤 미라에서 세포 잔해인 듯한 물질을 봤다지 않았는가. 내가 본 갈색 물질이 실은 DNA였지만 화학적 변형이 일어나서 갈색을 띠고 자외선에서 푸른빛을 냈을지도 모르는 일 아닌가.

모든 미라에 DNA가 남아 있으리라는 기대가 순진한 것이었을 수도 있다. 드물게 상태가 좋은 미라를 찾으려면 많은 미라를 분석해야 할지도 모른다. 그런 미라를 찾으려면 적어도 한 군데에서는 고대 DNA가 나올 것이라는 기대를 품고 많은 미라 조각을 채취할 수 있게 해 달라고 박물관 큐레이터들을 설득하는 수밖에는 없었는데, 나는 그들의 허가를 받아 낼 방법이 떠오르지 않았다. 많은 미라를 분석하기 위해서는 빠르면서도 미라를 최소한으로 파괴하는 방법이 필요할 것 같았다.

이때 의과대학에서 배운 것이 실마리를 제공했다. 의심되는 종양을 상대로 조직 검사를 할 때 쓰는 생검 바늘로 제거한 매우 작은 조직은 고정(살아 있는 세포의 조직 표본에 인위적인 조작을 하여 화학 조성을 보존함으로써 원래의 상태나 구조를 변화시키지 않도록 하는 처리법—옮긴이)과 염색(생물체 내부를 각종 현미경이나 육안으로 보다 정밀하고 명확히 식별하기 위해서 색소로 시료의 특정 부분을 선택적으로 착색하여 대비를 이루게 하는 조작―옮긴이) 과정을 거치면 곧바로 현미경 아래서 볼 수 있었다. 일반적으로는 매우 자세히 보여서 훈련된 병리학자라면 장 내벽, 전립선, 젖샘 안의 정상적인 세포와 초기 종양임을 암시하는 방식으로 변하기 시작한 세포를 구별할 수 있었다. 또 현미경 슬라이드에 사용할 수 있는 DNA 염색약이 있어서 DNA가 있는지도 알 수 있었다.

그러므로 내가 할 일은 많은 미라에서 조직을 조금씩 채취해 현미경과 DNA 염색약으로 그것을 분석하는 것이었다. 많은 미라가 있는 곳은 당연히 대형 박물관이었다. 하지만 스웨덴에서 온 지나치게 들떠 보이는 학생이 하늘의 별따기처럼 보이는 프로젝트에 필요하다면서 조직을 떼어 내겠다고 하면 아무리 조금이라 해도 그것을 허락해 줄지 의문이었다.

이번에도 로티가 도와주었다. 그는 미라를 많이 소장하고 있으며 기꺼이 협조해 줄 대형 박물관이 한 곳 있다고 알려 주었다. 독일민주공화국의 수도 동베를린 박물관 단지에 위치한 베를린 국립 미술관Staatliche Museen zu Berlin이었다. 로티는 그곳에서 몇 주 머물면서 고대 이집트의 도자기 수집물에 대한 연구를 한 적이 있었다. 로티가 스웨덴에서 온 교수라는 사실은 그가 그 박물관에서 연구할 수 있는 허가를 얻는 데 도움이 되었을 것이다. 당시 스웨덴은 자본주의와 공산주의 사이의 '제3의 길'을 모색하는 나라로 인식되었기 때문이다. 하지만 경계를 넘나들며 따뜻한 친교를 맺는 그의 능력이야말로 그가 그 박물관의 큐레이터 여러 명과 절친한 친구가 될 수 있었던 비결이었다. 나는 1983년 여름에 기차를 타고 스웨덴 남부로 간 다음 그곳에서 페리를 타고 다음 날 아침에 공산주의 국가 동독에 도착했다.

나는 베를린에서 2주를 보냈다. 베를린 중심부 근처를 흐르는 슈프레 강의 한 섬에 위치한 보데 박물관Bode Museum의 보관 시설에 들어가기 위해서는 아침마다 여러 개의 보안 검색대를 통과해야 했다. 전쟁이 끝난 지 거의 40년이 흘렀는데도 그 박물관에는 전쟁의 상흔이 뚜렷이 남아 있었다. 건물 정면의 여러 곳에는 창을 둘러싼 벽에 총알구멍이 나 있었는데, 베를린이 소련군에게 함락될 때 기관총을 맞았던 흔적이었다.

첫날, 2차 세계대전 이전에 진열된 전시물을 보러 갔을 때 나는 공사장 인부들이 사용하는 것 같은 딱딱한 모자를 건네받았다. 그것을 왜 주는지는 금방 알게 되었다. 그 전시관의 지붕에는 포탄과 폭탄을 맞아서 생긴 거대한 구멍들이 있었는데, 그곳으로 새들이 마음대로 날아들었고 어떤 녀석들은 파라오의 석관에 둥지를 틀기도 했다. 그래서 내구성이 있는 재료로 만들어지지 않은 유물은 모두 다른 곳으로 옮겨져 보관되고 있었다.

그다음 날부터 이집트의 고대 유물을 담당하는 큐레이터가 자신이 관리하는 모든 미라를 보여 주었다. 점심 전 몇 시간 동안 낡고 먼지투성이인 그의 사무실에서 풀리고 부서진 미라들의 조직을 조금씩 제거했다. 그런 다음에 우리는 다시 온갖 보안 검사들을 통과해 강 건너의 한 레스토랑에서 점심을 먹었다. 그곳의 음식은 기름져서 맥주와 스넵스(네덜란드 진—옮긴이)를 충분히 마셔야 했다. 오후에는 유물 보관소로 돌아와 스넵스를 좀 더 마셨다.

그 큐레이터는 자신에게 허락된 유일한 해외여행이 레닌그라드 방문이었다고 한탄했다. 그는 서구 자본주의 국가들을 방문하는 것이 꿈이었고 기회만 있으면 언제든 도망칠 사람이었다. 나는 서구의 직장 생활에 대해 알려 주기 위해 최대한 에둘러서 서구에서는 직장에서 술을 마시면 해고될 수 있다고 말했다. 그것은 사회주의에는 없는 개념이었다. 내 말을 듣고 정신이 번쩍 들었을 만한데도 여전히 그는 자신이 상상하는 자본주의의 매력에서 벗어나지 못하는 듯했다. 이런 쓸데없는 이야기들로 몇 시간을 보냈지만 그래도 나는 스웨덴으로 가져갈 미라 시료를 30점 넘게 수집할 수 있었다.

움살라로 돌아온 나는 현미경으로 보기 위해 미라 시료들을 소금물에 넣어 탈수시켰고 그런 다음 슬라이드에 올려놓고 세포를 보이게 해 주는 약으로 염색했다. 그리고 나서 그 조직들에 보존된 세포가 있는지 살펴보았다. 나는 지금 하고 있는 일이 소문나지 않도록 주말과 밤늦게 이 일을 했다. 현미경으로 들여다본 고대 조직의 모습은 실망스러웠다. 근육 단면에서는 DNA가 보존되어 있을지도 모르는 세포핵의 흔적이 보이기는커녕 근섬유도 겨우 보였다. 나는 절망하기 일보 직전이었다.

그러던 어느 날 밤 미라로 변한 바깥귀에서 채취한 한 연골 단면을 보게 되었다. 연골에서는 세포들이 뼈에서와 마찬가지로 조밀하고 단단한 조직 내부의 작은 구멍들인 골소강lacunae에 산다. 내가 그 연골을 보았을 때 골소강 안에 세포의 잔재처럼 보이는 것이 있었다. 흥분한 나는 DNA가 있는지 보기 위해 그 연골 단면을 염색했다. 현미경 아래 슬라이드를 얹을 때 손이 덜덜 떨렸다. 정말로 그 연골에 있는 세포 잔해들 내부가 염색되고 있었다.(그림 2.1을 보라.) 안에 DNA가 보존되어 있는 것 같았다!

기운을 얻은 나는 베를린에서 가져온 나머지 시료들을 모두 현미경으로 볼 수 있도록 처리했다. 몇 개는 유망해 보였다. 특히 한 아이 미

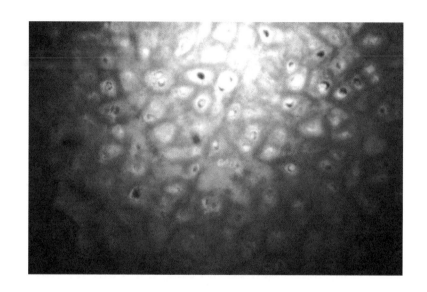

그림 2.1
베를린에서 가져온 이집트 미라의 연골 조직을 현미경으로 들여다본 그림.
몇몇 골소강에서 세포가 빛을 내는데, 이는 DNA가 보존되어 있을 가능성을 암시한다.
(사진: 스반테 페보, 웁살라 대학교)

라의 왼쪽 다리에서 제거한 피부 조직에서는 세포핵이 분명하게 보였다. DNA가 있는지 확인하기 위해 피부 조직의 단면을 염색하자 세포핵이 빛을 냈다. 이 DNA는 핵 DNA가 있는 세포핵 안에 있었으므로 박테리아나 곰팡이의 DNA일 수 없었다. 그 조직에서 자라고 있는 박테리아나 곰팡이의 DNA라면 조직의 아무 데서나 보일 것이기 때문이다. 이것은 그 아이 본인의 DNA가 보존되었다는 분명한 증거였다. 나는 현미경을 통해 많은 사진을 찍었다.

세 개의 미라 시료에서 세포핵이 염색됨으로써 DNA가 존재한다는 것을 보여 주었다. 아이의 미라에 잘 보존된 세포들이 가장 많은 듯했다. 이때 의심이 생기기 시작했다. 이 미라가 실제로 오래된 것인지 어떻게 아는가? 현대인의 시신을 고대 이집트 미라처럼 감쪽같이 변조시켜 관광객과 수집가들에게 파는 사람들도 있었다. 이러한 미라들 가운데 일부가 나중에 박물관에 기증되었을 수도 있었다. 베를린의 그 박물관 직원은 이 미라의 출처에 대한 기록을 제시하지 못했다. 목록의 해당 부분이 전쟁 때 파손되었기 때문인 듯했다.

연대에 대한 의문을 해결하려면 방사성탄소 연대 측정을 하는 수밖에 없었다. 다행히 이 분야의 전문가인 예란 포스네르트Göran Possnert가 웁살라 대학교에서 일하고 있었다. 그는 질량분석 가속기로 탄소동위소비를 측정하는 방법으로 오래된 유해에서 채취한 작은 시료의 연대를 결정했다. 나는 학생의 보잘것없는 용돈으로는 감당할 수 없을까 봐 걱정하면서, 내 미라의 연대를 측정하는 데 얼마나 드는지 그에게 물었다. 측은하게 여겼는지 그는 사려 깊게도 가격은 언급조차 하지 않고 무료로 연대를 측정해 주겠다고 했다. 분명 내 능력을 벗어나는 금액이었기 때문일 것이다.

작은 미라 조각을 예란에게 보내고 나서 결과를 기다렸다. 과학을 할 때 가장 괴로운 순간들 중 하나가 바로 이런 때가 아닐까 싶다. 내 연구의 성패가 다른 누군가가 하는 일에 달려 있는데 그것이 잘 되게 하기 위해 내가 할 수 있는 일이 없기 때문이다. 결코 울리지 않을 것 같은 전화벨이 울릴 때까지 마냥 기다릴 수밖에 없는 것이다. 하지만 몇 주가 지나고 나서 마침내 기다리던 전화가 왔다. 좋은 소식이었다. 그 미라는 2400년 된 것이었다. 대략 알렉산더 대제가 이집트를 정복한 시기였다. 나는 안도의 한숨을 쉬었다. 우선 밖으로 나가서 커다란 초콜릿 상자를 하나 사서 예란에게 보냈다. 그런 다음 내 연구 결과를 발표하는 일에 대해 생각하기 시작했다.

동독에 갔을 때 나는 사회주의 치하에서 살고 있는 사람들의 예민함을 얼마쯤 알게 되었다. 이번 일에서도 논문의 끝에 의례적인 감사의 표현만 하고 끝낸다면 나를 초대했던 박물관 큐레이터와 그 밖의 박물관 직원들이 크게 실망할 것 같았다. 감사의 표현을 제대로 하고 싶었다. 그래서 로티와 의논하고 베를린에서 친해진 젊고 야망 있는 동독 이집트학 학자 슈테판 그루네르트Stephan Grunert와 협의한 뒤 그곳의 한 과학 학술지에 미라 DNA에 관한 내 첫 논문을 발표하기로 했다.

나는 고등학교 수준의 독일어를 붙들고 고군분투하며 연구 결과를 써 내려갔고 미라 사진과 DNA의 존재를 알려 주는 염색된 조직의 사진을 넣었다. 그 사이에 나는 미라에서 DNA를 추출할 수 있었다. 이번에는 그 추출물 안에 전기영동 겔에서 확인할 수 있을 만한 DNA가 포함되어 있었고, 나는 그러한 실험에 대한 사진을 논문에 넣었다. DNA의 대부분이 분해된 상태였지만 일부는 수천 개의 뉴클레오티드가 연결된 것이었다. 그 정도 길이는 살아 있는 사람의 혈액 샘플에서 추출할 수 있는 DNA와 비슷한 것이다. 이는 고대 조직에 남아 있는 DNA 분자의 일부가 개별 유전자에 대한 연구를 할 수 있을 만큼 크다는 뜻이라고 논문에 썼다. 나는 고대 이집트 미라에서 나온 DNA를 체계적으로 연구할 수 있다면 어떤 일이 가능할지에 대해 거침없이 써 내려갔다. 그리고 다음과 같은 희망적인 말로 논문을 마무리했다. "이 기대가 충족될 것인지는 향후 몇 년 간의 연구가 보여 줄 것이다."

나는 원고를 베를린의 슈테판에게 보냈다. 그는 내 독일어를 고쳐 주었고, 1984년 그 논문은 동독 과학 아카데미가 펴내는 학술지『고대Das Altertum』[1]에 실렸다. 그리고 아무 일도 일어나지 않았다. 어디서 그 논문의 재출판을 요청하기는커녕 논문에 대해 내게 편지를 보낸 사람도 없었다. 나는 흥분했지만 다른 사람들은 아무도 그런 것 같지 않았다.

✄

세상 사람들은 동독의 출판물을 잘 읽지 않는다는 사실을 깨달은 나는 미라로 변한 한 남성의 머리에서 떼어 낸 조각으로 얻은 비슷한 결과를 정리해 같은 해 10월에 적당해 보이는 서구의 한 학술지에 보냈다.『고고학 저널Journal of Archaeological Science』이었다. 하지만 그 학술지의 문제는 너무 느리다는 것이었다. 동독에서 내 원고의 출판이 늦어진 것과 비교해도 느렸다. 동독에서는 슈테판을 통해 언어상의 오류를 고쳐야 했고 그런 다음에는 정치적 검열까지 받아야 했을 것이다. 고대 유물과 관련된 학문들이 굼벵이 같은 속도로 움직이는 것은 학술지 출판 과정에서도 마찬가지인 듯했다.『고고학 저널』은 결국 1985년 말에 내 논문을 출판했다.[2] 하지만 그때는 이미 논문에 기술한 결과들이 지난날의 사건이 되어 있었다.

✂

미라 DNA를 확보한 이상 다음 단계는 분명했다. 그것을 박테리아에 넣어 대량 복제해야 했다. 나는 그 DNA의 말단을 다른 DNA 조각들과 잘 붙게끔 만들어 주는 효소들을 처리해서 그것을 박테리아 플라스미드와 섞었고 그런 다음에 DNA 단편을 결합시키는 효소를 첨가했다. 성공한다면 미라에서 추출한 DNA 단편과 플라스미드 DNA가 결합한 혼성 분자들(이를 '재조합 플라스미드'라고 한다. 외부 DNA 조각이 플라스미드에 결합하지 않는 경우 플라스미드가 제대로 기능하지 않는다.—옮긴이)이 탄생하게 된다. 이러한 플라스미드(혼성 분자)가 박테리아에 들어가면 그것이 박테리아 세포 내에서 많은 수로 복제될 수 있을 뿐 아니라, 내가 배지(동식물 조직이나 세포 또는 미생물의 인공배양에 필요한 영양분이 들어 있는 액체 또는 고체 혼합물—옮긴이)에 첨가하는 항생제에 박테리아가 내성을 갖게 된다. 그러므로 제대로 기능하는 플라스미드를 흡수한 박테리아만이 살아남을 것이다. 항생제를 포함한 배양 접시에 균액을 뿌리면, 실험이 성공할 경우 박테리아 콜로니colony(세균 집락)가 나타난다. 그러한 콜로니 각각은 미라 DNA의 특정한 조각을 하나씩 갖고 있는 한 마리의 박테리아가 육안으로 확인할 수 있을 만큼 불어난 것이다.

이 실험을 점검하기 위해 나는 대조군 실험을 했다.(실험실에서는 필수적인 과정이다.) 예를 들어 똑같은 과정을 그대로 반복하되 플라스미드에 미라 DNA를 넣지 않고 실험해 보기도 했고, 똑같은 과정을 그대로 반복하되 현대인의 DNA를 넣고도 실험해 보았다. 이 실험에서 박테리아들이 DNA 용액을 흡수하도록 한 뒤 항생제가 포함된 한천 배지 위에 그 균액을 도포하고 37도의 인큐베이터에 하룻밤을 넣어 두었다.

다음 날 아침 나는 인큐베이터를 열고 기대에 부푼 마음으로 진한 배지에서 풍기는 축축한 냄새를 맡았다. 현대인의 DNA를 넣은 배양 접시에는 수천 개의 콜로니가 생겼다. 콜로니가 너무 많아서 배지가 박테리아로 뒤덮여 있다시피 했다. 이는 내 플라스미드가 원하는 효과를 냈음을 보여 주는 증거였다. 그 박테리아들이 살아 있었던 것은 그 플라스미드를 흡수했기 때문이다. DNA를 넣지 않은 플라스미드로 실험한 배지에서는 콜로니가 거의 생기지 않았다. 이는 미지의 원천에서 온 DNA가 없었다는 뜻이었다. 베를린의 미라에서 추출한 DNA를 넣은 실험에서는 수백 개의 콜로니가 나왔다. 나는 기뻐 어쩔 줄을 몰랐다. 내가 2400년 된 DNA를 복제한 것이다!

하지만 그것이 어린아이 미라의 DNA가 아니라 미라 조직 안에 있던 박테리아의 DNA일 수도 있지 않을까? 내가 박테리아 안에서 대량 복제한 DNA의 적어도 일부는 인간의 것임을 어떻게 증명할 수 있을까?

그 DNA 가운데 일부가 박테리아의 것이 아니라 인간의 것임을 증명하기 위해서는 그 DNA의 일부를 취해 염기 서열을 확인해 볼 필요가 있었다. 하지만 아무 클론clone(콜로니를 형성한 유전적으로 동일한 세균 개체군—옮긴이)이나 고를 경우 거기에 포함된 DNA 서열은 인간의 것이라 해도 아직 해독되지 않은 부위이거나, 아니면 서열이 밝혀져 있을 가능성이 더 적은 미생물의 것일 확률이 높았다.

따라서 아무 클론이나 고르지 않고 원하는 것을 골라낼 필요가 있었다. 내가 원하는 것과 비슷한 DNA 서열을 갖고 있는 클론을 골라낼 수 있는 방법이 있었다. 우선 수백 개의 콜로니 각각에 있는 박테리아의 일부를 셀룰로오스 필터에 옮긴다. 그러면 박테리아가 터져서 DNA가 필터와 결합한다. 그런 다음에 방사성 동위원소로 표지를 한 DNA 조각을 이용하는 것이다. 이것을 '탐침probe'이라고 하는데, 단일 가닥으로 되어 있어서 필터에 붙어 있는 단일 가닥으로 분리된 DNA에서 상보적인 서열을 찾아 결합한다.

나는 약 300개 뉴클레오티드 길이의 반복 서열—알루Alu 요소—을 포함하는 DNA 조각을 이용하기로 했다. 이 반복 서열은 인간의 게놈에서는 수백만 번 출현하지만 인간, 유인원, 원숭이 외의 생물에는 없다. 사실 알루 요소는 너무 많은 수가 존재해서 인간은 게놈의 10퍼센트 이상이 이것으로 되어 있다. 내가 얻은 클론들 중에서 알루 요소를 찾아낼 수 있다면, 미라에서 추출한 DNA의 적어도 일부는 인간의 DNA임이 증명되는 것이다.

그 연구소에서 내가 연구해 왔던, 알루 요소를 포함하는 한 유전자 조각을 가져다가 방사성 동위원소를 결합시켜서 필터에 붙여 보았다. 여러 클론들이 방사성 물질을 흡수했다. DNA의 일부가 인간의 것일 때 일어날 수 있는 일이었다. 나는 가장 강력하게 붙은 클론을 골라냈다. 거기에는 약 3400개의 뉴클레오티드로 이루어진 DNA 조각이 포함되어 있었다. 우리 팀에서 DNA 시퀀싱의 대가였던 대학원생 단 라르함마르Dan Larhammar의 도움을 받아 그 클론의 일부에 대해 서열을 확인해 보았다. 거기에는 정말로 알루 요소가 포함되어 있었다. 정말 기뻤다. 내가 얻은 클론들에는 인간의 DNA가 있었고 그것이 박테리아 내에서 복제될 수 있었던 것이다.

1984년 11월에 내가 염기 서열을 확인하기 위해 전기영동 겔을 붙들고 씨름하고 있을 때 『네이처』에 나와 밀접한 관련이 있는 논문 한 편이 실렸다. 그것은 현생인류의 아프리카 기원설을 세운 사람이자 그 당시 가장 유명한 진화생물학자 중 한 명이었던 앨런 윌슨Allan Wilson과 함께 UC 버클리에서 연구한 러셀 히구치Russell Higuchi가 콰가얼룩말의

100년 된 피부에서 DNA를 추출해 대량 복제한 결과를 발표한 논문이었다. 콰가얼룩말은 약 100년 전까지 아프리카 남부에 존재했던 얼룩말의 멸종한 아종이다. 러셀 히구치는 미토콘드리아 DNA 단편 두 개를 분리해 냈고, 예상했던 대로 콰가얼룩말이 말보다는 얼룩말과 더 가깝다는 것을 증명했다.

나는 이 연구를 보고 용기를 얻었다. 앨런 윌슨이 고대 DNA를 연구하고 있다면, 그리고 『네이처』가 120년 된 DNA에 관한 논문을 흥미롭게 여겨 출판하기로 했다면 내가 하고 있는 일이 이상한 일도 시시한 일도 아니라는 뜻이었다.

난생처음으로 많은 사람들이 흥미를 가질 만한 논문을 쓰기 시작했다. 앨런 윌슨처럼 나도 『네이처』에 논문을 보내기로 했다. 나는 베를린에서 가져온 미라 조직으로 한 일을 기술했다. 참고문헌의 맨 앞에 올린 논문들 중 하나는 동독의 학술지에 실렸던 것이었다.

『네이처』의 사무실이 있는 런던에 원고를 보내기 전에 먼저 할 일이 있었다. 내 논문 지도 교수였던 페르 페테르손에게 이 이야기를 하고 완성된 원고를 보여 주어야 했다. 나는 초조한 마음으로 그의 방에 들어가서 내가 한 일에 대해 이야기했다. 그리고 혹시 지도 교수의 자격으로 논문의 공동 저자가 되고 싶은지 물었다. 하지만 나는 그를 한참 과소평가한 셈이었다. 연구 기금과 귀중한 시간을 엉뚱한 곳에 썼다고 꾸짖기는커녕 그는 놀라워하는 듯했다. 그는 원고를 읽어 보겠다고 약속하면서 알지도 못했던 연구의 공동 저자가 될 수는 없다고 말했다.

몇 주 뒤에 나는 『네이처』로부터 편지를 받았다. 검토자들이 지적한 몇 가지 사소한 문제들을 해결한다면 원고를 출판하겠다는 편집자의 약속이 적혀 있었다. 곧 교정쇄가 도착했다. 그 시점에 나는 내게 신적인 존재였던 앨런 윌슨에게 어떻게 접근할지 궁리하고 있었다. 박사 학위 심사가 끝난 뒤 그가 있는 버클리의 연구실에 가도 될지 물어보고 싶었다. 이런 말을 어떻게 꺼내야 하는지 잘 몰랐던 나는 출판 전에 논문을 보내 주면 고마워할 것이라고 생각하고 아무런 메모도 없이 교정쇄 한 부를 그에게 보냈다. 나중에 편지를 써서 그의 연구실에 자리가 있는지 물어볼 생각이었다.

『네이처』는 쏜살같이 출판을 진행시켰고 미라에 DNA 서열을 멋있게 두른 표지 그림을 요청하기까지 했다. 그런데 그보다 더 쏜살같이 앨런에게 답장이 왔다. 그는 나를 '페보 교수'라고 불렀다. 당시는 인터넷도 구글도 나오기 전이라서 내가 누구인지 알아낼 확실한 방법이 없었다. 편지의 내용은 더 놀라웠다. 그는 돌아오는 안식년을 '나의 연구실'에서 보낼 수 있을지 물었다! 이런 우스꽝스러운 오해가 생긴 것은 내가 그에게 확실하게 의사 전달을 하지 않은 탓이었다. 나는 세계에서 가장 유명한 분자진화학자인 앨런 윌슨을 모셔다가 일 년 동안 나를 위해 배양 접시를 닦게 만들 뻔했다는 농담을 실험실 동료들에게 했다.

나는 앨런에게 정식으로 편지를 써서 본인은 교수가 아니며 심지어 박사도 아니라서 안식년을 보낼 수 있는 연구실을 갖고 있지 않다고 설명했다. 오히려 내가 그의 버클리 연구실에서 박사후 연구 과정을 밟을 수 있는지 물었다.

3
과거를 증폭하다

앨런 윌슨은 내게 정중한 답장을 보내 자신의 연구실에 박사후 연구생으로 오라고 초청했다. 이 일은 내 과학자의 길에 전환점이 되었다. 박사 학위를 땄을 때 내게는 세 가지 선택이 있었다. 병원에서 의학 공부를 마치는 것(내가 방금 경험한 흥분에 비하면 따분한 전망처럼 보였다), 박사 과정에서 성공적으로 해낸 바이러스와 면역계에 대한 연구를 세계 최고의 연구실에서 계속하는 것, 그리고 앨런의 제안을 받아들여 고대 유전자를 회수하는 연구로 박사후 과정을 밟는 것이었다.

조언을 구한 동료들 및 교수들 대부분은 두 번째를 추천했다. 그들은 미라 DNA에 대한 관심은 특이한 취미일 뿐 확실한 미래를 보장하는 진지한 연구와는 방향이 다르다고 주장했다. 나는 물론 세 번째 선택지에 끌렸지만 주된 연구는 바이러스학으로 하고 '분자고고학'은 취미로 하는 것이 더 현실적인 선택이 아닌지 계속 망설여졌다. 하지만 1986년에 참석한 콜드스프링하버 심포지엄이 모든 것을 바꾸어 놓았다.

뉴욕의 롱아일랜드에 있는 콜드스프링하버 연구소Cold Spring Harbor Laboratory는 분자유전학의 성지다. 그 연구소는 훌륭한 회의를 많이 조직하는데, 대표적인 것이 1년에 한 번 개최되는 정량 생물학 심포지엄Symposium on Quantitative Biology이다. 『네이처』에 실린 논문[1] 덕분에 나는 1986년에 열린 심포지엄에 난생처음으로 초청받아 미라 연구에 대한 강연을 했다.

내게는 이것만으로도 설레기 충분했는데 청중들 가운데는 문헌을 통해서만 알고 있던 사람들이 많았다. 그중에는 앨런 윌슨도 있었고, 같은 세션에서 중합 효소 연쇄 반응PCR에 대해 설명한 캐리 멀리스도 있었다. PCR는 박테리아 내에서 DNA를 대량 복제하는 성가신 과정을 생략할 수 있게 해 주었다는 점에서 진정 획기적인 기술이었다.

나는 그 기술에 대해 듣자마자 고대 DNA 연구에 유용할 것 같다는 생각을 했다. PCR를 이용하면 DNA가 조금만 남아 있더라도 관심 있는 DNA 단편을 겨냥해 증폭할 수 있었기 때문이다. 실제로 캐리는 강연을 끝낼 때 내가 했던 발표를 언급하면서 PCR가 미라를 연구하는 데 이상적이라고 지적했다! 나는 빨리 연구실로 돌아가서 PCR를 시도해 보고 싶었다.

그 학회는 또 다른 방식으로도 나를 매료시켰다. 바로 공공 기금으로 운영되는 공동 연구팀을 꾸려서 인간 게놈의 전체 염기 서열을 분석하는 프로젝트가 처음으로 의제로 올라왔던 때가 그 학회에서였다. 그곳에서 나는 풋내기에 불과했지만 학계의 거물들이 그러한 프로젝트에 필요한 수백만 달러의 비용, 수천 대의 기계, 여러 가지 신기술들을 논하는 자리에 함께 있는 것만으로도 으쓱한 기분이 들었다. 활발한 논쟁이 벌어지는 가운데 몇몇 유명한 과학자들이 그 프로젝트는 기술적으로 불가능하고 흥미로운 결과를 낼 가능성이 별로 없으며 단일 연구자들이 이끄는 소규모 연구팀이 수행하는 더 가치 있는 연구에 돌아가야 할 귀중한 돈을 낭비하는 일이라고 비난했다. 하지만 내게는 그 일이 흥미롭게만 보였고, 나도 게놈 프로젝트에 끼고 싶었다.

그 회의를 주도하는 공격적이고 정력적인 대부분의 과학자들과 달리, 앨런 윌슨은 조용하고 부드러운 사람으로 내가 상상했던 모습 그대로였다. 머리를 길게 기른 뉴질랜드 사람으로 따뜻한 눈매를 가진 그는 나를 편안하게 대해 주었고, 내 마음이 기우는 방향을 따르고 가장 성공할 것 같은 일을 하라고 격려해 주었다. 그와 함께했던 학회 덕분에 나는 마침내 결정을 내렸고 그에게 버클리로 가고 싶다고 말했다.

그런데 문제가 있었다. 안식년을 '나의 연구실'에서 보낼 수 없었던 앨런이 잉글랜드와 스코틀랜드의 두 연구실에서 안식년을 보내기로 결정했던 것이다. 다시 말해 나는 그 기간 동안 할 만한 다른 일을 찾아야 했다. 박사 연구의 일환으로 나는 취리히에 있는 발터 샤프너Walter Schaffner의 연구소에서 몇 주 동안 일한 적이 있었다. 그는 유전자 발현을 돕는 DNA 내의 중요한 요소인 '인핸서enhancer'를 발견한 유명한 분자생물학자다. 비정통적인 가설들과 프로젝트를 당당하게 추진하는 것으로 유명한 발터가 그때 자신의 연구실에서 고대 DNA에 대해 연구해 보지 않겠냐며 나를 다시 초청했다. 그는 오스트레일리아에서 살았던 늑대와 비슷한 멸종 유대류인 태즈메이니아주머니늑대에 특히 관심이 있었다. 발터는 이 생물의 박물관 표본에서 DNA를 추출해 복제할 수 있겠느냐고 물었다. 나는 해 보기로 하고 웁살라에서 박사 논문 심사를 통과하자마자 취리히로 갔다.

그 사이에 나는 『네이처』에 발표한 논문에 대한 사람들의 관심에 힘입어 동독에서 더 많은 미라 시료를 얻을 수 있기를 바랐다. 그렇게 된다면 더 많은 클론을 얻어 평범한 알루 반복 서열 대신에 흥미로운 유전자를 찾을 수 있을 것 같았다. 『네이처』에 논문이 출판되고 나서 몇 달 뒤 내가 미라 시료를 얻을 수 있도록 주선하러 로티가 베를린에 갔을 때 일이 잘 풀릴 것이라고 기대했다. 그러나 그는 심란한 소식을 가지고 돌아왔다. 그 박물관에 있는 그의 친구들 중 누구도 그를 만날 시간을 내지 못했다는 것이다. 사실은 그들 모두가 로티를 피하는 것처럼 보였다. 결국 다른 사람들이 자리를 떴을 때 그는 친구들 중 한 명을 추궁할 수 있었다.

알고 보니 나의 『네이처』 논문이 출판되고 나서 동독의 무시무시한 비밀경찰 슈타지가 박물관에 나타나 작은 방에서 직원들을 한 명씩 차례로 면담하면서 나와 로티와 함께 무슨 일을 꾸몄냐고 물었던 것이다. 내가 첫 번째 연구 결과를 동독에서 발표했다는 사실과 『네이처』 논문에 그 출판물을 눈에 띄게 언급했다는 사실은 슈타지에게는 전혀 관심 밖의 일이었다. 그 대신 그들은 박물관 직원들에게 웁살라 대학교는 반사회주의 선동의 중심지로 유명한 곳임을 명심하라고 말했다고 한다. 스웨덴에서 가장 오래된 대학교가 이런 식으로 묘사되고 있는 것에 헛웃음이 나왔지만, 제정신이라면 슈타지에게 이런 말을 듣고 나서도 우리와 교류할 동독 사람은 하나도 없었다.

나는 전체주의 시스템 앞에서 무력감을 느꼈다. 경쟁하는 두 정치 체제가 과학 교류를 통해 더 가까워지는 미래를 그려 보면서 내가 그 과정에 작게나마 기여하기를 바랐다. 동독이 내 인생에서 어떤 역할을 하게 될지를 그때는 전혀 몰랐지만 그 시점에는 연구 시료를 구하는 것도 협조를 얻는 것도 여의치 않아 보였다.

✄

취리히에서 나는 수중에 남아 있던 약간의 미라 시료와 멸종한 유대류 늑대의 표본들에서 DNA를 추출하는 일에 착수했다. PCR에 대한 의욕이 넘쳤음에도 캐리 멀리스의 프로토콜(서면으로 작성해 놓은 실험 과정 및 방법―옮긴이)을 따라 하는 것은 만만찮은 일이었다. 우선 98도로 온도를 맞춘 항온 수조에 DNA를 담가 DNA의 이중 가닥을 분리시켜야 하고, 두 번째 단계에서는 항온 수조의 온도를 55도로 낮추어 합성된 프라이머들이 표적 서열을 찾아 결합하게 해야 하고, 그다음으로는 열에 민감한 효소(중합 효소)를 첨가해서 그 혼합물을 37도의 항온 수조에 넣고 그 효소가 새로운 가닥을 합성하게 해야 한다. PCR 실험을 한 번 할 때마다 이 지루한 조작을 적어도 30회 이상 반복해야 했다. 나는 DNA 단편을 증폭하기 위해 값비싼 효소를 엄청나게 낭비해 가며 김이 나는 항온 수조 앞에서 많은 시간을 보냈다.

하지만 가끔씩 현대 DNA가 약하게 증폭된 산물을 얻을 수 있었을 뿐 태즈메이니아주머니늑대와 미라 시료에 포함된 심하게 손상된 DNA의 경우는 운이 따라 주지 않았다. 전자현미경을 통해 미라와 태즈메이니아주머니늑대의 DNA가 대부분 짧은 단편으로 끊어져 있음을 밝힌 것이 그나마 작은 소득이었다. 심지어 몇몇 DNA 분자들은 화학 반응에 의해 서로 얽혀 있었다. 박테리아에 넣었을 때나 시험관에 넣어 PCR를 돌릴 때 이런 성질이 DNA 분자들의 증식을 어렵게 만들었음이 분명했다.

1985년 런던 외곽의 하트퍼드셔에 있는 토마스 린달의 연구실에서 몇 주 동안 지낼 때 얻은 몇 가지 연구 결과를 생각해 보면 이것은 놀라운 일이 아니었다. 토마스는 스웨덴 태생으로 DNA에 일어나는 화학적 손상과 이 문제를 해결하기 위해 생물들이 진화시킨 수선 체계에 관한 세계적인 전문가다. 그의 연구실에서 나는 오래된 조직에서 추출한 DNA에 여러 형태의 손상이 존재한다는 것을 증명해 냈다.

이 결과와 취리히에서 얻은 새로운 연구 결과는 탄탄한 기술과학descriptive science(사실을 설명하고 예측하는 것을 임무로 하는 과학 ─옮긴이)에 속했지만, 오래전에 멸종한 생물들의 DNA 서열을 해독하고자 하는 내 목표에 닿게 해 주지는 못했다. 항온 수조 앞에서─그리고 알프스의 스키장에서─몇 달을 보냈지만 돌파구가 생기지 않았다. 그래서 앨런 윌슨이 돌아온 버클리로 가기 위해 취리히를 떠나던 1987년 봄, 나는 진심으로 안도감을 느꼈다.

캘리포니아 대학교 버클리 캠퍼스의 생화학과에 도착하자마자 나는 적시 적소에 와 있음을 깨달았다. 캐리 멀리스가 이곳에서 대학원생으로 있다가 캘리포니아 만 근처의 시터스Cetus 사로 내려가 PCR를 발명했으며, 앨런의 지도를 받던 대학원생들과 박사후 연구생들 가운데 여러 명이 시터스 사에서 일했다. 그 결과 내가 취리히에서 PCR를 붙들고 혼자 끙끙대는 동안 버클리에서는 많은 사람들이 함께 일했고, 그로 인해 많은 개선이 이루어졌다. 시터스 사 사람들은 고온에서 증식하는 한 박테리아에서 얻은 DNA 중합 효소(PCR에서 새로운 DNA 가닥을 합성하기 위해 쓰는 효소)를 대량 복제해 발현시켰다. 이 효소는 고온에서도 견딜 수 있어서 PCR의 각 사이클마다 시험관을 열고 효소를 넣을 필요가 없었다.

이는 PCR의 전 과정을 자동화할 수 있다는 뜻이었다. 실제로 앨런의 연구실에 있던 한 박사후 연구생은 작은 항온 수조에 물을 대는 세 개의 큰 항온 수조를 마련하고 온도 사이클을 컴퓨터로 조절하는 장치를 이미 개발해 냈다. 이 장치는 실제로 PCR를 자동으로 돌릴 수 있게 해 주었다. 취리히에서 몇 달간 항온 수조 앞에서 보냈던 나는 이 발전이 정말 반가웠다. 이제는 PCR를 시작해 놓고 저녁에 집에 갈 수 있었다.(하지만 밸브가 예정대로 닫히지 않아 연구실이 물바다가 된 뒤로는 이렇게 하는 것을 포기해야 했다.)

혁신적이기는 했으나 믿을 수 없었던 이 기계장치는 곧 시터스 사가 생산한 최초의 PCR 기계로 대체되었다. 시험관들을 꽂을 수 있도록 구멍이 뚫린 금속판이 장착된 이 기계는 DNA가 담긴 시험관들을 우리가 원하는 대로 데우고 식혀 주었으며 우리가 원하는 횟수만큼 PCR 사이클을 돌려 주었다. 이 모든 과정은 물론 컴퓨터가 제어했다. 이 기계가 들어오던 날 우리 모두가 느꼈던 경외감을 아직도 기억한다. 나는 말 그대로 이 기계에 덤벼들어 동료들이 봐주는 한도 내에서 최대한 많이 예약했다.

✂

나는 첫 번째 단계로 전에 러셀 히구치가 박테리아에 넣어 대량 복제했던 멸종한 남아프리카 얼룩말인 콰가얼룩말의 mtDNA로 PCR를 시도해 보았다. 러셀은 앨런의 연구실을 떠나 시터스 사로 갔지만 그의 콰가얼룩말 시료들은 일부가 아직 남아 있었다. 나는 콰가얼룩말의 피부 조각에서 DNA를 추출했고 러셀이 대량 복제한 미토콘드리아 DNA 서열에 특이적으로 결합하는 프라이머들을 합성한 다음 새로운 기계로 PCR를 돌리기 시작했다. 결과는 성공이었다! 나는 콰가얼룩말의 아름다운 DNA 단편을 증폭했고, 염기 서열을 분석한 결과 러셀이 박테리아 클로닝 기법으로 분석한 것과 매우 비슷했다.

가장 큰 진전은 결과를 재현할 수 있다는 것이었다. 박테리아 클로닝 기법은 매우 비효율적이라서 연구 결과를 재현하는 것이 불가능에 가까웠다. 그 과정을 통해 같은 DNA 부위를 얻을 가능성이 거의 없었기 때문이다. 내가 회수한 콰가얼룩말의 서열은 러셀이 박테리아에서 복제한 서열과 매우 비슷했지만 두 군데가 달랐는데, 그것은 아마 DNA 분자의 손상 때문이었을 것이다. 러셀의 실험에서 박테리아가 DNA 샘플을 흡수해서 복제할 때 손상된 분자가 오류를 일으켰을 것이다. PCR 덕분에 나는 같은 서열에 대한 증폭 실험을 여러 번 반복해서 똑같은 결과가 나오는지 확인할 수 있었다. 결과를 재현할 수 있는 것, 그것이 바로 과학이었다!

나는 콰가얼룩말의 데이터를 정리한 논문을 『네이처』에 발표했고, 앨런이 논문의 공동 저자가 되었다.[2] 고대 DNA를 체계적이고 통제된 방식으로 연구하는 것이 이제 가능해졌음이 분명했다. 나는 멸종한 동물들, 바이킹, 로마인, 파라오, 네안데르탈인, 인류의 다른 조상들이 머지않아 분자생물학의 강력한 도구들로 분석될 것이라고 확신했다. 하지만 그것을 증명하려면 시간이 좀 걸릴 것 같았다. (결국 나는 PCR 기계를 사용하기 위해 실험실 동료들과 경쟁해야 하는 처지였다).

앨런의 한 가지 관심사는 인류의 기원이었다. 얼마 전에 그는 마크 스톤킹, 레베카 칸과 함께 『네이처』에 논란을 불러일으키는 논문 한 편을 발표했다. 제한 효소들로 DNA의 다양한 위치를 자르는 번거로운 분석을 통해 전 세계 사람들의 미토콘드리아 DNA를 비교한 논문이었다. 이 논문에서 그는 현대인의 mtDNA들을 추적하면 단일한 공통 조상에

이르며, 그 공통 조상은 약 10만 년 전에서 20만 년 전에 아프리카에서 살았을 것이라고 말했다.[3]

이제 우리는 더 많은 사람들의 DNA 서열을 연구함으로써 이 연구를 확장할 수 있었다. 아침마다 오토바이를 타고 연구실에 오는 젊은 대학원생 린다 비질런트Linda Vigilant가 이 일을 하고 있었다. 나는 린다의 소년 같은 매력에 끌렸지만 당시에는 그녀를 PCR 기계를 서로 차지하기 위해 경쟁하는 동료로 보았을 뿐이다. 훗날 우리가 다른 나라에서 결혼해 자식을 낳고 살게 될 줄은 꿈에도 몰랐다.

그동안 유전자 데이터로 인간의 진화를 복원하는 일은 살아 있는 사람들의 DNA 서열 차이를 연구해 과거의 이주가 어떻게 그 차이를 초래했는지 추론하는 수준이었다. 이러한 추론을 할 때는 DNA 서열이 어떻게 뉴클레오티드의 변화를 축적하는지, 그리고 집단 내의 한 세대에서 다음 세대로 변종들이 어떻게 전달되는지에 대한 사실들을 반영한 모델들을 바탕으로 삼는데, 이러한 모델들은 과거에 일어났을 가능성이 있는 일들을 지나치게 단순화시킨 것일 수밖에 없다. 예를 들어 이 모델들은 한 집단 내의 모든 사람이 반대 성의 모든 개인과 자식을 낳을 확률이 똑같다고 추정했다. 또한 각각의 세대를 세대 간의 섹스도 없고 연구 중인 DNA 서열에서 비롯된 생존 능력의 차이도 없는 독자적인 실체로 가정했다.

가끔씩 나는 이것이 과거에 대한 이야기를 지어 내는 것과 뭐가 다른지 궁금했다. 이런 식의 연구는 누가 뭐래도 간접적인 방법이었다. 반면에 시간을 거슬러 올라가서 과거에 어떤 변종들이 실제로 존재했는지 보는 것은 내가 즐겨 쓰는 표현으로 말하면 "진화를 현행범으로 체포

하는 것"이다. 즉 과거의 많은 사람들의 DNA 서열을 연구해서 린다가 현대인들을 대상으로 하고 있는 연구에 직접적인 역사적 관찰을 보탬으로써 진화가 일어나고 있는 현장을 잡는 것이다.

나는 이 야심만만한 생각을 일단 수천 년보다는 짧은 기간을 대상으로 시험해 보기로 했다. UC 버클리의 척추동물 박물관에는 지난 100년 동안 미국의 서부에서 활동하던 자연학자들이 수집해 놓은 소형 포유류들이 엄청나게 많이 있었다. 그 박물관에 있는 대학원생인 프랜시스 빌라블랑카Francis Villablanca, 그리고 앨런의 연구실에 있는 박사후 연구생 켈리 토머스Kelley Thomas와 함께 나는 캥거루쥐 개체군들에 대한 연구에 착수했다. 캥거루쥐는 작은 설치류로서 지나치게 큰 뒷다리로 점프하듯이 움직인다고 해서 그런 이름이 붙었다.(그림 3.1을 보라.) 캘리포니아, 네바다, 유타, 애리조나의 접경지대에 있는 모하비 사막에 많은 수가 살고 있으며 가장 좋아하는 먹이가 방울뱀이다.

나는 1911년, 1917년, 1937년에 세 장소에서 수집되어 박물관에 있던 캥거루쥐 몇 마리의 피부에서 mtDNA를 추출해 염기 서열을 알아냈다. 그런 다음에 나, 프랜시스, 그리고 켈리는 동물학자들이 적은 현장 노트의 사본과 지도를 구해서 모하비 사막으로 몇 차례 답사를 떠났고 그곳에서 과거와 같은 장소에 덫을 설치했다. 우리는 옛날 지도를 따라 사막으로 들어가서 선배 동물학자들이 40~70년 전에 갔던 장소를 찾았다. 해가 지고 있을 때 우리는 세이지브러시(국화과 쑥속에 속하는 식물 중 관목처럼 자라는 여러 종—옮긴이)와 조슈아 나무(유카의 일종—옮긴이) 사이에 덫을 놓았다. 별이 총총한 청명하고 고요한 사막의 밤하늘 아래서 이따금씩 쥐덫이 탁 하고 닫히는 소리를 들으며 잠을 청하는 것은 일에 찌든 도시 일상으로부터의 즐거운 일탈이었다.

그림 3.1
캘리포니아 대학교 버클리 캠퍼스의 척추동물 박물관에서 가져온
100년 전의 캥거루쥐와 현재의 캥거루쥐.
(사진: 캘리포니아 대학교 버클리 캠퍼스)

실험실로 돌아온 우리는 수집한 캥거루쥐들로부터 mtDNA를 추출해 염기 서열을 해독한 다음, 그것을 약 40~70년 전에 살았던 동물들의 서열과 비교했다. 우리는 이 주머니쥐의 변종들이 시간이 흐르는 동안 눈에 띄는 변화를 겪지 않았다는 사실을 알게 되었다. 이 결과는 어느 정도 예상했던 것이었으나, 현생 동물들의 조상 집단이 갖고 있던 유전자들이 어땠는지 시간을 되돌려 엿보는 첫 경험은 꽤 만족스러운 것이었다. 우리는『분자진화 저널Journal of Molecular Evolution』[4]에 이 연구 결과를 발표했다.

그리고 얼마 뒤 잘나가는 진화생물학자 재러드 다이아몬드Jared Diamod가『네이처』[5]에서 우리 연구를 극찬한 것을 보고 기뻤다. 그는 PCR로 가능해진 새로운 연구 기법들의 의미에 대해 이렇게 평가했다. "박물관의 오래된 표본들은 진화생물학에서 가장 중요한 데이터라 할 수 있는 유전자 빈도의 역사적 변화를 직접 확인할 수 있는 방대하고도 대체 불가능한 자료가 될 것이다." 또한 그는 "이 프로젝트가 성공한 이상, 앞으로 박물관 표본들의 과학적 가치를 이해하지 못하는 좁은 시야의 소유자들은 연구를 계속하기 힘들어질 것이다."라고도 했다.

하지만 나의 성배는 인류의 진화사였고 PCR가 인류의 과거를 들여다보는 창을 열어 줄 수 있을지 궁금했다. 예전에 웁살라에 있을 때 플로리다의 싱크홀에서 발견된 섬뜩하고도 놀라운 골격에서 채취된 시료를 얻은 적이 있었다. 물이 차 있던 알칼리성 퇴적층에서 발견된 그 골격은 옛 아메리카 원주민의 것이었고, 두개골 안에는 뇌가 약간 쪼그라들긴 했지만 놀랍도록 생생하게 보존되어 있었다. 나는 구식 기법을 이용해 이 시료에 인간의 DNA가 보존되어 있다는 것을 밝혀냈고 콜드스프링하버에서 이 결과를 미라에 대한 연구 결과와 함께 발표했다.

그런데 최근에 플로리다에서 비슷한 방식으로 발견된 7000년 전 뇌 시료를 앨런을 통해 얻었다. 나는 거기서 DNA를 추출했고 아시아에는 존재했지만 이제껏 아메리카 원주민들에서는 나타나지 않았던 특이한 서열의 짧은 mtDNA 단편을 회수했다. 두 차례의 독립적인 실험에서 이 서열을 발견했지만 나는 이즈음 현대 DNA의 오염이 매우 흔한 문제라는 사실을 깨닫고 있었다. 고대 인류의 유해를 연구할 때는 그것이 특히 문제가 되었다. 이 때문에 논문에서는 "여기에 보고된 증폭된 인간 서열이 고대 인류의 것임을 확실히 증명하기 위해서는 추가 연구가 필요하다."[6]라고 지적했다.

그럼에도 불구하고 이 연구는 유망해 보였고 인간의 집단유전학에 대해서도 더 알 필요가 있다고 느꼈다. 솔트레이크시티에서 일하는 뉴질랜드 출신의 이론 집단유전학자인 라이크 워드Ryk Ward가 PCR에 대해 배우고 싶다고 앨런의 연구실에 연락했을 때 내가 그 일을 맡겠다고 자원했던 것도 그 때문이었다. 나는 한 달에 한 번씩 유타로 가서 라이크의 연구실에 있는 사람들에게 PCR 돌리는 방법을 가르쳐주었다.

뛰어난 집단유전학자인 라이크는 특이하고 재밌는 사람이었다. 그는 추운 날씨에도 반바지를 입고 무릎까지 올라오는 양말을 신고 다녔는데 한 가지 일이 끝나기도 전에 다른 프로젝트와 다양한 행정 업무를 맡았다. 이런 일처리 습관 때문에 대학에서는 그를 좋아하지 않았지만, 라이크는 과학에 대해 토론하는 것을 굉장히 좋아했고 정식 수학 훈련을 받지 못한 나 같은 사람들에게 무한한 인내심을 갖고 복잡한 알고리즘을 알 때까지 설명해 주었다.

우리는 함께 밴쿠버 섬에 사는 캐나다의 소규모 원주민 집단 누차눌스Nuu-Chah-Nulth에 존재하는 mtDNA 변이를 연구했다. 라이크는 그들과 함께 여러 해를 연구해 왔다. 놀랍게도 이 집단의 몇 천 명의 사람들이 북아메리카 대륙 전역의 원주민들 사이에 존재하는 mtDNA 변이의 거의 절반을 갖고 있었다. 이 결과는 과거의 원주민 집단이 유전적으로 균질했다는 통념은 근거 없는 믿음에 불과하며 인간은 항상 커다란 유전적 다양성을 포함하는 집단을 이루고 살아왔음을 말해 주는 증거였다.

✄

버클리에 돌아와서는 거의 모든 일이 시도하는 족족 잘 풀리는 듯했다. 캐나다인 박사후 연구생 리처드 토머스가 우리 연구실에 PCR를 배우러 와서 프로젝트를 필요로 했을 때, 나는 취리히에 잠시 머물 적에 연구하다가 실패한 태즈메이니아주머니늑대를 연구해 보는 게 어떻겠느냐고 제안했다. 오스트레일리아, 태즈메이니아, 뉴기니에 사는 이 주머니늑대는 늑대와 아주 비슷하게 생겼지만 캥거루와 오스트레일리아에 사는 다른 여러 동물들과 같은 유대류였다. 그러므로 태즈메이니아주머니늑대는 유연관계가 없는 동물들이 비슷한 환경에서 비슷한 압력에 놓일 때 비슷한 형태와 행동을 진화시키는 과정인 수렴 진화의 전형적인 사례였다.

이 유대류 늑대로부터 작은 mtDNA 단편을 얻어 염기 서열을 알아본 결과 우리는 이 주머니늑대가 태즈메이니아주머니너구리 같은 그 지역의 다른 육식성 유대류와 진화적으로 가깝다는 사실, 그리고 남아메리카에 살았던 몇몇 멸종한 유대류가 늑대와 매우 비슷하게 생기긴 했으나 이 주머니늑대는 그 지역의 유대류와는 진화적으로 멀다는 사실을 밝힐 수 있었다. 이는 늑대와 비슷한 동물들이 두 번이 아니라 세 번 진화했음을 의미했다. 한 번은 태반 포유류에서 그리고 두 번은 유대류에서 진화한 것이다. 따라서 진화는 어떤 의미에서는 반복될 수 있었다. 이러한 관찰은 다른 생물 집단에 대한 연구에서 이미 이루어졌고 앞으로도 다시 이루어질 것이다.

우리는 『네이처』에 이 연구 결과를 발표했는데, 고맙게도 앨런은 내가 마지막 저자로 이름을 올릴 수 있게 배려했다. 그 자리는 연구를 이끈 과학자가 차지하는 자리였다.[7] 그런 자리에 처음 이름을 올리면서 과학에서의 내 위치가 바뀌고 있다는 것을 깨달았다. 지금까지의 위치는 실험대 앞에서 하루 종일, 대개는 밤늦게까지 실험하면서 결과를 생산해 내는 사람이었고, 가설이 내 것일 때도 대개 지도 교수와 토론하면서 도움을 얻고 영감을 받았다. 하지만 이러한 위치가 변하기 시작했다. 이제는 모든 실험을 직접 하는 대신 다른 이들을 이끌어 주고 영감을 제공하는 사람이 되어야 했다. 이러한 역할은 머릿속으로 생각할 때는 버겁게 느껴졌지만 현실에서는 그렇게 하는 것이 이미 자연스러웠다.

고대 DNA 연구에 PCR를 활용하는 연구를 다른 사람들과 함께 해 나가는 가운데 나는 고대 DNA를 회수하는 일의 복잡한 기술적 문제들을 이해하는 데 집중했다. 나는 웁살라, 취리히, 런던, 버클리에서 연구하는 동안 축적한 지식을 요약해 『미국 과학아카데미회보Proceedings of the National Academy of Sciences』에 발표했다. 그 논문에서 오래된 유해 속의 DNA는 일반적으로 길이가 짧고 화학적 변형이 잦으며 때로는 분자들이 서로 얽혀 있기도 하다는 사실을 밝혔다.[8] DNA가 분해된 상태라는 것은 PCR를 이용한 연구에 여러 가지 영향을 미쳤다.

가장 큰 문제는 PCR를 이용해 긴 단편의 고대 DNA를 확보할 수 없다는 것이었다. 100개 또는 200개 이상의 뉴클레오티드가 연결된 단편을 증폭해 내는 것은 일반적으로 불가능했다. 게다가 DNA 중합 효소가 한 프라이머에서 다른 프라이머가 있는 곳까지 연속적으로 DNA 가닥을 합성하기에 충분한 길이의 DNA 분자들이 거의 없거나 전혀 없을 때, 중합 효소가 짧은 단편의 DNA들을 이어 붙여서 프랑켄슈타인의 괴물 같은, 그 고대 생물의 원래 게놈에는 존재하지 않았던 조합을 만들어 내는 경우도 있었다. '점프하는jumping PCR'이라고 부르는 이 같은 과정을 통해 그러한 혼성 분자들이 형성되는 것은 고대 DNA를 증폭할 때 결과에 혼선을 초래할 수 있는 중요한 기술적 문제라서 나는 두 편의 논문에서 이 문제를 다루었다.

하지만 당시 나는 이 과정의 폭넓은 함의는 알아보지 못했다. 공교롭게도 몇 년 뒤에 실용적인 마인드를 지닌 과학자 칼 스테터Karl Stetter가 짧은 DNA 단편을 이어 붙이는 과정으로 서로 다른 유전자 조각들을 조합해서 새로운 '모자이크' 유전자를 탄생시켰다. 이러한 모자이크 유전자는 새로운 성질을 지닌 단백질을 만들어 냈다. 과거로의 여행에만 온 신경을 집중하느라 놓치고 말았던 이 아이디어는 생명공학계에서 하나의 새로운 분과를 창조하는 토대가 되었다.

앨런의 연구실에서 하고 있는 많은 일들이 순조롭게 돌아가고 있었지만 내게는 새로운 기술과 DNA 보존이 지닌 한계들이 눈에 들어오기 시작했다. 첫째, 오래된 유해가 모두 회수해서 연구할 수 있을 만한 DNA를 포함하고 있는 것은 아니었고, 그것은 PCR의 도움을 얻는다 해도 마찬가지였다. 실제로 동물이 죽은 직후에 빠르게 준비한 박물관 표본들을 제외하고는 고대 유해에서 채취한 시료에서 PCR로 증폭할 수 있을 만큼의 DNA가 산출되는 경우는 거의 없었다. 둘째, DNA를 산출한 고대 시료에 DNA가 분해된 상태로 존재한다면, 그것은 일반적으로 100개 또는 200개의 뉴클레오티드가 연결된 짧은 단편만을 증폭할 수 있다는 뜻이었다. 셋째, 고대 표본에서 핵 DNA를 증폭하는 것은 대개는 불가능에 가까웠다. 고대 시료에서 핵 DNA의 긴 단편을 찾겠다는 웁살라에서의 내 꿈은 단지 꿈에 불과한 것처럼 보였다.

샌프란시스코 베이 지역에서 보낸 내 인생은 강렬했고 만족스러웠다. 그것은 실험실 내부에서뿐 아니라 외부에서도 마찬가지였다. 나는 항상 여자들뿐 아니라 남자들에게도 끌렸고 스웨덴에서는 게이의 권리를 위한 운동에 적극적으로 참여하기도 했다. 베이 지역에서 에이즈가 기하급수적으로 증가하면서 수천 명의 젊은 남자들이 목숨을 잃는 것을 보고 뭔가 도움이 되는 일을 해야겠다고 느낀 나는 이스트 베이의 에이즈 프로젝트에 자원봉사자로 참여했다. 그곳에서 미국 사회의 가장 아름다운 모습 중 두 가지를 경험했다. 유럽에서는 보기 드문 관습인 자기 조직화와 자발적 참여가 그것이었다.

하지만 미국에서 만난 따뜻한 분위기와 과학적 기회들에도 불구하고 나는 결국 유럽으로 돌아가기를 원했다. 내 나머지 인생길에 결정적인 영향을 미친 것은 여자 친구였다. 유전학을 전공하는 독일인 대학원생이었던 바르바라 빌트Barbara Wild가 버클리에 방문 학생으로 와 있었고, 그녀가 이곳에 오도록 주선한 발터 샤프너가 그녀를 내게 소개했다. 바르바라는 정열적이고 아름답고 똑똑했다.

우리는 짧지만 강렬한 사랑을 나눴고, 그녀가 자신의 고향인 뮌헨으로 돌아간 뒤에도 관계는 지속되었다. 나는 유럽에 갈 기회를 호시탐탐 노렸고 한 번은 베니스에서 만나 믿을 수 없을 만큼 낭만적인 주말을 보냈다. 십 대 이래로 내 연애 생활의 대부분은 이성애자 남성들에게 반한 것이어서 대부분이 친구 사이로 끝났다. 베니스에서 바르바라와 함께 길을 거닐고 왕년의 남자 친구들과는 감히 상상도 할 수 없었던 행동을 남들 보는 데서 스스럼없이 하는 것은 짜릿한 경험이었다.

자주 뮌헨을 드나드는 것에 연구 핑계를 대기 위해 바르바라가 대학원생으로 있는 뮌헨 대학교 유전학과를 여러 차례 방문했다. 한번은 그곳에서 내가 하고 있는 고대 DNA 실험들에 대한 세미나를 열기도 했다. 세미나가 끝나고 나서 분자생물학자 헤르베르트 예클레Herbert Jäckle가 내게 두 달 후 자리가 나는 조교수직에 관심이 있는지 물었다. 바르바라와 함께 지낼 수 있는 기회라 생각하고 좋다고 답했다. 하지만 다음번에 뮌헨에 갔을 때 그녀가 다른 과학자와 깊은 관계라는 사실을 알게 되었다. 그는 바르바라처럼 초파리 연구자였고 실제로 나중에 바르바라의 남편이 되었다. 나는 버클리로 돌아가서 바르바라와 뮌헨을 잊기 위해 최선을 다했다.

여섯 달 뒤에 구직 활동을 본격적으로 시작했다. 케임브리지 대학교를 방문했을 때는 강사 자리, 웁살라를 방문했을 때는 연구 조교 자리를 제안받았다. 그러던 어느 날 밤늦게 독일에서 다시 연락이 왔다. 이번에는 미국 태생으로 뮌헨 대학교 생물학과 학장이었던 찰스 데이비드Charles David가 내가 있는 버클리로 전화를 걸었다. 뮌헨 대학교에서 조교수가 아닌 정교수직을 제안한다면 뮌헨으로 오겠냐는 것이었다.

그것은 경력상의 커다란 도약을 의미했다. 보통은 몇 년 동안 조교수를 하고 나서 정교수가 된다. 정교수직은 단지 직함만이 아니라 큰 연구실, 연구 인력, 연구 자금 같은 자원들까지 따라오는 자리였다. 하지만 망설여졌다. 독일이 20세기 최악의 두 정치 이데올로기 중 하나의 고향이라는 것을 제외하고는 독일에 대해 아는 바가 없었다. 내가 그 자리에 잘 맞을지, 양성애자라는 사실이 문제가 되지는 않을지도 걱정스러웠다. 결국 찰스와 헤르베르트가 의기투합해 뮌헨은 살기 좋고 과학하기 좋은 장소라고 설득했을 때 나는 한번 해 보기로 했다.

내 계획은 뮌헨 대학교의 교수로서 얻을 수 있는 기회들을 활용해 그곳에서 몇 년 동안 좋은 연구를 하고 그런 다음에 스웨덴으로 돌아가는 것이었다. 그들의 제안을 수락하여 1990년 1월의 어느 이른 아침에 큰 여행 가방 두 개를 들고 뮌헨에 도착했다. 나는 새롭고 두렵기 그지없는 세계에서 독립적인 과학 인생을 시작할 준비가 되어 있었다.

4
실험실의 공룡

연구실을 설치하는 것은 진땀 나는 경험이다. 처음 한다면 특히 그렇고 낯선 환경에서 한다면 더더욱 그렇다. 내 경우에는 환경이 한 가지 이상의 의미에서 낯설었다. 우선 그곳에는 독일 역사가 가득했다. 내가 일하게 될 그 대학의 동물학 연구소 건물은 1930년대 대공황 시절에 록펠러 재단이 지어서 기부한 것이었다. 그런데 전쟁 때 미군의 폭격을 맞아 전후에 록펠러 재단에서 다시 지어 주었다. 따라서 그곳은 전쟁과 동맹이라는 양극단 사이를 진자처럼 왔다 갔다 했던 독일과 미국의 복잡하고 다면적인 관계를 상징하는 장소였다. 그 연구소는 히틀러가 나치당 본부 자리로 만든 건물 단지와 기차역 사이에 위치했는데, 역에서 나치당 본부로 가기 위해 그 독재자와 동료들이 사용했던 터널이 지하실 밑에 있다는 소문도 있었다. 사실이든 아니든 그 소문은 표면 아래 숨죽이고 있는 독일 파시즘에 대한 내 두려움을 일깨웠다.

또 하나 낯설었던 점은 내가 동물학 연구소에 임명된 것이다. 나는 학부에서 동물학을 전공하지 않았고 심지어 생물학도 전공하지 않았다. 나는 곧바로 의학을 공부했는데, 스웨덴에서는 고등학교를 졸업하면 바로 의대에 들어갈 수 있기 때문이다.

내가 정식 코스를 밟지 않은 사람이라는 사실이 이곳에 도착하자마자 탄로 나고 말았다. 나보다 나이 많은 한 교수가 다음 학기에 곤충 분류학 과목을 가르칠 수 있는지 물었던 것이다. 아직 시차 적응도 하지 못한 데다 다른 관심사에 정신이 팔려 있었던 나는 별생각 없이 동물학 연구소에서 동물도 아닌 곤충을 다루는 것이 놀랍다고 말해 버렸다. 내게 '동물'은 발톱 달린 발과 털 그리고 축 늘어진 귀를 지닌 존재였다. 그 교수는 어이가 없는 표정으로 나를 쳐다보더니 아무 말 없이 자리를 떴다. 나는 새 직장에 부임한 첫 주부터 바보 같은 실수를 했다는 것이 부끄러웠다. 하지만 그 뒤로는 아무도 내게 분류학이나 곤충학에 관한 과목을 가르치라는 말을 꺼내지 않았다는 점에서는 잘된 일이었다.

자리를 잡아갈 무렵 내 전임자가 식중독으로 갑자기 사망했다는 것을 알게 되었다. 그의 동료들로부터 신망을 얻기는 쉽지 않을 것 같았다. 그중 몇몇은 나를 미숙하고 괴상한 외국인, 일종의 찬탈자로 보았다. 명예교수이자 내 전임자의 멘토였던 한스요헴 아우트룸Hansjochem Autrum과 불편하게 마주쳤던 날 그것을 확실히 알았다. 아우트룸 교수는 독일 동물학계에서 영향력 있는 인물이었다. 내가 뮌헨에 도착했을 때 그는 독일에서 유력한 생물학 학술지 『자연과학Naturwissenschaften』의 편집인으로 여전히 활동하고 있었고 나와 같은 층의 사무실을 썼다.

내가 뮌헨에 온 지 얼마 되지 않았을 때였는데 계단에 우연히 마주친 아우트룸 교수는 내가 하는 인사를 받아 주지 않았다. 내 연구실의 실험 조교에게 전해 들은 바로는 그 후에 그 교수가 직장을 구하지 못하고 있는 젊고 훌륭한 독일인 과학자들이 수두룩한데 '국제 쓰레기internationaler Schrott'나 고용하고 있다면서 주변에 다 들리도록 큰 소리로 불평했다고 한다.

그때부터는 그를 무시하기로 했다. 몇 년이 흘러 그가 죽고 나서 나는 그가 가입했던 독일의 한 명망 높은 학회의 회원이 되어 회보에서 그의 부고를 읽었다. 부고를 쓴 사람은 1945년 이전 아우트룸 교수가 나치 당원이었을 뿐 아니라 돌격대SA 일원이었고 베를린의 한 대학에서 국가사회주의 이념에 관한 과목을 가르쳤다고 지적했다. 나는 모두에게 사랑받고 싶어 하는 다소 욕심이 지나친 사람이지만 그 교수와는 어차피 친구가 될 수 없었을 거라는 생각이 들었다.

다행스럽게도 아우트룸 교수는 그 연구소에서 예외적인 인물이었다. 또한 그는 독일에서 한물간 세대에 속했다. 나는 분류학뿐 아니라 동물학과 행정에 대해서도 모르는 게 많다는 것을 솔직하게 털어놓으면서 나보다 나이가 많은 실험 조교들과도 잘 지내게 되었고, 머지않아 그들은 새롭고 흥미로운 일을 꾸미는 나를 돕고 싶어 했다. 찰스와 헤르베르트도 물심양면으로 지원해 주었다. 그리고 실험실 공사에 예상보다 큰 비용이 들어갔을 때 대학 측은 추가 금액을 지원해 주었다. 느리지만 확실하게 내가 필요한 시설이 갖추어졌고 모든 것이 제자리를 잡아 갔다. 무엇보다 중요한 사실은 몇몇 학생들이 나와 함께 일하는 데 관심을 보였다는 것이다.

✖

과학적으로는 고대 DNA를 증폭하는 믿을 만한 실험 과정을 체계적으로 정립할 필요가 있다고 느꼈다. 이미 버클리에서부터 이러한 종류의 실험에서 현대 DNA의 오염이 심각한 문제임을 깨닫기 시작했다. PCR로 실험할 때는 특히 문제였다. 새로운 PCR 기계들과 내열성을 지닌 DNA 중합 효소가 나오면서 PCR 과정이 너무 민감해졌고, 그래서 상황이 좋으면 몇 개의 DNA 분자만으로도, 때로는 단 한 개의 분자만으로도 반응이 시작될 수 있었다.

놀라운 일처럼 들리겠지만 이것이 문제를 초래할 수 있었다. 예컨대 만일 한 박물관 표본에 고대 DNA는 전혀 남아 있지 않고 박물관 큐레이터에게서 오염된 몇 개의 DNA 단편만 포함되어 있다면, 우리는 자신도 모르는 사이에 고대 이집트 사제의 DNA가 아니라 큐레이터의 DNA를 연구하게 되는 것이다. 물론 멸종한 동물의 경우는 그럴 가능성이 훨씬 적다. 실제로 나는 동물에 대한 연구를 하는 과정에서 오염의 심각성을 처음 깨달았는데, 동물 유해에서 추출한 mtDNA를 증폭하는 실험에서 때때로 그 동물의 mtDNA 대신에 인간의 mtDNA를 얻었던 것이다.

1989년에 뮌헨으로 가기 위해 버클리를 떠나기 직전 나는 앨런 윌슨, 러셀 히구치와 함께 논문 한 편을 발표했고, 이 논문에서 우리는 이른바 '진품 기준Criteria of authenticity'이라는 것을 소개했다. 그것은 PCR로 얻은 한 DNA 서열이 진정으로 오래된 것이라고 말할 수 있기 위해 해야 하는 일련의 일들을 말하는 것이었다.[1]

우리는 첫째로 고대 표본에서 DNA를 추출할 때마다 '텅 빈 추출물Blank extract'—즉 고대 조직만 빼고 다른 모든 시약을 넣은 추출물—을 함께 준비할 것을 권고했다. 이렇게 하면 다양한 공급자들로부터 주문하는 시약들에 혹시 숨어 있을지도 모르는 DNA를 찾아낼 수 있다. 둘째로는 추출과 PCR 실험을 여러 번 반복하도록 권고했다. 이것은 한 DNA 서열을 적어도 두 번 얻을 수 있었음을 보여 주기 위한 절차다. 우리는 마지막으로 고대 DNA 단편 중에는 150개의 뉴클레오티드보다 더 긴 것이 거의 없음을 유념하라고 당부했다. 이러한 기준들에 따르면 그동안 고대 DNA를 분리해 냈다고 주장한 많은 실험들, 특히 PCR가 생기기 전의 실험들은 어설프기 짝이 없는 것이었다는 결론이 나왔다.

돌이켜 생각해 보면 후속 연구에서 고대 DNA는 거의 항상 작은 단편으로 분해되어 있음을 밝혀냈던 것을 봐도 그렇고 내가 1985년 발표한 미라 서열은 의심스럽게 길었다. 다른 연구팀이 증명한 바에 따르면 내가 발견한 서열은 이식항원 유전자(내가 웁살라에 있을 때 우리 연구실에서 연구했던 유전자)에서 온 것이었는데,[2] 그 이유를 두 가지로 설명할 수 있었다. 내가 이식항원 유전자를 찾아내는 탐침으로 그 서열을 찾아냈기 때문이거나 그 연구실에 있던 한 DNA 조각이 내 실험을 오염시켰기 때문이다. 서열의 길이로 볼 때 오염의 가능성이 훨씬 높아 보였다. 나는 새롭고 더 나은 실험이 옛날에 했던 실험을 뛰어넘는 과정을 통해 과학이 발전하는 것이라고 생각하며 자신을 위로했다. 그리고 내가 내 자신을 뛰어넘었다는 것이 기뻤다.

시간이 흐르면서 다른 분야에서도 지원 사격을 해 주었다. 1993년에 토마스 린달이 『네이처』에 짧은 논평을 실어, 1989년[3]에 우리가 권고한 것과 같은 기준들은 고대 DNA 연구에서 필수적이라고 말했다.[4] 다른 분야의 존경받는 과학자가 이러한 지적을 한 것은 큰 도움이 되었다. 나는 고대 DNA 분야가 분자생물학이나 생화학에 대한 탄탄한 배경 지식이 없는 사람들을 유혹하고 있는 것이 걱정스러웠던 터였다. 이런 사람들은 단지 고대 DNA에 대한 연구 결과에 동반되는 언론의 관심에 현혹되어 어쩌다 관심을 갖게 된 오래된 표본들에 무작정 PCR를 적용하는 경향이 있었다. 우리 연구실 사람들이 사석에서 쓰는 표현을 빌리면 그들이 하는 것은 "면허 없는 분자생물학"이었다.

새로운 연구실에서 무슨 프로젝트를 할지 궁리하던 나는 분자생물학을 이용해 인류 역사를 연구해 보면 어떨까 싶었다. 매혹적인 주제였지만 일반적으로 그 주제를 연구하는 학문은 선입견에서 비롯된 추측과 왜곡으로 점철되어 있었다. 나는 고대 인류의 DNA 서열에 나타나는 변이를 조사함으로써 인류 역사에 대한 연구에 엄밀함을 부여하고 싶었다.

그것을 할 수 있는 한 가지 방법은 덴마크와 북부 독일의 이탄 늪지에 보존된 청동기 시대의 인류를 연구하는 것이었다. 하지만 자료 조사를 하면서 이 유해들이 보존된 것은 이탄 늪의 산성 조건이 무두질(동물의 원피를 실생활에서 사용할 수 있도록 부패하지 않게 하는 공정을 말한다. 가장 오래된 무두질 방법으로는 타닌이나 타닌산을 포함하고 있는 식물성 물질이 가죽의 단백질 성분에 화학작용을 한다는 사실을 이용하는 것이다. ─옮긴이)의 효과를 냈기 때문임을 알게 되었다. 산성 조건은 뉴클레오티드의 손실과 이중 가닥의 분해를 초래하기 때문에 DNA 보존에는 매우 나쁜 조건이다. 하지만 더 큰일은 동물의 유해에서도 인간의 DNA가 발견된다면 고대 인류에 대한 연구에는 매우 심각한 문제가 있을 수 있다는 것이었다.

그래서 우리는 인류 대신 시베리아 매머드 같은 멸종한 동물의 시료를 모으기 시작했다. 그리고 체계적인 방법으로 대조군 실험을 하기 시작했다. 예컨대 내 첫 번째 대학원생이었던 올리바 한트Oliva Handt와 마티아스 회스Matthias Höss는 인간의 mtDNA에 특이적으로 결합하는 프라이머를 이용했다. 실망스럽게도 거의 모든 동물 시료에서 그리고 전반적으로 텅 빈 추출물에서도 인간의 DNA가 증폭되었다. 갓 배달된 새 용기를 개봉해서 시약을 조제해 봐도 소용이 없었다. 우리는 가능한 한 꼼꼼하게 여러 번 실험을 반복했지만 몇 달 동안 거의 모든 실험에서 인간의 DNA가 계속 나왔다.

나는 절망했다. 유대류 늑대에서 유대류의 서열을 발견하는 것처럼 데이터가 예상과 일치하는 경우를 빼고는 어떻게 데이터를 믿을 수 있을까? 그리고 이렇게 예상된 결과만을 신뢰할 수 있다면 예상치 못한 것은 절대 발견할 수 없는 고대 DNA 연구는 정말이지 지루한 분야가 될 것이다. 예상하지 못한 것을 발견하는 것이야말로 실험 연구의 본질이며 모든 과학자의 꿈이다.

매일 밤 실패한 실험에 좌절하고 불안해하면서 집으로 걸어왔다. 하지만 내가 오염 문제에 여전히 어설프게 접근하고 있다는 생각이 서서히 들기 시작했다. 나는 PCR가 지나치게 민감하다는 것을 알고도 거기에서 논리적인 결론을 이끌어 내지 못했던 것이다. 버클리에서 그리고 뮌헨에서 보낸 첫 학기 동안 우리는 연구실 실험대 위에서 박물관 표본들의 DNA를 추출했는데, 그 실험대는 우리가 관심을 갖고 있는 인간과 여타 생물들의 다양한 DNA를 취급하는 곳이었다. 현대 DNA 용액이 고대 DNA 추출물에 눈곱만큼만 들어가도 현대 DNA는 고대 조직에서 비롯된 몇 안 되는 고대 분자들을 수적으로 압도할 것이다. 피펫(일정한 부피의 액체를 정확히 옮기는 데 사용하는 유리관으로 양끝은 가늘고 가운데가 약간 굵은 형태로 되어 있어 끝 부분에서 시약을 빨아올린다. ─옮긴이)의 플라스틱 팁을 갈아 끼우지 않는 것 같은 명백한 실수를 하지 않아도 이런 일은 얼마든지 일어날 수 있었다.

고대 조직의 DNA를 추출하고 다루는 작업과 그 밖의 모든 실험을 연구실 내에서 물리적으로 완전히 분리시키는 것이 필요했다. 무엇보다도 이 실험을 수조 개의 분자가 생산되는 PCR와 분리시킬 필요가 있었다. 고대 DNA의 추출과 증폭만을 전담하는 실험실이 필요했다. 그래서 우리는 같은 층에서 창이 없는 작은 방 하나를 찾아서 그곳을 완전히 비우고 칠을 다시 했다.

그런 다음에 이 실험실에서 쓰려고 새로 구입한 실험대와 도구에 숨어 있을지도 모르는 DNA를 어떻게 하면 철저히 파괴할 수 있을지 생각해 보았다. 우리는 지나칠 정도로 철저한 조치들을 취했다. 우선 DNA를 산화시키는 표백제로 실험실 전체를 청소했다. 또한 자외선이 DNA 분자들을 파괴하도록 천정에 자외선램프를 달고 밤새도록 켜 두었다. 새 실험실에서 쓸 새 시약도 샀다. 그곳은 고대 DNA 연구만을 위한 세계 최초의 '멸균실'이었다.(그림 4.1을 보라.)

이러한 조치를 취하고 나서부터 상황이 극적으로 개선되었다. 텅 빈 추출물에서는 더 이상 DNA가 나오지 않는 한편, 연구 시료에서는 계속해서 DNA가 나왔다. 하지만 몇 달이 흐르자 텅 빈 추출물에서도 다시 DNA가 나오기 시작했다. 정말 화가 났다. 도대체 어떻게 된 걸까? 우리는 모든 시약을 버리고 새 시약을 샀다.

상황은 다시 나아졌지만 잠시뿐이었다. 편집증이 극에 달한 나는 멸균실 내의 청결에 광적으로 집착했을 뿐 아니라 거기에서 일하는 것에 관한 몇 가지 엄격한 규칙들을 세우기에 이르렀다. 이 규칙들은 지금까지도 지켜지고 있다. 우선 멸균실 출입은 그곳에서 실험하는 연구원에게만 허용했다. 즉 내 첫 번째 대학원생이었던 올리바와 마티아스만이 그곳에 들어갈 수 있었다. 둘째 멸균실에 들어가기 전에는 특수 실험복, 머리에 쓰는 망, 특수 신발, 장갑, 얼굴 방패를 착용해야 했다. 텅 빈 추

그림 4.1

'멸균실'에 있는 올리바와 마티아스.

(사진: 뮌헨 대학교)

출물에서 오염을 발견하고 몇 번 더 좌절을 하고 나서는 아침에 집에서 곧장 올 때만 멸균실에 들어갈 수 있도록 했다. PCR 산물이 있는 방에 먼저 들른 날은 멸균실에 들어갈 수 없었다. 모든 화학물질은 멸균실로 직접 배달되어야 했고, 새로 구입한 도구들 역시 그곳으로 직접 배달되었다.

조금씩 상황이 나아졌다. 그래도 새로운 용액과 화학물질을 모두 PCR로 검사해서 인간의 DNA가 있는지 확인할 필요가 있었고 그러한 물질을 오염 때문에 통째로 버리는 일도 드물지 않았다. 이 모든 것은 올리바와 마티아스에게 고역이었다. 고대 인류와 멸종한 동물을 연구하고 싶어서 이 연구실에 왔건만 그들이 실제로 하고 있는 일은 화학물질을 조사하고 오염에 대해 노심초사하는 것이었으니까.

하지만 우리의 노력이 결실을 맺기 시작하면서 연구실의 분위기가 전반적으로 좋아졌다. 추출물에서 오염된 DNA가 나오지 않으면서부터 우리는 다른 방법론적 문제에 대한 연구를 시작할 수 있었다. 지금까지 우리는 피부와 근육 같은 연조직만을 대상으로 연구해 왔다. 하지만 나는 웁살라에서 DNA를 산출한 미라 시료 중 하나가 연골에서 채취된 것임을 기억했다. 연골은 뼈와 크게 다르지 않은 조직이다. 만일 연조직만이 아니라 고대 뼈에서도 DNA를 추출할 수 있다면 엄청난 기회가 열릴 것이 분명했다. 고대 개체에서 주로 남는 부분이 뼈이기 때문이다. 1991년 옥스퍼드 대학교의 에리카 하겔베르크Erika Hagelberg와 J. B. 클레그J. B. Clegg가 고생인류와 고대 동물들의 뼈에서 DNA를 추출한 것을 기술한 논문을 발표했다.[5]

오염 문제가 일단락되었을 때 마티아스는 뼈에서 DNA를 얻는 여러 가지 방법을 오염의 위험이 훨씬 낮은 동물 시료들을 가지고 시험해 보았다.(우리 연구실에는 동물의 DNA가 드물었기 때문이다.) 그러한 방법 중 하나는 미생물 DNA 추출에 관한 문헌에 적혀 있는 한 프로토콜이었다. 그 프로토콜은 염분 농도가 높은 용액에서 DNA가 실리카 입자—아주 미세한 유리 가루—에 결합하는 원리를 이용했다. 그런 다음에 실리카 입자들을 철저히 세척하면 많은 시료에 존재하는, PCR를 방해할 가능성이 있는 온갖 종류의 미지의 성분들을 제거할 수 있었다. 그리고 마지막으로 염분의 농도를 낮추면 실리카 입자에서 DNA를 떨어뜨릴 수 있었다. 이러한 추출 방법은 고생스럽지만 효과가 있었으므로 큰 진전이라 할 만했다.

마티아스와 나는 이러한 실리카 추출 기법을 1993년에 발표했다. 그 실험에서 우리는 플라이스토세(신생대 제4기의 첫 시기로 인류가 발생하여 진화한 시대—옮긴이)의 말뼈를 사용했고, 그 뼈가 산출한 mtDNA 서열은 우리가 2만 5000년 된 뼈에서 DNA를 회수할 수 있다는 것을 증명했다. 이것은 마지막 빙하기 이전의 시료에서 믿을 수 있는 DNA 서열이 존재한 최초의 사례였다.[6] 약간 바뀌긴 했지만 요즘도 고대 DNA를 추출할 때 대부분 이 방법을 이용한다. 이 신생 분야는 "문제들로 얼룩져 있다."라는 말로 논문을 시작한 것만 봐도 분명히 알 수 있듯이, 이 논문이 나오기까지는 많은 좌절이 있었다.

하지만 서서히 달라지고 있었다. 사실 당시에는 깨닫지 못했지만 그때 마티아스와 올리바는 향후 몇 년 동안 일어날 일들을 위한 토대를 마련한 것이었다. 1994년에 마티아스는 9700년에서 5만 년 이상 된 시베리아 매머드 네 개체로부터 최초의 DNA 서열을 회수할 수 있었다. 우리는 이 연구 결과를 『네이처』에 제출했고, 우리의 논문은 두 매머드 개체의 뼈에서 DNA를 분리한 에리카 하겔베르크의 비슷한 결과와 함께 실렸다.[7] 그 mtDNA 서열은 매우 짧았지만 더 많은 서열을 회수할 수 있다면 어떤 일이 가능할지를 짐작할 수 있게 해 주었다. 예컨대 우리는 네 마리의 매머드에서 얻은 DNA 서열 사이에 많은 차이가 있는 것을 보았다. 그래서 같은 목의 두 현생 동물들—인도코끼리와 아프리카코끼리—과 매머드의 유연관계를 명확하게 밝히는 것뿐 아니라, 후기 플라이스토세부터 약 4000년 전 그들이 멸종할 때까지 매머드의 역사를 추적하는 것도 가능하리라고 내다봤다. 마침내 고대 DNA 연구의 전망이 밝아지고 있었다.

또한 DNA를 추출하고 PCR를 돌리는 우리의 기술이 새로운 분야에도 응용되기 시작했다. 우리 대학의 야생동물 생물학자였던 펠릭스 크나우어Felix Knauer가 어느 날 나를 찾아와 우리의 DNA 추출 기법을 '보존유전학Conservation genetics'에 적용하는 것에 대해 물었다. 보존유전학은 멸종 위기 종을 보호하는 최선의 방법이 무엇인가라는 질문에 유전학을 적용하려고 시도하는 분야다.

펠릭스는 알프스의 남쪽 비탈에 사는 이탈리아 곰의 마지막 남은 야생 개체군으로부터 배설물을 수집해 둔 상황이었다. 나는 펠릭스와 몇 명의 다른 학생들을 불러다 놓고 곰 배설물에 실리카 추출 기법과 PCR를 시도했다. 우리는 그러한 배설물에서 곰의 mtDNA가 증폭될 수 있다는 것을 보여 주었다. 그 전에는 야생동물에서 DNA를 얻는 유일한 방법은 그 동물을 죽이거나 마취총을 쏜 다음에 피를 뽑는 것뿐이었다. 이것은 너무 위험했다.(그리고 그 동물에게는 매우 끔찍한 방법이었다.) 이제 우리는 이탈리아 곰이 유럽의 다른 곰 개체군과 유전적으로 어떤 관계인지를 곰을 전혀 괴롭히지 않고도 연구할 수 있게 되었다.

우리는 이에 대한 짧은 논문 한 편을 『네이처』에 발표했고, 이 논문에서 그 곰들이 먹은 식물의 DNA를 회수해 그들의 식생활을 재구성할 수 있다는 것도 증명했다.[8] 야생에서 수집한 배설물에서 DNA를 추출하는 것은 그 이후로 야생동물학과 보존유전학에서 흔한 일이 되었다.

✄

오염을 찾아내 제거하는 방법을 공들여 개발하고 있던 우리는 『네이처』와 『사이언스』에 실린 요란한 논문들을 보고 기운이 빠졌다. 그 논문의 저자들은 표면상으로는 우리보다 훨씬 더 성공한 것처럼 보였고, '겨우' 몇 만 년 된 DNA 서열을 회수하기 위한 우리의 복잡한 시도와 그것의 미미한 산물은 그들의 성취 앞에서 보잘것없어 보였다. 이러한 추세는 내가 아직 버클리에 있던 1990년에 시작되었다. 캘리포니아 대학교 어바인 캠퍼스의 과학자들이 아이다호 주 클라키아 지역의 한 마이오세(신생대 제3기를 다섯으로 나눌 때 네 번째로 오래된 시대. 지금으로부터 520만~2400만 년 전까지를 말한다.—옮긴이) 퇴적층에서 발견된 1700만 년 된 목련 *Magnolia latahensis*(목련과의 한 종—옮긴이)의 잎에서 DNA 서열을 얻어 내고 그 결과를 학술지에 발표했던 것이다.[9] 이것은 100만 년의 시간 척도에서 DNA의 진화를 연구하는 것이 가능해졌음을 암시하는 대단한 성취였다. 어쩌면 공룡의 시대로까지 거슬러 올라갈 수 있을지도 몰랐다!

하지만 나는 회의적이었다. 1985년에 토마스 린달의 연구실에서 알게 된 바로는 DNA 단편은 몇 만 년은 몰라도 몇 백만 년 동안 남아 있을 수 없었다. 앨런 윌슨과 나는 만일 물이 존재하고 환경이 너무 덥지도 춥지도 않으며 지나친 산성도 염기성도 아니라면 DNA의 긴 단편이 얼마나 오래 남아 있을 수 있는지를 린달의 연구를 토대로 단순 추정해 보았다. 우리는 수만 년 후—그리고 특별한 상황에서는 수십만 년 후—에는 마지막 분자들이 사라질 거라는 결론에 이르렀다.

하지만 혹시 아는가. 아이다호의 그러한 화석층들에는 아주 특별한 뭔가가 있을지도 모른다. 나는 독일로 가기 전에 그 장소에 가 보았다. 퇴적층들을 이루는 진한 색의 진흙이 불도저에 의해 치워져 있었다. 진흙 토막들을 부쉈더니 푸른 목련 잎이 나타났고 그 잎은 공기에 노출되자마자 금방 검은색으로 변했다. 나는 이 잎을 여러 개 수집해서 뮌헨으로 가져왔다.

새로 마련한 실험실에서 그 잎으로부터 DNA를 추출해 보았는데, 거기에는 긴 DNA 단편이 많이 포함되어 있었다. 하지만 PCR를 돌려 보니 식물의 DNA는 증폭되지 않았다. 긴 DNA 단편이 박테리아의 것일지도 모른다고 생각한 나는 박테리아 DNA에 특이적으로 결합하는 프라이머로 PCR를 돌려 보았고, 그렇게 하니 DNA가 증폭되었다. 박테리아가 그 진흙 안에서 자라고 있었던 것이 분명했다. 따라서 유일하게 타당한 설명은 식물의 유전자들에 대해 연구하는 한편 고대 시료만을 다루는 별도의 '멸균 실험실'을 사용하지 않는 어바인의 연구팀이 오염된 DNA를 증폭해 놓고 그것을 화석 이파리에서 온 것으로 생각했다는 것이었다.

1991년에 앨런과 나는 DNA의 안정성에 관한 논문에서 우리가 했던 이론적 계산을 발표했고,[10] 별도의 논문에서 우리가 아이다호의 식물 화석에서 DNA를 회수하려고 시도했지만 실패한 것을 기술했다.[11] 당시 앨런은 일 년 전에 백혈병에 걸려 많이 아팠지만 그럼에도 두 논문에 큰 기여를 했다. 그는 그해 7월 56세의 젊은 나이로 세상을 떠났다.

나는 수백만 년 동안 DNA가 남아 있는 것은 화학적으로 불가능하다는 것을 지적하는 우리의 논문을 계기로 초고령 DNA를 찾는 시도가 중단될 것이라고 순진하게 생각했다. 하지만 끝나기는커녕 아이다호의

식물 화석들은 완전히 새로운 분야의 연구가 시작되었음을 알리는 서막에 불과했다. 그다음으로 등장한 초고령 DNA는 호박 안에서 발견되었다. 호박은 수백만 년 전에 나무에서 배어 나온 송진이 금빛의 반투명한 덩어리로 굳은 것으로 특히 도미니카 공화국의 채석장과 발트 해 연안에서 다량으로 발견된다. 곤충, 이파리, 심지어는 청개구리 같은 작은 동물들까지도 송진에 파묻힌 채로 발견되는 일이 종종 있다. 이렇게 송진에 파묻힐 경우 수백만 년 전에 살았던 생물들도 놀랍도록 생생하게 보존되는데, 많은 연구자들은 그 생물의 DNA도 마찬가지로 잘 보존되어 있기를 바랐다.

그러한 연구로 최초에 해당하는 논문이 1992년에 나왔다. 미국 자연사 박물관의 한 연구팀이 『사이언스』에 도미니카 공화국에서 나온 호박에 갇혀 있던 3000만 년 전의 흰개미로부터 DNA 서열을 얻어 냈다고 발표한 것이다.[12] 이어서 1993년에는 미국 캘리포니아 주 샌루이스오비스포에 있는 캘리포니아 폴리테크닉 주립 대학의 라울 캐노Raul Cano 연구실에서 몇 편의 논문을 발표했다. 이 중 한 편은 레바논의 호박 속에서 발견된 1억 2000만~1억 3500만 년 전의 바구미에서 얻은 DNA에 관한 논문이고[13], 또 한 편은 호박을 생산한 도미니카의 나무에서 떨어진 3500만~4000만 년 전의 이파리에서 얻은 DNA에 관한 논문이었다.[14] 그리고 나서 캐노는 호박에서 효모균의 고대 균주 9종을 포함해 1200종이 넘는 생물을 분리해 냈다고 주장하는 한 회사를 찾아냈다. 이 회사의 믿을 수 없는 주장은 논외로 치더라도 DNA의 화학구조를 파괴하는 가장 치명적인 두 요소인 물과 산소가 차단된다면 DNA가 호박에서 매우 오랜 시간 동안 보존될 가능성은 완전히 배제할 수 없는 것 같았다. 하지만 그렇다 쳐도 수백만 년 동안 자연 방사선의 영향을 피할 수 있다고 보기는 어렵고, 1000배는 더 어린 시료에서도 DNA를 증폭하는 것이 그렇게 힘들었던 이유도 설명되지 않았다.

1994년에 헨드릭 포이너Hendrik Poinar가 우리 연구실에 합류했을 때 이 문제를 해결할 기회가 왔다. 헨드릭은 쾌활한 캘리포니아 사람으로 당시 캘리포니아 대학교 버클리 캠퍼스의 교수이자 호박과 그 안에서 발견된 생물들에 관한 존경받는 전문가였던 조지 포이너George Poinar의 아들이었다. 헨드릭은 라울 캐노와 함께 호박에서 얻어 낸 몇몇 DNA 서열을 발표했고, 그의 아버지는 세계에서 가장 훌륭한 호박을 손에 넣을 수 있는 위치에 있었다. 헨드릭은 뮌헨에 와서 우리가 새로 마련한 멸균실에서 일했다. 하지만 그는 샌루이스오비스포에서 했던 일을 재현할 수 없었다. 실제로 텅 빈 추출물에서 DNA가 증폭되지 않을 때는 호박에서도 DNA를 전혀 얻지 못했다. 곤충이든 식물이든 마찬가지였다.

나는 점점 더 회의적으로 돌아섰고 내 편도 있었다. 1993년에 토마스 린달이 DNA의 안정성과 분해에 관한 매우 영향력 있는 리뷰 연구를 『네이처』에 발표했다. 1985년에 내가 그의 연구실을 방문한 이래로 줄곧 고대 DNA에 관심을 가져왔던 그는 그 논문의 한 섹션을 고대 DNA에 할애했다.[15] 앞서 나와 앨런이 지적했듯이 그는 DNA가 몇 십만 년 넘게 견딜 가능성은 낮다고 지적했다. 그래도 그는 호박에 갇힌 표본들의 DNA는 예외일 가능성을 열어 두었다. 하지만 그 사이에 나는 호박에 대해서도 포기한 상태였다.

토마스는 초고령 DNA를 부르는 완벽한 용어도 찾아냈다. 바로 "케케묵은antediluvian DNA"였다. 우리도 그 용어가 마음에 들어 사용하기 시작했는데 이제는 굳어진 용어가 되었다. 물론 자신들은 할 수 있다고 믿는 사람들은 이러한 조롱에도 굴하지 않았다.

1994년에 결국 올 것이 오고 말았다. 유타에 있는 브리검영 대학교의 스콧 우드워드Scott Woodward가 동료들과 함께 8000만 년 전의 뼛조각에서 추출한 DNA의 서열을 발표했고 그들은 그 뼈가 공룡 한 마리 또는 여러 마리에서 유래했을 '가능성'을 제기했다.[16] 예상대로 이 논문은 1면 머리기사로 실릴 만한 논문을 유치하려고 경쟁하는, 과분한 과학적 명성을 누리고 있는 두 학술지 중 한 곳에 실렸다. 이번에는 『사이언스』였다. 논문의 저자들은 그 뼛조각들에서 서로 다른 여러 mtDNA 서열을 얻었는데, 그들의 눈에는 그중 일부가 포유류의 서열과도 조류와 파충류의 서열과도 거리가 있는 것처럼 보였다. 그들은 이 DNA 서열이 공룡의 것일 가능성을 제기했다.

나는 말도 안 된다고 생각했다. 고대 DNA 분야가 돌아가는 방식에 완전히 좌절한, 지나칠 정도로 꼼꼼한 우리 연구실의 박사후 연구생 한스 치슐러Hans Zischler가 이 연구를 파헤쳐 보자고 제안했다. 우리는 그 유타 연구팀이 발표한 DNA 서열을 철저하게 분석해 보았는데, 그 서열은 조류와 파충류의 서열보다는 포유류의—사실은 인간의—mtDNA와 더 비슷해 보였다.

그렇다고 해서 딱히 인간의 mtDNA처럼 보이지도 않았다. 이 서열이 무엇인지 설명하려면 mtDNA의 본성에 대해 좀 더 자세히 설명할 필요가 있다. 앞에서 말했듯이 미토콘드리아 게놈은 1만 6500개의 뉴클레오티드가 연결된 원형의 DNA 분자로서 거의 모든 동물 세포의 세포핵 바깥에 위치한 세포소기관인 미토콘드리아 안에 들어 있다. 미토콘드리아와 그것의 게놈은 원래 박테리아에서 비롯된 것으로, 그 박테리아는 거의 20억 년 전에 원시 동물 세포에 들어왔다가 그 세포들에게 납치당해 에너지를 생산하는 일을 하게 되었다.

시간이 흐르면서 납치된 박테리아가 자신의 DNA의 대부분을 세포핵에 넘겨주었고, 세포핵에서 그 DNA는 핵 게놈의 주요 부분에 통합되어 염색체상에 위치하게 되었다. 오늘날도 생식세포로 분화하는 인간의 세포군에서 난자와 정자 세포들이 형성될 때 미토콘드리아가 이따금씩 파손되어 그 DNA 단편이 세포핵으로 가는 일이 일어난다. 이때 만일 핵 게놈에도 단절된 곳이 생긴다면 효과적인 수선 메커니즘이 그 끝을 미토콘드리아에서 온 깨진 DNA 조각의 끝과 연결한다.

따라서 이따금씩 mtDNA 조각들이 핵 게놈과 결합하게 되고 그 조각들은 핵 게놈에서 아무 기능도 하지 않으면서 다음 세대로 전달된다. 우리 모두는 과거의 다양한 시기에 우리 게놈에 통합된 잘못 끼어든 미토콘드리아 DNA 단편을 각자의 세포핵에 수천 개까지는 아니더라도 수백 개쯤은 갖고 있다. 이러한 단편은 진짜 미토콘드리아 DNA와 조금씩 다르다. 이 단편은 원래의 mtDNA 서열과 비슷하지만 핵 DNA에 끼어든 유전적 쓰레기로서 새 인생을 시작하면서 아무 기능을 하지 않게 되었기 때문에 계속해서 돌연변이를 축적해 왔다.

마침 한스 치슐러는 우리 연구실에서 이렇게 핵 게놈에 통합된 mtDNA를 찾아내는 일을 해 왔고, 우리는 공룡의 DNA라고 추정된 그 서열을 조사하는 과정에서 유타 연구팀이 발견한 것이 사실은 mtDNA 단편이 아닌지 의문을 품게 되었다. 실험이 인간의 DNA에 오염되는 일을 겪어 본 바로는 그 연구팀이 인간의 핵 게놈 내에서 돌연변이를 축적한 mtDNA를 발견했을 가능성이 충분히 있었다.

우리는 인간의 핵 게놈에서 그들이 발표한 서열을 찾아보기로 했다. 그런데 문제는 세포에서 DNA를 추출하면 보통은 핵 DNA뿐 아니라 mtDNA까지 포함된다는 것이었다. 이 경우 미토콘드리아에 들어 있는 수백 내지 수천 부의 진짜 mtDNA 때문에 미토콘드리아를 떠나 핵 DNA 사이에 정착한 mtDNA 단편을 찾기가 어렵다. 여기서 우리가 아는 생물학 지식이 도움이 되었다. 1장에서 이야기했듯이 우리는 mtDNA를 난자를 통해 어머니에게서만 물려받고 아버지의 mtDNA는 전혀 받지 않는다. 이는 난자를 뚫고 들어가는 정자의 머리에 미토콘드리아가 없기 때문이다. 따라서 mtDNA 없이 핵 DNA만을 얻는 간단한 방법은 정자의 머리를 분리하는 것이었다.

나는 남자 대학원생들에게 도움을 요청했다. 이 연구에 대한 열의를 증명이라도 하듯 어느 날 아침에 모든 남자들이 각자 어딘가로 가서 정자를 생산했고, 한스는 그것을 원심 분리해 정자의 머리를 조심스럽게 분리했다. 그런 다음에 정자의 머리에서 DNA를 정제하고 유타 연구팀이 사용했던 것과 똑같은 프라이머를 이용해 PCR를 돌렸다. 예상대로 핵 안에 있는 mtDNA 단편의 서열을 얻을 수 있었고, 우리는 그중 유타 연구팀이 찾아낸 '공룡' 서열과 비슷한 것이 있는지 찾아보았다. 실제로 발표된 서열과 거의 똑같은 것이 두 개 있었다. 이는 유타 연구팀이 공룡의 DNA가 아니라 핵 게놈으로 자리를 옮긴 인간의 mtDNA 조각을 해독했다는 뜻이다. 이 단편은 먼 과거에 인간의 mtDNA 게놈을 떠났기 때문에 많은 돌연변이들을 축적했고, 그 때문에 인간의 mtDNA와 다소 거리가 있어 보이는 한편 포유류나 조류, 파충류의 mtDNA와 비슷해 보였던 것이다.

『사이언스』[17]에 '전문가 논평 Technical Comment'을 쓰면서 장난기가 발동한 나는 우리 연구실에서 추출한 DNA로 유타 연구팀이 발견한 것과 매우 비슷한 서열을 획득할 수 있었던 이유를 세 가지로 설명할 수 있다고 말했다. 첫째는 우리 실험실이 공룡의 DNA로 오염되었다는 것이다. 물론 그럴 리 없었다. 둘째는 약 6500만 년 전에 공룡이 멸종하기 전에 초기 포유류와 이종교배를 했다는 것이다. 그럴 리도 없었다. 세 번째 (그리고 가장 타당한) 가설은 유타 연구팀의 실험이 인간의 DNA에 오염되었을 가능성이다. 『사이언스』는 우리의 논평을 다른 두 연구팀의 논평과 함께 실었는데, 두 연구팀은 모두 유타 연구팀이 그 mtDNA 서열이 조류의 조상의 것처럼 보인다고 주장하게 된 이유는 DNA 서열을 비교하는 과정에서 뭔가 잘못이 있었기 때문이라고 지적했다.

이 논평을 쓰는 것은 재미있었지만 유타 팀이 했던 것과 같은 연구가 고대 DNA 연구 분야에서 흔한 풍경이 되었다는 사실이 약간 씁쓸하기도 했다. 세상의 주목을 끌지만 의심스러운 연구 결과는 요즘도 고대 DNA 연구 분야의 문제점으로 남아 있다. 내 학생들과 박사후 연구생들이 내게 종종 말해 왔듯이 PCR로 눈길을 끄는 결과를 내기는 쉽지만 그것이 옳다는 것을 증명하기는 어렵다. 그런데 결과가 발표되었을 때 그것이 틀렸음을 증명하고 오염이 어디서 왔는지 설명하는 것은 훨씬 더 어렵다.

유타 팀의 연구와 관련해서 우리가 그 일을 해냈지만 그러기까지 많은 연구가 필요했고 그것을 위해 우리가 하던 연구를 멈추어야 했다. 『네이처』와 『사이언스』에 출판된 호박 속 생물의 서열이 어디서 온 것인지는 아직도 불분명하다. 열심히 노력하면 출처를 밝힐 수 있겠지만 이제 이만하면 됐다고 생각했다. 한 학생의 말을 빌리면 "PCR 경찰 노릇을 그만두자."라고 결심했다.

그때부터는 틀렸다고 생각하는 연구 보고들을 무시하고 우리 연구에 집중하기로 했다. 우리가 이 분야를 위해 할 수 있는 최선은 수만 년 전의 시료에서 DNA를 회수하는 방법과 그것이 진짜임을 증명하는 방법을 마련하는 것이었다. 고대 인류의 유해에서는 이것이 불가능하지는 않아도 매우 어려웠는데, 현대인의 DNA가 도처에 숨어 있었기 때문이다. 나는 매우 아쉬웠지만 인류 역사에 대한 연구를 당분간 접고 연구의 방향을 고대 동물로 돌리기로 했다. 따지고 보면 나는 동물학과 교수이기도 했기 때문이다. 나는 멸종한 동물들과 그들의 현생 친척들의 관계에 대한 질문에 중점을 두기로 결정했다.

5.
좌절

찰스 다윈은 1830년대에 남아메리카를 다니며 채집할 때 다양한 대형 초식 포유류의 화석 유해를 발견하고 거기에 매혹되면서도 수수께끼에 휩싸였다. 이 생물은 그 지역에 현재 살고 있는 동물들보다 훨씬 큰 것처럼 보였다. 다윈은 포획할 수 있는 모든 현생 동물 및 새의 표본과 함께 수많은 화석을 수집해 잉글랜드로 보냈다. 그중에는 아르헨티나의 한 해안 절벽에 박힌 채 허물어지고 있던 커다란 아래턱뼈 한 점이 포함되어 있었다. 그 턱을 분석한 해부학자 리처드 오언Richard Owen은 그것이 하마만 한 대형 땅늘보의 뼈라고 생각했고, 그 동물을 밀로돈 다르위니이Mylodon darwinii(그림 5.1)로 명명했다.

기이할 정도로 큰 초식동물이 살았다는 점보다 더 흥미로운 것은 그 동물이 파타고니아의 야생 어딘가에 아직 살아 있을지도 모른다는 생각이었다. 1900년에 남겨진 지 얼마 되지 않아 보이는 대형 땅늘보로 추정되는 동물의 배설물과 피부가 발견되어 세상이 발칵 뒤집어지자, 탐험가 헤스케스 프리처드Hesketh Prichard가 이 경이로운 동물을 찾아 떠났다. 그는 파타고니아를 누비며 3000킬로미터를 여행한 뒤에 "밀로돈이 아직 살아 있다는 생각을 뒷받침하는 어떤 종류의 증거"[1]도 찾지 못했다고 단호하게 말했다. 당연히 그랬을 것이다. 오늘날 우리는 그 동물이 약 1만 년 전 마지막 빙하기 때 멸종했음을 알고 있다.

　오늘날 남아메리카에 두발가락나무늘보와 세발가락나무늘보가 살고 있지만 체중이 5~10킬로그램에 불과한 그들은 밀로돈에 비하면 보잘것없는 몸집이다. 게다가 밀로돈과 달리 두발가락나무늘보와 세발가락나무늘보는 둘 다 나무에 산다. 하지만 그들이 나무 위의 생활에 적응한 것은 진화적 관점에서 최근의 일인 것 같다. 왜냐하면 나무에 사는 포유류치고는 몸집이 꽤 크고 나무 위에서 특별히 날쌘 것도 아니며

그림 5.1
땅늘보 골격의 복원도.
(출처: http://commons.wikimedia.org/wiki/)

배설 같은 일상적인 일들을 웬만하면 땅 밑으로 내려와 처리하기 때문이다.

따라서 중요한 질문은 이것이다. 두 나무늘보들의 조상들이 수상樹上생활에 딱 한 번 그리 완벽하지 않게 적응했을까, 아니면 과거에 땅에 살던 늘보들이 비슷한 방식으로 나란히 적응함으로써 적어도 두 번 독립적으로 나무 위로 올라갔을까? 만일 비슷한 적응이 한 번 이상 독립적으로 일어났다면—즉 역사가 반복되었다면—그것은 동물들이 생태적 난관에 적응할 수 있는 방법의 가짓수가 제한적이라는 뜻이다. 서로 관련이 없는 두 종 이상의 생물들이 비슷한 행동과 몸 형태를 독립적으로 진화시키는 수렴 진화의 각 사례들은 진화가 규칙을 따른다는 증거일 뿐 아니라, 이 규칙들이 어떻게 작동하는지 유추하는 데 도움이 된다. 그 예가 내가 취리히와 버클리에서 연구했던 주머니늘대였다. 주머니늘대의 경우와 마찬가지로 나무늘보의 경우도 다윈의 멸종한 대형 땅늘보가 두발가락나무늘보 및 세발가락나무늘보와 어떤 관계인지 밝힐 수 있다면 수렴 진화가 일어났는지 확인할 수 있을 것이다.

나는 런던 자연사 박물관을 찾아가서 제4기 포유류를 담당하는 친절한 큐레이터 앤드루 큐런트Andrew Currant와 잠시 시간을 보냈다. 포유류 고생물학 전문가인 그는 플라이스토세의 대형 포유류와 그리 다르지 않은 큰 체격을 갖고 있었다. 그는 내게 다윈이 가져온 화석화된 뼈를 몇 점 보여 주었고 그곳에 소장된 파타고니아산 밀로돈의 뼈들 중두 점에서 작은 조각을 절단할 수 있게 허락했다. 또한 나는 뉴욕에 있는 미국 자연사 박물관에도 찾아가 연구 시료를 얻었다.

그런데 런던의 박물관에서 우리가 연구하는 고대 동물 표본들이 얼마나 쉽게 오염될 수 있는지를 생생하게 목격했다. 앤드루와 함께 땅늘보의 뼈를 살펴보면서 그에게 그 뼈에 바니시 처리를 했는지 물었다. 놀랍게도 그는 뼈 한 점을 집어 들어 핥아 보고 나서는 "아뇨, 처리되지 않았군요."라고 말했다. 그러면서 뼈에 바니시 처리를 했다면 침을 흡수하지 않을 것이라고 설명했다. 반면에 바니시를 처리하지 않은 뼈는 혀가 뼈에 들러붙을 정도로 침을 빠르게 흡수한다고 했다. 나는 깜짝 놀랐고 그러한 뼈가 박물관에 머무는 수백 년 동안 이런 '테스트'가 몇 번이나 실시되었을지 궁금했다.

뮌헨으로 가져온 시료에 마티아스 회스가 자신의 기술을 적용했다. 언제나 그랬듯이 나는 기술적인 측면을 먼저 살펴볼 것을 요구했다. 땅늘보에 대한 내 관심은 결국 고대 DNA를 회수하는 방법에 대한 관심에서 나온 것이었으니까. 마티아스는 대략적인 분석으로 밀로돈 추출물에 들어 있는 DNA의 총량을 추산했고, 또 다른 대략적인 분석으로 그 DNA 가운데 현생 나무늘보의 DNA와 비교해 비슷한 것이 얼마나 되는지 측정해 보았다. 최상의 밀로돈 뼈 추출물에서 DNA의 약 0.1퍼센트가 밀로돈의 것이었고, 나머지는 땅늘보가 죽은 뒤로 그 뼈에 살았던 다른 생물의 것으로 밝혀졌다. 이제껏 우리가 연구한 많은 고대 유해들에서 나왔던 것과 크게 다르지 않은 결과였다.

마티아스는 mtDNA 단편에 초점을 맞추어 중첩되는 짧은 단편을 PCR로 증폭함으로써 1000개 이상의 뉴클레오티드가 연결된 밀로돈의 mtDNA 부위를 복원했다. 그런 다음에 현생 나무늘보 시료로 똑같은 서열을 얻어 비교해 본 결과, 뒷다리로 섰을 때 키가 3미터쯤 되는 대형 땅늘보가 세발가락나무늘보보다는 두발가락나무늘보와 더 가깝다는 것을 밝힐 수 있었다.

이것은 중요한 사실이었다. 만일 두발가락나무늘보와 세발가락나무늘보가 서로 가장 가까운 관계이고 두 나무늘보와 밀로돈은 이보다 먼 관계였다면(당시 대부분의 과학자들이 그렇게 생각했다) 이는 두 나무늘보가 나무에서 살기 시작한 공통 조상을 지녔다는 뜻이었을 것이다. 하지만 우리의 연구 결과는 대형 땅늘보가 몸집이 작고 대부분의 시간을 나무에서 보내는 형태로 적어도 두 번 진화했음을 암시했다.(그림 5.2를 보라.)

주머니늑대와 나무늘보가 둘 다 수렴 진화의 사례로 밝혀진 것은 형태가 생물들 간의 유연관계를 나타내는 믿을 수 있는 지표가 아닐 때가 많음을 보여 주는 강력한 증거였다. 환경 변화가 생활 방식이 변하도록 압력을 가한다면 거의 모든 형태나 행동이 독립적으로 진화할 수 있는 것 같았다. 내게는 DNA 서열이 종들의 관계를 훨씬 더 정확하게 추측할 수 있는 도구로 보였다. DNA 서열은 시간이 흐르면서 수많은 돌연변이를 축적할 수 있는데, 그 돌연변이들 각각은 서로 독립적으로 발생

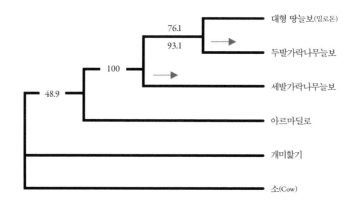

그림 5.2

밀로돈이 세발가락나무늘보보다 두발가락나무늘보와 더 가깝다는 것을 보여 주는 계통수. 땅늘보들이 두 차례 나무에서 살기 시작했음을 뜻한다.

〔출처: Mattias Höss et al., "Mattias Höss et al., "Molecular phylogeny of the extinct ground sloth *Mylodon darwinni*," *Proceedings of the National Academy of Sciences USA* 93, 181-185(1996)〕

하며 돌연변이의 대부분은 생물의 겉모습이나 행동에 아무런 영향을 주지 않는다.

반면에 형태적 특징들을 측정할 때는 생물의 생존에 영향을 줄 가능성이 높은 형질들을 대상으로 하게 되고, 서로 다른 형질들의 크기는 다양한 뼈의 관계처럼 서로 관련이 있을 것이다. 서로 독립적이고 무작위로 변하는 측정 기준점들이 더 많기 때문에 DNA 서열을 이용하면 형태적 특징들보다 유연관계를 더 엄밀하게 복원할 수 있다. 실제로 형태적 특징들과 달리 DNA 서열에 축적된 차이의 개수로는 공통 조상에서 갈라진 시기도 유추할 수 있다. DNA 서열의 차이는 적어도 유연관계가 있는 동물의 집단 내에서는 대략 시간에 비례하여 발생하기 때문이다.

마티아스는 그러한 '분자시계Molecular clock'를 이용해 나무늘보가 소속된 동물 집단을 구성하는 아르마딜로와 개미핥기를 포함한 다른 동물들의 mtDNA에 축적된 뉴클레오티드 차이와 돌연변이의 개수를 계산했다. 그 결과 그는 이 동물 집단이 놀랍도록 오래되었다는 것을 확인했다. 이 집단은 약 6500만 년 전 공룡이 멸종하기 전에 다양화하기 시작했다. 이 시간표는 조류뿐 아니라 포유류의 몇몇 다른 집단에도 적용되는 것으로 현생 동물들의 많은 집단이 공룡들이 지구를 지배했던 시점으로 거슬러 올라간다.

옛날에 땅늘보는 많은 형태가 존재했지만 오늘날에는 나무늘보만이 존재한다. 오늘날의 나무늘보들이 공통 조상을 공유하지 않는다는 사실을 우리가 발견하기 전까지는 나무에 사는 종들은 마지막 빙하기에 기후변화가 닥쳤을 때 생존에 도움이 된 어떤 중요한 생리적 적응을 공유하고 있을 것이라는 생각이 타당하게 여겨졌다. 하지만 그들이 공통 조상을 공유하지 않는다면 그럴 가능성이 없었다. 나무늘보들의 생존에 중요한 역할을 한 요인은 그들의 가장 분명한 공통점인 수상생활이라는 것이 더 타당한 생각이었다. 우리는 이 연구를 기술하는 논문의 끝에서 인간이 도착했을 때 수상생활이 늘보들의 생존을 도왔을 것이라고 추측했다. 인간은 땅에 살고 느리게 움직이는 늘보들을 사냥으로 멸종시켰을 것이다.[2]

약 1만 년 전에 아메리카에서 땅늘보 같은 대형 동물들이 사라진 것이 생태적 요인들 때문인지 아니면 지나친 사냥 때문인지에 대한 논쟁은 계속되겠지만, 우리는 고대 DNA가 퍼즐의 한 조각을 제공할 수 있다는 것이 기뻤다. 우리는 수만 년 전에 살았던 동물들로부터 믿을 수 있는 DNA 서열을 회수할 수 있다는 것과 이러한 DNA 서열이 그들의 진화에 대한 새로운 관점을 제공할 충분한 정보를 포함하고 있다는 것을 증명해 보였다.

1990년대 중반쯤 되자 고대 DNA 연구 분야가 어느 정도 자리를 잡았다. 많은 연구자들이 무엇이 가능하고 무엇이 불가능한지 깨닫게 되었다. 버클리에서 우리 연구진이 했던 캥거루쥐에 대한 연구가 증명해 보였듯이, 동물학 박물관에 있는 사후에 즉시 건조된 동물의 피부와 여타 부위들이 DNA 추출을 위한 시료로 정례적으로 쓰일 수 있었다. 흙파는쥐, 토끼, 그 밖의 많은 동물들에 대한 연구가 뒤따랐고, 큰 동물학 박물관들은 1990년대에 DNA 연구를 위한 분자생물학 실험실을 만들어 오래된 수집물들과 그러한 목적으로 수집된 새로운 표본들을 연구했다. 워싱턴 D.C.에 위치한 스미소니언 연구소와 런던 자연사 박물관이 그러한 일에 처음 나섰고, 다른 박물관들도 뒤를 따랐다.

또한 법의학 과학자들도 몇 년 전에 수집된 증거물에서 DNA를 추출하고 증폭해 분석할 수 있었다. 그 결과 부당하게 투옥된 사람들의 유죄판결이 뒤집혔고, 유전자 증거 덕분에 유해의 신원을 확인하고 범인을 검거하는 일에 새로운 전기가 마련되었다.

뮌헨에 온 지 얼마 되지 않았던 시절에 우리가 오염과 그 밖의 방법론적 문제를 붙들고 씨름하는 동안 남들은 수백만 년 전의 DNA 서열을 밝혀냈다는 말도 안 되는 연구 결과를 『사이언스』와 『네이처』에 발표하는 것을 보면서 느꼈던 실망과 낙심은 이제 만족감으로 바뀌었다. 이 분야는 자리를 잡았다. 이제 나의 오랜 숙제인 인간의 유해로 돌아갈 때였다.

✂

이미 지적했듯이 실험이 현대인의 DNA에 오염되는 경로는 수도 없이 많다. 런던에서 큐레이터가 자신의 혀를 땅늘보의 뼈에 갖다 댈 때 한 가지 분명한 경로를 보았지만 먼지, 변질된 시약, 기타 많은 요인들이 문제가 된다. 내 궁극적인 목표는 인류 역사를 밝히는 것이었다. 그렇다면 이러한 장애 요인에도 불구하고 성공으로 가는 길을 찾을 수 있는지가 관건이었다.

올리바 한트가 이 길을 찾는 일에 헌신했다. 올리바는 어머니처럼 따뜻한 사람이지만 자신의 일에는 지나칠 만큼 비판적이었다. 나는 이러한 기질이 그녀가 앞으로 맡게 될 일에 적격이라고 느꼈다. 그녀는 마티아스가 땅늘보 연구에서 다루었던 것과 똑같은 문제들을 다루어야 했지만 거기에 더하여 고생인류의 뼈 추출물이 담긴 시험관에 내려앉았을지도 모르는 이름 모를 먼지에 대해서도 걱정해야 했다. 뼈 추출물과 병행하여 실험하는 텅 빈 추출물에 그러한 먼지 입자가 전혀 내려앉지 않았다면, 그녀가 해독한 서열이 그 뼈에서 온 것인지 아니면 오염된 먼지 입자에서 온 것인지 판단하기 어렵거나 불가능할 수 있었다.

이러한 이유로 우리는 올리바가 아메리카 원주민의 유해로 실험하는 게 좋겠다고 결정했다. 그들의 mtDNA에는 유럽인에게서는 발견되지 않는 특정한 변종들이 포함되어 있기 때문이다. 나는 사전에 예상한 것과 일치하는 결과만을 신뢰할 수 있는 실험을 매우 싫어했지만, 그것이 오래된 DNA 서열을 회수하는 방법을 확실하게 알아낼 몇 안 되는 길 중 하나인 듯했다. 올리바는 미국 남서부에서 나온 약 600년 전의 골격들과 미라화된 인간 유해들을 가지고 연구를 시작했다. 그런데 결과가 재현되는지를 검사하기 위해 DNA 추출을 여러 번 되풀이하면서 고생하고 있을 때 놓치기에는 너무 아까운 기회가 찾아왔다.

1991년 9월 오스트리아와 이탈리아의 국경 지대에 있는 하우슬랍요흐 근처의 알프스 산맥 외츠탈 지역에서 독일인 등산객 두 명이 미라화된 한 남성의 시신을 발견했다. 그들과 신고를 받은 당국자들은 처음에는 그것을 현대인의 시신으로 생각해 전사한 사람이거나 눈보라 속에서 행방불명된 불운한 등산객 정도로 여겼다. 하지만 그 남성의 시신을 얼음에서 끄집어내어 남아 있는 옷가지와 도구를 살펴보았을 때 그가 최근의 군인도 등산객도 아니라는 것을 확실히 알았다. 그는 약 5300년 전 동기 시대(구리로 무기나 장신구 따위의 기구를 만들어 쓰던 시대로 석기 시대와 청동기 시대의 사이를 말한다. ─옮긴이)에 알프스 고개에서 죽은 사람이었다.

나는 언론 매체를 통해 오스트리아 정부와 이탈리아 정부가 서로 그 미라가 자기 영토에서 발견되었다고 주장하고 있다는 소식을 들었다. 또한 발견자와 공무원들 사이에 발견자의 사례금을 둘러싸고 분쟁이 벌어지고 있었고, 얼어붙은 송장을 보관한 채 외부인이 손대지 못하게 철저하게 지키고 있는 오스트리아 인스브루크 대학교의 병리학과 사람들도 골칫거리였다. 요컨대 법적 난국이자 총체적 난국처럼 보였다.

그래서 1993년에 인스브루크 대학교의 한 교수가 연락해 왔을 때 나는 다소 놀랐다. 그는 우리가 얼음 인간 외치의 DNA를 분석하기를 원하는지 물었다.(그 얼음 인간은 발견된 외츠탈 계곡의 이름을 따서 외치라고 불리게 되었다.) 5000년 넘게 얼어붙어 있었던 시신이라면 이집트 미라나 북아메리카 원주민의 뼈보다 훨씬 잘 보존되어 있을 터였다. 우리는 한번 해 보기로 했다.

올리바와 내가 인스브루크로 갔고, 그 병리학자들이 외치의 왼쪽 엉덩이에서 여덟 개의 작은 시료를 떼어 냈다. 외치의 시신을 (그 시신이 아주 오래된 특별한 것임을 아무도 몰랐을 때) 대형 해머로 알프스의 얼음에서 떼어 내는 과정에서 왼쪽 엉덩이에 손상이 생겼기 때문이다. 뮌헨에 돌아온 올리바는 mtDNA를 추출해 증폭하는 일에 착수했다. 그녀가 제법 쓸 만한 PCR 산물을 얻었을 때 우리 모두는 흥분했지만 읽어 낸 염기 서열은 해석이 불가능했다. 많은 위치에 여러 개의 서로 다른 뉴클레오티드가 존재했기 때문이다.

왜 그런지 알아내기 위해 그녀는 웁살라에서 내가 썼던 옛날 방식인 박테리아 클로닝을 시도해 보았다. 즉 각각의 PCR 산물을 박테리아에서 대량 복제한 다음에 여러 클론의 염기 서열을 해독했다. 각각의 클론은 PCR에 의해 증폭된 한 DNA 단편에서 나온 것이므로 그것을 분석하면 애초의 DNA 단편이 모두 똑같은 뉴클레오티드 서열을 갖고 있는지 아니면 서로 다른 서열을 갖고 있는지 알아볼 수 있었다. 그 단편이 한 사람에게서 왔다면 같은 서열을 갖고 있을 것이고 다른 사람들에서 왔다면 서로 다른 서열을 갖고 있을 것이다.

실험 결과 후자로 밝혀진 데다 시료마다 서열의 조합이 달랐다. 미칠 노릇이었다. 그 mtDNA의 전부는 아니더라도 대부분이 얼음 인간을 취급한 사람들에게서 온 것이 틀림없었다. 한 서열이 얼음 인간에게 온 것인지 아닌지 우리가 어떻게 알겠는가? 사실 진화적 관점에서 보면 그 얼음 인간은 그리 오래전에 살았던 것이 아니라서 오늘날 유럽인에게서 발견되는 것과 비슷하거나 똑같은 mtDNA를 갖고 있을 테고 발견된 이래로 많은 유럽인들이 얼음 인간을 만진 것이 분명했다.

다행히 인스브루크에서 채취한 시료들 중 두 개가 제법 큼직했다. 그래서 우리는 오염이 주로 표면에 있기를 바라면서, 표면 조직을 제거한 다음에 사람들의 손을 타지 않은 부분인 안쪽에서 실험 재료를 추출할 수 있었다. 어떤 오염이든 주로 표면에만 있을 거라고 여겼기 때문이다. 이 방법은 도움이 되었지만 어느 정도까지였다. 일단 서로 다른 서열이 나타나는 위치가 이번에는 여섯 곳뿐이었다. 이는 mtDNA 변종들의 수가 줄어서 그들이 서너 명에게서 유래했음을 뜻했다. 하지만 그 서열을 같은 것끼리 모아 보니 서너 그룹으로 분류되지 않았다.

올리바는 여섯 곳의 변종들은 서로 다른 분자들이 뒤죽박죽된 결과임을 알아냈다. 특히 서로 멀리 떨어진 위치들을 살펴보았을 때 그것을 확실히 알 수 있었다. 이것은 '점프하는 PCR'의 결과임이 틀림없었다. 앞에서도 설명했지만 이 과정은 DNA 중합 효소가 하나의 연속적인 DNA 조각을 복제하는 대신 서로 다른 DNA 단편을 이어 붙여서 새로운 조합으로 짜깁기하는 것을 말한다. 과연 우리가 이렇게 뒤죽박죽된 DNA 서열을 풀어서 어떤 서열이 얼음 인간의 것인지 알 수 있을까?

우리는 이 연구를 기술한 논문에서 점핑 현상은 DNA의 짧은 조각보다 긴 조각을 증폭하려고 시도할 때 주로 일어난다고 주장했다. 짧은 조각일수록 조직 내에 온존한 형태로 보존될 확률이 높은 반면, 긴 조각일수록 짜깁기된 분자이거나 오염된 것일 확률이 높기 때문이다. 따라서 올리바는 PCR로 매우 짧은 단편을 증폭했다. 이 방법은 도움이 되었다. 대략 150개의 뉴클레오티드 길이보다 짧은 단편을 증폭할 때는 뒤죽박죽된 서열이 나오지 않았을 뿐 아니라, 박테리아에서 대량 복제된 클론들의 거의 모두가 똑같은 서열을 지녔다.

전체적인 그림이 점점 분명해지고 있었다. 우리가 추출한 물질에는 하나의 mtDNA 서열이 양은 많지만 짧은 조각으로 분해된 채 들어 있었던 것이다. 또한 긴 조각으로 존재하는 두 명 이상의 다른 사람들의 mtDNA 서열도 조금 섞여 있었다. 따라서 논문에서 우리는 양이 많고 더 분해된 DNA는 얼음 인간에게서 왔을 확률이 높고, 양은 적지만 덜 분해된 DNA들은 얼음 인간을 오염시킨 현대인에게서 왔을 가능성이 높다고 주장했다.

각각의 짧은 조각을 적어도 두 번씩 증폭하고 그 산물을 박테리아에서 대량 복제한 다음 각각의 증폭 산물에서 나온 여러 클론의 서열을 해독함으로써 올리바는 마침내 얼음 인간이 살아 있을 때 지니고 있었을 mtDNA 서열을 복원할 수 있었다. 그녀는 중첩되는 단편을 가지고 300개의 뉴클레오티드 길이가 약간 넘는 서열을 얻어 낼 수 있었다. 현대 유럽인의 mtDNA 참조 서열과 구별되는 부분은 단 두 개의 염기 치환뿐이었다.

예상과 크게 다르지 않은 결과였다. 80~90년을 살고 싶어 하는 누군가의 관점에서 보면 5300년은 250세대에 해당하는 긴 시간이다. 하지만 진화적 관점에서는 이 정도면 짧은 시간이다. 전염병 같은 대재난으로 한 집단의 대부분이 죽거나 대규모 집단 대체가 일어나지 않는 한 250세대 동안 우리 유전자에는 그리 큰 변화가 일어나지 않는다. 사실

연구실 동료들과 나는 우리가 연구한 mtDNA 부위에 동기 시대 이래로 기껏해야 한 개의 돌연변이가 발생했을 것이라고 예상했다.

하지만 연구 결과를 발표하기 전에 넘어야 할 장애물이 하나 더 있었다. 그것은 이 분야에서 발표되는 믿을 수 없는 많은 결과를 보면서 우리가 세운 규칙이었다. 즉 결과가 중요하거나 예상치 못한 것일 때는 다른 연구실에서 그 결과가 재현되어야 한다는 것이었다. 우리가 얼음 인간에서 얻은 서열은 생물학적으로 예상치 못한 결과는 아니었지만 많은 사람들의 관심을 끌 것임이 분명했다. 나는 이번 기회에 제대로 된 연구가 어떤 것인지 보여 주자고 생각했다.

옥스퍼드 대학교의 유전학자 브라이언 사이크스Bryan Sykes가 도와주겠다고 해서 아직 사용하지 않은 시료들 중 하나를 보내기로 했다. 그는 결합조직병(전신의 여러 결합조직에 만성 염증이 나타나는 병—옮긴이)을 연구하다가 그만두고 인간과 고대 DNA에서 나타나는 mtDNA 변이를 연구하고 있었다. 사이크스의 학생이 DNA를 추출해서 우리가 염기 서열을 알아낸 한 mtDNA 부위를 증폭했고 그 서열을 우리에게 보고했다. 그것은 올리바의 서열과 똑같았고, 우리는 연구 결과를 『사이언스』에 발표하기로 했다.[3]

비록 성공하긴 했지만 이 연구를 통해 오래된 인간의 유해를 가지고 연구하는 것이 얼마나 어려운 일인지를 실감했다. 얼음 인간은 얼어붙어 있었으므로 보존 상태가 특별히 좋을 것이라고 기대할 수 있었고, 게다가 2년 전에 발견된 것이라 오염될 기회가 적었다. 그런데도 우리는 분류하기 어려운 서로 다른 서열의 혼합물을 발견했다. 우리가 성공한 것은 순전히 올리바의 인내와 끈기 덕분이었다. 그리고 우리가 그 조직 내에 서로 다른 분자 집단이 있다는 추정을 바탕으로 어떤 것이 맞는 서열인지를 추론해 낼 수 있었기 때문이다. 최근의 인류 진화를 연구하기 위해서는 여러 집단의 많은 사람들을 연구할 필요가 있을 텐데, 모두가 골격 상태로 보존되어 있을 그 많은 사람들을 연구한다는 것은 엄두조차 낼 수 없을 만큼 엄청난 일로 보였다.

그래도 우리가 인간의 시료를 다루는 일에서 값진 경험을 했고 그 일에 관련된 어려움을 더 잘 이해하게 되었다는 점은 긍정적으로 평가할 만한 부분이었다. 이 경험을 활용하기 위해 올리바는 아메리카 원주민의 유해들을 다시 연구했다. 예상대로 쉽지 않았다. 내 친구 라이크 워드가 주선해 준 덕분에 우리는 미국 남서부의 애리조나에서 발견된 약 600년 전의 미라들로부터 10개의 연구 시료를 얻을 수 있었다.

충분히 예상할 수 있다시피 그 결과는 얼음 인간을 분석한 결과와 유사했다. 그 사람들 중 아홉 명의 시료에서 올리바는 아무것도 증폭하지 못하거나 어떤 것이 그 사람의 것인지 알 수 없을 만큼 혼합된 서열을 발견했다. 단지 딱 하나의 사례에서 짧은 단편을 증폭할 수 있었는데, 올리바가 반복적인 증폭으로 많은 클론을 얻어 염기 서열을 확인한 결과, 이 시료에 비교적 많은 분자들이 포함되어 있으며 그 분자들이 유래한 mtDNA는 아메리카 원주민에게서 발견되는 mtDNA 서열과 비슷하다는 것을 밝혀냈다.

좌절을 맛본 우리는 올리바의 연구를 기술한 1996년 논문의 요약에 이렇게 썼다. "이 결과들은 오래된 인간의 유해에서 증폭한 DNA 서열이 진짜임을 보증하기 위해서는 지금보다 더 많은 실험 연구가 필요하다는 것을 보여 준다."[4] 이 말은 물론 다른 사람들이 하고 있는 비슷한 연구들에 대한 암묵적인 비판이기도 했다.

올리바의 이 모든 노력에도 불구하고 나는 이제부터 오래된 인간의 유해에 대한 연구를 포기하기로 했다. 다른 연구실들에서는 계속해서 결과를 발표했지만 나는 학술지에 등장하는 연구의 대부분을 믿을 수 없었다. 정말 힘이 빠지는 상황이었다.[5] 내가 1986년에 의학 분야에서의 창창한 앞날을 눈앞에 두고 발길을 돌린 것은 이집트와 그 밖의 다른 지역에서의 인류 역사를 새롭고 정확하게 연구하는 방법을 도입하고 싶었기 때문이다. 1996년에 이르러 나는 믿을 수 있는 방법을 마련할 수 있었고 그것은 동물학 박물관을 유전자은행으로 바꾸고 매머드, 땅늘보, 말의 조상들, 마지막 빙하기의 여타 동물들을 연구하는 것을 가능하게 만들었다. 이 모두가 잘된 일이었지만 내 마음은 딴 곳에 있었다. 나는 뜻하지 않게 동물학자로 살아가게 될까 봐 걱정이 되었다.

날마다 이런 생각으로 자신을 괴롭힌 것은 아니지만 앞으로 무엇을 할 것인지를 생각할 때마다 좌절감이 들었다. 내가 하고 싶은 일은 인류 역사를 조명하는 것이었지만 오래된 인간의 유해를 연구하는 것은 거의 불가능한 일처럼 보였다. 대부분의 경우 이들의 DNA가 현대인의 DNA와 구별되지 않았기 때문이다. 하지만 얼마 후 청동기 시대 사람들이나 이집트 미라의 DNA를 연구하는 것보다 인간의 역사를 이해하는 데 훨씬 더 도움이 되는 일이 있을지도 모른다는 생각이 들었다. 그것은 다른 종류의 사람들, 얼음 인간 이전에 유럽에 살았던 사람들인 네안데르탈인을 연구하는 것이었다.

오래된 인간 유해에 대한 연구를 그만두겠다고 맹세한 마당에 네안데르탈인으로 관심을 돌렸다는 게 이상해 보일 수도 있다. 하지만 그들이 현대인과 구별될 만큼 다른 DNA 서열을 갖고 있을 것이라는 점이 내게는 매우 중요했다. 그들의 DNA 서열이 다른 것은 단지 그들이 3만 년 전에 살았기 때문만이 아니라 그들이 긴 역사를 우리와 다르게 보냈기 때문이다. 몇몇 고생물학자들은 우리가 적어도 30만 년 전에 그들과 공통 조상을 공유했다고 추산했고, 몇몇은 그들이 다른 종이라고 말했다. 네안데르탈인들은 해부학적으로 현재의 인간과 뚜렷하게 다른 모습을 하고 있으며 대략 같은 시기에 유럽의 다른 곳에 살았던 초기 현생인류와도 모습이 달랐다.

그렇다 해도 네안데르탈인들은 모든 현대인과 진화적으로 가장 가까운 친척이다. 우리가 가장 가까운 친척과 유전적으로 어떻게 다른지 연구한다면 어떤 변화가 현대인의 조상들을 지구상의 다른 모든 생물들과 다르게 만들었는지 알아낼 수 있을 것이다. 우리는 사실상 인류 역사의 가장 근본적인 부분이라고 할 수 있는, 오늘날 살아 있는 모든 사람들의 직계 조상인 완전한 현생인류의 생물학적 기원을 연구하게 되는 것이다. 또한 우리는 그러한 연구를 통해 네안데르탈인들이 우리와 얼마나 가까운지도 정확하게 알 수 있을 것이다. 네안데르탈인의 DNA는 내가 상상할 수 있는 가장 멋진 재료처럼 보였다.

게다가 정말 운이 좋게도 나는 독일에 있었다. 이 나라는 네안데르탈인을 정의할 때 사용된 기준표본인 첫 번째 네안데르탈인이 발견된 네안더 계곡이 있는 곳이다. 나는 네안데르탈인의 기준표본이 있는 본의 박물관에 한시라도 빨리 연락하고 싶었다. 하지만 그곳의 큐레이터들이 시료를 주지 않으려 할 수도 있었다. 이 기준표본은 누군가의 말마따나 "가장 유명한 독일인"이었으니까.(이렇게 말한 것은 아마 20세기 독일 역사의 특정한 부분을 잊기 위한 시도였을 것이다.) 그것은 비공식적인 국가 보물이었다.

나는 이 표본에 어떻게 접근하면 좋을지를 몇 달 동안 고민했다. 박물관 큐레이터들과 함께 일하는 것이 얼마나 까다로운 일인지 너무나도 잘 알고 있는 터였다. 그들은 미래 세대를 위해 귀중한 표본을 보존하는 동시에 연구를 촉진하는 어려운 일을 맡고 있었다. 하지만 나는 자신의 자리를 권력을 행사하는 자리로 생각하는 큐레이터들도 보았다. 그런 사람들은 작은 뼛조각을 보존하는 가치보다 지식을 얻을 가능성이 훨씬 높아 보일 때도 표본을 내주기를 거절했다. 그러한 큐레이터들에게 자칫 잘못 접근했다가는 거절당할 게 뻔했고, 그다음에는 그들도 자존심 때문에 말을 번복하기 어려울 터였다.

이 일로 노심초사하던 어느 날 뜻이 있는 곳에 길이 있다고 본에서 걸려 온 전화 한 통을 받았다. 본 라인 주립 박물관의 큐레이터이면서 네안데르탈인의 기준표본을 책임지고 있는 젊은 고고학자 랄프 슈미츠였다. 그는 몇 년 전에 우리가 나눈 대화를 기억하느냐고 물었다.

1992년 랄프는 네안데르탈인의 DNA를 얻을 수 있는 가능성이 얼마나 되느냐고 물은 적이 있었다. 나는 이 대화를 잊고 있었다. 고고학자들이나 박물관 큐레이터들과 나눈 많은 대화들을 일일이 기억하지는 못하니까. 그가 이야기를 꺼내자 기억이 떠올랐다. 그 당시에 나는 뭐라고 대답해야 할지 몰라서 고민했다. 당장에 떠오른 약간 불순한 충동은 확률이 매우 높다고 말해서 네안데르탈인의 뼈를 그들이 기꺼이 내주도록 하면 어떨까 하는 거였다. 하지만 나는 정직이 최선의 길임을 곧바로 깨달았다. 잠시 주저한 뒤 성공할 확률이 5퍼센트쯤 된다고 말했다. 랄프는 고맙다고 말했고 그 이후로 아무 소식도 듣지 못했다.

그때로부터 거의 4년이 흐른 지금 랄프가 전화를 걸어 네안더 계곡에서 발견된 네안데르탈인의 뼛조각을 제공할 수 있다고 말했다. 나중에 알게 된 사실이지만(랄프가 추후 말해 주었다) 다른 사람들이 그 박물관에 연락해서 네안데르탈인의 표본에서 쓸 만한 DNA를 거의 확실히 얻을 수 있다고 말하며 연구 시료를 요청했다고 한다. 박물관 책임자는 신중을 기하기 위해 다른 연구실에 의견을 구하기로 결정했고, 그래서 랄프가 내게 연락했던 것이다. 우리의 연구 실적도 한몫했겠지만, 성공 확률이 낮다고 솔직하게 말한 것이 랄프와 박물관 측에게 우리가 최선의 파트너라는 확신을 심어 주었을 것이다. 그들은 내가 걱정했던 훼방꾼 유형의 박물관 큐레이터들과 정반대였다. 나는 기뻤다.

우리는 어느 부위의 뼈에서 얼마만큼의 시료를 채취할지에 대해 박물관 측과 몇 주에 걸쳐 논의했다. 남성이었을 것으로 추정되는 그 골격의 약 절반이 남아 있었다. 우리는 성공 확률이 가장 높은 부위가 치밀뼈(밀도가 높은 뼈—옮긴이)임을 경험을 통해 알고 있었다. 예컨대 갈비뼈처럼 큰 골수강이 있는 얇은 뼈보다는 팔이나 다리뼈의 골간 부위 또는 치아의 뿌리가 성공 확률이 높았다. 결국 우리는 오른쪽 위팔뼈 중에서 뼈에 근육이 어떻게 붙어 있었는지 연구하는 고생물학자들이 관심을 가질 만한 융기부나 다른 특징들이 없는 부분에서 한 조각을 떼어 내기로 합의했다. 우리가 직접 시료를 채취할 수는 없었다. 랄프와 그의 동료가 뮌헨으로 우리를 찾아왔고 그들은 우리에게 멸균 톱, 보호복, 멸균 장갑, 시료를 담을 용기들을 받아서 돌아갔다.

그런데 나중에 보니 네안데르탈인의 원형이 된 그 표본에 직접 톱을 대지 않은 것은 잘한 일이었다. 내가 직접 했다면 이 화석의 상징성에 압도되어 아주 작은 조각밖에는 잘라 내지 못했을 것이고, 그것으로는 성공할 확률이 매우 낮았을 것이다.

시료를 받아 본 우리는 그들이 제거한 뼈의 크기를 보고 깜짝 놀랐다. 보존 상태가 매우 좋아 보이는 희끄무레한 뼈가 무려 3.5그램이나 되었다.(그림 5.3을 보라.) 랄프는 뼈를 자를 때 뼈 타는 냄새가 방 안 가득

그림 5.3

네안데르탈인 기준표본의 오른쪽 위팔뼈와 1996년 랄프 슈미츠가 제거한 연구 시료.

(사진: 랄프 슈미츠, 본 라인 주립 박물관LVR-LandesMuseum Bonn)

퍼졌다고 알려 주었다. 우리는 이것이 좋은 징조라고 생각했다. 뼈의 기
질을 구성하는 단백질인 콜라겐이 보존되어 있다는 뜻이었기 때문이다.

나는 두렵고 떨리는 마음으로 대학원생 마티아스 크링스에게 갔다.
그는 일 년 넘게 이집트 미라에서 DNA를 추출하려고 시도했지만 아무
런 소득을 얻지 못한 상태였다. 나는 그에게 네안데르탈인의 기준표본
에서 떼어 낸 뼛조각이 담긴 플라스틱 봉지를 주면서 우리가 개발한 최
고의 방법을 적용해 달라고 부탁했다.

2부

"나는 인류의 역사를
밝히고 싶다"

- 새로운 연구소 마련과
네안데르탈인 게놈 프로젝트 추진까지 -

Neanderthal Man
In Search of Lost Genomes

6
크로아티아와 인연을 맺다

네안데르탈인의 mtDNA 서열을 발표하고 나서 몇 달간 나는 그동안 있었던 일을 되돌아보았다. 슈퍼마켓에서 송아지 간을 사서 말려 DNA를 추출했던 16년 전의 첫 시도로부터 먼 길을 왔다. 마침내 우리는 세계 최초로 고대 DNA를 이용해 인류 역사에 대한 새롭고 심오한 이야기를 했다. 우리는 네안데르탈인의 기준표본이 요즘 사람들의 mtDNA와 매우 다른 미토콘드리아 DNA를 지니고 있었으며, 네안데르탈인은 멸종하기 전에 mtDNA를 현생인류에게 전달하지 않았다는 것을 밝혔다. 이러한 성취를 얻기 위해 수년간의 연구를 통해 오래전에 죽은 사람들의 DNA 서열을 믿을 만하게 읽어 내는 기법들을 개발해야 했다. 이제는 수족처럼 부릴 수 있는 기술도 마련했고, 새로운 것을 기꺼이 시도할 유능하고 헌신적인 사람들도 곁에 있었다. 이제부터 어디로 갈 것인가. 이것이 나의 고민이었다.

당장 해야 할 중요한 일이 한 가지 있었다. 그것은 다른 네안데르탈인들의 미토콘드리아 DNA 서열을 알아내는 것이었다. 한 개체만으로는 결론을 내리기 힘들었다. 다른 네안데르탈인들이 네안더 계곡의 개체와는 매우 다른 미토콘드리아 게놈을 지녔을 가능성이 있기 때문이다. 심지어 그들이 현대인의 것과 비슷한 미토콘드리아 게놈을 지녔을 가능성도 있었다. 다른 네안데르탈인들의 미토콘드리아 DNA 서열을 알면 네안데르탈인들의 유전적 역사에 대해서도 알 수 있을 터였다.

예를 들어 현대인은 mtDNA의 유전적 변이가 비교적 작다. 만일 네안데르탈인도 그렇다면 그들이 작은 집단에서 기원해 팽창해 나갔다고 생각할 수 있다. 반면에 그들이 대형 유인원들처럼 mtDNA의 변이가 크다면 그들의 숫자가 작았던 적이 결코 없었다고 생각할 수 있다. 즉 그들은 현생인류처럼 커다란 인구 변동을 겪지 않았다는 뜻이다.

네안더 계곡에서 발견된 상징적인 기준표본으로 이룬 성공을 이어 가고 싶었던 마티아스 크링스가 네안데르탈인의 다른 표본들을 조사하는 일에 열의를 보였다. 가장 큰 문제는 연구할 수 있을 만큼 보존 상태가 좋은 화석들을 구하는 것이었다.

나는 네안더 계곡의 기준표본에 대한 연구가 왜 성공했는지 많은 생각을 해 본 끝에 그 표본이 석회동굴에서 나왔다는 사실이 중요할지도 모른다는 생각에 이르렀다. 토마스 린달에게 산성 조건들이 DNA 가닥을 분해시킨다고 배웠고, 북유럽의 산성 늪에서 발견된 청동기 시대 사람들에게서 DNA가 산출되지 않은 것도 그 때문이었다. 하지만 물이 석회암 위를 흐르면 약알칼리성이 된다. 나는 석회동굴에서 발굴된 네안데르탈인 유해를 집중적으로 조사해 보기로 했다.

불행히도 나는 학교 다닐 때 유럽의 지질에 별로 관심을 두지 않았다. 하지만 1986년에 유고슬라비아의 자그레브에서 열렸던, 내가 처음 참석한 인류학 학회가 기억났다. 그 학회가 열리는 동안 우리는 크라피나 동굴과 빈디자 동굴로 견학을 갔다. 이 두 곳의 유적지는 다량의 네안데르탈인 뼈가 발견된 곳인데 검색을 통해 크라피나와 빈디자가 석회 동굴임을 확인했다. 나는 두 곳을 유망한 장소로 점찍었다.

게다가 두 동굴은 동물들의 뼈 특히 동굴곰의 뼈가 많이 나왔다는 점에서도 유망했다. 대형 초식동물인 동굴곰은 네안데르탈인과 마찬가지로 3만 년 전 직후에 멸종했다. 동굴곰의 뼈는 대개 동굴 안에서 동면 중에 죽었음을 암시하는 정황으로 발견되곤 한다. 동굴곰의 뼈가 있다는 사실에 기뻐한 이유는 그들의 뼈가 그 동굴에서 DNA가 잘 보존되었는지 확인할 편리한 도구가 될 수 있기 때문이었다. 우리가 그 뼈에 DNA가 포함되어 있다는 것을 증명할 수 있다면 그것을 증거로 같은 동굴에서 나온 훨씬 더 귀한 화석인 네안데르탈인 유해들을 연구하게 해 달라고 큐레이터들을 설득할 수 있을 터였다. 나는 동굴곰 역사에 대해 특히 발칸 반도에서의 역사에 관심을 가져 보기로 했다.

✕

세르비아와 피비린내 나는 전쟁을 치르고 나서 자그레브는 독립국 크로아티아 공화국의 수도가 되었다. 자그레브 최대의 네안데르탈인 수집물은 크로아티아 북부에 있는 크라피나 동굴에서 나왔다. 그 동굴에서 1899년부터 고생물학자 드라구틴 고리아노비치-크람베르게르Dragutin Gorjanović-Kramberger가 약 75명의 네안데르탈인에게서 나온 800점이 넘는 뼈를 발견했다. 그것은 지금까지 발견된 최대 규모의 네안데르탈인 수집물이다. 오늘날 이 뼈들은 중세 분위기가 풍기는 자그레브 중심지에 있는 자연사 박물관에 보관되어 있다.

크로아티아 북서부에 있는 또 다른 유적지인 빈디자 동굴(그림 6.1을 보라)은 크로아티아의 고생물학자 미르코 말레즈Mirko Malez에 의해 1970년대 말과 1980년대 초에 발굴되었다. 그는 여러 네안데르탈인의 뼛조각을 발견했지만 크라피나 동굴에서와 같은 인상적인 두개골은 찾아내지 못했다. 말레즈는 엄청난 양의 동굴곰 뼈도 발견했다. 그가 발견한 것들은 역시 자그레브에 있는 제4기 고생물학·지질학 연구소Institute for Quaternary Paleontology and Geology에 보관되어 있다. 이 연구소는 크로아티아 과학·예술 아카데미Croatian Academy of Sciences and Arts의 산하 기관이다. 나는 이 연구소와 자연사 박물관 두 곳을 방문하기 위해 약속을 잡았다. 그리고 1999년 8월 자그레브에 도착했다.

크라피나에서 나온 네안데르탈인 뼈들은 매우 인상적이었지만 DNA 연구에 대한 전망은 회의적이었다. 그 뼈들은 최소 12만 년은 되었고 따라서 우리가 지금까지 DNA를 얻어 낸 어떤 뼈보다 오래된 것이었다. 빈디자의 뼈들이 더 유망해 보였다. 일단 덜 오래된 것이었다. 발굴이 이루어진 여러 층에서 네안데르탈인의 유해가 나왔지만, 가장 최근에 해당하는 최상층은 연대가 3만 년 전에서 4만 년 전 사이였다. 네안데르탈인치고는 얼마 안 된 것이다.

그리고 빈디자 동굴에서 나온 뼈들에는 또 하나의 흥미로운 특징이 있었는데, 고대 동굴곰의 뼈가 엄청나게 많았다는 점이었다. 이 뼈들은 그 유형과 발견된 층에 따라 분류되어 제4기 연구소의 축축한 지하실에서 허물어지고 있는 수많은 종이 자루들에 담겨 있었다. 어떤 자루는 갈비뼈로 또 어떤 자루는 척추뼈로 가득했고, 각기 긴 뼈와 발뼈로 가득 채워진 자루들도 있었다. 한 마디로 고대 DNA의 금광이라 할 만했다.

빈디자 수집물의 책임자는 마야 파우노비치Maja Paunović로, 공개되는

그림 6.1

크로아티아 북부에 있는 빈디자 동굴.

(사진: 요하네스 크라우제, 막스플랑크 진화인류학연구소MPI-EVA)

전시회도 없고 연구 시설도 별로 없는 연구소에서 일과를 보내는 나이 지긋한 여성이었다. 그녀는 충분히 친절했지만 분위기가 뚱했는데, 자신에게 과학은 지나간 옛일임을 알고 있는 것이 분명했다. 나는 마야와 함께 사흘을 보내면서 뼈를 살펴보았다. 그녀는 내게 빈디자 동굴의 여러 층에서 발굴된 동굴곰 뼈뿐 아니라 네안데르탈인의 뼈 15점에서 채취한 작은 시료들을 주었다. 이것은 네안데르탈인의 유전적 변이를 탐구하는 다음 단계의 연구를 위해 꼭 필요한 것이었다. 뮌헨으로 돌아왔을 때 나는 금방 결과를 얻을 수 있을 것이라고 확신했다.

✄

그 사이에 마티아스 크링스는 자신이 네안데르탈인의 기준표본으로 알아낸 미토콘드리아 게놈 서열을 두 번째 부위로 연장했다. 그 결과는 이 표본의 미토콘드리아 DNA가 현대인의 mtDNA와 약 50만 년 전에 공통 조상을 공유했음을 확인시켜 주었다. 이것은 예상했던 일이라 최초의 네안데르탈인 서열을 알아냈을 때보다는 시큰둥했다. 마티아스가 자그레브에서 마야가 준 15개의 네안데르탈인 뼈 시료에 달려든 것은 당연했다.

우리는 우선 아미노산의 보존 상태를 분석했다. 단백질의 구성단위인 아미노산은 DNA 추출에 필요한 것보다 훨씬 작은 시료로도 분석이 가능하다. 이전에 우리가 밝혀낸 바에 따르면 만일 그 시료에서 콜라겐(뼈를 이루는 주된 단백질)이 포함되어 있음을 암시하는 아미노산 조성을 발견할 수 없다면, 또 그 아미노산들이 살아 있는 세포에서 단백질을 구성하는 화학적 형태로 존재하지 않는다면 DNA를 찾을 확률은 매우 낮으므로 DNA를 추출하기 위해 더 큰 뼛조각을 잘라 봐야 소용없었다.

그런 점에서 볼 때 15개의 시료 가운데 일곱 개가 유망해 보였고 그

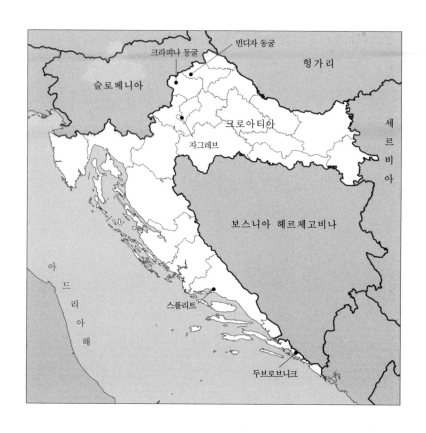

그림 6.2
크로아티아의 네안데르탈인 유적지.

중에서도 유독 한 개가 눈에 띄었다. 우리가 그 뼛조각을 외부에 보내 방사성탄소를 이용한 연대 측정을 의뢰한 결과 그 뼈는 4만 2000년 된 것으로 밝혀졌다. 마티아스는 다섯 개의 DNA 추출물을 만들었고 기준 표본에서 그가 분석했던 mtDNA의 두 부분을 증폭했다. 실험은 성공 적이었다. 그는 수백 개 클론의 서열을 해독해서 모든 위치가 적어도 두 번의 증폭에서 관찰되는지 확인했다. 이때 두 번의 증폭은 서로 다른 추 출물로 실시된 것이어야 했다. 이 마지막 조건은 두 개의 증폭 산물이 완전하게 독립적인 것임을 더 확실히 하기 위해 내가 고집한 것이었다.

마티아스가 이 연구를 하고 있던 2000년 3월 우리는 『네이처』에 실린 한 논문을 보고 깜짝 놀랐다. 영국의 한 연구진이 캅카스 북부의 메즈 마이스카야 동굴에서 발굴된 또 다른 네안데르탈인으로부터 mtDNA 서열을 얻어 냈다는 것이다.[1] 하지만 그들은 그 서열이 올바른 것임을 확인하기 위해 우리가 고집하는 기술적 절차들을 모두 따르지는 않았 다. 예컨대 그들은 PCR 산물을 박테리아에서 대량 복제하지 않았다. 그럼에도 불구하고 그들이 발견한 DNA 서열은 네안데 계곡에서 발견 된 기준표본으로 우리가 알아낸 서열과 거의 똑같았다. 다른 네안데르 탈인들의 mtDNA 서열을 거의 다 분석한 마티아스는 세계 두 번째의 네안데르탈인 mtDNA 서열을 발표할 기회를 놓쳤다고 실망했다. 특히 내가 고집한 철저한 절차로 인해 연구가 늦어진 것이 문제였다.

나는 마티아스의 심정은 이해했지만 네안데 계곡의 네안데르탈인에 게서 얻은 최초의 서열이 다른 연구진에 의해 입증되었다는 사실이 기 쁘기도 했다. 그렇다 해도 『네이처』가 그 논문과 함께 실은 논평에는 동 의할 수 없었다. 그 논평은 두 번째 네안데르탈인 서열이 첫 번째 서열 보다 "더 중요하다."라고 지적하면서 첫 번째 서열이 맞다는 것을 증명했기 때문이라고 밝혔다. 내게는 그것이 첫 번째 네안데르탈인 서열을 발표하지 못한 『네이처』의 자위로 보였다.

마티아스는 아쉽지만 다른 연구를 해 볼 수 있었다. 두 번째 네안데르탈인 DNA는 우리가 『셀』에 발표한 1997년 논문의 결과를 재확인하는 역할을 하기도 했지만, 그 두 번째 서열 덕분에 마티아스가 빈디자의 뼈로 알아낸 서열까지 포함하면 우리가 알고 있는 네안데르탈인 서열이 총 세 개가 되었다. 따라서 네안데르탈인들의 유전적 변이에 대해 비록 잠정적이기는 하지만 뭔가를 말하는 것이 가능해졌다. 유전 이론에 따르면 세 개의 서열이 있으면 한 집단 내의 모든 미토콘드리아 DNA의 관계를 나타내는 계통수의 가장 오래된 가지가 그중에 포함되어 있을 확률이 50퍼센트이다. 마티아스와 영국 연구진이 알아낸 mtDNA 부위에서 세 명의 네안데르탈인은 뉴클레오티드의 3.7퍼센트가 달랐다.

우리는 범위를 넓혀서 이것을 인간과 대형 유인원의 변이 정도와 비교해 보고 싶었다. 먼저 우리는 같은 mtDNA 부위에 대해 현재 알려져 있는 전 세계 5530명의 서열 정보를 이용했다. 네안데르탈인 세 명과의 공정한 비교를 위해 현대인 세 명을 여러 번 무작위로 선택해서 같은 서열에서 세 명이 갖고 있는 차이가 몇 개인지 평균값을 계산했다. 결과는 네안데르탈인 세 명과 매우 비슷한 3.4퍼센트였다.

침팬지의 경우는 똑같은 mtDNA 부위에 대해 359마리의 서열 정보가 존재했다. 같은 방식으로 세 마리 침팬지를 추출한 결과 그들은 평균 14.8퍼센트가 달랐고 28마리의 고릴라는 상응하는 값이 18.6퍼센트였다. 따라서 네안데르탈인들은 mtDNA 변이가 작다는 점에서 대형 유인원과 다르고 현대인과 비슷한 것으로 보였다. 물론 단 세 개의 개체만으로 그리고 mtDNA만으로 변이 정도를 추측하는 것은 위험했다. 그래서 2000년 말에 이 데이터를 『네이처 제네틱스Nature Genetics』에 발표할 때 우리는 더 많은 네안데르탈인들을 분석하는 것이 바람직하다고 강조했다. 그럼에도 우리는 네안데르탈인들이 유전적 변이가 작다는 점에서 현생인류와 비슷했을 것이며, 따라서 그들은 우리처럼 작은 집단에서 시작해 팽창했을 것이라는 의견을 제시했다.[2]

7
새로운 보금자리

인생은 계획대로 흘러가지 않는다. 최초의 네안데르탈인 mtDNA
서열을 발표하는 날을 얼마 앞두고 있던 1997년의 어느 날 아침에 비
서가 한 가지 소식을 알려 왔다. 한 노교수가 전화를 걸어 약속을 잡아
달라고 말했다는 것이다. 미래의 어떤 계획과 관련하여 의논하고 싶은
것이 있다고 했단다. 누구인지 짐작되는 바가 전혀 없었던 나는 인류 진
화에 관한 본인의 특이한 견해를 나누고 싶어 하는 은퇴한 교수일 거라
고 막연히 짐작했다. 그런데 그 짐작은 완전히 빗나갔다. 그가 한 말은
정말 흥미로운 것이었다.

노교수는 막스플랑크협회 Max Planck Society (약자로 MPS라고 부른다)를 대
표해서 왔다고 설명했다. 막스플랑크협회는 독일의 기초과학 연구를 지
원하는 곳이다. 이 협회는 그동안 여러 가지 노력을 해 왔는데, 7년 전
에 서독과 합쳐진 구동독 지역에서 세계적 수준의 연구를 양성하는 프

로그램도 그중 하나였다. 이를 위한 계획 중 하나가 독일이 과학적으로 취약한 분야들을 중점적으로 연구하는 새로운 연구소들을 건립하는 것이었다. 독일이 유독 약한 분야가 인류학이었고 거기에는 그만한 이유가 있었다.

현재 독일에 있는 많은 연구소들이 그렇듯이 막스플랑크협회도 전쟁 전에 운영되던 전신이 있었다. 그것은 카이저빌헬름협회Kaiser Wilhelm Society였고 1911년에 창설되었다. 카이저빌헬름협회는 독일이 과학적으로 앞서가던 시절에 활약했던 오토 한Otto Hahn, 알베르트 아인슈타인Albert Einstein, 막스 플랑크Max Planck, 베르너 하이젠베르크Werner Heisenberg 같은 저명한 과학자들을 위한 연구소들을 세우고 지원했다.

하지만 히틀러가 집권하고 나치가 뛰어난 과학자들을 유태인이라는 이유로 다수를 축출하면서 그러한 시대가 느닷없이 끝났다. 정부의 간섭을 받지 않는 독립적 기관이었던 카이저빌헬름협회는 독일의 전쟁 기계로 편입되어 무기 연구와 같은 일을 했다. 놀라운 일도 아니었다. 하지만 그것으로도 모자라 카이저빌헬름협회는 산하단체였던 인류학, 인간 유전, 우생학 연구소를 통해 인종과학(인종과 관련된 과학 연구들을 포괄적으로 지칭하는 용어—옮긴이)과 거기서 비롯된 범죄들에 적극적으로 가담했다. 베를린에 근거지를 둔 그 연구소에서 요제프 멩겔레Josef Mengele 같은 사람들이 과학의 조력자로 활동하면서 아우슈비츠 수용소의 수감자들을 대상으로 실험을 실시했다. 실험 대상자들 가운데 다수가 어린이들이었다. 전쟁이 끝났을 때 멩겔레는 자신이 저지른 범죄의 대가로 형을 선고받았지만(하지만 그는 남미로 도망쳤다) 그에게 지시를 내렸던 인류학 연구소의 상관들은 기소되지 않았다. 오히려 몇몇은 대학 교수가 되었다.

막스플랑크협회가 카이저빌헬름협회의 뒤를 이어 1946년에 창설되었을 때 인류학은 당연히 피해야 할 주제였다. 실제로 나치 치하에서 있었던 일 때문에 독일에서는 인류학 분야 전체가 지위를 잃었다. 인류학 분야는 연구 기금과 훌륭한 학생 그리고 혁신적인 연구자를 유치할 수 없었다. 인류학은 독일이 과학적으로 가장 약한 분야임이 분명했고, 나를 찾아온 노교수는 막스플랑크협회가 새로운 연구소를 창설할 분야로 인류학을 선택해도 괜찮을지를 논의하기 위한 위원회를 조직했다고 했다. 그는 최근의 독일 역사를 감안할 때 그것이 과연 좋은 생각인지에 대해서는 사람들의 의견이 엇갈린다는 이야기도 했다. 어쨌든 그는 만일 그러한 연구소가 창설된다면 그곳에 올 생각이 있는지 물었다.

나는 막스플랑크협회가 많은 자원을 보유하고 있으며 이 자원들이 통일 이후 동쪽 지역에 여러 개의 새로운 연구소를 건설하기 위해 마련된 것이라는 사실을 조금은 알고 있었다. 새로운 연구소의 건립에 참여한다는 것에 흥미를 느꼈지만 지나친 관심을 드러냄으로써 어떤 상황에서도 갈 것 같은 인상을 주고 싶지는 않았다. 그래서 나는 그러한 연구소가 조직되고 기능하는 방식에 관여할 수 있다는 뜻이라면 고려해 보겠다고 말했다. 그 노교수는 내가 참여한다면 창립 멤버로서 많은 자유와 영향력을 갖게 될 것이라고 말해 주었다. 그는 내게 위원회에 참석해서 그러한 연구소가 어떻게 조직되면 좋을지에 대한 의견을 주면 좋겠다고 제안했다.

얼마 뒤에 나는 그 위원회 앞에서 발표를 해 달라는 초청장을 받았다. 위원회는 하이델베르크에서 만남을 가질 예정이었고 옥스퍼드 출신의 인간 유전학자이자 면역계에 관한 전문가인 월터 보드머 경 Sir Walter Bodmer 을 의장으로 하여 여러 명의 외국인 전문가들로 구성되었다. 나는 우리가 하고 있는 연구에서 인류학 연구소에 적합하다고 생각되는 측면들을 제시했고, 고대 DNA와 네안데르탈인을 연구하는 일과 인간 집단들 사이의 언어적 관계뿐 아니라 유전적 관계를 토대로 인류 역사를 재구성하는 일을 중점적으로 설명했다.

과학에 대한 내 발표 외에, 독일에서 인류학이 했던 일을 감안할 때 막스플랑크협회가 그 주제에 손을 대도 될 것인지와 관련한 여러 비공식적인 논의들도 있었다. 나는 전쟁이 끝나고 나서 한참 뒤에 태어난 비독일인이었기에 이 문제에 대해 유연한 태도를 취하기가 훨씬 쉬웠던 것 같다. 전쟁이 끝난 지 50년도 더 지났는데 독일이 과거의 범죄 때문에 과학적 시도를 못 해서는 안 된다고 느꼈다. 우리는 역사를 잊어서도 안 되고 과거로부터 교훈을 얻지 못해서도 안 되지만 앞으로 나아가기를 두려워해서도 안 된다. 우리가 무엇을 할 수 있고 할 수 없는지를 50년 전에 죽은 히틀러가 결정하게 해서는 안 된다는 말까지 했다.

나는 새로운 인류학 연구소는 인류 역사에 대한 철학을 하는 곳이 되어서는 안 된다고 강조했다. 인류학 연구소는 경험과학을 해야 하는 곳이다. 그곳에서 일할 과학자들은 인류 역사에 관한 확고한 사실들을 모으고 그것을 바탕으로 자신들의 가설을 검증해야 한다.

그 위원회에 내 주장이 얼마나 잘 전달되었는지는 알 수 없었다. 나는 뮌헨으로 돌아갔고 몇 달이 흐르고 나서는 그 일을 거의 잊고 지냈다. 그러던 어느 날 인류학 연구소 건립의 실무를 담당하는 막스플랑크협회의 새로운 위원회로부터 만나자는 연락을 받았다. 그 회의에 뒤이어 열린 수차례의 회의에서 여러 후보들이 발표를 했다. 막스플랑크협회도 독일도 인류학과 관련하여 바탕으로 삼을 전통을 갖고 있지 않다는 사실은 결과적으로는 유리하게 작용했다. 덕분에 우리는 학계의 전통과 기존의 구조들에 얽매이지 않은 채 인류 역사를 연구하는 현대적인 연구소를 어떻게 조직할 것인지를 자유롭게 토론할 수 있었다.

논의하면서 떠오른 개념은 학제 구분에 따라 조직되지 않고 하나의 질문에 초점을 맞춘 연구소였다. 무엇이 인간을 다른 동물과는 다른 독특한 존재로 만드는가라는 질문이 그것이었다. 이 연구소는 고생물학자, 언어학자, 영장류학자, 심리학자, 유전학자들이 이 질문에 대해 함께 연구하는 다학제간 연구소가 될 것이고, 이 질문을 던질 때 사용해야 하는 개념적 틀은 진화였다. 우리의 최종 목표는 무엇이 인간을 다른 영장류와 매우 다른 진화의 길로 이끌었는지 이해하는 것이었다. 따라서 새로운 인류학 연구소는 '진화인류학' 연구소가 되어야 했다.

현생인류의 가장 가까운 멸종한 친척인 네안데르탈인은 이 개념과 아주 잘 맞았다. 우리와 가장 가까운 살아 있는 친척인 대형 유인원들에 대한 연구도 마찬가지였다. 그래서 인간과 유인원을 둘 다 연구하는 미국의 저명한 심리학자인 마이크 토마셀로Mike Momasello가 그 연구소의 한 분과를 만들기 위해 초청되었고, 야생 침팬지를 연구하기 위해 아내 헤드윅과 함께 코트디부아르의 숲속에서 수년을 지낸 스위스의 영장류학자 크리스토프 보슈Christophe Boesch도 부름을 받았다. 영국인이지만 미국에서 수년 동안 일한 비교언어학자 버나드 캄리Bernard Comrie도 합류했다.

나는 선택된 사람들의 뛰어난 자질에도 감명을 받았지만 그들 모두가 독일 밖에서 왔다는 사실도 마음에 들었다. 독일에서 겨우 7년을 산 내가 이 연구소를 출범시키는 중책을 맡은 사람들 가운데 가장 '독일인'에 가까웠다. 장차 400명이 넘는 사람들을 고용하게 될 거대한 연구소를 나라 밖에서 온 사람들에게 전적으로 맡길 정도로 국수주의적 편견에서 자유로울 수 있는 나라는 별로 없을 것이다.

뮌헨에서 초창기 만남을 갖던 무렵 연구소의 각 분과를 책임질 사람들이 모두 참석한 한 회의에서 나는 외부로 나가서 우리만의 오붓한 시간을 갖자고 제안했다. 그날 저녁에 네 사람이 작은 내 차에 끼여 타고 바이에른 알프스에 위치한 도시 테게른제를 향해 달렸다. 해가 뉘엿뉘엿 지고 있을 때 우리는 히르슈베르크 산에 올랐다. 내가 친구나 학생들과 함께 자주 오르던 산이었다. 우리 대부분은 등산에 전혀 적합하지 않은 신발을 신고 있었다. 게다가 해까지 지니 정상까지 가기는 무리라는 생각이 들었다. 우리는 작은 봉우리에 멈추어 서서 태고의 모습을 간직한 알프스의 풍경을 즐겼다.

나는 우리가 서로에게 마음을 열었다고 느꼈고 이 순간만큼은 모두가 솔직할 것이라고 생각했다. 나는 그들에게 물었다. 정말 독일에 가서 연구소를 출범시킬 것인지, 아니면 단지 재직하고 있는 연구 기관으로부터 떠나지 않는다는 조건으로 연구 기금을 받아 내기 위해 막스플랑크협회와 협상하고 있는 것인지…. 이런 전략을 쓰는 것은 성공한 학자들 사이에서는 드물지 않은 일이었다. 그들은 모두 오겠다고 말했다.

산꼭대기 너머로 해가 사라지고 사방이 어둑어둑해 오는 가운데 우리는 키 큰 나무들 밑을 걸어서 아래로 내려갔다. 우리는 새로운 연구소에 대해 그리고 그곳에서 무엇을 할지에 대해 신나게 떠들었다. 모두 경험과학을 하는 사람들이었고 자신이 하는 일뿐 아니라 다른 사람들이 하는 일에도 관심이 있었으며 거의 동년배였다. 나는 이 새로운 연구소가 현실로 다가오기 시작했고 그곳에서 행복할 것 같았다.

하지만 막스플랑크협회와 우리 사이에 조율해야 할 일들이 아직 많았다. 가장 큰 문제는 새로운 연구소가 구동독의 어디에 있어야 하는

가였다. 막스플랑크협회의 생각은 분명했다. 바로 로스토크Rostock였다. 발트해 연안에 있는 한자동맹에 속한 작은 항구도시다. 이유도 설득력이 있었다. 독일은 16개의 주로 이루어진 연방 국가로서 각각의 주는 경제 규모에 따라 막스플랑크협회에 기금을 낸다. 따라서 당연히 정치인들은 "낸 만큼 얻기 위해" 자신들이 소속된 주에 가능한 한 많은 연구소가 위치하기를 원할 것이다. 로스토크가 위치한 메클렌부르크-포어포메른은 막스플랑크협회의 연구소가 하나도 없는 유일한 주였고, 그래서 연구소를 요구할 자격이 충분히 있었다.

나는 그러한 취지에는 공감했지만 우리의 임무는 새로운 연구소를 과학적으로 성공시키는 것이지 독일 주들 사이의 정치적 균형을 맞추는 것이 아니라고 생각했다. 겨우 20만 명 정도가 거주하는 로스토크는 작은 도시였고 국제공항도 없었으며 독일인이 아니면 아무도 모르는 곳이었다. 그러한 조건으로는 훌륭한 인재를 유치하기 어려울 것이라는 느낌이 들었다. 나는 새로운 연구소가 베를린에 있었으면 좋겠다고 생각했지만 그럴 수 없다는 것을 금방 알았다. 전국적인 연구 기관들의 상당수가 이미 구서독에서 그곳으로 옮겨 와 있었다. 우리의 새로운 연구소까지 그 대열에 합류하는 것은 정치적으로 불가능할 뿐 아니라 현실적인 조건에서도 곤란을 초래할 수 있었다.

막스플랑크협회는 로스토크를 계속해서 밀어붙였고 그 도시를 방문할 일정까지 잡았다. 시장과 그 일행이 그곳의 장점들을 설명하고 우리에게 도시를 구경시켜 주기로 되어 있었다. 나는 로스토크를 단호하게 반대하면서 그 방문에 참여하지 않을 것이며 뮌헨 대학교에서 하던 일을 계속하고 싶다고 막스플랑크협회에 말했다. 그때까지는 내가 가지 않겠다고 말해도 협회의 담당자들은 그냥 해 보는 소리라고 생각했던 것 같다. 하지만 이제 그들은 연구소가 로스토크에 건립된다면 내가 정말 오지 않을 것임을 알게 되었다.

다른 장소들이 물망에 올랐다. 내 생각에는 남쪽의 작센 주에 있는 도시인 라이프치히와 드레스덴이 전망이 밝아 보였다. 두 도시 모두 규모가 컸고 오래된 산업적 전통을 갖고 있었을 뿐 아니라 주 정부가 그 전통을 이어 가려고 했다. 게다가 작센 주에서는 막스플랑크협회의 또 다른 연구소가 출범할 계획이었는데, 그 일을 맡은 사람은 핀란드 태생의 뛰어난 세포생물학자인 카이 시몬스Kai Simons였다. 나는 세포가 바이러스 단백질을 어떻게 다루는지를 연구하던 대학원생 시절에 그를 몇 번 만난 적이 있었기에 그 연구소가 훌륭한 곳이 되리라고 확신했다. 내 꿈은 두 연구소가 나란히 캠퍼스를 공유하면서 우리의 연구 집단과 그들의 연구소가 함께 시너지 효과를 내는 것이었다.

불행히도 이 꿈은 독일의 연방 구조에서는 이룰 수 없는 것이었다. 동독에 새로 출범할 두 개의 큰 연구소인 우리 연구소와 카이의 연구소가 모두 작센 주에 있어야 한다고 주장하는 것도 무리한 일인데, 같은 도시에 있기를 바란다는 것은 완전히 불가능한 일이었다. 우리보다 먼저 시작한 카이와 그의 동료들이 이미 드레스덴에 위치를 정했으므로 우리는 라이프치히를 점찍었다. 우리는 그 도시가 대체로 마음에 들었다.

라이프치히는 전쟁의 피해를 별로 입지 않은 아름다운 도심과 세계적 수준의 음악과 미술을 자랑하는 문화적 자산을 갖고 있었고, 무엇보다 마이크 토마셀로가 대형 유인원의 인지능력 발달을 연구할 수 있는 시설을 만드는 데 협조할 의지가 있는 동물원이 있었다. 또한 독일에서 두 번째로 오래되고 규모가 큰 종합대학이 있었다.

대학 측과 이야기를 나누면서 나는 그 대학이 독일민주공화국 시절에 다른 어떤 대학들보다 정치적 영향을 많이 받은 곳임을 알게 되었다. 아마 교사 훈련과 저널리즘 연구 같은 민감한 분야의 중심지였기 때문일 것이다. 자신의 선택이었든 어쩔 수 없었든 최고의 교수들 가운데 많은 사람들이 공산당에 깊이 관여했고 독일민주공화국이 무너지고 나서는 자리에서 쫓겨났다. 그 때문에 자살까지 한 사람도 몇 명 있었다. 자리를 보전한 자들은 대체로 동독에서 학자로서의 경력이 보잘것없던 사람들이었다. 간혹 정치적 박해 때문에 능력을 제대로 펼치지 못한 이들도 있었지만, 대부분은 서독에 있는 사람들과 마찬가지 이유로—재능이 부족해서, 야망이 없어서, 혹은 인생의 우선순위가 다른 곳에 있어서—두각을 드러내지 못했다.

정치적으로 문제가 된 교수들 때문에 공석이 된 자리는 대부분 서독에서 온 교수들로 채워졌다. 하지만 서독에 있는 뛰어난 사람들은 구태여 동독까지 와서 새로운 부담과 문제들을 감내할 생각이 없었다. 그러다 보니 달리 갈 데가 없는 사람들이 동독에 왔다. 나는 껄끄러운 역사적 부담 없이 무에서 연구소를 시작할 수 있는 것이 얼마나 행운인지를 절실히 깨달았다. 드레스덴의 대학이 새로운 시대의 과제를 받아들이기에 더 적합해 보였지만 모든 것을 다 가질 수는 없었다. 나는 시간이 흐르면서 라이프치히의 대학이 앞으로 나아가는 데 필요한 유연함을 갖추기를 바랐다.

라이프치히의 장점은 매우 활기찬 도시라는 것이었다. 그런 면에서는 오히려 드레스덴보다 더 나았다. 나는 사람들에게 라이프치히로 오라고 설득할 수 있을 것 같다는 확신이 들었다. 1998년에 우리 연구팀은 라이프치히에 임시로 마련된 연구소로 옮겨 왔다.

우리는 새로운 환경에서 연구를 시작하기 위해 그리고 새로운 큰 연구소 건물을 설계하기 위해 열심히 일했다. 그것은 정말 신나는 경험이었다. 막스플랑크협회는 우리에게 충분한 자원을 제공했고, 그것으로 나는 우리의 필요에 딱 맞고 내가 맡은 분과의 기능에 걸맞은 연구소를 설계할 수 있었다. 그중 하나가 밀폐된 세미나실을 없애는 것이었다. 나는 우리 분과의 세미나실과 회의실로 쓸 공간은 복도 쪽이 개방되어 있도록 설계했다. 그러한 회의가 초대받은 사람들만을 위한 비공개 모임이라는 인상을 주지 않기 위해서였다. 누구든지 지나가다가 귀를 기울일 수 있고 토론에 참여할 수 있으며 일어나고 싶으면 언제든 일어날 수 있어야 했다.

나는 독일 외부의 많은 사람들을 이 연구소로 데려오고 싶었다. 그러려면 라이프치히에 온 과학자들과 학생들이 사회생활을 영위할 수 있고 동료들이나 지역사회의 학생들과 유대감을 쌓을 수 있는 업무 환경을 조성하는 것이 매우 중요할 것 같았다. 이를 위해 건축가에게 건물 내에 탁구와 축구 게임을 할 수 있는 공간을 만들고 심지어는 로비에 14미터짜리 암벽등반용 벽까지 세워 달라고 요구했다. 마지막으로 내 고향 스칸디나비아에서 사우나가 하는 사회적 역할에서 아이디어를 얻어 깜짝 놀라는 건축가들에게 건물 옥상에 사우나가 필요하다는 것을 납득시켰다.

하지만 무엇보다도 고대 DNA의 추출을 위한 멸균실을 처음으로 내가 원하는 사양대로 설계할 수 있었다는 것이 가장 중요했다. 그것은 곧 먼지 입자에 들러붙은 인간의 DNA가 일으키는 오염에 대한 내 편집증을 자제하지 않아도 된다는 뜻이었다. '멸균실'은 사실 하나의 방이 아니라 여러 개의 방이었다. 이 시설은 현대의 DNA를 다루고 있는 실험실에 가까이 가지 않고도 그곳으로 들어갈 수 있는 건물 지하층에 위치하게 되었다.

멸균 시설 내에서 일하는 사람은 가장 먼저 멸균복으로 갈아입는 방에 들어가게 된다. 그런 다음에는 뼈 시료를 가루로 가는 일 같은 '더러운' 일을 하는 준비실로 들어간다. 거기서 다시 DNA를 추출하고 추출된 DNA를 조작하는 일을 하는 내실로 들어가게 된다. 그 방에서도 귀중한 DNA 추출물은 특수 냉동고에 저장된다. 이곳에서 하는 모든 일은 공기가 여과되는 후드 밑에서 이루어지게 된다.(그림 7.1을 보라.) 그뿐 아니라 멸균 시설 전체의 공기가 순환되고 여과된다. 바닥의 격자망을 통해 빨려 나간 공기는 1/200밀리미터보다 큰 모든 미립자의 99.995퍼센트가 제거되어 그 방으로 되돌아온다.

우리는 별개의 연구—예를 들면 멸종한 동물에 대한 연구와 네안데르탈인에 대한 연구—를 분리해서 작업할 수 있도록 지하층에 두 개의 멸균 시설을 지었다. 어떤 시약이나 도구도 한 멸균 시설에서 다른 멸균 시설로 가져갈 수 없게 했는데, 만일 한 개의 시설에서 오염이 발생할 경우 다른 멸균 시설이 영향을 받지 않도록 하기 위해서였다. 나는 마침내 밤에 편히 잠들 수 있을 것 같았다.

물론 건물과 멸균 시설보다 더 중요한 것이 그곳에서 일할 사람이었다. 나는 각 팀을 이끌 사람들을 찾았다. 이 팀들은 각기 서로를 돕고 자극할 수 있도록 서로 다르지만 관련이 있는 주제들을 연구할 예정이었다. 누구보다 먼저 라이프치히로 데려오고 싶었던 사람은 마크 스톤킹이었다. 하지만 복잡한 문제가 있었다.

마크는 버클리에서 앨런 윌슨의 지도 아래 박사 학위를 땄고, 나는 그곳에서 박사후 연구생으로 있으면서 그를 만났다. 그는 인간의 미토콘드리아 DNA 변이를 연구해 왔고 '미토콘드리아 이브' 이론의 주창

그림 7.1
라이프치히의 막스플랑크 진화인류학연구소에 마련된 멸균실의 가장 안쪽 모습.
(사진: 막스플랑크 진화인류학연구소MPI-EVA)

자들 중 한 명이었다. 인간의 미토콘드리아 게놈의 변이가 지난 10만 년 또는 20만 년 내에 아프리카에서 기원했다는 이론이 그것이다. 그 무렵 마크는 대학원생인 린다 비질런트와 함께 당시 신기술이던 PCR를 이용해 아프리카, 유럽, 아시아 사람들을 대상으로 미토콘드리아 게놈의 한 가변 부위(변이가 나타나는 부위—옮긴이)를 해독했다. 앨런과 함께 그들은 『사이언스』에 매우 영향력 있는 논문 한 편을 발표했는데, 그 연구는 현생인류의 아프리카 기원설에 못을 박는 것처럼 보였다. 이후에 통계적 문제를 근거로 반론이 제기되기도 했지만 그들의 결론은 시간의 검증을 이겨 냈다.

나는 버클리에서 흥분된 나날을 보내고 있을 무렵 날마다 오토바이를 타고 연구실에 오는 린다의 소년 같은 귀여운 모습과 영리함에 반했다. 하지만 당시 나는 남자 친구에게 그리고 에이즈 지원 단체에 푹 빠져 있었다. 그래서 마크가 린다와 사귀게 되었을 때 하늘이 무너지는 것 같지는 않았다. 그들은 결국 결혼해서 펜실베이니아 주립 대학교로 갔고 두 아이를 낳았다. 하지만 나와 린다의 인연은 거기서 끝나지 않았다.

내가 버클리를 떠나고 나서 6년이 지난 1996년 마크와 린다가 그들의 두 어린 아들과 함께 내 연구팀에서 안식년을 보내기 위해 뮌헨으로 왔다. 우리는 알프스로 자주 소풍을 떠나 내가 가장 좋아하는 히르슈베르크 산을 올랐고, 그들은 내 차를 자주 빌렸다. 린다는 연구실에서 일하지 않고 아이들을 돌보았다. 가끔씩 그녀는 저녁 시간에는 가족으로부터 벗어나 휴식을 갖고 싶어 했고, 우리는 함께 극장에 다니기 시작했다. 그녀와 나는 죽이 잘 맞았지만 나는 우리의 관계를 심각하게 생각하지는 않았다.

그러던 어느 날 내 대학원생 한 명이 린다가 나를 좋아하는 것 같다고 농담처럼 말했다. 그때 나는 우리 둘 사이의 긴장감을 알아차리게 되었고 유럽 예술 영화를 보러 간 어두운 극장에서 그것을 확실히 알았다. 어느 날 밤 내 아파트에서 멀지 않은 한 극장에서 우리의 무릎이 어둠 속에서 우연히 닿았다. 하지만 둘 다 피하지 않았다. 우리는 곧 손을 잡고 다니게 되었다. 그리고 린다는 극장에서 나온 뒤에 집으로 곧장 돌아가지 않았다.

나는 항상 스스로 게이라고 생각해 왔다. 길거리에서도 주로 잘생긴 남자에게 눈길이 갔다. 하지만 여성에게도 매력을 느꼈는데, 특히 자기가 원하는 것이 무엇인지 잘 아는 자기주장이 강한 여성에게 끌렸다. 예전에 두 명의 여성과 사귄 적도 있었다. 하지만 동료와 결혼해 두 아이까지 낳은 린다와 계속 사귀는 것은 좋은 생각이 아니라는 판단이 들었다. 나는 이것이 일시적인 감정일 거라고 여겼다. 하지만 몇 주가 지나고 몇 달이 지나면서 우리가 많은 부분에서 서로 잘 통하고 성적으로도 마찬가지라는 사실이 점점 더 분명해졌다. 그럼에도 마크와 린다가 뮌헨에서의 일정을 마치고 펜실베이니아 주립 대학교로 돌아갈 때 나는 린다와의 관계는 이것으로 끝이라고 확신했다. 하지만 그러지 않았다.

막스플랑크협회와 새로운 연구소에 대해 논의하기 시작할 무렵 펜실베이니아 주립 대학교에서 내게 연락해 매력적인 정교수직을 제안했다. 고민스러웠다. 주립 대학의 재미없는 시골 생활에 내가 만족하지 못할 것임을 알았지만 교수직 제안이 들어왔다는 사실을 어필함으로써 막스플랑크협회와의 협상을 더 쉽게 풀어 갈 수 있을 것 같았다. 그리고 분명하게 설명할 수 없는 이유가 또 하나 있었던 것 같다. 펜실베이니아 주립 대학에 가기 싫지 않았던 이유는 그곳에 린다가 있었기 때문이다. 나는 펜실베이니아 주로 수차례 여행을 갔고 린다와 계속해서 만남을 가졌다.

그때가 고비였다. 나는 마크에게 감추는 비밀이 있었을 뿐 아니라 마크와 공유하는 비밀도 있었다. 펜실베이니아 주립 대학이 나를 데려오려고 시도하고 있는 와중에 나는 마크에게 라이프치히의 새로운 연구소에 와 줄 수 있는지 묻고 있었다. 이 모든 비밀과 이중생활이 마침내 너무 버거워지기 시작했다. 내 아버지가 이중생활을 했던 것의 영향으로 (그는 가족이 둘이었고, 한 가족은 다른 가족의 존재를 몰랐다) 나는 사생활에서 솔직하고 비밀을 갖지 않는 것에 자부심이 있었다. 그런 내가 이곳에서 내 아버지와 비슷한 이중생활을 하고 있었던 것이다.

나는 린다에게 우리가 계속 만날 작정이라면 마크에게 솔직히 털어놓는 편이 낫겠다고 말했다. 그녀는 그렇게 했다. 예상했던 위기가 닥쳤다. 하지만 관계가 더 깊어지기 전에 린다가 마크에게 털어놓은 것이 그나마 다행이었던 것 같다. 시간이 흐르자 마크는 일과 사적인 감정을 분리할 수 있었고 얼마 후에는 라이프치히로 옮겨 오는 문제를 진지하게 고려할 수 있었다. 마크가 온다면 연구소로서는 과학적으로 더할 나위 없이 좋은 일이었다. 나는 막스플랑크협회를 설득해서 그에게 영구적인 교수직을 제안하고 그를 위한 예산을 마련할 수 있었다.

연구소가 출범한 1998년 마크와 린다, 그리고 그들의 두 아들이 라이프치히로 옮겨 왔고 마크는 자신의 연구 집단을 우리 연구소로 데려왔다. 운 좋게도 린다 역시 우리 연구소에서 직장을 구할 수 있었다. 영장류 분과를 만드느라 바빴던 크리스토프 보슈가 야생 유인원에 집중할 유전학 실험실을 운영할 수 있는 사람을 구하는 문제로 고민하고 있었다. 이 일을 한다는 것은 현장 연구자가 수집해 온, 침팬지와 고릴라가 정글에 남긴 배설물과 머리카락 같은 특이한 DNA 재료를 다루어야 한다는 뜻이었다. 린다가 박사 학위를 위해 버클리에서 했던 연구의 대부분이 인간의 유전적 변이를 분석하기 위해 머리카락 한 올에서 DNA를 추출하는 일이었다. 나는 양심에 거리낌 없이 그녀를 크리스토프에게 추천할 수 있었고, 린다는 영장류 분과 내의 유전학 연구실을 이끌게 되었다.

우리 모두는 수리가 끝난 내 작은 아파트로 들어갔다. 몇 년에 걸쳐 린다와 나는 더 가까워졌고, 마크도 우리 집에서 큰 문제 없이 생활하는 동안 새로운 연인을 찾았다. 2004년 6월 린다와 나는 테게른제에서 휴가를 보내고 있었다. 이번에도 늦은 저녁 무렵에 히르슈베르크 산에서 내려오고 있었다. 그때 우리는 이제 나이를 먹었다는 이야기를 하기 시작했다. 그것은 우리에게 무한정 시간이 남아 있지 않다는 뜻이기도 했다. 뜻밖에도 린다는 내가 아이를 원한다면 그렇게 하고 싶다고 말했다. 전에도 그런 생각을 한 적이 있고 린다와 농담 삼아 그런 이야기를 하기도 했지만 내가 아이를 무척이나 원한다는 사실을 그때 확실히 알았다. 그리하여 2005년 5월 우리 두 사람의 아들인 루네가 태어났다.

이후 몇 년에 걸쳐 우리의 생활에 계속해서 변화가 있었지만 그 변화는 조금씩 일어났다. 린다와 마크가 원만하게 이혼에 합의했고 2008년 린다와 내가 결혼했다. 우리 연구소는 '인문학계' 출신이든 '과학계' 출신이든 관계없이 연구원들이 함께 어울려 일할 수 있는 보기 드물게 성공적인 기관이 되었다. 전 세계 최고만을 고용하는 전통은 프랑스 고생물학자 장 자크 위블랑Jean-Jacques Hublin이 연구소의 다섯 번째 분과를 설치할 때까지 계속 이어졌다. 그가 프랑스에서 가장 명망 높은 연구 기관들 중 하나인 콜라주 드 프랑스에 임용될 것이 거의 확실했는데도 그 자리를 거절하고 라이프치히 연구소로 왔다는 사실 자체가 우리 연구소의 매력을 증명하는 것이었다. 실제로 우리 연구소가 창립되고부터 15년 동안 영국의 케임브리지 대학교와 독일의 튀빙겐 대학교 같은 다른 지역의 큰 대학들이 우리 연구소의 창립 이념을 따라 했다.

나도 가끔은 우리 연구소가 왜 그렇게 잘 굴러갔는지 궁금하다. 한 가지 특별한 이유를 찾자면 우리 모두가 독일인이 아니었던 탓에 시작할 때부터 서로 잘 지내며 잘해 보자는 공감대가 있었기 때문이 아닐까 한다. 또 모두가 비슷한 문제에 관심이 있는데도 서로 전문 분야가 겹치지 않아서 직접적인 경쟁과 라이벌 의식이 거의 없다는 점도 한 가지 이유일 것 같다. 물론 막스플랑크협회의 아낌없는 지원도 큰 몫을 했다. 덕분에 우리는 얼마 안 되는 예산을 놓고 쩨쩨하게 경쟁하는 것을 피할 수 있다. 사실 이것은 많은 대학에서 연구 분위기를 망치는 원인이 되고 있다.

정말이지 모든 일이 잘 풀려서 지난날 네 명의 창립 멤버가 함께 석양을 바라보았던 뮌헨 근처의 히르슈베르크 산 봉우리를 찾아가 봐야겠다는 생각을 가끔씩 한다. 그리고 거기에서 중요한 일이 있었음을 잊지 않을 작은 기념물이라도 만들어 놓고 싶다. 언젠가는 그 일을 꼭 할 것이다.

8
다지역 기원설에 대한 논란

나는 새 연구소를 준비하고 있었고 마티아스 크링스는 다른 네안데르탈인들에게서 mtDNA를 회수하려 하고 있었을 때, 과학계는 네안더 계곡의 기준표본에 대한 우리의 분석을 어떻게 해석해야 할지 고심하기 시작했다. '다지역 기원설'을 옹호하는 사람들은 우리의 결과가 별로 마음에 들지 않았다. 그들은 네안데르탈인들이 현대 유럽인의 조상들이라고 생각했기 때문이다. 하지만 그들이 그렇게 기분 나빠할 이유는 없었다. 1997년 논문에서 우리는 네안데르탈인의 미토콘드리아 DNA가 현대인의 미토콘드리아 DNA와 분명히 다르기는 하지만, 그럼에도 네안데르탈인이 다른 유전자—핵 게놈의 유전자—를 현대 유럽인에게 전달했을 가능성이 있음을 조심스럽게 지적했다.

다지역 기원설 파가 우리 연구를 비판한 것은 실은 학계 전반에서 포위 공격을 당하고 있는 듯한 기분이 들었기 때문일 것이다. 우리가 적어도 미토콘드리아 게놈의 경우에는 다지역 기원설이 아니라 아프리카 기원설이 맞다는 것을 밝히는 동안, 다른 연구자들은 현생인류의 유전적 변이 패턴이 다지역 기원설보다는 아프리카 기원설을 뒷받침한다는 사실을 확인했다. 우리 연구는 예컨대 린다 비질런트와 마크 스톤킹 그리고 앨런 윌슨의 연구실에 있는 다른 사람들이 1980년대에 미토콘드리아 게놈에 대해 했던 연구와 맥락을 같이했다. 나아가 내가 독일로 온 뒤로 우리 연구진은 그 사람들의 연구를 핵 게놈으로 확장하기 시작했다. 그리고 내게는 그 결과가 분명해 보였다.

현대인의 핵 게놈에 대한 연구를 맡은 사람은 헨리크 케스만Henrik Kaessmann이었다. 1997년에 우리 연구실에 온 헨리크는 내가 아는 가장 재능 있는 대학원생들 중 한 명이었다. 그는 키가 컸고 금발이었고 운동을 좋아했으며 자신의 연구에 매우 진지했다. 머지않아 나는 그와 함께 뮌헨 주변의 알프스 산에서 달리기하는 것을 매우 즐기게 되었다. 특히 히르슈베르크 산을 자주 올랐다.(이 산은 내 인생에서 여러 번 어떤 역할을 했던 것 같다.) 구불구불한 임산도로를 힘차게 달려 올라갔다가 슬슬 달려 내려와서 우리는 과학에 대해 이야기하며 시간을 보냈다.

특히 인간의 유전적 변이에 대한 이야기를 자주 했다. 우리는 앨런 윌슨과 다른 사람들의 연구를 통해 미토콘드리아 DNA의 변이가 대형 유인원보다 인간에서 적은 편인데 이는 인간이 작은 집단에서 시작해 팽창했다는 측면에서 특별하다는 뜻임을 알고 있었다. 하지만 mtDNA는 크기가 작고 유전 방식이 단순하기 때문에 우리가 인간과 유인원의 유전적 역사를 편향된 시각으로 보고 있을 가능성이 충분히 있었다. 헨리크가 우리 연구실에 합류할 무렵에는 DNA 서열을 더 빨리 해독하는 새로운 방법이 생겨서, 우리와 다른 연구진이 미토콘드리아 게놈으로 했던 연구를 현대인의 핵 게놈의 일부분으로 시도해 보는 것이 가능해 졌다. 헨리크는 이 일에 도전해 인간과 유인원의 핵 DNA 변이를 연구해 보고 싶어 했다. 하지만 핵 게놈의 어느 부위를 연구할 것인가?

우리는 핵 게놈의 약 10퍼센트에 대해서만 그 기능을 이해하고 있다. 이 부분은 주로 단백질을 암호화하는 유전자가 있는 곳이다. 게놈의 그러한 부위에는 개인 간의 차이가 매우 작은데, 그것은 많은 돌연변이가 쌓이면 해롭기 때문이다. 또 한 유전자가 과거에 그 기능을 바꾸어서 새로운 변종을 가진 사람들의 생존과 번식을 도왔다면 그 유전자가 집단 내에 널리 퍼졌을 것이고, 그 유전자의 변이 패턴은 그러한 확산을 반영할 것이다.

이러한 부분을 제외한 게놈의 나머지 부분은 자연선택의 제약을 훨씬 적게 받는다. 그것은 아마 그러한 DNA 서열이 반드시 보존되어야 하는 어떤 본질적인 기능을 갖고 있지 않기 때문일 것이다. 우리는 진화 과정에서 무작위 변이가 어떻게 축적되는가에 관심이 있었기 때문에 이 90퍼센트에 주목했다. 우리는 X염색체상에 있는 1만 개의 뉴클레오티드로 이루어진 특정 부위를 살펴보기로 했다. 그곳에는 알려진 유전자도 없었고 다른 중요한 DNA 서열도 없었다.

게놈의 어떤 부분을 분석할 것인지를 결정한 다음에는 어떤 사람들을 분석할지가 고민이었다. 남성이어야 한다는 것은 분명했는데, 그것은 그들이 X염색체를 하나만 갖고 있어서(여성은 두 개를 갖고 있다) 일이 훨씬 더 간단해지기 때문이다. 하지만 어떤 남성을 분석할지는 더 어려운 선택이었다. 다른 연구자들은 대개 쉽게 접근할 수 있는 사람들을 선택해 왔다. 예컨대 많은 유전학 연구들은 (일반적으로 의학 연구의 경우) 유럽 혈통의 사람에게서 채취한 시료를 이용해 왔다. 따라서 인간의 유전적 다양성에 대한 데이터베이스를 아무 생각 없이 이용한다면, 다른 집단보다 유럽인에 더 많은 유전적 변이가 존재한다고 생각할 수 있을 것이다. 하지만 이러한 결과는 유럽인 외의 다른 집단이 그만큼 많이 연구되어 있지 않다는 사실을 반영하는 것뿐이다.

우리는 인류의 표본을 더 합리적으로 추출하는 세 가지 방식을 생각할 수 있었다. 첫 번째는 세계의 각 지역에 몇 명이 살고 있는지를 토대로 남성을 뽑는 것이었다. 하지만 이것은 좋은 생각 같지 않았다. 이런 식으로 뽑힌 사람들은 주로 중국인과 인도인일 텐데, 그들의 인구 성장은 농업의 발명 같은 지난 1만 년 동안의 발전에서 비롯되었기 때문이다. 요컨대 우리는 전 세계 유전적 다양성의 많은 부분을 놓치게 될 것이다. 두 번째는 땅 면적에 따라 뽑는 것이었다. 즉 몇 제곱킬로미터 당한 명씩 뽑는 것이다. 하지만 이 방법은 실행에 옮기기도 힘들 뿐 아니라 북극처럼 인구밀도가 낮은 지역에서 지나치게 많은 사람이 뽑히게 된다.

우리가 최종적으로 선택한 세 번째 방법은 주요 언어 집단별로 뽑는 것이었다. 우리는 주요 언어 집단(예를 들면 인도유럽어족이나 핀우그리아어족 등)이 1만 년보다 더 먼 과거의 문화적 다양성을 대략적으로 반영한다고 생각했다. 따라서 주요 언어 집단을 대표하는 사람을 뽑는다면 오랫동안 독립적인 역사를 가졌던 집단 대부분에서 연구 대상을 뽑게 되고, 인간의 유전적 변이의 더 많은 부분을 포괄할 수 있을 것 같았다.

다행히 우리보다 먼저 이 생각을 한 연구자들이 있었다. 우리는 스탠퍼드 대학교에 있는 이탈리아 태생의 유명한 유전학자 루카 카발리 스포르차Luca Cavalli-Sforza가 수집해 놓은 DNA 샘플들을 이용할 수 있었다. 헨리크는 그 DNA 샘플들에서 모든 주요 언어 집단을 대표하는 69

명의 남성을 골랐고 그들 각각에서 1만 개 뉴클레오티드의 서열을 알아냈다. 그다음에 무작위로 두 남성을 짝지어 DNA 서열을 비교했는데, 평균 3.7개의 뉴클레오티드 차이가 있었다. 그리고 mtDNA에서 확인된 것처럼 아프리카 외부 사람들보다 아프리카 내부 사람들끼리 맺어진 쌍에서 더 많은 변이가 나타났다. 이 결과의 의미를 제대로 이해하기 위해 그는 인간과 가장 가까운 현생 친척인 침팬지를 연구해 보기로 했다.

침팬지는 두 종이 존재하는데 둘 다 아프리카에 산다. '일반' 침팬지는 적도 근처의 숲 지대와 사바나에서 사는데, 동쪽의 탄자니아에서부터 서쪽의 기니까지 드문드문 흩어져서 분포한다. 반면에 우리가 '피그미침팬지'라고 부르는 보노보는 콩고민주공화국을 흐르는 콩고 강 남쪽에서만 산다. 두 침팬지 종은 인간과 가장 가까운 현생 친척이며, 인류 계통이 약 400만~700만 년 전에 이들과 갈라졌다는 것이 DNA 서열 비교를 통해 밝혀졌다. 그리고 좀 더 먼 과거인 약 700만~800만 년 전에 인간과 침팬지는 아프리카의 다른 대형 유인원인 고릴라와 조상을 공유했다. 보르네오와 수마트라에 사는 오랑우탄들은 다른 대형 유인원 및 인간과 1200만~1400만 년 전에 조상을 공유했다.(그림 8.1을 보라.)

헨리크는 30마리의 수컷 침팬지(보노보가 아니라 '일반' 침팬지)를 아프리카 동부, 중부, 서부의 주요 침팬지 집단을 대표할 수 있도록 선택한 다음 인간에게서 연구했던 X염색체상의 똑같은 DNA 부위를 해독했다. 그런 다음에 이번에도 무작위로 침팬지 두 마리를 짝지어 둘 사이의 서열 차이를 비교해 봤는데, 두 개체 사이의 차이가 평균 13.4개로 나타났다. 이 결과는 놀라운 것이었다. 인구가 무려 70억인 인간은 침팬지보다 엄청나게 수가 많다. 침팬지는 아마 총 개체 수가 20만 마리 이하일 것이다. 게다가 인간은 지구상에 존재하는 거의 모든 땅에 사는 반면에

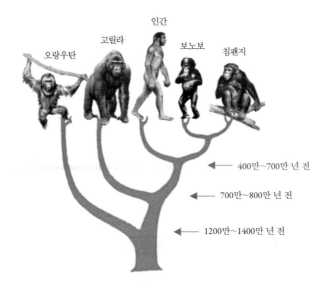

그림 8.1
인간과 대형 유인원의 계통수.
공통 조상을 공유한 대략적인 시기를 나타내는데, 이 시기는 매우 불확실하다.
〔출처: Henrik Kaessmann and Savante Pääbo "The genetical history of humans and the great apes,"
Journal of Internal Medicine 252: 1-18(2002). 여기에 실렸던 것을 손본 것이다.〕

침팬지는 적도 근처의 아프리카에서만 산다. 그런데도 두 마리의 침팬지가 두 사람을 무작위로 골랐을 때보다 서너 배나 많은 유전적 차이를 지니고 있는 것이다.

헨리크는 그다음으로 보노보, 고릴라, 오랑우탄에게서 똑같은 DNA 단편을 해독해서 인간이 서로 특별히 비슷한 것인지 아니면 침팬지가 특별히 다양한 것인지 알아보았다. 그는 고릴라와 오랑우탄이 침팬지보다 심지어 더 많은 변이를 갖고 있으며 보노보만이 인간과 비슷하게 작은 변이를 갖고 있다는 사실을 알아냈다. 우리는 이 결과를 세 편의 논문으로 엮어 1999년과 2001년 사이에『네이처』,『제네틱스Genetics』,『사이언스』에 발표했다.[1]

이 연구를 통해 우리는 핵 게놈의 한 부위가 앨런 윌슨의 연구팀이

mtDNA로 밝혀낸 것과 매우 비슷한 변이 패턴을 갖고 있다는 것을 증명했다. 이 패턴은 인간 게놈 전체를 대표하는 것이라고 볼 수 있었고, 나는 아프리카 기원설이 현생인류의 기원에 대한 옳은 설명임을 전보다 더 확신하게 되었다. 그래서 '다지역 기원설 파'가 우리가 하는 네안데르탈인 연구를 비판하는 이야기를 들어도 한 귀로 듣고 한 귀로 흘릴 뿐 그 사람들이 하는 말에 일일이 답하지 않았다. 누가 옳은지는 시간이 말해 줄 것이라고 확신했다.

대부분의 다지역 기원설 파는 고생물학자와 고고학자들이다. 공개적으로 말한 적은 없지만 나는 이 분야의 연구자들은 과거에 한 인류 집단이 다른 집단을 대체했는지, 그 집단과 이종교배를 했는지, 아니면 단순히 변해서 다른 집단이 되었는지에 대한 질문에 답할 수 없을 것이라고 생각한다. 고생물학자들은 그들이 연구하는 과거의 인류 집단을 어떻게 정의할 것인지에 대해서조차 합의를 이루지 못했다. 호미닌의 화석들 사이에는 많은 종이 있다고 생각하는 이른바 '세분파 분류학자들'과 소수의 종이 있다고 생각하는 '병합파 분류학자들' 사이에 아직까지도 활발한 논쟁이 벌어지고 있다.

고생물학이라는 학문에 내재하는 다른 문제들도 있다. 1980년대에 앨런 윌슨과 함께 연구한 인류학자 빈센트 새리치 Vincent Sarich 가 했던 유명한 말처럼, 오늘날 살아 있는 사람들에게 조상이 있었음을 우리가 아는 것은 그들이 여기 있기 때문이지만, 화석을 볼 때 우리는 그 사람이 후손을 남겼는지는 알 수 없다. 실제로 우리가 박물관에서 보는 대부분의 화석들이 인간과 비슷하게 생긴 것은 그들이 먼 과거의 어느 시점에 우리와 공통 조상과 공유했기 때문이지만, 사실 그들은 대개 직계 후손을 남기지 못하고 끝난 인류 계통수의 '막다른' 가지에 해당한다. 그렇다 해도 우리는 그들을 '우리 조상들'로 생각하는 경향이 있다. 나는 화석에서 추출한 DNA의 염기 서열을 알아내면 마침내 이 모든 불확실성이 사라질 거라고 상상했다.

✄

우리를 비판하는 다지역 기원설 파 중 한 명은 유명한 고생물학자 에릭 트린카우스Erik Trinkaus였다. 그는 네안데르탈인의 뼈에서 현대인의 DNA 서열과 비슷한 것이 발견될 때마다 무조건 오염된 DNA로 간주하고 버린다면 왜곡된 연구 결과를 얻게 될 것이라고 지적했다. 그는 이 서열이 실제로는 네안데르탈인의 서열일 수 있다고 주장했다. 확실히 몇몇 네안데르탈인들의 뼈는 현대인의 것처럼 보이는 서열만을 산출했다. 하지만 이들은 보존 상태가 나쁜 표본들이어서 거기에 있던 네안데르탈인의 DNA는 모두 사라졌으며 우리가 본 것은 오염된 현대인의 DNA라고 확신했다. 그럼에도 불구하고 트린카우스의 주장은 논리적인 것이었기에 나는 이 문제를 직접 다룰 필요가 있다고 느꼈다.

이 일을 맡게 된 대학원생은 프랑스 남동부 알프스 인근에 위치한 그르노블 출신의 다비드 세르David Serre였다. 그는 머리숱이 엄청 많았으며 겨울에는 산에서 고속 스키 타기를, 여름에는 계곡에서 세찬 급류 타기를 즐겼다. 그가 이런 위험천만한 취미 생활에서 무사히 살아 돌아온다면 해야 할 일이 정해졌다. 모든 네안데르탈인에게서 기준표본의 것과 비슷한 미토콘드리아 DNA 서열이 나오는지, 그리고 네안데르탈인과 동시대 또는 약간 나중에 살았던 유럽의 초기 현생인류에게서는 그러한 DNA 서열이 나오지 않는지 조사하는 것이었다.

특히 후자는 정확히 밝혀야 할 중요한 문제였다. 앞에서 말했듯이 한 집단 내의 특정한 mtDNA 서열이 살아남은 것은 대체로 우연이다. 만일 초기 현생인류가 유럽에 도착해 그곳에 살고 있던 네안데르탈인과 이종교배를 했다면 그들 중 일부 또는 다수가 네안데르탈인의 mtDNA 서열을 지녔겠지만, 만일 그러한 서열을 지닌 여성들이 딸을 낳지 않았다면 그것이 후대에서 사라졌을 것이다. 실제로 지난 1997년에 우리가 『셀』에 논문을 발표한 직후 미국에서 활동하는 스웨덴 출신의 이론생물학자 망누스 노르드보리Magnus Nordborg가 이 가능성을 제기했다.

나는 이런 식이 거슬렸다. 두 종이 이종교배를 했으나 건너온 DNA가 나중에 사라졌을지도 모른다는 주장은 전혀 별개인 두 가지 질문을 혼동하는 것이었기 때문이다. 첫 번째 질문은 네안데르탈인들이 현생인류에게 전달한 미토콘드리아 DNA가 요즘 사람들에게 아직 남아 있는가이다. 우리는 이 질문에는 이미 그렇지 않다고 답했다. 두 번째 질문은 네안데르탈인들과 현생인류가 이종교배를 했는가이다. 우리는 이 질문에 아직 답하지 않았다.

하지만 나는 첫 번째 질문이 더 흥미로운 동시에 더 중요하다고 생각했다. 내가 알고 싶은 것은 나 또는 오늘날 지구상에 걸어 다니는 다른 누군가의 몸에 네안데르탈인의 DNA가 있는가 하는 점이었다. 우리가 네안데르탈인들로부터 DNA를 물려받지 않았다면, 3만 년 전에 이종교배가 있었다 한들 유전적 관점에서는 아무런 의미가 없다. 기자들에게 말할 때마다 나는 이 점을 분명히 했다. 그리고 확실히 해 두기 위해 후기 플라이스토세에 있었던 섹스 관행이 오늘날 우리의 유전자에 어떤 흔적을 남긴 것이 아니라면 나는 그러한 관행에 조금도 관심이 없다고 말했다. 또한 만일 현생인류가 네안데르탈인과 만났으면서도 섹스를 하지 않았다면 그것이 오히려 놀라운 일일 거라고 덧붙이기도 했다. 중요한 것은 이러한 섹스로 자식들이 태어나서 오늘날의 우리에게 자신들의 유전자를 전달했는가 하는 것이었다.

✂

별개인 두 질문이 혼동되고 있는 상황은 거슬렸지만 그래도 나는 유럽의 초기 현생인류가 네안데르탈인의 mtDNA를 지녔다가 나중에 잃어버렸을 가능성을 조사해 보고 싶었다. 만일 유럽의 초기 인류가 그러한 mtDNA를 지녔다면 그들은 네안데르탈인들에게 물려받은 핵 DNA도 갖고 있었을 것이다. 그렇다면 네안데르탈인의 핵 DNA의 일부분이 현대인에게 남아 있을지도 모른다는 추정은 타당한 것이었다.

우리는 네안데르탈인과 초기 현생인류의 뼈를 구하기 위해 유럽 전역의 여러 박물관에 편지를 보냈다. 네안데르탈인의 기준표본으로 성공적인 결과를 얻어 낸 뒤였기 때문에 뼈 시료를 달라고 큐레이터들을 설득하기가 훨씬 더 쉬웠고, 결국 우리는 네안데르탈인 24명과 초기 현생인류 40명의 뼈 시료를 구할 수 있었다. 다비드는 64명의 시료에서 아미노산을 분석했다. 네안데르탈인 네 명과 초기 현생인류 다섯 명의 시료만이 mtDNA의 존재를 기대할 수 있을 만큼 잘 보존되어 있었다. 암울할 만큼 낮은 비율이지만 현실이 그랬다.

다비드는 이 아홉 개의 뼈 시료에서 DNA를 추출한 다음 인간뿐 아니라 대형 유인원과 네안데르탈인의 미토콘드리아 DNA를 증폭할 수 있는 프라이머를 이용해 PCR 실험을 했다. 아홉 개의 시료 모두에서 증폭 산물이 나왔다. 하지만 염기 서열을 확인해 보니 오늘날의 현대인들에게서 발견되는 것과 비슷하거나 똑같았다. 우리는 불안했다. 트린카우스가 결국 옳았을지도 모른다.

나는 다비드에게 다시 실험을 하되, 이번에는 빈디자 동굴에서 발굴된 동굴곰 다섯 마리와 오스트리아에서 발굴된 동굴곰 한 마리에서 채취한 시료를 포함시키도록 했다. 그가 이 시료들에서 얻은 DNA 추출물로 PCR를 돌렸을 때 역시 인간의 서열이 나왔다! 뼈들을 만졌던 현대인에게서 오염된 DNA 서열을 얻은 것이라는 내 의심이 더 강해졌다.

다비드는 그다음으로 네안데르탈인의 것과 비슷한 mtDNA는 증폭하지만 현대인의 mtDNA는 증폭하지 않는 프라이머를 조심스럽게 디자인했다. 연구실에 있는 DNA 혼합물을 이용해 이 프라이머가 정말로 네안데르탈인의 mtDNA에만 특이적으로 결합하는지 확인한 후 그는 이 프라이머를 동굴곰에 적용해 보았다. 그는 아무것도 증폭할 수 없었다. 그제서야 안심이 되었다. 이 프라이머들은 정말로 네안데르탈인의 mtDNA에만 특이적으로 결합하는 것이었다.

그런 다음에 그는 네안데르탈인과 현생인류의 뼈에서 얻은 추출물에 이 프라이머를 사용했다. 모든 네안데르탈인의 뼈에서 네안데르탈인 기준표본에서 나온 것과 비슷한 mtDNA 서열이 나왔다. 이는 네안데르탈인들이 현대인의 서열과 비슷한 mtDNA 서열을 지니고 있지 않았음을 다시 한 번 확인시켜 주었다. 반면에 초기 현생인류 다섯 명의 시료는 어느 것도 증폭 산물을 산출하지 않았다. 이 결과는 트린카우스가 틀렸음을 암시했다.

그다음에 우리는 이 주제를 더 파헤치기 위해 이론으로 눈길을 돌렸다. 우리는 네안데르탈인들이 3만 년 전에 해부학상 현생인류와 이종교배를 했으며 그러한 현생인류들이 오늘날의 후손들을 남겼다고 가정하는 개체군 모델population model을 설계했다. 그러고 나서 오늘날의 사람들과 약 3만 년 전의 초기 현생인류 다섯 명 가운데 누구도 네안데르탈인의 mtDNA를 지니고 있지 않다는 우리의 연구 결과를 감안할 때 네안데르탈인이 현대인에게 최대 얼마의 유전적 기여를 할 수 있었는지 질문해 보았다.

이 모델에 따르면(이 모델은 현생인류의 인구 성장을 포함시키지 않는 등 단순화한 가정들을 이용해 다루기 쉽게 만든 것이다) 네안데르탈인은 현재 사람들의 핵 게놈에 25퍼센트 이상을 기여할 수 없었다. 하지만 네안데르탈인의 유전적 기여를 보여 주는 직접적인 증거를 보지 못했기 때문에 새로운 데이터가 다른 사실을 밝혀내지 않는 한, 네안데르탈인이 현대인들에게 어떤 유전적 기여도 하지 않았다는 것이 가장 타당한 가설로 느껴졌다.

나는 이 결과가 고생물학의 분석 방식에 비해 우리의 접근 방식이 갖는 장점을 잘 보여 주는 예라고 생각한다. 우리는 명료하게 정의된 가정들을 이용하고 확률에 의거한 결론을 도출했다. 뼈의 형태적 특징을 이용해서는 이렇게 엄밀하게 접근하는 것이 불가능하다. 많은 고생물학자들은 자신들이 하는 일을 엄밀한 과학으로 표현하고 싶어 하지만, 20년 동안의 논쟁에도 불구하고 네안데르탈인이 현대인에게 유전적 기여를 했는지에 대해 어떤 합의에도 이르지 못했다는 사실 그 자체가 그들의 접근 방식에 커다란 한계가 있음을 보여 주고 있다.

우리가 다비드의 연구 결과를 발표한 이후,[2] 집단유전학자 로랑 엑스코피에Laurent Excoffier가 이끄는 스위스의 이론유전학 연구진이 네안데르탈인과 현생인류가 어떻게 교류했는지에 대해 우리보다 더 설득력 있는 모델을 만들어 냈다. 그들은 해부학상 현생인류가 유럽을 가로질러 이동할 때 진출하는 현생인류의 선두 집단에서 네안데르탈인과의 이종교배가 일어났으며 이렇게 처음 진입할 때 현생인류는 작은 집단이었다가 나중에 규모가 불어났다고 가정했다.

스위스 연구진에 따르면 이 모델 아래에서는 이종교배가 드물게 일어났다 해도 그것이 오늘날의 미토콘드리아 유전자풀에 흔적을 남겼을 가능성이 높았다. 왜냐하면 인구가 성장하는 집단 내의 여성들은 평균적으로 여러 명의 딸을 낳고, 그 딸들이 어머니의 mtDNA를 후대로 전달할 것이기 때문이다. 따라서 현생인류 집단에 들어온 네안데르탈인의 mtDNA는 집단의 크기가 일정한 경우보다 사라질 위험이 훨씬 적을 것이다. 그렇지만 그동안 분석된 다섯 명의 초기 현생인류와 수천 명의 현대인들에게서 네안데르탈인의 mtDNA가 전혀 나타나지 않았으므로 엑스코피에의 연구팀은 이렇게 결론 내렸다. 우리 연구팀의 데이터는 "네안데르탈인 여성과 현생인류 남성 사이에 자식이 태어났어도 생식 능력이 거의 없었다."라는 것을 의미하며 "이는 두 집단이 생물학적으로 별개의 종이었음을 암시한다."[3]

나는 스위스 연구진의 결론에 이의가 없었지만, 그들의 모델이 포착하지 못한 어떤 특별한 일이 네안데르탈인과 현생인류가 만났을 때 일어났을 가능성은 여전히 있었다. 예컨대 네안데르탈인과 현생인류 사이에서 태어난 혼혈아들이 모두 네안데르탈인의 집단에 남았다면 그들은 우리의 유전자풀에 기여하지 않았을 것이고, 그 결과는 스위스 연구진이 말했듯이 "생식 능력이 거의 없는 것"처럼 보일 것이다. 또한 모든 이종교배 사건들이 네안데르탈인 남성과 현생인류 여성들 사이에 일어났다면, 오늘날의 mtDNA 유전자풀에서 그 흔적을 찾을 수 없을 것이다. 남성들은 자식들에게 미토콘드리아 DNA를 전달하지 않기 때문이다. 그러한 이종교배의 흔적은 핵 게놈에만 나타날 것이다. 우리 조상들과 네안데르탈인 사이의 교류가 우리의 게놈에 어떤 영향을 미쳤는지 완전하게 이해하기 위해서는 네안데르탈인의 핵 게놈을 연구할 필요가 있었다.

9
핵 DNA를 얻을 수 있을까?

X염색체에 대한 헨드릭의 연구는 인간과 유인원의 미토콘드리아 DNA에 나타나는 변이 패턴이 적어도 핵 게놈의 한 부분까지는 연장된다는 것을 밝혔다. 우리가 네안데르탈인의 핵 DNA를 연구할 수 있을지 아니면 영원히 미토콘드리아 게놈만을 연구할 수 있을지는 불투명했다. 비관적인 생각에 잠겨 있을 때는 mtDNA 가 보여 주는 인류 역사의 희미하고 단편적인 모습에 영원히 만족해야 하나 싶기도 했다. 그도 그럴 것이 호박 안에 갇힌 동식물, 공룡, 다른 '케케묵은' DNA에 대한 비현실적인 연구에서 나온 결과를 무시한다면 (나는 무시했다) 고대 유해에서 핵 DNA를 회수하는 일에 성공한 사람은 아직까지 아무도 없었다. 하지만 진지한 생각에 잠겨 있을 때에는 우리가 시도는 해 봐야 한다고 느꼈다.

　미국 출신으로 체구는 작지만 야무진 사람이었던 새로운 박사후 연구생 알렉스 그린우드Alex Greenwood가 우리 연구실에 도착한 것은 이 무렵이었다. 나는 그에게 네안데르탈인의 핵 DNA를 얻고 싶은 우리의 바람을 이야기했고 그러면서 성공 확률이 별로 없다는 점과 그럼에도 매우 중요한 프로젝트라는 사실을 지적했다. 그는 도전해 보고 싶어 했다.

나는 '무차별적인' 접근 방식을 제안했다. 즉 핵 DNA를 회수하기 위한 내 계획은 많은 뼈 시료를 검사해서 mtDNA가 가장 많은 뼈를 찾아내고 그런 다음에는 더 많은 시료에서 DNA를 추출하는 것이었다. 이런 불확실한 방법을 네안데르탈인 유해에 당장 적용할 수는 없었다. 네안데르탈인 유해는 실패 위험이 높은 실험에 쓰기에는 너무 드물고 귀했다. 그 대신 우리는 양이 훨씬 많을 뿐 아니라 고생물학자들에게 덜 귀중한 재료인 동물의 뼈를 이용하기로 했다. 내가 자그레브에 있는 제4기 연구소의 어두운 지하에서 가져온 동굴곰의 뼈들이 요긴하게 쓰였다. 그 뼈들은 mtDNA가 포함된 네안데르탈인 유해가 나온 석회동굴인 빈디자 동굴에서 발견된 것이었다. 따라서 만일 그 동굴곰의 뼈에서 핵 DNA를 회수할 수 있다면 네안데르탈인의 뼈에서도 가능할 것이라고 기대할 수 있었다.

알렉스는 먼저 약 3만~4만 년 전의 것으로 추정되는 크로아티아의 동굴곰 뼈에서 DNA를 추출한 다음 동굴곰의 것과 비슷한 mtDNA가 있는지 검사해 보았다. 많은 뼈에 그러한 mtDNA가 있었다. 알렉스는 다음으로 가장 많은 mtDNA가 포함되어 있는 듯한 추출물로 핵 DNA의 짧은 단편을 증폭해 보았다. 실패였다. 알렉스는 좌절했다.

나는 실망은 했지만 놀라지는 않았다. 알렉스가 맞닥뜨린 문제는 내게는 익숙한 것이었다. 살아 있는 동물의 모든 세포에 미토콘드리아 게놈은 수백 부가 있지만 핵 게놈은 단 두 부뿐이라서 DNA 추출물에 들어 있는 핵 DNA 단편은 미토콘드리아 DNA 단편보다 100에서 1000배쯤 적었다. 따라서 핵 DNA가 소량 존재했다 해도 그것을 증폭하는 데 성공할 확률은 미토콘드리아 DNA의 경우보다 100배에서 1000배쯤 낮았다.

이 문제를 극복할 한 가지 확실한 방법은 더 많은 뼈를 이용하는 것이었다. 알렉스는 더 많은 동굴곰 뼈에서 DNA를 추출한 다음 곰과 인간이 서로 다르다고 알려져 있는 뉴클레오티드들에 인접한 프라이머를 이용해 핵 DNA의 더 짧은 단편을 증폭해 보았다. 이렇게 하면 고대 동굴곰의 DNA와 오염된 인간의 DNA를 구별할 수 있기 때문이다. 하지만 이 많은 추출물에서 아무것도 증폭되지 않았다. 심지어 미토콘드리아 DNA조차 그랬다. 알렉스는 증폭 산물을 전혀 얻지 못했다.

몇 주 동안 많은 뼈들로 실패를 거듭한 후 우리는 아무리 많은 뼈를 동원한다 해도 쓸 만한 DNA 추출물을 만들 수 없다는 사실을 깨달았다. 그것은 그 뼈에 증폭할 DNA가 없어서가 아니라 DNA 추출물 안에 중합 효소 연쇄 반응에 쓰이는 효소를 방해하는 물질이 있었기 때문이다. 그래서 중합 효소가 불활성화되어 증폭이 전혀 일어나지 않았던 것이다. 우리는 DNA 추출물에서 미지의 방해 물질을 없애려고 해 봤지만 실패했다. 중합 효소가 mtDNA의 증폭을 시작할 때까지 추출물을 조금씩 희석한 다음 그 추출물로 핵 DNA를 증폭해 보았지만 그래도 실패였다.

나는 낙담하지 않으려고 애썼지만 몇 달이 흐르는 동안 알렉스는 점점 더 좌절했고 논문을 쓸 만한 결과를 내지 못할까 봐 불안해했다. 우리는 곰이 죽은 뒤 부패하기 시작한 세포들의 핵막으로 새어 들어온 효소 때문에 핵 DNA가 분해된 것은 아닌지 생각해 보았다. 어쩌면 미토콘드리아가 이중막을 갖고 있어서 그 안의 mtDNA가 더 잘 보호되었고, 그래서 조직이 건조되거나 동결될 때까지 혹은 효소의 공격이 어떤 식으로든 멈출 때까지 더 잘 견뎠을 수도 있었다. 그렇다면 중합 효소 연쇄 반응을 저해하는 방해 물질을 제거한다 해도 오래된 뼈에서 핵 DNA를 발견하는 것은 불가능할 수밖에 없지 않을까. 알렉스처럼 나도 서서히 좌절 속으로 빠져들었다.

동굴곰의 연구에서 좌절을 겪은 우리는 동굴이 핵 DNA를 보존하기에 적합하지 않은 조건일지도 모른다고 생각하고 보존 상태가 매우 좋을 것으로 예상되는 재료로 바꿔 보기로 했다. 그것은 시베리아와 알래스카의 영구동토永久凍土에서 발견된 매머드의 유해였다. 이 동물은 죽은 직후부터 줄곧 동결된 상태로 있었는데, 동결은 박테리아의 성장뿐 아니라 DNA의 분해를 포함한 많은 화학반응들을 늦추거나 멈춘다. 또한 우리는 시베리아의 영구동토에서 나온 매머드에는 다량의 mtDNA가 포함되어 있는 경우가 많다는 것을 마티아스 회스의 연구를 통해 알고 있었다.

물론 지금까지 영구동토에서 발견된 네안데르탈인은 없었기 때문에 매머드로 관심을 돌리는 것은 나의 최종 목표에서 한 걸음 물러난다는 뜻이었다. 하지만 우리는 핵 DNA가 수만 년 동안 보존될 수 있는지 알 필요가 있었다. 만일 얼어 있는 매머드 유해에서도 핵 DNA를 찾아내지 못한다면 훨씬 더 못한 조건에서 보존된 네안데르탈인의 뼈에서 그것을 찾을 생각은 하지 말아야 했다.

다행히 내가 지난 몇 년 동안 여러 박물관에서 고대 뼈 시료들을 체계적으로 수집해 놓은 덕분에 알렉스는 여러 매머드 유해들에 대한 실험을 곧장 시작할 수 있었다. 그는 유독 많은 양의 mtDNA가 포함된 매머드 이빨 한 점을 찾아냈다. 그것은 제2차 세계대전 중 브리티시콜럼비아 주 북동부에서부터 페어뱅크 근처까지 알래스카 고속도로를 급하게 건설할 때 영구동토에서 출토된 것으로 이후 거대한 상자에 담겨 미국 자연사 박물관에 보관되어 있었다.

DNA를 좀 더 수월하게 찾기 위해 우리는 핵 게놈에서 28S rDNA라는 유전자의 일부분을 포함하는 단편을 표적으로 삼았다. 28S rDNA는 리보솜의 한 부분을 이루는 rRNA 분자를 암호화하는 유전자이고, 리보솜은 세포에서 단백질을 합성하는 세포소기관이다. 28S rDNA는 세포마다 몇 백 부씩 존재한다는 이점이 있었다. 따라서 사후에 핵 DNA가 미토콘드리아 DNA보다 더 쉽게 분해되지 않는다고 가정할 경우 그것은 DNA 추출물 내에 미토콘드리아 DNA만큼이나 많아야 했다.

기쁘고 다행스럽게도 알렉스는 이 리보솜 유전자를 증폭할 수 있었다. 그는 PCR 증폭 산물들을 박테리아에서 대량 복제한 후 클론들의 염기 서열을 알아내고 네안데르탈인의 mtDNA 연구 때 했던 것처럼 중첩되는 단편으로 그 유전자의 염기 서열을 복원했다.

그런 다음에 그는 그 서열을 아프리카코끼리와 아시아코끼리의 서열과 비교해 보기로 했다. 둘은 오늘날 살아 있는 동물들 중 매머드와 가장 가까운 친척들이기 때문이다. 나는 오염을 극도로 염려해서 알렉스가 매머드 연구 결과를 낼 때까지는 우리 연구실에서 아무도 코끼리 연구를 하지 말도록 지시했다. 하지만 이제 매머드의 유전자 서열을 얻었으므로 알렉스는 멸균실 밖에서 매머드에 사용했던 것과 똑같은 프라이머로 아프리카코끼리와 아시아코끼리의 28S rDNA 단편을 증폭하고 그런 다음에 염기 서열을 확인했다. 매머드의 서열은 아시아코끼리의 서열과 같았지만 아프리카코끼리의 서열과는 두 군데가 달랐다. 이 결과는 매머드가 아프리카코끼리보다는 아시아코끼리와 더 가깝다는 것을 뜻했다.

하지만 매머드를 현생 코끼리들과 비교하는 것은 이 연구의 목적이 아니었다. 우리의 목적은 오래된 핵 DNA를 찾는 것이었다. 그래서 마지막으로 우리는 그 이빨을 조금 떼어 방사성탄소 연대 측정을 의뢰했다. 1만 4000년 전의 것이라는 답변이 돌아왔을 때 나는 몇 달 만에 처음으로 만족스러웠다. 이제 우리는 연구 결과를 공식적으로 발표할 수 있었다. 그것은 플라이스토세 후기에서 얻어 낸 최초의 핵 DNA 서열이었다.

이 결과에 고무된 알렉스는 폰빌레브란트 인자 유전자의 짧은 단편 두 개를 증폭하기 위한 프라이머를 디자인했다. 이 유전자는 코끼리 게놈에 한 부만 존재한다. 약자로 vWF라고 표기되는 이 유전자는 상처 입은 혈관에 혈소판이 달라붙는 것을 돕는 한 혈액 단백질을 암호화한다. 우리가 이 유전자를 표적으로 삼은 것은 다른 연구자들이 코끼리(그리고 현존하는 다른 많은 포유류)에 있는 같은 유전자의 염기 서열을 이미 밝혀 놓았기 때문이고 따라서 우리가 매머드의 염기 서열을 알아낼 수 있다면 그것을 오늘날의 서열과 직접 비교해 볼 수도 있었다.

매주 열리는 연구실 회의에서 알렉스가 전기영동 겔에 밴드가 떠 있는 사진을 보여 주었을 때 나는 내 눈을 의심했다. 그것은 그가 매머드로부터 유전자 단편을 증폭하는 데 성공했다는 뜻이었다. 그는 같은 매머드 뼈에서 새로 준비한 추출물로 이 실험을 두 번 반복했다. 많은 클론들의 서열에서 각기 다른 오류가 나타났다. 그것은 아마 오래된 DNA에 일어난 화학적 손상 때문이거나 PCR를 돌리는 동안 DNA 중합 효소가 부정확한 뉴클레오티드를 첨가했기 때문일 것이다.(그림 9.1을 보라.)

```
Mammoth,
consensus sequence
allele 1:      .....-....-...............G.A.............................C.
allele 2:      .....-....-..T...........G.A.............................C.

Mammoth,       .....-....-...........G.A.A..................A.....C.
clones:1st extract,   .....-....-.......T...G.A........................C.
1st PCR        .....-...-..T...........G.A........................C.
               .....-....-......N.......G.A.A..................A.....C.
               .....-...T-...........G.A.AA..................A.....C.
               .....-...-..T...........G.A.....A...............C.
               .....-....-...........G.A.A..................A.....C.
               .....-....-...........G.A.A..................A.....C.
               .....-....-...........G.A.A..................A.....C.

Mammoth,       .....-....-..T.......T...G.A.............G...........C.
clones:2nd extract,   .....-....-..T.........TG.A........................C.
1st PCR        .....C...TN..T.....T.T...G.A........................C.
               .....-....-...............G.A...........C...............C.
               .....-....-..T.............A.A........................C.
               .....-....-...............G.A........................C.
               .....-....-..T.............G.A........................C.
               .....-....-..A...........G.A....A...............C.
               ..N..-....-..T...........G.A........................C.

Mammoth,       ...T.-....-...............G.A.............................C.
clones:2nd extract,   .....-....-...............G.A.............................C.
2nd PCR        .....-....-..T...........G.A.................T.T..C.
               .....-....-...............G.A.A.AA...................C.
               .....-....-..T...........G.A........................C.
               .....-...-..T...N......G.A.N................T......C.
               .....-....-..T.............A.A...............A.....C.
               .....-....-..T...........G.A.............T.......T.T..T.
               .N...C....-...............G.A.............................C.
               .....-....-...............G.A.............G...........C.
               .....-....-..T....T..T..TG.A.................T......C.
               .....-....-..T....TT....TG.A.............................C.
```

그림 9.1

1만 4000년 전의 매머드에서 핵 유전자 단편을 얻어 세 번에 걸쳐 증폭한 다음 거기서 얻은 클론들의 DNA 염기 서열을 분석했다. 화살표는 후기 플라이스토세 시료에서 최초로 관찰된 이형접합 위치 즉 SNP를 가리킨다.

[출처: A. D. Greenwood et al., "Nuclear DNA sequences from Late Pleistocene megafauna," *Molecular Biology and Evolution* 16, 1466-1473(1999)]

하지만 한 위치에서 알렉스는 흥미로운 패턴을 보았다. 그는 세 번의 독립적인 PCR 증폭 실험에서 총 30개의 클론을 얻어 염기 서열을 확인했는데, 한 위치에서 15개의 클론은 시토신(C)이 나타났고 14개의 클론은 티민(T)이, 나머지 한 개의 클론은 아데닌(A)이 나타났다. 한 개의 클론에서 나타난 아데닌은 DNA 중합 효소가 초래한 오류로 추정했지만, 나머지는 심장을 두근거리게 만들 만큼 흥분되는 발견이었다.

우리가 확인한 이 위치는 유전학자들이 이형접합 위치 또는 단일염기다형성 SNP(개인별 염기의 차이를 말한다. ―옮긴이)이라고 부르는 곳이 분명했다. 즉 이 매머드가 부모에게 각기 받은 두 부의 유전자가 그 위치에서 서로 다른 뉴클레오티드를 갖고 있었다는 뜻이었다. 우리가 본 것은 빙하기 시료에서 발견된 최초의 단일염기다형성이었다. 한 집단 내에서 두 개의 변종을 갖는 핵 유전자는 유전학의 정수라 해도 과언이 아니었다. 상황이 나아지고 있었다. 이 매머드 유전자의 두 변종을 볼 수 있다면 게놈의 나머지 부분에도 접근할 수 있다는 뜻이었다.

따라서 적어도 이론상으로는 수만 년 전에 멸종한 종에서 우리가 원하는 유전정보를 무엇이든 얻을 수 있었다. 그것을 보여 주기 위해 알렉스는 게놈 내에 한 부밖에 없는 다른 두 개의 유전자를 증폭했다. 하나는 뇌에서 신경전달물질의 분비를 조절하는 단백질을 암호화하는 유전자였고, 다른 하나는 비타민 A에 결합하고 눈의 간상체와 원추체에 의해 생산되는 한 단백질을 암호화하는 유전자였다. 그는 두 경우 모두 성공했다.

핵 DNA를 회수하기 위해 오랫동안 고생한 우리에게 알렉스의 매머드 연구 결과는 정말 반가운 것이었고, 나는 여러 날 동안 행복했다. 하지만 내 관심은 매머드에 있지 않았다. 나는 네안데르탈인에게 관심이 있었고 영구동토에 네안데르탈인이 존재하지 않는다는 사실을 뼈아프게 인지했다. 알렉스에게 빈디자 동굴에서 나온 동굴곰 유해를 다시 시도해 보라고 했다. 얼어 있지 않은 유해로부터 핵 DNA를 회수할 수 있는지 알아보고 싶었다.

알렉스는 크로아티아의 동굴곰 여러 개체를 대상으로 미토콘드리아 DNA를 분석하여 미토콘드리아 DNA가 많이 포함된 것으로 보이는 뼈를 한 개 찾아냈다. 방사성탄소 연대 측정을 해 본 결과 3만 3000년 전으로 나왔으므로 대략 네안데르탈인과 동시대 것이었다. 알렉스는 이 뼈에 집중했다. 그는 게놈 내에 여러 부가 존재하는 rRNA 유전자를 증폭해 보았다. 그는 소량의 증폭 산물을 얻을 수 있었다. 클론들을 가지고 염기 서열을 복원한 그는 이 서열이 오늘날의 곰이 갖고 있는 서열과 동일하다는 것을 확인했다.

이것은 성공이었지만 기뻐할 수만은 없었다. 게놈 내에 여러 부가 존재하는 이 유전자를 증폭하는 것이 이렇게 어렵다면 게놈 내에 한 부밖에 없는 유전자들, 예컨대 매머드에서 알렉스가 연구한 vWF 유전자 같은 유전자들을 얻는 시도는 실패할 게 뻔했다. 물론 그럼에도 불구하고 알렉스는 시도해 보았지만 예상대로 성공하지 못했다. 매머드 결과에 환호했던 나는 이 실험 결과에 적잖이 실망했다. 우리가 증명한 것은 영구동토에서는 핵 DNA가 수만 년 동안 견딜 수 있지만 동굴곰의 뼈에서는 매우 흔한 핵 DNA도 흔적만 발견될 수 있다는 사실이었다. 영구동토와 석회동굴 사이에는 엄청난 차이가 있었다.

1999년에 우리는 알렉스의 연구 결과를 정리해 발표했다. 나는 그것이 정말로 훌륭한 논문이라고 생각했지만 이 논문은 별로 주목을 받지 못했다.[1] 이 논문은 영구동토에서 발견된 유해에 핵 DNA가 남아 있다는 것과 한 개체에서 두 염색체의 DNA 서열이 서로 다른 위치인 이형 접합위치까지도 알아낼 수 있다는 것을 증명해 보였다. 우리는 영구동토에서의 유전학 연구를 낙관적으로 전망했고 논문의 끝부분에서 이렇게 지적했다.

"영구동토층과 다른 추운 환경에 많은 동물들의 유해가 존재한다. 그러한 유해들에서 mtDNA뿐 아니라 게놈에 한 부만 있는 핵 DNA 서열이 나올 수 있다는 것은 앞으로 우리가 계통학 연구와 집단유전학 연구에 핵 DNA 좌위(하나의 유전정보를 결정하는 유전자 또는 그 위치—옮긴이)를 이용하고, 표현형 형질을 결정하는 유전자들을 연구할 수 있음을 뜻한다."

결국 다른 사람들이 이러한 종류의 연구를 시작하겠지만 앞으로 5~10년 안에는 어려울 것이다. 게다가 영구동토에서 네안데르탈인을 발견할 수 없는 상황에서 우리가 그들의 전체 게놈을 확인한다는 것은 요원한 일처럼 보였다.

10

핵 DNA를 얻을 수 있다!

연구실에서는 연구를 진척시키는 이런저런 실험들을 감독하는 내 본분에 충실했지만 비행기의 좁은 좌석에 앉아 긴 비행을 하는 동안이나 학회가 열리고 있는 어두운 강당에서 나와 무관한 발표를 듣는 동안에는 항상 같은 생각으로 돌아왔다. 도대체 왜 네안데르탈인의 유해에서 핵 DNA를 회수할 수 없는 것일까? 나는 PCR 산물이 나오지 않더라도 그곳에 핵 DNA가 틀림없이 있다고 느꼈다. 그것을 찾는 더 좋은 방법을 생각하기만 하면 될 것 같았다.

✂

핵 DNA를 찾는 새로운 시도에 나선 사람은 헨드릭 포이너 Hendrik Poinar였다. 그는 수백만 년 전에 호박에 갇힌 동식물에서 DNA를 찾으려고 했던 일이 결국 잘 되지 않아 그 일을 그만두고 더 유망한 일을 해 보기로 결정한 상태였다. 우리 두 사람에게는 다행스럽게도 마침 어떤 학회에 참석해 지루한 강연들을 듣고 있던 나는 전에 우리가 동물 배설물에서 DNA를 회수했던 일을 떠올렸다. 그때 우리가 연구했던 것은 빙하시대 동물인 멸종한 아메리카 땅늘보였다. 대형 땅늘보들은 많은 양의 배설물을 남겼고 고고학자들은 그것을 '분석 糞石'이라는 그럴싸한 이름으로 치장했다. 실제로 네바다 같은 장소의 몇몇 동굴들에 가 보면 땅바닥 전체가 일정 깊이까지는 옛날에 땅늘보가 남긴 배설물들로만 이루어져 있다.

1998년 『사이언스』에 발표한 한 논문에서 헨드릭은 그러한 물질에 미토콘드리아 DNA가 보존되어 있다는 것을 이미 밝혔으며, 우리는 땅늘보의 배설물 한 덩어리에서 식물의 DNA를 회수함으로써 2만 년 전 그 땅늘보가 죽기 직전에 먹은 것을 배설물 화석을 이용해 재구성할 수 있음을 증명해 보였다.[1] 우리가 이러한 연구에 성공했다는 것은 고대 배설물 화석에 다량의 DNA가 보존되어 있으며 심지어는 핵 DNA도 보존되어 있음을 암시했다. 나는 헨드릭에게 그것을 찾아보는 것이 어떻겠느냐고 제안했다.

헨드릭은 우리가 일 년 전에 개발한 한 화학적 마술을 이용해 핵 DNA 찾기를 시작했다. 베를린에서 미라를 분석했던 1985년 당시 나는 추출물의 거의 모두가 자외선에서 푸른 형광빛을 내는 어떤 성분을 포함하고 있으며, 한 추출물이 푸른 형광빛을 낼 경우에는 DNA가 절대 나오지 않는다는 것을 알았다. 나는 이 성분이 무엇인지 알지 못했지만 기억만큼은 분명히 남아 있는데, 기대한 분홍 형광빛 대신에 푸른 형광빛을 보았을 때 실망이 그만큼 컸기 때문이다.

죽은 조직에서 수천수만 년에 걸쳐 일어날 수 있는 화학적 현상에 대해 공부하는 과정에서 나는 마이야르 반응 Maillard reaction 이라는 것을 알게 되었다. 이것은 식품 산업에서 많이 연구되는 화학 반응이었다. 공교롭게도 내 어머니가 식품 화학자라서 그 반응과 관련한 많은 논문을 보내 주었다. 흔한 형태의 당 sugar 이 가열되거나 그보다 낮은 온도에서 오랜 시간 머물 때 마이야르 반응이 일어난다. 그때 당은 단백질과 DNA 안에 있는 아미노기와 교차 결합을 형성해 크고 뒤엉킨 분자 복합체를 만든다. 마이야르 반응은 다양한 형태의 요리에서 일어나며, 갓 구운 빵에서 나는 좋은 냄새와 색깔은 마이야르 반응의 부산물에서 일어나는 것이다.

하지만 내게 가장 흥미로웠던 사실은 마이야르 반응의 산물이 자외선 아래서 푸른 형광빛을 띤다는 것이었다. 나는 이집트 미라에서 일어난 것이 바로 마이야르 반응이 아닐까 생각했다. 미라 추출물의 푸른 형광빛뿐 아니라 (잘못 생각한 것 같지만) 그것의 갈색 빛깔과 달콤하면서도 불쾌하지만은 않은 특징적인 냄새도 이 반응 때문일 것이라고 생각했다. 그리고 내가 거기서 DNA를 추출할 수 없었던 이유는 마이야르 반응으로 DNA가 다른 분자들과 결합했기 때문이 아니었을까 생각했다.

그것을 알아볼 방법이 있었다. 1996년에 마이야르 반응이 형성한 분자 복합체를 분해할 수 있는 PTB N-phenacylthiazolium bromide 라는 화학약품에 대한 논문이 『네이처』에 실렸다.[2] PTB를 구운 빵에 첨가하면 빵이 다시 반죽으로 변한다.(물론 오븐에 다시 넣고 싶은 형태의 반죽은 아니다.) PTB는 시중에서 구매할 수 없어 헨드릭이 실험실에서 그것을 합성했다. 우리가 동굴곰과 네안데르탈인의 뼈 시료로 만든 추출물에 PTB를 첨가했더니 실제로 가끔씩 더 나은 증폭 산물이 나왔다. 그리고 헨드릭은 2만 년 전의 네바다 분석으로 만든 추출물에 PTB를 첨가했을 때,

알렉스가 매머드에서 부분적인 염기 서열을 알아낸 폰빌레브란트 인자 유전자의 단편을 증폭할 수 있었을 뿐 아니라 다른 두 개의 핵 유전자 단편도 증폭할 수 있었다. 이 모든 결과에 나는 놀라지 않을 수 없었다. 우리는 2003년 7월[3]에 이 연구 결과를 발표하면서 유해가 얼어 있지 않을 때도 핵 게놈이 보존될 수 있다는 것을 최종적으로 증명했다.

이러한 결과에 고무된 나는 동굴곰 뼈들에서 핵 DNA를 회수하는 시도를 계속하지 않을 이유가 없다고 느꼈다. PTB를 다시 한 번 써 볼 계획이었다. 하지만 이번에는 이 화학적 마술이 통하지 않았다. 네바다의 분석은 PTB가 실패를 성공으로 바꿀 수 있었던 드문 예외로 판명되었다. 하지만 분석에 대한 연구를 통해 나는 핵 DNA가 그곳에 있으며 그것을 찾는 새로운 기법들을 찾기만 하면 된다는 심증을 굳혔다.

새로운 기법에 대한 아이디어를 얻기 위해 나는 소량의 DNA로 염기 서열을 알아낼 방법에 대해 가능한 한 많은 사람들에게 자문을 구하기 시작했다. 내게 질문을 받은 사람들 중 한 명은 창조적인 발명가이자 생명공학 사업가인 스웨덴 출신의 생화학자 마티아스 울렌Mathias Uhlén이었다. 무한한 에너지와 아이 같은 열정을 지닌 마티아스는 자기 주변에 창조적인 사람들을 불러 모아 그들에게 자신의 열정을 전달하는 재주가 있었다. 나는 그와 만나고 나면 항상 에너지가 충만해졌다. 마티아스 주변의 많은 창조적인 사람들 중 한 명이 폴 뉘렌Pål Nyrén이었다. 폴은 10년 전 DNA 서열을 알아내는 새로운 기법을 생각해 내고 많은 사람들의 회의적인 반응에도 불구하고 그 기술을 개발했다.

마티아스는 폴의 아이디어가 지닌 잠재력을 알아보았다. 또한 그는 지금이 DNA 서열을 알아내는 새로운 방법들을 생각하기에 적절한 시기라는 것도 알았다. 우리는 프레드 생어Fred Sanger가 영국에서 발명한 방식을 아직도 이용하고 있었는데, 생어는 이 기법으로 1980년에 두 번째 노벨 화학상을 받았다.

생어의 시퀀싱 기법은 DNA 중합 효소가 네 종류의 뉴클레오티드를 순서대로 결합시키는 원리에 의존한다. DNA 중합 효소는 오래된 DNA 가닥을 주형(새로운 DNA를 합성할 때 원본으로 삼는 것―옮긴이)으로 이용해 새로운 DNA 가닥을 만드는 효소다. 생어의 시퀀싱 반응에서 DNA 중합 효소는 DNA의 지정된 지점에 붙은 프라이머에서부터 DNA 가닥을 합성하기 시작한다. 이 반응에는 각기 다른 형광 염료로 표지하고 화학적으로 변형시킨 소량의 뉴클레오티드가 들어가는데, 그러면 DNA 중합 효소가 이런 식으로 변형된 뉴클레오티드를 연결할 때 DNA 가닥의 합성이 중지된다.

이 과정에서 저마다 길이가 다른 DNA 가닥이 만들어지고 각각의 DNA 가닥은 끝에 염료를 붙이고 있어서 그곳에 어떤 뉴클레오티드가 있는지 알려 준다. 이렇게 합성이 중단된 형광 염료로 표지된 단편은 전기영동 젤에서 크기에 따라 분리된다. 그러면 우리는―예컨대 합성이 시작된 곳에서 10번째, 11번째, 12번째 등에―어떤 염료가 있는지를 보고 어떤 뉴클레오티드인지를 판독할 수 있다.

최고의 시퀀싱 기계들―예를 들어 인간 게놈 프로젝트에 쓰인 것―은 한 번에 800개 뉴클레오티드 길이의 DNA 단편을 100개쯤 읽을 수 있다. 폴이 마티아스의 연구실에서 개발한 것은 피로시퀀싱pyrosequencing이라고 부르는 방법이었다. 아직은 초기 단계였지만 이 방법은 생어 시퀀싱 기법보다 훨씬 더 빠르고 간단했다.

피로시퀀싱도 DNA 서열을 조립하기 위해 DNA 중합 효소를 사용하지만 DNA에 결합된 각각의 뉴클레오티드를 읽어 내는 방식이 다르다. 피로시퀀싱에서는 크기에 따라 단편을 분리하는 번거로운 과정 없이 각각의 뉴클레오티드가 DNA 사슬에 붙을 때 발생하는 빛으로 뉴클레오티드를 판독한다. 폴의 영리한 아이디어는 반응 혼합물에 한 번에 넷 중 한 종류의 뉴클레오티드만을 넣는 것이었다.

예를 들어 A(아데닌)을 넣을 경우 주형으로 사용되고 있는 가닥이 그 위치에 T(아데닌과 쌍을 이루는 염기인 티민)를 지니고 있으면 DNA 중합 효소가 새로 만들어지는 가닥에 그 A를 넣고 이때 이 반응의 효소 체계에 의해 빛 신호가 발생한다. 발생하는 빛은 강력한 카메라로 감지되어 컴퓨터에 등록된다. 만일 그 주형 가닥이 T가 아니라 다른 염기를 지니고 있으면 빛이 발생하지 않는다. 폴은 네 종류의 뉴클레오티드 각각을 순서대로 첨가하는 것을 여러 번 반복했으며, 빛이 발생하는 것을 보고 DNA 단편의 뉴클레오티드 순서를 읽을 수 있었다.

이것은 정말 영리한 방법이었다. 뉴클레오티드와 그 밖의 다른 시약을 반응 용기에 넣고 카메라로 사진을 찍기만 하면 되었다. 게다가 더 중요한 것은 이 과정이 손쉽게 자동화될 수 있다는 것이었다. 마티아스가 내게 이 방법에 대해 이야기했을 때 나는 그만큼이나 열광했다.

얼마 뒤에 나는 마티아스가 이 기법을 위한 상업용 기계를 생산하려고 폴과 함께 설립한 회사인 피로시퀀싱Pyrosequencing의 과학자문위원회에 참여해 달라는 부탁을 받았다. 고대 DNA를 연구하는 방식을 완전히 바꾸어 놓을지도 모르는 흥분되는 기술이 개발되는 현장에 동참할 기회였기에 기꺼이 하겠다고 했다.

나는 그 회사가 최초의 상업용 기계를 출시한 지 1년 후인 2000년에 자문위원회에 합류했다. 그 기계는 96개의 서로 다른 DNA 단편을 플라스틱판의 홈에 따로따로 넣고 동시에 서열을 읽어 낼 수 있었다. 하지만 각 단편으로부터 한 번에 읽을 수 있는 뉴클레오티드의 길이는 30개에 불과했다. 이것은 생어의 원리에 의존하는 기계들에 비하면 아주 실망스러운 결과물이었지만, 피로시퀀싱은 신생 기술이었으므로 아직 개선될 여지가 충분히 있었다. 실제로 그때는 몰랐지만 그것은 우리가 연구하는 고대 DNA 분야뿐 아니라 생물학의 많은 측면들을 근본적으로 바꾸어 놓은 '차세대 시퀀싱' 혁명의 시작이었다.

피로시퀀싱을 시도해 보고 싶어 견딜 수 없었던 나는 헨리크 케스만을 스톡홀름의 왕립공과대학Royal Institute of Technology에 있는 마티아스의 연구실로 보냈다. 헨리크는 완벽한 스웨덴어로 스톡홀름에 있는 사람들을 놀라게 할 기회를 기꺼이 받아들였다. 그는 독일 남쪽 지방에서 자랐지만 스웨덴 사람인 어머니 덕분에 스웨덴어를 유창하게 구사한다. 그는 또한 유럽과 아시아의 현대인 집단으로부터 그들이 서로 얼마나 가까운지를 보여 주는 데 도움이 되는 데이터를 생산할 수 있었다. 새로운 기술과 함께할 때 항상 그렇듯이 이 기법을 이용하는 데도 새로운 솜씨와 문제 해결이 필요했지만 결과는 성공적이었다.

2003년 8월 피로시퀀싱의 과학자문위원회는 생명공학 사업가 조너선 로스버그Jonathan Rothberg가 세운 미국 회사인 454 라이프사이언스454 Life Sicences에 이 기술의 사용권을 넘기기로 결정했다. 454 라이프사이언스는 최신 유체공학을 적용해 피로시퀀싱 기술을 더 향상시킬 생각이었다. 이 혁신적인 기술은 짧게 합성한 DNA 조각을 DNA 분자들의 끝에 붙이는 기법에 의존했다. 단일 가닥의 DNA 분자들은 그런 다음에 구슬에 포획되어 작은 기름방울 속에서 증폭되었다. 이렇게 하면 한 번의 반응에서 수십만 개의 서로 다른 DNA 가닥들이 개별적이지만 동시에 증폭될 수 있었다. 그런 다음에 이 구슬들을 플라스틱판에 있는 수십만 개의 홈에 따로따로 넣고 피로시퀀싱을 하는 것이다.

마지막으로 (이 부분이 가장 중요한데) 어떤 홈에서 빛이 발생하는지를 쉬지 않고 주시하기 위해 그 회사는 천문학자들이 밤하늘에서 수백만 개의 별을 추적할 때 쓰는 이미지 추적 방법을 빌려 왔다. 이 방법 덕분에 그 회사는 동시에 96개가 아니라 20만 개의 DNA 단편을 해독할 수 있게 되었다!

이 정도 성능이라면 고대 뼈 추출물에 있는 DNA 단편을 무작위로 해독해서 그곳에 있는 모든 것을 볼 수 있지 않을까. 이러한 무차별적인 접근 방식은 연구하고 싶은 서열을 골라내야 하는 PCR에 기반한 방법과는 하늘과 땅 차이라는 생각이 들었다. PCR 기법은 지루할 뿐 아니라 (무엇을 찾아야 하는지 미리 결정해야 한다는 점에서) 그 추출물에 들어 있는 다른 모든 서열은 볼 수 없었다. 454 라이프사이언스의 기계들은 뉴클레오티드가 100개 이상 연결된 DNA 단편의 서열은 읽을 수 없었지만 매머드에 대한 알렉스의 연구와 땅늘보에 대한 헨드릭의 연구에서 보았던 핵 DNA 단편은 어차피 뉴클레오티드가 100개 이상 연결된 것이 없었다. 나는 454 기계를 사용해 보고 싶었다.

내가 새로운 접근 방식에 대해 의견을 구한 사람은 마티아스와 피로시퀀싱 관련자들만이 아니었다. 또 한 명은 에드워드(에디) M. 루빈Edward M. Rubin이었다. 정력적이고 패기가 넘치는 유전체 학자인 그가 2005년 7월에 라이프치히의 우리 연구실을 방문했다. 나는 그에게 적극적으로 조언을 구했다. 캘리포니아 대학교 버클리 캠퍼스에 있는 로렌스 버클리 국립연구소Lawrence Berkeley Naitonal Laboratory의 교수이자 미국 에너지부의 합동게놈연구소Joint Genome Institute의 소장인 에디는 최선의 길은 DNA를 박테리아에 넣어 대량 복제하는 것이라고 확신했다. 내가 웁살라에서 이집트 미라를 가지고 연구하던, 1980년대에 사용했던 것과 매우 흡사한 방법이었다. 그는 이 방법이 그때보다 훨씬 더 효율적으로 바뀌었다고 말했다.

나는 동굴곰으로 이 방법을 시험해 보자는 데 동의했고, 우리는 mtDNA를 다량 함유하고 있는 동굴곰의 화석화된 뼈 두 점으로 DNA 추출물을 만들어 그것을 버클리에 있는 에디의 연구실로 보냈다. 그곳에서 추출물 내의 DNA 분자들은 내가 1984년에 했던 대로 운반체 분자들에 삽입되어 박테리아로 들어갔다. 이 박테리아들이 성장하면 '도서관library'이라고 불리는 DNA 집합체를 이루는데, 도서관 내의 각각의 박테리아 콜로니 즉 '클론clone'에는 동굴곰 뼈 추출물에서 유래한 한 DNA 분자의 복제본 수백만 부가 포함되어 있었다. 우리는 이 도서관 내의 콜로니 각각에서 DNA를 분리해 염기 서열을 알아낼 수 있고 그럼으로써 각각의 DNA 정보를 마치 도서관의 책처럼 '읽을' 수 있었다.

에디의 연구원들은 전통적인 생어 방식을 이용해 두 개의 도서관에 포함된 약 1만 4000개 DNA 클론—1984년에 가능했던 것보다 몇 배는 많은 수—을 해독했다. 1만 4000개의 클론 중에서 총 389개 즉 2.7퍼센트만이 개의 DNA에서 발견되는 것과 유사한 DNA 서열을 지니고 있으므로 이는 동굴곰에서 유래한 DNA일 가능성이 높았다. 나머지는 그 동물의 사후에 뼈에서 증식한 박테리아와 곰팡이에서 유래한 것이었다. 추출물에 동굴곰 DNA의 비율이 너무 적었음에도 불구하고 이 결과는 놀라운 것이었다. 유럽의 동굴들에서 나온 뼈들이 실제로 핵 DNA를 포함하고 있음을 보여 주는 결과였기 때문이다.

우리는 에디와 그의 연구팀을 주요 저자로 하는 논문에 이 결과를 기술하여 2005년에 『사이언스』에 발표했다.[4] 이 논문에서 우리는 이러한 연구 결과는 고대 유해로부터 게놈 서열을 알아내는 일이 가능하다는 것을 뜻한다고 다소 거창하게 주장했다. 하지만 이 논문이 발표되고 나서 내 연구팀의 몇몇 사람들이 우리가 한 일을 좀 더 깊이 생각해 보고 몇 가지 계산을 해 본 결과 심각한 결론에 이르렀다.

버클리의 연구팀은 우리가 보낸 추출물로 만든 DNA 도서관들을 모두 해독해서 동굴곰 게놈의 뉴클레오티드를 총 26,861개 찾아냈다. 이 도서관을 만들기 위해 사용된 뼈가 영점 몇 그램이라는 사실과 동굴곰의 게놈이 약 30억 개의 뉴클레오티드로 이루어져 있다는 사실을 고려하면 동굴곰의 게놈 전체를 대략적으로나마 파악하기 위해서는 우리가 이미 사용한 것보다 10만 배 이상 많은 뼈—다시 말해 10킬로그램 이상—를 사용해야 한다는 결론이 나온다. 그렇게 많은 뼈를 갈아서 그것을 DNA 도서관을 제작하기 위한 추출물로 만드는 일은 엄청나게 지루하기는 해도 가능할 것이다. 하지만 그다음에 필요한 방대한 규모의 시퀀싱 작업에는 엄청난 비용이 들 것이다. 또 그 문제가 해결된다 해도 소량의 시료만을 구할 수 있는 매우 흥미로운 화석에는 뜻밖의 기술적 돌파구가 생기지 않는 한 이러한 무차별적 접근 방식을 적용할 수 없을 것이다.

박테리아 클로닝으로 네안데르탈인의 게놈을 해독하는 일은 적어도 내게는 최선의 방법처럼 보이지 않았다. 아니 그것은 불가능해 보였다. 그리고 박테리아 도서관이 구축된 시점에는 틀림없이 DNA의 대부분이 사라질 것이라고 추정했다. 그것은 애당초 DNA가 박테리아로 들어가지 않았거나 박테리아 내부의 효소들이 DNA를 파괴했을 것이기 때문이다. 하지만 에디는 계속해서 이 방법을 옹호하면서 DNA 추출물에서 그렇게 낮은 효율로 DNA 서열이 나오는 것은 이례적인 일이라고 말했다. 그는 다음번에는 더 성공할 것이고 재료도 더 적게 필요할 것이라고 주장했다.

✄

에디가 열심히 변호했음에도 불구하고 나는 단 한 가지 접근 방식에만 의존하기 싫어서 피로시퀀싱을 시도해 봐야겠다고 결심했다. 454 방식의 피로시퀀싱 기법을 한 추출물 내의 모든 DNA에 직접 적용하면 괴팍한 박테리아에 집어넣음으로써 초래되는 손실을 없앨 수 있을 것 같았다. 게다가 조너선 로스버그와 454는 수십만 개의 DNA 분자를 하루에 해독할 수 있는 기계를 생산했다. 하지만 그와 연락하기가 쉽지 않았다. 그의 신기술을 이용하겠다고 몰려들 괴짜 과학자들을 차단하기 위해 연락처를 쉽게 알려 주지 않았기 때문이다. 여러 통로로 시도해 보았지만 소용이 없었다.

그러다가 마지막으로 진 마이어스Gene Myers라고 하는 생물정보학 천재에게 이야기하게 되었다. 그는 유명한 유전체 학자 크레이그 벤터Craig Venter가 2000년에 인간의 게놈을 조립하는 것을 도왔던 사람이었다. 나는 2001년에 브라질에서 열린 한 생물정보학 모임에서 진을 만났고 자기 앞에 닥친 어떤 문제에도 굴하지 않는 그의 태도에 곧바로 반했다. 우리는 스키와 스쿠버다이빙에 대한 공통의 관심사로도 묶여 있었다. 진은 당시 UC 버클리 교수이자 로스버그가 운영하는 회사의 자문으로 있었으므로 2005년 7월 연락이 가능한 조너선의 이메일을 알려 줄 수 있었다.

조너선은 나와 454에서 운영을 담당하는 덴마크인 과학자 미켈 에그홀름Michael Egholm과 함께하는 전화 회의를 주선했다. 조너선과 전화 연결이 되었을 때 걱정이 들기 시작했다. 그는 그 수준의 사업가답게 에너지가 넘치고 열정적이었지만 오직 한 가지에만 관심이 있는 것 같았다. 그것은 공룡의 DNA 염기 서열을 해독하는 일이었다! 나는 이미 공룡 DNA의 염기 서열을 해독하는 일은 불가능하고 앞으로도 그럴 것이라고 말한 전력이 있었기 때문에 이러한 성가신 취향을 어떻게 다루어야 할지 난감했다. 일을 그르치지 않으면서 내 주장을 되풀이하기 위해 노력했고 염기 서열을 해독할 가치가 있는 다른 멋진 게놈들이 존재하며 특히 네안데르탈인의 게놈이 그렇다고 강조했다.

다행히도 조너선은 우리를 완전한 인간으로 만든 변화들이 무엇인지 찾아내는 일에 자신의 기술을 이용한다는 사실에 금세 흥미를 보였다. 나는 네안데르탈인에 앞서 매머드와 동굴곰으로 시작하는 것이 좋겠다고 조너선과 에그홀름을 설득했다.

일주일 뒤에 우리는 매머드와 동굴곰의 DNA 추출물을 454 라이프사이언스에 보냈다. 그리고 거의 같은 시기에 근면하고 재능 있는 생명정보학자 리처드 E.(에드) 그린 Richard E.(Ed) Green이 UC 버클리에서 박사 과정을 막 마치고 우리 연구실에 합류했다. 그는 미국국립과학재단 National Science Foundation으로부터 명성이 높고 액수가 후한 장학금을 받아 인간과 대형 유인원의 RNA 스플라이싱을 비교하는 연구 프로젝트를 진행하는 상태였다. 스플라이싱은 유전자가 전사되어 만들어진 RNA 분자를 부분부분을 잘라 내고 다시 결합시킴으로써 단백질 합성을 지시하는 전령 RNA를 만드는 과정을 말한다. 그는 RNA를 이어 붙이는 방식의 차이가 인간과 침팬지 사이에 나타나는 차이의 많은 부분을 설명해 줄 것이라고 생각했다. 하지만 에드가 이 일을 막 시작했을 때 454 라이프사이언스로부터 첫 번째 데이터가 도착했다.

454 라이프사이언스에서 일하는 사람들은 매머드와 동굴곰 뼈 추출물에 포함된 수십만 조각의 DNA으로부터 DNA 서열을 생산했다. 나는 에드에게 그 DNA 서열을 살펴보면서 표본 자체에서 유래한 것과 표본을 오염시킨 박테리아 및 다른 생물에서 유래한 것을 가려내 달라고 부탁했다. 이것은 만만한 문제가 아니었다. 그는 그 뼈의 DNA 서열을 코끼리와 개의 게놈 서열과 비교했다. 현재 이용할 수 있는 게놈 서열 중에서 매머드와 동굴곰의 가장 가까운 친척인 동물이 코끼리와 개였기 때문이다. 하지만 고대의 DNA 서열은 짧았고, 오랜 세월 동안 일어난 화학적 변형 때문에 생긴 오류를 갖고 있을 가능성이 있었다. 그뿐 아니라 그 뼈를 오염시킨 박테리아와 곰팡이가 무엇이며 몇 종류나 되는지도 몰랐다.

하지만 이 고대 DNA를 분석하는 일에 에드는 저항할 수 없는 매력을 느꼈고, 곧 RNA 스플라이싱에 대한 연구는 뒷전이 되었다. 결국 그는 국립과학재단의 장학금 담당자에게 편지를 써서 자신의 연구 프로젝트의 방향이 바뀌었다고 설명했다. 불행히도 국립과학재단은 네안데르탈인 게놈이 생물정보학자에게 얼마나 굉장한 기회인지 알아차릴 만한 안목이 없었던 탓에 그의 장학금을 박탈했다. 다행히 우리 연구실의 예산이 넉넉해서 우리는 에드와 계속해서 일할 수 있었다.

그 사이에 에드는 매머드 뼈에서 추출한 DNA의 약 2.9퍼센트가 매머드에서 유래한 것이고, 동굴곰 뼈에서 추출한 DNA의 약 3.1퍼센트가 동굴곰에서 유래했다는 것을 알아냈다. 그렇다면 박테리아 클로닝 기법으로 생산된 동굴곰 서열 가운데 약 5퍼센트만이 실제로 동굴곰에서 유래한 것이었던 에디 루빈의 결과는 꽤 훌륭한 것이다. 3~5퍼센트라고 하면 별로 많은 것처럼 들리지 않겠지만 현재 우리가 얻은 서열은 동굴곰의 서열이 총 7만 3172개, 매머드의 서열이 총 6만 1667개였다. 이는 454 라이프사이언스가 DNA 추출액을 다 쓰지도 않은 한 번의 실험을 통해 에디가 동굴곰 DNA에서 박테리아 클로닝 기법으로 했던 것보다 거의 10배나 많은 데이터를 생산했다는 뜻이다.

454의 방식은 내게 진정한 돌파구처럼 보였지만 위험이 없는 것은 아니었다. PCR에 기반한 처음의 방법은 실험을 여러 번 반복해서 같은 서열이 나오는지 확인하고 오류를 찾아내는 것이 가능했다. 하지만 새로운 방식은 각각의 서열을 한 번만 볼 수 있었고, 게놈의 크기가 둘 다 너무 컸기 때문에 우리가 얻은 서열들 중에 매머드 또는 동굴곰 게놈의 같은 부위가 또 있을 가능성은 낮았다. 그 결과 우리는 고대 DNA의 화학적 손상과 그 때문에 일어난 서열 오류가 우리의 결과에 어느 정도의 영향을 미칠 수 있는지 알 수 없었다.

하지만 오류를 찾아내는 일은 새로운 문제가 아니었고, 우리는 이미 이 부분에서 진전을 이루었다. 몇 년 전인 2001년에 당시 우리 연구실의 대학원생이었던 미하엘 호프라이터Michael Hofreiter가 연구팀의 다른 사람들과 함께 중요한 사실을 밝혀냈다. 고대 DNA의 염기 서열을 해독하는 과정에서 오류를 초래하는 DNA 손상의 가장 흔한 형태는 시토신에서 아미노기가 손실되는 것이라는 사실이다. 이러한 일은 물이 조금이라도 있을 때마다 DNA에서 저절로 일어난다. 시토신(C)에서 아미노기가 떨어져 나가면 우라실(U)이 되는데, 이것은 주로 RNA에서 발견되는 뉴클레오티드다. DNA 중합 효소는 그것을 T(티민)로 읽는다.

우리가 얻은 매머드와 동굴곰의 염기 서열을 코끼리와 개의 염기 서열과 비교해 보면서 우리는 현생 동물에서 C가 있는 자리에 예상보다 많은 T가 나타나는지 확인할 수 있었다. 확실히 T가 지나치게 많았다. 하지만 놀랍게도 아데닌에 비해 구아닌(G)이 약간 증가한 것도 볼 수 있었다. 이는 고대 DNA에서 A도 C처럼 아미노기를 잃을 수 있음을 뜻했다. 이 가능성을 확인해 보기 위해 우리는 아미노기가 없는 C와 A를 넣은 DNA 조각을 합성한 다음 454 라이프사이언스가 피로시퀀싱 과정에서 DNA를 증폭할 때 사용한 DNA 중합 효소가 그것을 어떻게 읽는지 보았다. DNA 중합 효소는 아미노기 없는 C를 T로 읽을 뿐 아니라 아미노기 없는 A도 G로 읽었다. 우리는 2006년 9월에 발행된『국립과학아카데미회보 Proceedings of the National Academy of Sciences』에 발표한 논문에서 C뿐 아니라 A도 아미노기를 잃을 수 있다고 보고했다.[5] 하지만 얼마 지나지 않아 우리가 틀렸다는 것이 밝혀졌다.

그 사이에 내 연구팀과 버클리의 에디 루빈의 연구팀 사이에 미묘한 마찰이 생겼다. 피로시퀀싱이 박테리아 클로닝보다 적어도 10배는 더 효율적이라는 사실이 라이프치히의 우리들에게 이제 분명해졌다. 박테리아 클로닝 과정에서는 아마도 박테리아가 DNA를 흡수하게 만드는 단계에서 DNA가 엄청나게 손실되는 듯했다. 하지만 에디는 동굴곰 실험에서 나타난 낮은 효율은 예외적인 일이라고 확신했다. 그의 연구팀과 함께 가진 전화 회의에서 에디는 그 점에 이상하게 집착했다.

나는 이러한 의견 불일치에 어떻게 대처해야 할지 고민했다. 수년간의 좌절 끝에 네안데르탈인 게놈의 전체 서열을 알아내는 것이 가능할 뿐 아니라 그 방법에는 여러 가지가 있다는 것을 알게 되었다. 하지만 나는 이 프로젝트를 추진하려면 그것이 에디의 기법이 요구하는 수 킬로그램의 뼈가 아니라 몇 그램의 뼈만으로도 가능해야 한다고 생각했다. 454 라이프사이언스의 피로시퀀싱 기법이 이 요건을 충족시키는 것처럼 보였는데, 에디는 끝끝내 박테리아 클로닝에 기회를 한 번만 더 달라고 나를 설득했다. 나는 네안데르탈인의 DNA를 대상으로 두 가지 접근 방식인 박테리아 클로닝과 직접 시퀀싱(피로시퀀싱 기법을 한 추출물 내의 모든 DNA에 직접 적용하는 기법―옮긴이)을 정면으로 대결시켜 보기로 했다.

우리는 최고의 네안데르탈인 시료로 여기는 뼈 'Vi-80'으로 두 개의 추출물을 만들었다. 다비드 세르가 2004년 그 뼈로 미토콘드리아 DNA의 변이가 많은 부위를 해독했다. 2005년 10월 중순에 우리는 한 개의 추출물은 직접 시퀀싱을 위해 454 라이프사이언스의 미켈 에그홀름과 그 연구팀에게 보내고, 또 하나의 추출물은 박테리아에서 대량 복제한 뒤에 시퀀싱을 해 보기 위해 에디 루빈의 연구팀에게 보냈다. 두 개의 추출물은 요하네스 크라우제Johannes Kruase가 우리 연구실의 멸균실에서 준비했다. 그런 다음에 그 추출물을 각기 코네티컷과 캘리포니아에 있는 두 연구실로 보내면서 나는 그곳에서 혹시 오염이 일어날까 봐 불안했다. 이 테스트에서 어떤 방법이 최선인지 밝혀지면 우리 연구실의 멸균실에서 그 방법을 다시 확인해 볼 필요가 있었다.

한편 또 한 명의 새로운 대학원생 에이드리언 브리그스Adrian Briggs가 우리 연구팀에 합류했다. 옥스퍼드 대학교에서 학부 과정을 갓 마친 에이드리언은 하버드 대학교의 저명한 영장류학자인 리처드 랭엄Richard Wrangham의 조카였다. 유명한 가족이 있었고 옥스브리지에서 교육받았다는 점 때문에 그가 거만하고 오만한 사람일까 봐 걱정했지만 그것은 완전히 기우였다. 그렇기는커녕 에이드리언은 문제에 대해 양적으로 사고하는 능력이 누구보다 탁월했다. 게다가 그는 문제에 대해 어느 누구보다 민첩하고 정확하게 사고했음에도 나머지 사람들을 바보처럼 느끼게 만드는 법이 없었다.

나는 버클리에서 동굴곰의 DNA 도서관이 제작되는 과정에서 DNA의 대부분이 손실되었다는 것을 짐작하는 데 그쳤지만, 에이드리언은 우리가 에디 루빈에게 보낸 동굴곰 DNA의 약 0.5퍼센트만이 그들이 만든 박테리아 도서관에 들어갔다는 계산을 해냈다. 또한 에이드리언은 동굴곰 또는 네안데르탈인의 게놈을 이루고 있는 30억 개가 넘는 염기쌍의 서열을 읽어 내기 위해서는 약 6억 개의 박테리아 클론을 분리해서 서열을 해독해야 한다는 계산도 해냈다. 이 정도 규모의 일은 에디의 합동게놈연구소에서도 감당할 수 없었다. 에이드리언의 계산은 박테리아 클로닝에 대한 내 우려에 확실한 근거를 마련해 주었고, 박테리아 클로닝 과정의 효율은 네안데르탈인의 게놈 서열을 얻는 데 필요한 수준에 전혀 미치지 못한다는 것이 명백해졌다.

2006년 1월에 있었던 사뭇 긴장된 전화 회의에서 에이드리언은 이 결과를 에디 측에 제시했다. 하지만 에디는 여전히 자신의 연구소에서 만든 동굴곰 도서관에 무슨 문제가 있었던 것이라고 생각했다. 그 사이에 454 라이프사이언스와 에디의 연구실에서는 각기 네안데르탈인 실험을 진행했다.

그런데 고대 DNA에 피로시퀀싱을 적용해 볼 생각을 한 사람은 우리만이 아니었다. 에드 그린이 동굴곰과 매머드의 데이터를 바쁘게 분석하고 있던 2006년 초 우리 연구실의 대학원생이었지만 지금은 캐나다 온타리오의 맥매스터 대학교에 있는 헨드릭 포이너가 펜실베이니아 주립 대학교의 슈테판 슈스터Stephan Schuster와 함께 진행한 공동 연구의 결과를 『사이언스』에 발표했다. 그들은 우리가 454 라이프사이언스와 함께했던 것처럼 DNA 추출물에 직접 피로시퀀싱을 적용함으로써 영구 동토에서 나온 매머드의 한 DNA 단편을 이루는 2800만 개의 뉴클레오티드를 해독했다.[6]

피로시퀀싱을 이용해 고대 DNA 서열을 해독한 것을 우리가 처음 발표하지 못한 점이 실망스러웠지만, 그럼에도 내가 가르친 학생이 이러한 연구를 하고 있다는 사실이 기뻤다. 우리는 매머드와 동굴곰의 뼈에서 나온 자료를 몇 달 전부터 갖고 있었지만 『사이언스』에 실린 그 논문이 하지 않은 일을 두 가지나 하느라 너무 많은 시간을 보냈다. 그것은 우리가 해독한 DNA 서열이 참조 서열과 얼마나 잘 일치하는지 분석하는 일과 서열상의 오류가 결과에 어떤 영향을 미치는지 따져 보는 일이었다.

그렇다 해도 헨드릭의 논문은 직접 시퀀싱이 최선의 방법임을 보여 주는 또 하나의 증거였다. 또한 그 논문은 영구동토에서 DNA가 놀랍도록 잘 보존될 수 있다는 사실도 다시 한 번 증명했다. 헨드릭의 시료에서 나온 DNA는 약 절반이 매머드의 것으로 네안데르탈인의 시료에서 기대할 수 있는 양과는 큰 차이가 있었다. 우리는 추출물에 1~2퍼센트의 네안데르탈인 DNA만 포함되어 있어도 기뻐했다.

한편 헨드릭의 논문은 과학 하는 사람들의 딜레마를 잘 보여 주는 사례이기도 했다. 완전한 이야기를 하는 데 필요한 분석과 실험을 하다 보면, 다른 사람이 비록 덜 완전하지만 결국 전달하려는 내용은 같은 이야기를 먼저 할 수 있었다. 그러면 더 나은 논문을 발표해도 누군가가 진정한 돌파구를 만든 다음에 세부적인 부분을 완성한 사람으로 간주되고 만다. 헨드릭의 논문이 발표되고 나서 우리 연구팀은 이 문제에 대해 심도 깊은 토론을 벌였다. 몇몇은 우리가 더 일찍 발표했어야 한다고 생각했다. 결국 동굴곰과 매머드 서열에 대한 우리의 분석은 2006년 9월에 발행된 『국립과학아카데미회보』에 실렸다. 하지만 그 논문에서 우리는 아이러니하게도 아미노기가 손실된 A가 서열상의 돌연변이들을 야기한다는 잘못된 결론을 보고하고 말았다.[7]

매년 5월 롱아일랜드의 콜드스프링하버 연구소에서 유전체 생물학에 관한 회의가 열린다. 이 모임은 전 세계 유전체 과학자들의 비공식적인 정상회담으로 참가자들이 아직 공식적으로 발표하지 않은 새로운 결과를 이야기하는 자리다. 또한 게놈 센터들 간의 경쟁과 인간 게놈 서열을 해독하는 경주에서 비롯된 갈등과 공격으로 물들기도 하는 긴장감 넘치는 만남이다.

2006년의 유전체 회의는 다른 때보다 더 긴장된 자리였다. 우리는 454 라이프사이언스와 에디 루빈의 버클리 팀이 해독한 네안데르탈인 서열 결과를 막 받아서 몇 가지 사전 분석을 마친 상태였다. 나는 이번 발표에서 두 가지 목표를 정했다. 첫 번째는 고대 DNA 서열을 해독하는 두 가지 기법을 비교해서 보여 주고 싶었다. 두 번째는 네안데르탈인과 그 밖의 다른 멸종한 생물의 전체 게놈 서열을 어떻게 얻을 수 있는지에 대한 로드맵을 제시하고 싶었다. 두 곳에서 얻은 결과는 직접적인 피로시퀀싱이 최선의 방법이라는 내 생각을 확인시켜 주었고, 따라서 나는 그 기법에 중점을 둘 생각이었다.

콜드스프링하버에 도착했을 때 나는 전에 없이 긴장했다. 숙소는 구내에 있는 작고 평범한 방이었지만, 그것은 그 모임에 자주 참석하는 사람들에게 주어지는 영예였다. 나머지 사람들은 멀리 떨어진 호텔에서 버스를 타고 와야 했다. 나는 뉴욕으로 가는 비행기 안에서뿐 아니라 내 작은 방에서 첫 번째 밤을 보내는 동안에도 내내 발표 준비를 했다.

그다음 날인 발표 당일에는 우리 연구실에서 그 모임에 참석한 사람들을 불러 모아 놓고 복도에서 연습까지 했다. 나는 이 발표가 앞으로 몇 년 동안 우리가 할 일을 결정하는 자리가 될 것이라는 예감이 들었다.

과학 학회에서 발표할 때 청중의 관심을 한 몸에 받는 경우는 드물다. 콜드스프링하버에서 열리는 유전체 생물학 회의가 바로 그런 곳이다. 나는 전에도 그곳에서 여러 번 발표를 했는데, 회의실에 모인 600명쯤 되는 사람들의 대부분은 노트북으로 자신이 할 발표 내용을 훑어보거나 동료들에게 이메일을 보내고 있었다. 아니면 시차 적응을 못한 데다 너무 자세한 내용의 발표가 끝도 없이 이어지는 탓에 졸고 있기 일쑤였다.

하지만 이번에는 달랐다. 내가 매머드와 동굴곰에 대한 결과를 말한 뒤에 네안데르탈인의 데이터로 넘어가는 순간, 모든 사람이 내게 집중하고 있다는 느낌을 받을 수 있었다. 내 마지막 슬라이드는 인간 유전체 지도였고, 우리가 네안데르탈인으로부터 해독한 수만 조각의 DNA가 그중에 어느 부분에 해당하는지를 작은 화살표들이 보여 주었다. 그 슬라이드를 올렸을 때 나는 청중석에서 헉! 하는 소리를 들었다. 우리가 알아낸 서열은 네안데르탈인 게놈의 단 0.003퍼센트에 해당했지만, 이제—원리상으로는—전체 게놈 서열을 해독할 수 있다는 것을 그 자리에 참석한 모든 사람에게 분명하게 증명해 보였기 때문이다.

11
게놈 프로젝트를 시작하다

그날 밤에 콜드스프링하버 연구소 구내의 작은 방으로 돌아온 나는 침대에 누워서 멍하니 천장을 바라보았다. 지금까지는 과학자로서 제법 성공했다. 누군가는 대단한 성공을 거두었다고 말할지도 모른다. 나는 든든한 연구 기금이 주어지는 영구적인 연구직에 있었고 흥미로운 프로젝트들을 수행하고 있었으며 일 년에 몇 차례씩 세계 각지로부터 강연을 해 달라는 초청을 받았다. 그런 와중에 나는 네안데르탈인의 게놈 서열을 해독하겠다고 공개적으로 약속하는 무모한 짓을 하고 말았다. 성공한다면 내가 이룩한 가장 빛나는 성과가 될 것이 분명하지만 실패한다면 공개적인 망신이 될 것이다. 아마 과학자로서의 인생이 끝날지도 모른다.

　게다가 나는 성공이 말처럼 쉽지 않다는 것을 잘 알고 있었다. 성공하기 위해서는 세 가지가 필요했다. 454 시퀀싱 기계가 많아야 하고, 돈도 많아야 하고, 상태가 좋은 네안데르탈인의 뼈가 있어야 한다. 우리는 이 중 아무것도 없었지만 다행히 우리 말고는 아무도 이 사실을 알아차리지 못한 것 같았다. 하지만 나는 그것을 너무나도 잘 알았고 오랫동안 침대에 누운 채 네안데르탈인 게놈 프로젝트를 성공시키는 데 필요한 모든 것들을 하나씩 떠올렸다.

최우선 과제는 454 라이프사이언스의 시퀀싱 기계를 많이 확보하는 것이었다. 이 목표를 달성하기 위해서는 콜드스프링하버에서 그리 멀지 않은 코네티컷 주의 브랜퍼드에 있는 조너선 로스버그를 찾아가는 것이 가장 확실한 방법이었다. 다음 날 아침 식사 자리에 네안데르탈인 연구에 참여한 핵심 멤버들을 불러 모았다. 그들 모두가 콜드스프링하버에 와 있었다. 에드 그린, 에이드리언 브리그스, 그리고 요하네스 크라우제였다. 아침을 먹고 나서 우리는 내가 빌린 렌트카를 타고 브랜퍼드로 향했다.

나는 일정을 너무 빡빡하게 잡아서 약속이나 비행 또는 다른 계획된 일정에 항상 늦는 좋지 않은 습관이 있는데, 이날도 예외가 아니었다. 차를 타고 롱아일랜드 북쪽의 포트제퍼슨으로 가면서 우리는 롱아일랜드 해협을 건너 브리지포트로 가는 페리를 자칫하면 놓칠 상황임을 알았다. 하지만 운 좋게도 마지막 차량으로 가까스로 승선할 수 있었다.(사실 항해하는 내내 우리 차의 트렁크 부분이 물가 쪽으로 나와 있었다.) 나는 간발의 차이로 승선한 것이 좋은 징조이기를 바랐다.

이것을 시작으로 우리는 454 라이프사이언스를 여러 차례 방문했다. 직접 만나본 조너선 로스버그는 전화 통화로 접했던 것만큼이나 정열적이고 특이한 생각으로 가득했다. 그런 그와 균형을 맞추기 위해 미켈 에그홀름이 있었다. 실용적인 마인드를 지닌 덴마크 출신의 에그홀름은 사실 관계를 확인하고 일을 진행시키는 역할을 했다. 네안데르탈인 게놈 프로젝트가 진행되는 동안 나는 두 사람의 진가를 인정하게 되었다. 비전과 추진력을 갖춘 조너선과 실용적 마인드를 갖춘 미켈은 더없이 완벽한 짝이었다.

그날의 논의에서는 네안데르탈인 게놈을 해독하기 위해 필요한 것이 무엇인가에 대한 이야기가 주로 오갔다. 우리가 '샷건shot-gun' 테크닉을 쓸 것이라는 점은 분명했다. 크레이그 벤터가 이 기법을 도입해 자신의 회사 셀레라Celera에서 인간 게놈 서열을 해독하는 데 사용했다. 이 방식은 DNA를 무작위로 쪼개 각각을 해독한 다음에 컴퓨터로 단편 사이의 중첩되는 부분을 찾아 합치는 것이다.

하지만 한 가지 큰 문제가 있었는데 바로 게놈 내의 DNA 반복 서열이었다. 그러한 서열은 인간과 유인원이 가지고 있는 게놈의 약 절반을 이루고 있다. 이러한 반복 서열의 대부분은 몇 백 또는 몇 천 개의 뉴클레오티드로 되어 있으며 다수가 게놈 전체에 걸쳐 단지 몇 번이 아니라 몇 천 번씩 출현한다. 따라서 샷건 기법은 일반적으로 그러한 반복 서열을 '메워 넣을bridge' 수 있도록 짧은 단편만이 아니라 긴 단편도 이용한다. 긴 단편은 그 반복 서열을 그것의 양옆에 놓이는 단일 서열 안에 안착시키는 '닻anchor'과 같은 역할을 하게 된다. 이런 방법으로 우리는 각각의 반복 서열이 게놈의 어느 위치에 놓이는지 알 수 있다.

그렇지만 우리가 가진 고대 DNA는 이미 짧은 조각으로 분해되어 있어서 우리는 네안데르탈인 서열을 재구성하기 위해 인간 참조 게놈(공공 게놈 프로젝트가 해독한 최초의 인간 게놈)을 주형으로 사용할 계획이었다. 이렇게 하면 게놈에 한 번만 출현하는 DNA 서열은 문제가 없지만 모든 반복 서열의 위치를 결정할 수는 없었다. 하지만 나는 이 정도는 작은 희생이라고 생각했다. 잘 알려진 기능들을 지닌 유전자들의 대부분을 포함하고 있는 게놈 내의 가장 흥미로운 부분은 일반적으로 단일 서열이기 때문이다.

또한 우리는 게놈의 얼마나 많은 부분을 해독할 것인지도 결정해야 했다. 454 라이프사이언스를 방문하기 전에 나는 네안데르탈인의 뼈에서 약 30억 개의 뉴클레오티드를 해독하기로 결정했다. 이 목표는 그것이 가능하다고 생각해 결정한 것이지만 또 한 가지 이유는 그것이 인간 게놈의 대략적인 크기이기 때문이었다. 문제는 고대 DNA가 조각나 있다는 것이었다. 네안데르탈인의 게놈은 크기가 크기 때문에 우리가 해독한 DNA 단편들 중에는 중복되는 것이 별로 없을 것이고, 따라서 우리는 그 게놈의 많은 부위들에서 서열 정보를 한 번밖에는 얻지 못할 것이다. 두 번 이상 중복되는 일부 단편들에 대해서만 서열 정보를 두 번 이상 얻을 수 있을 것이다. 또 아예 없는 단편들도 있어서 게놈의 어떤 부위에 대해서는 서열 정보를 전혀 얻지 못할 것이다.

통계적으로 따져 볼 때 우리는 전체 게놈의 삼분의 이 분량은 적어도 한 번은 볼 수 있고 약 삼분의 일은 볼 수 없을 것이라고 예상했다. 이 것을 유전체학 용어로는 서열 중복 비율이 일 배수라고 말하는데, 통계적으로 각 뉴클레오티드가 목격될 확률이 한 번이기 때문이다. 나는 일 배수 시퀀싱이 실현 가능한 목표라고 여겼고 그 정도면 네안데르탈인의 게놈을 대략적으로 파악하기에 나쁘지 않다고 생각했다. 중요한 것은 우리가 얻을 게놈이 일종의 디딤돌이 될 것이란 점이었다. 다른 네안데르탈인 표본들로부터 얻게 될 미래의 서열을 우리의 결과와 합치면 '서열 중복 비율'을 더 높일 수 있고 결국에는 반복 서열을 뺀 부분들에 한해서는 게놈의 모든 부분을 볼 수 있을 것이다.

내가 설정한 목표는 따라서 다소 임의적인 것이었다. 또한 현대의 게 놈들에 대한 시퀀싱 시도에 비하면 보잘것없는 목표이기도 했다. 그러 한 프로젝트들은 20배수 이상을 목표로 하기 때문이다. 그렇다 해도 네안데르탈인 게놈 프로젝트는 기념비적인 일이었다. 네안데르탈인의 DNA는 우리가 얻은 최고의 추출물에도 4퍼센트밖에는 포함되어 있지 않았다. 나는 그러한 뼈를 더 많이 발견해야 했고 그중의 일부는 4퍼센 트보다 많은 네안데르탈인 DNA가 포함되어 있기를 바랐다. 평균이 4 퍼센트라면 우리가 목표한 30억 개의 뉴클레오티드를 얻기 위해서는 총 750억 개의 뉴클레오티드를 생산해야 하기 때문이다.

게다가 DNA 단편의 길이가 평균 40~60개 뉴클레오티드로 짧다는 것은 새로운 시퀀싱 기계를 3000번 내지 4000번을 돌려야 한다는 뜻이 었다. 이것은 454 라이프사이언스가 갖고 있는 시설 전체를 몇 달 동안 네안데르탈인 프로젝트에만 써야 가능한 일이었다. 게다가 그 비용을 일반 소비자가로 계산하면 우리는 꿈도 못 꿀 만큼 비쌌다.

에드, 에이드리언, 요하네스, 그리고 나는 이 모든 문제를 조너선, 미 켈과 함께 논의했다. 네안데르탈인 프로젝트는 조너선뿐 아니라 454 라 이프사이언스라는 기업의 입장에서도 매력적인 일이었다. 인간의 진화 를 통찰할 진정으로 특별한 기회를 제공할 뿐 아니라 454의 기술력을 더 많은 사람들에게 과시할 수 있는 실용적 측면도 있었기 때문이다. 나 는 그 회사 사람들이 과학적 동반자뿐 아니라 향후 나올 출판물에 함 께 이름을 올릴 공저자가 된다는 데에 기꺼이 동의했지만, 그렇다고 해 서 우리가 공짜로 시퀀싱을 할 수 있다는 뜻은 아니었다. 최종적으로 우리는 500만 달러에 합의했다. 나는 이것이 좋은 소식인지 나쁜 소식 인지 판단할 수 없었다. 내가 바란 금액보다는 큰돈이었지만 말도 안

되게 비싼 가격은 아니었다. 우리는 라이프치히로 돌아가 다시 생각해 보겠다고 말했다.

협상이 이루어지고 나서 조너선은 우리 네 사람에게 샌드위치와 탄산음료를 제공했고 그런 다음에 콜드스프링하버 회의장으로 돌아가기 전에 자신의 집을 구경하지 않겠느냐고 물었다. 우리는 그러겠다고 대답했다. 늦은 점심을 먹고 나서 우리는 그를 따라 집으로 갔다. 나는 넉넉하지 못한 환경에서 자랐고 제2차 세계대전 막바지에 소련이 에스토니아를 침공했을 때 난민이 된 어머니에게 실용적인 인생관을 물려받았다. 그래서 나는 부유한 생활을 별로 선망하지 않는다.

하지만 조너선이 사는 곳을 방문한 일은 비록 그의 집을 구경하지는 못했지만 매우 기억에 남았다. 그의 집 대신 우리는 롱아일랜드 해협의 한 반도에 있는 그가 거주하는 땅을 방문했다. 그는 해변 위에 스톤헨지의 정확한 복제품을 만들어 놓았다. 노르웨이 산 화강암으로 만들어져 더 무겁다는 점과 식구들의 생일에 그 돌 사이로 어떻게 해가 지는지를 감안하여 약간 변형한 것을 빼면 진품과 똑같았다. 우리가 거대한 돌 사이를 걸을 때 조너선이 나를 돌아보며 이렇게 말했다. "미친놈이라고 생각하고 있을 겁니다." 물론 아니라고 대답했지만 예의상 한 말은 아니었다. 나는 그가 미쳤다고 생각하지 않았다. 그는 고대 역사에 깊은 매혹을 느꼈을 뿐 아니라 큰 비전을 품고 꿈을 현실로 바꾸어 가는 사람이었다. 그가 코네티컷에 만들어 놓은 스톤헨지가 내게는 우리 프로젝트의 성공을 예고하는 또 하나의 길조로 여겨졌다.

✕

다음 날 콜드스프링하버로 돌아온 나는 일에 전혀 집중할 수 없었다. 500만 달러는 큰돈이었다. 독일에서 주어지는 큰 규모의 연구비보다 약

10배는 많았다. 막스플랑크협회는 연구소의 각 분과를 책임지고 있는 사람들에게 연구비를 후하게 제공해서 그들이 연구비를 따내기 위한 논문에 시간을 허비하지 않고 연구에만 전념할 수 있게 했지만, 그렇다 해도 500만 달러는 내 분과의 일 년 예산을 훨씬 능가하는 금액이었다. 나는 이 프로젝트를 규모가 큰 게놈 센터에 넘겨야 하는 것 아닌지 걱정이 되었다. 우리에게는 그렇게 큰돈이 없었기 때문이다.

그때 나는 발생생물학자 헤르베르트 예클레가 떠올랐다. 그는 뮌헨 대학교에 유전학 교수로 있던 1989년에 나를 설득해 독일로 오게 한 사람이었다. 결국 자신도 막스플랑크협회의 한 연구소―괴팅겐에 있는 생물물리화학연구소―로 자리를 옮긴 헤르베르트는 내가 1997년에 진화인류학연구소 설립에 참여하기 위해 뮌헨에서 리이프치히로 오는 데 다시 한 번 비공식적이지만 중요한 역할을 했다. 실제로 나는 독일에 온 뒤로 과학 인생에서 중요한 순간마다 헤르베르트로부터 지지와 조언을 받았다. 지금 그는 막스플랑크협회 생물의학 분야의 부회장이었다. 다행히도 막스플랑크협회는 행정가나 정치인이 아니라 헤르베르트 같은 과학자들이 주도권을 갖고 있는 연구 조직이었다. 바로 그날 오후에 콜드스프링하버에서 그에게 전화를 걸어 보기로 했다.

평소에 자주 전화하는 사이가 아니라서 헤르베르트는 내 전화를 중요하고 긴급한 일로 받아들일 터였다. 전화가 연결되었을 때 나는 네안데르탈인 게놈 서열을 해독하는 일의 현실 가능성과 그 프로젝트에 드는 비용에 대해 설명했고 유럽에서 그렇게 큰돈을 어떻게 마련할 수 있을지 조언을 구했다. 그는 생각해 보고 며칠 내로 전화를 주겠다고 했다. 나는 그다음 날 희망과 절망 사이를 오가며 리이프치히로 돌아왔다. 부유한 기부자를 구할 수 있을지도 모른다. 하지만 그런 사람을 어떻게 찾는단 말인가?

　돌아오고 나서 이틀 후 약속대로 헤르베르트에게 전화가 왔다. 그는 최근에 막스플랑크협회가 특별한 연구 프로젝트를 지원하기 위해 회장특별혁신기금Presidential Innovation Fund을 만들었다고 말했다. 그는 협회의 회장과 우리 프로젝트에 대해 논의했는데, 협회는 우리가 요청한 연구비를 3년에 걸쳐 지원할 의향이―원칙적으로―있다고 했다. 심지어는 그 돈을 이미 마련해 두고 제안서를 기다리고 있었다. 물론 제출된 제안서는 그 분야 전문가들의 검토를 통과해야 했다.

　나는 너무 놀라서 전화를 끊기 전에 고맙다는 말조차 하지 못했다. 이 돈은 세상을 그 전과 후로 나눌 것이다! 사무실에서 연구실로 뛰어가서 처음으로 마주친 사람들에게 횡설수설 이 소식을 전했다. 그런 다음에 당장 자리에 앉아서 제안서 초안을 작성하기 시작했다. 자원이 충분할 경우 3년 내에 네안데르탈인의 게놈을 해독할 수 있다는 계산과 그동안의 연구 결과들을 꼼꼼하게 적었다.

　제안서의 결론에서 재정 계획을 제출해야 했다. 그런데 그 계획을 짜기 시작했을 때 엄청나게 당황스러운 사실을 발견했다. 미국에서 헤르베르트에게 전화를 할 때 나는 달러를 생각하면서 '500만'이 필요하다고 말했다. 하지만 유럽에서 전화를 받은 헤르베르트는 내가 500만 유로를 의미한다고 생각했음에 틀림없다. 어쩌면 막스플랑크협회가 우리 프로젝트에 쓸 수 있는 '500만 유로'를 보유하고 있다는 말을 그가 했는데, 내가 너무 흥분해서 못 알아들었을지도 모른다. 환율을 적용하면 그 액수는 600만 달러에 해당했다. 어떻게 해야 할까? 20퍼센트가 늘어난 액수에 맞추어 예산을 몰래 올릴 수도 있겠지만, 그것은 부정직한 일인 데다가 우리가 454 라이프사이언스와의 계약에 서명하면 거짓이 탄로 날 수도 있었다.

헤르베르트에게 전화를 걸어서 내가 처한 매우 난감한 상황을 설명했다. 그는 내 말을 듣고 웃더니, 454 라이프사이언스에 시퀀싱 비용으로 지불할 돈 외에 라이프치히에서 써야 할 추가 비용은 없는지 물었다. 당연히 있었다. 우리는 좋은 시료를 찾기 위해 많은 화석에서 DNA를 추출해야 할 것이고 그 모든 추출물을 테스트하기 위해 직접 염기 서열 해독기도 돌려야 했다. 그러기 위해서는 그 추출물을 테스트하기 위한 시퀀싱 기계를 사야 했고, 그 기계를 돌리기 위한 시약도 필요했다. 환율에서 생긴 차액까지 주어진다면 이 프로젝트를 훨씬 수월하게 진행할 수 있었다. 나는 신이 나서 라이프치히의 연구소에서 하게 될 일까지 포함한 계획서를 작성했다.

한편 버클리에서 에디 루빈의 연구팀은 우리가 보낸 네안데르탈인 DNA 추출물 전체로 박테리아 도서관을 만들었다. 그리고 에디의 연구실에 있는 박사후 연구생 짐 누넌Jim Noonan이 그것을 한 개도 남겨 놓지 않고 모두 해독했다. 그들은 6만 5000개가 약간 넘는 염기쌍을 생산했다. 454 라이프사이언스가 있는 브랜퍼드에서는 우리가 보낸 추출물의 약 7퍼센트를 사용해 약 백만 개의 염기쌍을 생산했다. 따라서 에이드리언이 예측한 것처럼 직접 시퀀싱 방법이 추출물에서 DNA 서열을 생산하는 데 약 200배 더 효율적이었다. 에디는 그럼에도 불구하고 자신의 방법이 더 효율적이며 우리가 계속해서 추출물을 보내야 한다고 주장했다. 도저히 좁혀질 수 없는 견해차였다. 브랜퍼드에서 각각의 추출물로부터 훨씬 더 많은 데이터를 생산할 수 있는 상황에서 버클리에 계속 추출물을 보낼 수는 없었다. 그럼에도 나는 결정을 유보하기로 했다. 두 가지 방법의 결과를 기술하는 논문을 작성하면 박테리아 클로닝이 비효율적이라는 사실을 에디도 분명히 알게 될 거라고 생각했기 때문이다.

하지만 두 가지 방식이 완전히 다르고 생산되는 데이터의 양도 엄청나게 차이가 나며, 박테리아 도서관 방식의 성공 가능성에 대해 나와 에디의 생각이 다른 상황에서 단 한 편의 논문을 쓸 방법을 생각해 내는 것은 불가능했다. 우리는 두 편의 논문을 쓰기로 했다. 한 편은 우리를 공동 저자로 하여 에디가 쓰고, 또 한 편은 우리 팀과 미켈 에그홀름, 조너선 로스버그, 그리고 454 사람들이 쓰기로 했다. 에디는 논문에서 "도서관 NE1의 서열 중복 비율이 낮은 것은 고대 DNA의 일반적인 성질 때문이라기보다는 이 도서관의 품질 때문일 가능성이 더 높다."라고 말하면서 더 많은 도서관들을 합친다면 더 나은 결과가 나올 것이라는 의견을 제시했다. 나는 그보다 앞서 만들어진 동굴곰의 DNA 도서관들도 마찬가지로 비효율적이었다는 점에서 그러한 평가에 동의하지 않았지만 우리는 신사적으로 행동했다.

에디는 6월에 그 논문을 『사이언스』에 제출했고 8월에 수락을 받았다. 454와 함께 쓰는 우리 팀의 논문은 분석할 데이터가 훨씬 더 많았기 때문에 6월까지 『네이처』에 제출할 수 없었다. 에디는 454 라이프사이언스와 함께 쓴 우리 팀의 논문이 검토를 거쳐 『네이처』에 수락될 때까지 박테리아 클로닝에 관한 자신의 논문을 연기하기로 『사이언스』와 협의하는 아량을 베풀었고, 덕분에 두 논문은 같은 주에 발표될 수 있었다.

그 사이에 우리는 많은 양의 네안데르탈인 서열을 생산하기 위한 준비를 시작했다. 우선 오염에 취약한 귀중한 DNA 추출물이 우리 연구실 밖으로 나갈 필요가 없도록 라이프치히의 연구실에 마련된 멸균실에서 시퀀싱 도서관을 생산하기로 했다. 또한 우리가 제작한 시퀀싱 도서관을 검사하기 위해 새로 받은 연구비 중 상당한 액수를 들여 454 시퀀싱 기계를 한 대 주문했다. 그런 다음에 나는 미켈 에그홀름과 함께 계획을 짰다. 우리가 뼈에서 DNA 추출물을 만들어 멸균실에서 454 시퀀싱 기계를 위한 도서관을 제작한 다음 새로 산 454 시퀀싱 기계를 이용해 이 도서관들을 검사하기로 한 것이다. 그런 다음에 우리가 품질이 좋은 도서관들을 골라내 시퀀싱 작업을 위해 브랜퍼드로 보내기로 했다.

시퀀싱은 단계별로 이루어질 것이고, 우리는 네안데르탈인 뉴클레오티드들의 특정 분량이 해독될 때마다 비용을 할부로 지급하기로 했다. 할부 지급은 내 제안이었는데 454가 그 제안에 선뜻 동의해서 좀 놀랐다. 지금까지 최고의 도서관도 네안데르탈인 DNA는 단지 4퍼센트였을 뿐 나머지 96퍼센트는 박테리아나 곰팡이, 그 밖의 알 수 없는 생물의 원치 않는 DNA였다는 사실이 우리가 전에 했던 연구들에 잘 나와 있었기 때문이다. 우리는 앞으로 생산할 도서관들에 몇 퍼센트의 네안데르탈인 DNA가 들어 있을지 아직 알지 못했다. 만일 4퍼센트가 아니라 1퍼센트가 들어 있는 것으로 밝혀질 경우 454는 같은 비용을 받기 위해 네 배나 많은 시퀀싱을 해야 했다. 계약서에는 뉴클레오티드의 총량(이 것은 박테리아 뉴클레오티드까지 다 포함한 양이다)이 아니라 해독된 네안데르탈인 뉴클레오티드의 수에 따라 비용을 지급한다고 명시되어 있었기 때문이다.

454의 과학자들도, 계약서에 서명하기 전 그것을 검토한 변호사들도 이 사실을 눈여겨보지 않은 것 같았다. 하지만 어떤 의미에서 보면 그것은 중요하지 않았다. 계약의 당사자들은 원하면 언제든지 협업에서 발을 뺄 수 있다는 조항이 있었기 때문이다. 우리는 454가 원치 않는데도 시퀀싱 작업을 하도록 강요할 수 없었다. 그렇더라도 우리 입장에서는 미생물의 것이든 네안데르탈인의 것이든 관계없이 특정 양의 뉴클레오 티드를 해독하면 된다고 명시한 계약보다는 그것이 훨씬 나았다.

✄

나는 454와의 협업을 매우 긍정적으로 평가했다. 우리는 서로의 장점을 잘 이해했고 그 회사 사람들은 재미있고 말이 잘 통했다. 하지만 입장 차이가 있는 부분이 하나 있었는데, 454는 새로 부상하고 있는 차세대 대용량 시퀀싱 기술 시장에서 입지를 구축해야 한다는 심한 압박을 받고 있었다는 점이다. 이 분야는 경쟁이 점점 더 치열해지고 있었다. 이미 다른 두 회사들이 대용량 시퀀싱 기계를 판매하기 시작할 것이라고 발표한 상태였다. 따라서 454는 네안데르탈인 프로젝트에 참여하는 것에 대한 긍정적인 언론 보도를 원했고, 이러한 보도가 네안데르탈인 게놈이 해독되어 발표될 2~3년 후가 아니라 가능한 한 빨리 이루어지기를 원했다.

미켈 에그홀름이 우리 쪽의 우려와 최우선 과제들을 고려해 주었듯이 나도 그들의 최우선 과제를 진지하게 생각하고 싶었다. 우리는 454와의 계약에 서명할 때 라이프치히의 우리 연구소에서 기자회견을 열 수 있도록 허락하고 날짜는 우리의 공동 논문을 『네이처』에 제출한 직후인 2006년 7월 20일로 잡았다. 미켈과 454의 또 다른 책임자가 이 일을 위해 비행기를 타고 왔다.

또한 우리는 1997년 본 박물관에서 우리에게 연구 시료를 제공한, 네안데르탈인 기준표본을 책임지고 있는 큐레이터 랄프 슈미츠도 초청했다. 그는 우리가 네안데르탈인 최초의 mtDNA 서열을 알아낼 때 사용했던 네안데르탈인의 뼈 한 점을 가져왔다. 우리는 보도 자료에서 네안데르탈인의 게놈을 분석하기 위해 우리가 수년에 걸쳐 공들여 개발한 고대 DNA 분석 방법과 454 라이프사이언스의 최신 대용량 시퀀싱 기술을 결합할 것이라고 강조했다. 또 우연히도 네안데르탈인 최초의 화석이 네안더 계곡에서 발견된 지 150년이 되는 날에 거의 맞추어 이 소식을 발표하게 되었다는 이야기도 했다.

기자회견의 분위기는 열광적이었다. 회견실은 기자들로 붐볐고 전 세계의 언론사들이 인터넷을 통해 이 소식을 전했다. 우리는 네안데르탈인의 30억 개 뉴클레오티드를 2년 내에 해독할 것이라고 선언했다. 20년도 더 전에 웁살라의 연구실에서 지도 교수에게 들킬까 봐 전전긍긍하며 비밀리에 조용히 시작한 일이 이만큼 진행되었다고 생각하니 감개무량했다. 황홀한 시간이었다.

✂

이 시기는 과학적으로나 감정적으로나 기복이 많았던 때이기도 했다. 에디 루빈의 팀과 우리 팀이 진행한 두 편의 논문이 아직 나오지 않았을 때 우리는 454에서 생산한 네안데르탈인의 자료를 시카고 대학교의 젊고 뛰어난 집단유전학자인 조너선 프리처드Jonathan Pritchard와 공유했다. 그는 에디를 도와서 박테리아 클로닝으로 생산한 작은 양의 네안데르탈인 DNA 단편을 분석했던 사람이었다. 그런데 프리처드 연구팀에 있는 두 명의 박사후 연구생 그레이엄 쿱Graham Coop과 스리다 쿠다라발리Sridhar Kudaravalli로부터 이메일 한 통이 왔다. 그들은 454 데이터에 나타나는 패턴들에 대해 걱정했다. 긴 DNA 단편에 비해 짧은 DNA 단편이 참조 게놈으로 사용한 인간의 게놈과 더 많은 차이가 났던 것이다.

우리 연구팀의 에드 그린이 재빨리 확인해 본 결과 그들의 말이 맞았다. 이것은 걱정스러운 문제였다. 긴 단편의 일부가 네안데르탈인의 게놈에서 온 것이 아니라 오염된 현대인의 DNA일 수도 있다는 뜻이었다. 나는 에디에게 이메일을 보내 우리가 454의 데이터에서 걱정스러운 패턴을 보았다고 말했다. 우리는 그들의 데이터와 맞교환하는 조건으로 우리 연구팀의 데이터를 에디에게 보냈다. 데이터를 교환하고 나서 곧바로 에디 측의 짐 누넌에게 답장이 왔다. 우리와 시카고의 박사후 연구생들이 454 데이터에서 본 것을 그도 보았다는 것이었다.

『네이처』에 제출한 논문을 다시 쓰거나 철회해야 할 것 같았지만 논문은 이미 인쇄에 들어간 상태였다. 나는 에디에게 이메일을 보내 그의 논문을 지체시키지 않도록 최대한 빨리 무슨 일인지 알아내겠다고 말했다. 과거에 내가 박사후 연구생으로 앨런 윌슨의 연구실에 있던 때 핵심 결론을 바꾸어야 할 정도의 실수가 분석 과정에 있었음을 알고 『네이처』가 이미 수락한 논문을 철회한 일이 한 번 있었다. 나는 그런 일을 다시 해야 할까 봐 걱정스러웠다.

우리는 마음이 급했다. 조너선 프리처드의 연구팀이 보았던 패턴이 오염 때문이라고 추정하는 것은 불합리한 결론이 아니었지만, 오염 수준이 어느 정도인지 추산한다는 것은 간단한 문제가 아니었다. 하지만 단순히 오염이 문제라고 추정하는 것은 잘못일 터였다. 짧고 손상된 고대 DNA 서열이 인간 참조 게놈과 어떻게 다르게 행동하는지 우리는 아직 제대로 이해하고 있지 못했다. 오염 외의 다른 요인들이 작용했다면? 불행히도 우리는 시간이 얼마 없었다. 우리의 논문이 이미 인쇄에 들어갔고, 에디는 자신의 논문을 발표할 날을 학수고대하고 있었다.

에드 그린은 우리가 454에서 받은 데이터에서 네안데르탈인의 짧은 단편이 긴 단편보다 G와 C를 더 많이 포함하고 있다는 점에 주목했다. G와 C는 A와 T보다 훨씬 더 자주 돌연변이를 일으키는 경향이 있기 때문에 현대인과 네안데르탈인의 차이가 긴 서열(그리고 A, T가 많은 서열)보다 짧은 서열(그리고 G, C가 많은 서열)에서 더 많이 생겼을 가능성이 있었다.

실제로 그러한지를 알아보기 위해 에드는 인간 참조 게놈에서 네안데르탈인 DNA의 긴 단편과 짧은 단편에 상응하는 서열을 찾고 참조 게놈의 그러한 서열을 다른 현대인의 같은 부분과 비교해 보았다. 네안데르탈인의 서열을 빼고 비교했는데도 네안데르탈인의 짧은 서열에 상응하는 인간의 서열이 긴 서열보다 다른 현대인 서열들과 더 많은 차이가 났다. 이 결과는 G와 C가 풍부한 서열이 그야말로 더 빨리 돌연변이를 일으킨다는 뜻이었고, 따라서 더 짧은 서열에서 더 많은 차이가 관찰된 이유를 설명해 주는 것 같았다.

하지만 확신하기 전에 다른 요인들도 살펴볼 필요가 있었다. 특히 네안데르탈인의 서열을 인간 참조 게놈의 상응하는 부분에 대응시키는 과정에 대해 생각해 볼 필요가 있었다. 에드는 네안데르탈인 DNA의 짧은 단편보다 긴 단편이 인간 게놈의 정확한 위치에 대응될 확률이 더 높다는 점에 주목했다. 그 이유는 단순히 긴 단편이 더 많은 서열 정보를 갖고 있기 때문이다. 그렇다면 짧은 단편 중 상당 비율은 실제로는 박테리아 DNA 단편인데 우연히 인간 참조 게놈의 일부분과 비슷했던 것인지도 모른다. 이것이 짧은 단편들에서 인간 참조 게놈과의 차이가 더 많이 나타나게 했을 수도 있었다. 다른 고대 DNA의 데이터에서는 우리가 이러한 현상을 볼 기회가 없었는지도 모른다. 예를 들어 DNA 단편이 평균적으로 더 길었던 매머드 데이터가 그런 경우였다.

하지만 나는 매우 불안했다. 분석 과정에서 DNA의 짧고 긴 단편들이 어떻게 행동하는지와 관련해 날마다 새로운 사실들이 밝혀지고 있는 것처럼 보였다. 우리가 아직 모르는 일들이 일어나고 있는 것이 분명했다. 게다가 연구 시료가 현대인의 DNA에 오염되었을 가능성을 아직 배제하지 못한 상태였다.

물론 우리는 처음부터 오염의 가능성을 고려했다. 그래서 에디와 454에 보낸 추출물의 오염 수준을 mtDNA를 토대로 분석했지만 추출물의 오염 수준은 낮았다. 우리 연구실을 떠나고 나서 추출물이 오염되었을 가능성도 있다고 보고 『네이처』에 제출한 원고에서 이 점에 주의를 당부했다. 나는 오염 수준을 확실하게 분석할 수 있는 유일한 방법은 이미 관찰된 mtDNA 단편을 평가하는 것이라고 확신했다. 그 mtDNA는 우리가 네안데르탈인의 게놈에서 네안데르탈인과 현생인류의 차이를 알고 있는 유일한 부분이었기 때문이다. 다른 모든 방법은 G, C 함량의 차이, 잘못 대응된 박테리아 단편에서 비롯된 차이, 다른 미지의 요인들처럼 우리가 평가하기 어려운 요인들의 영향을 받았다. 나는 454가 해독한 서열에서 미토콘드리아 DNA를 다시 살펴보자고 주장했다.

2004년에 우리는 Vi-80이라고 불리는 네안데르탈인의 뼈로 mtDNA의 한 부분의 서열을 해독했는데, 454와 에디의 연구팀에게 보낸 추출물도 같은 뼈로 준비한 것이었다. 나는 454로부터 받은 서열을 살펴보자고 제안했다. 틀림없이 그중 몇몇은 이 네안데르탈인 개체와 현대인 사이에 차이가 있는 뉴클레오티드 위치들과 겹칠 것이다. 그러한 서열을 찾으면 어느 단편이 네안데르탈인의 것이고 어느 것이 현대인의 것인지 알 수 있을 테고, 그것을 토대로 우리는 454가 생산한 최종 데이터의 오염 수준을 직접적으로 추산할 수 있을 것이다.

하지만 에드는 이렇게 할 만큼 충분한 데이터가 존재하지 않는다는 것을 알았다. 454가 해독한 서열에는 단 41개의 mtDNA 단편만이 포함되어 있었으며, 게다가 우리가 그 전에 이 네안데르탈인과 그 밖의 다른 네안데르탈인들로 해독한 mtDNA 부위는 전혀 포함되어 있지 않았다. 우리는 버클리에서 나온 자료도 확인해 보았지만 그 자료는 너무 빈약해서 mtDNA 단편이 단 하나도 관찰되지 않았다.

다행히 방법이 하나 있었다. 더 많은 DNA 단편을 해독할 수 있는 시퀀싱 도서관들이 충분히 남아 있었다. 그 정도면 도서관 자체가 오염되었는지를 알 수 있을 만큼 충분한 단편이 나올 수 있었다. 나는 454에 연락해서 급히 염기 서열을 해독해 달라고 부탁했다. 그들은 빛의 속도로 시퀀싱 기계를 여섯 번 돌렸고, 데이터가 우리 쪽의 서버로 전달되자마자 에드는 우리가 2004년에 해독한 mtDNA의 가변 부위에 있는 위치들과 중첩되는 여섯 개의 단편을 찾아냈다. 여섯 개의 단편 모두가 네안데르탈인의 mtDNA와 일치했고 현대인의 mtDNA와는 달랐다!

이것은 우리가 얻은 서열에 오염이 매우 적음을 보여 주는 직접적인 자료였다. 흥미롭게도 이 분자들은 분명히 오래된 것인데도 그리 짧지 않았고, 그중 네 개는 80개가 넘는 뉴클레오티드 길이를 갖고 있었다. 이는 긴 DNA 단편에도 정말 오래된 단편이 존재한다는 뜻이었다. 따라서 짧은 분자와 긴 분자 사이에 나타나는 차이는 오염 외의 요인 때문일 가능성이 높았다. 에드는 너무 신이 난 나머지 팀원들에게 이 결과를 이메일로 보내면서 마지막에 이렇게 덧붙였다. "여러분 모두에게 일일이 키스라도 해 주고 싶은 마음이에요."

우리는 『네이처』 논문을 예정대로 진행시키기로 했다. 우리 팀의 집단유전학자 수전 프탁Susan Ptak은 에디와 짐 누넌에게 길고 전문적인 이메일을 보내서 긴 서열과 짧은 서열의 비교는 우리가 알거나 모르는 많은 요인들의 영향을 받기 때문에 오염의 강력한 증거가 될 수 없다는 점을 설명하고, 우리가 직접적인 mtDNA 증거를 더 신뢰하는 이유를 설명했다. 그녀는 이렇게 썼다. "오염 수준을 알려 주는 간접적인 증거가 존재하지만 우리는 최종 데이터의 오염률을 측정하는 직접적인 방법을 갖고 있고, 이에 따르면 오염 수준은 낮습니다." 우리는 아무런 답장을 받지 못했다. 거북해진 우리 관계를 생각하면 별로 놀라운 일은 아니었다.

이 사건으로 우리는 엄청난 스트레스를 받았다. 아이러니하게도 나중에 에디와 우리가 둘 다 옳았다는 사실이 밝혀졌다. 추후에 454에서 생산한 데이터에 실제로 오염이 있었다는 사실이 밝혀졌지만, 긴 단편과 짧은 단편을 비교해서 오염을 감지해 내는 간접적인 방식이 대체로 부적절하다는 사실도 밝혀지게 되었다.

두 편의 논문이 11월 16일과 17일에 『네이처』와 『사이언스』에 발표되었다.[1] 예상대로 언론에서는 난리가 났지만 나는 어느새 이런 일에 익숙해져 있었다. 사실 나는 다른 일에 빼앗길 정신이 없었다. 우리는 세상 사람들에게 네안데르탈인 게놈을 이루고 있는 30억 개의 염기쌍을 2년 내에 해독하겠다고 약속했다. 우리가 쓴 논문의 끝에는 이 일을 하기 위해서는 무엇이 필요한지가 적혀 있었다. 그것은 약 20그램의 뼈와 454 시퀀싱 기계를 6000번 돌리는 것이었다. 우리는 이 일이 쉽지 않을 것이라고 전망했지만 DNA 서열을 10배 더 효율적으로 회수할 수 있게 해 주는 기술적 개선이 "충분히 일어날 수 있다."라고 덧붙였다. 그러한 개선은 시퀀싱을 위한 도서관을 만들 때 재료를 덜 잃는 것과 미켈이 몰래 알려 준 454 기계의 향상된 기술을 이용하는 것이었다.

전망은 밝았지만 아직 큰 장애물이 남아 있었다. 그것은 훌륭한 네안데르탈인의 뼈를 찾는 것이었다. 사실 두 편의 논문을 위한 시험 시퀀싱에 사용된 Vi-80과 같은 품질을 갖춘 네안데르탈인의 뼈 20그램을 갖추려면 아직 갈 길이 먼 상황이었다. Vi-80의 남은 조각은 0.5그램에도 못 미쳤다. 나는 낙관적으로 생각하려고 애썼다. 우리가 처음 사용한 빈디자의 뼈들 중 하나는 네안데르탈인의 DNA를 거의 4퍼센트나 포함하고 있었으므로, 이 정도 품질의 다른 뼈들을 충분히 발견할 수 있을 것이라고 생각했다. 어쩌면 더 나은 뼈를 찾게 될지도 모른다. 나는 가능한 한 빨리 이 문제에 전념해야 했다. 하지만 그보다 먼저 썩 유쾌하지 않은 일을 한 가지 처리해야 했다. 그것은 에디 루빈과의 협업을 끝내는 것이었다.

과학적 협력을 끝내는 것은 일반적으로 어려운 일이다. 협력자가 사적인 친구가 되었을 때는 더더욱 어렵다. 나는 에디의 가족과 함께 버클리에 머문 적이 있었고 함께 자전거를 타고 언덕 위에 있는 그의 연구실에 다녔으며 콜드스프링하버 회의가 열리는 동안 뉴욕의 극장에도 함께 갔다. 나는 그와 어울리는 것이 항상 즐거웠다. 그래서 에디에게 보내는 이메일에 뭐라고 써야 할지 오랫동안 고민했고 쓰고 고치기를 반복했다.

나는 박테리아 클로닝의 유용성에 대해 그와 어떻게 생각이 다른지 설명했고, 우리의 의사소통 특히 이 문제에 대한 의사소통이 생산적이지 않았다고 생각한다고 말했다. 또 그의 팀이 우리 팀과 상보적인 방식으로 일하기보다는 우리와 똑같은 일을 시도하는 것처럼 보인다는 말도 했다. 한 예로 전화 회의에서 그들은 DNA 추출물과 우리가 합성한 PTB 시약을 보내 주면 그 PTB로 추출물을 처리해 보겠다고 제안한 일이 있었는데, 나도 팀원들도 이 생각에 아무런 감흥을 느끼지 못했다.

나는 우리가 함께 일할 수 없는 이유에 대해 그가 상처를 받거나 모욕적으로 받아들이지 않도록 표현하려고 노력했지만 그래도 불안한 심정으로 이메일을 보냈다. 에디는 내 뜻을 이해하지만 자신은 박테리아 도서관의 유용성과 잠재력을 믿는다고 답했다. 나는 그가 내 편지를 기분 나쁘게 생각하지 않았다는 점에 안도했지만 이제 우리는 협력자가 아니라 경쟁자가 된 것이 분명했다.

내가 네안데르탈인의 뼈를 준비하는 일을 본격적으로 시작하자마자 이 경쟁은 명백해졌다. 에디도 우리가 수년간 함께 일해 온 사람들로부터 그것을 입수하려고 시도하고 있었다. 알고 보니 에디가 네안데르탈인을 연구할 것이라는 기사가 이미 지난 7월 『와이어드Wired』에 실려 있었다. 『와이어드』의 기사는 에디의 말을 인용하면서 끝을 맺었다. "나는 더 많은 뼈가 필요하다. 나는 유로화를 가득 채운 베갯잇과 봉투를 들고 러시아로 가서 힘 있는 거물들을 만날 것이다. 무슨 수를 써서라도 꼭."

3부

무모한 도전에 나서다

‒ 프로젝트에 쓸 뼈 확보에서
염기 서열 해독, 매핑까지 ‒

Neanderthal Man
In Search of Lost Genomes

12

무정한 뼈

요하네스 크라우제는 『네이처』에 제출한 논문이 나오기도 전에 지난 몇 년 동안 우리가 크로아티아와 유럽의 다른 지역에서 수집한 네안데르탈인의 뼈로 추출물을 준비하기 시작하면서 네안데르탈인의 DNA가 Vi-80만큼 혹은 그 이상으로 포함된 뼈를 찾을 수 있기를 바랐다. 요하네스는 보통의 독일인들처럼 키가 컸고 금발이었다. 또 그는 매우 똑똑한 사람이었다.

요하네스는 독일 중앙부에 위치한 라이네펠데에서 태어나서 자랐는데, 그곳은 요한 카를 풀로트Johann Carl Fuhlrott가 1803년에 태어난 곳이기도 했다. 풀로트는 다윈이 『종의 기원』을 출판하기 2년 전인 1857년 네안더 계곡에서 발견된 뼈들이 선사시대 인류의 것일지도 모른다고 말했던 자연학자였다. 현생인류 이전에 다른 형태의 인류가 존재했을 가능성을 제기한 사람은 그가 처음이었다. 풀로트는 그 일로 많은 사람들에게 조롱을 당했지만 네안데르탈인의 또 다른 뼈가 발굴되었을 때 그의 생각은 사실로 밝혀졌다. 폴로트는 튀빙겐 대학교의 교수가 되었고 요하네스도 나중에 그 대학의 교수가 되었다.

요하네스는 생화학을 전공하는 학부생으로 내가 있는 연구소 분과에 왔다. 나는 그가 실험에만 뛰어난 것이 아니라 우리 팀에서 진행하고 있는 모든 복잡한 실험들을 판단하고 이해하는 능력도 뛰어나다는 것을 곧 알게 되었다. 그와 이야기하는 것은 항상 즐거웠지만 몇 달이 지나면서 그는 내게 나쁜 소식만 가져오는 것처럼 보였다. 네안데르탈인의 다양한 뼈에서 그가 준비한 많은 추출물 가운데 Vi-80의 수준으로 네안데르탈인의 DNA가 포함된 것은 하나도 없었다. 대부분은 네안데르탈인의 DNA가 전혀 없거나 너무 적어서 PCR로 네안데르탈인의 mtDNA를 찾아낼 수 없었다. 우리는 보존 상태가 더 좋은 더 많은 뼈들이 절실히 필요했다.

우리가 가 볼 만한 가장 확실한 장소는 자그레브에 있는 제4기 고생물학·지질학 연구소 즉 Vi-80의 남은 부분을 포함한 빈디자 수집물이 있는 곳이었다. 2006년 4월에 나는 그 연구소에 편지를 써서 Vi-80[1]이라고 불리는 뼈와 1974년과 1986년 사이에 빈디자 동굴에서 미르코 말레즈가 발굴한 다른 뼈에서 연구 시료를 채취하고 싶다고 말했다. 하지만 애석하게도 1999년에 나와 함께 일했던 마야 파우노비치가 세상을 떠났다는 소식을 들었다. 현재는 빈디자 수집물을 담당하는 고생물학자가 없는 상태였다. 그 연구소의 소장은 밀란 헤라크 Milan Herak 로 자그레브 대학교의 지질학 명예교수였는데, 89세의 노령이라서 연구소에 오는 일이 거의 없었다. 데야나 브라이코비치 Dejana Brajković 라는 이름의 나이 많은 여성이 젊은 조교인 야드란카 레나르디츠 Jadranka Lenardic 와 함께 일상적인 업무를 담당했다.

나는 두 여성에게 편지를 써서 빈디자 수집물에 대한 협업을 통해 세상의 주목을 받은 세 편의 논문이 나왔으며 그러한 성공적인 협업을 이어 가기를 원한다고 설명했다. 또 빠른 시일 내에 그곳을 찾아 우리의 협업에 대해 논의하고 몇 점의 뼛조각을 더 얻고 싶다고 말했다. 그리고 내가 자그레브 대학교를 방문해 우리가 하는 연구와 관련한 세미나를 열기로 합의했다.

하지만 2006년 5월 요하네스와 함께 자그레브로 떠나기 나흘 전 빈디자 뼈에서 시료를 채취하는 것은 불가능하다고 통보하는 이메일이 도착했다. 그 뼈들은 '보관 목록'에 올라서 정확히 언제가 될지는 모르지만 그 이후에야 그 뼈들을 가지고 연구하는 것이 가능해진다는 것이었다.

나는 누군가가 압력을 넣지 않고서야 상황이 이렇게 급변할 수는 없다고 생각했다. 편지에 언급된 이름은 야코브 라도브치치Jakov Radovčić였다. 유명한 고생물학자인 그는 크라피나 동굴에서 발견된 훨씬 더 오래되고 규모가 방대한 네안데르탈인 뼈들을 관리하는 사람이었다. 크라피나 동굴 수집물은 자그레브에 있는 크로아티아 자연사 박물관에 보관되어 있다. 그는 크로아티아 과학·예술 아카데미 소속인 빈디자 수집물에 대해서는 어떤 공식적인 권한도 없었지만 우리의 약속을 방해하기 위해 연구소의 두 여성에게 충분히 비공식적인 영향력을 행사할 수 있는 사람이었다. 그렇다 해도 나는 안 된다는 답변을 무시하고 일단 가 보기로 했다. 우리 프로젝트의 과학적 전망을 피력한다면 자그레브에 있는 사람들을 설득할 수 있을 것 같았다.

요하네스와 나는 6월 초에 자그레브에 도착해서 곧장 그 연구소로 갔다. 몇 년 전에 나는 지금은 고인이 된 마야 파우노비치와 함께 그곳에서 많은 시간을 보냈다. 연구소는 여전히 활기찬 것과는 거리가 있는 낡은 장소였다. 데야나 브라이코비치와 그녀의 조교는 우리의 방문에 긴장한 듯했다. 그들은 우리가 시료를 채취하는 것은 고사하고 표본을 보지도 못하게 하면서 과학·예술 아카데미와 먼저 협의하라고 말했다. 하지만 함께 커피를 마시며 잡담을 나누고 나서는 그 뼈들을 적어도 볼 수는 있었다. 수집물의 일부가 어지러이 흐트러져 있었는데, 그것 때문에 우리가 그것을 연구하는 것을 꺼렸을 수도 있었을 것 같았다. 나는 그 뼈들에 대한 제대로 된 목록을 만들면 좋을 것 같다는 생각이 들었다.

나는 UC 버클리의 유명한 고생물학자 팀 화이트Tim White가 몇 년 전에 빈디자 수집물을 연구할 때 따로 떼어 놓은 뼈 상자에 눈길이 갔다. 발굴자 미르코 말레즈는 동굴곰의 뼈라고 생각했지만 팀 화이트는 네안데르탈인의 것일지도 모른다고 생각했던 뼛조각들이 들어 있는 상자였다.

이 뼛조각들을 보면서 일 년 전 버클리에서 팀 화이트를 만났을 때 그가 했던 이야기가 떠올랐다. 빈디자 동굴에서 나온 네안데르탈인의 뼈들은—모두가—작은 조각들로 부서져 있었다. 그것은 네안데르탈인의 뼈들이 발견되는 유적지들의 많은 곳, 심지어는 대부분에서 전형적으로 나타나는 특징이었다. 물론 수만 년 된 뼈들이 좋은 상태일 리는 없다. 하지만 근육과 힘줄이 붙어 있었던 위치에서 자른 흔적들을 자주 볼 수 있는데, 심지어 두개골에도 자른 흔적이 있었다. 요컨대 누군가가 골격에서 고의적으로 살을 벗겨 냈으며 영양분이 풍부한 골수에 접근하기 위해 뼈를 부순 것이 분명했다.

팀은 네안데르탈인의 뼈가 분절화된 패턴은 1100년경에 30명의 남자,

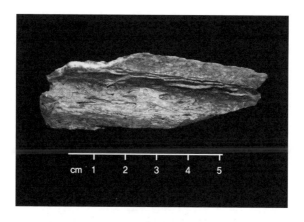

그림 12.1
네안데르탈인 게놈 서열을 해독하기 위해 우리가 사용한 빈디자 동굴의 뼈 33.16.
이 뼈는 부서져 있었는데, 영양분이 많은 골수를 빼내기 위해 그렇게 한 것으로 보인다.
(사진: 크리스틴 베르나, 막스플랑크 진화인류학연구소MPI-EVA)

여자, 어린이들을 도축해 조리했던 흔적이 발견된 미국 남서부의 섬뜩한 아나사지Anasazi 유적지와 비슷하다고 지적했다. 또 그는 네안데르탈인의 뼈들이 부서져 있는 방식은 자신들이 도축한 사슴 같은 동물 뼈들이 부서져 있는 방식과 비슷하다고 말했다.(그림 12.1을 보라.)

네안데르탈인들이 동족을 죽여서 먹는 일이 얼마나 흔했는지, 네안데르탈인들이 그 유해들을 장례 의식의 일환으로 도축하고 먹기까지 한 것인지 우리는 영원히 알 수 없을지도 모른다. 하지만 몇몇 유적지에서 네안데르탈인의 골격이 손상 없이 발견된다는 점, 그리고 때로는 고의적인 매장을 암시하는 방식으로 놓여 있다는 점을 고려하면 빈디자 동굴의 네안데르탈인들은 굶주린 이웃들을 만나 불운한 운명을 맞은 사례였을 가능성이 높다.

그런데 공교롭게도 빈디자의 네안데르탈인들이 다른 네안데르탈인에게 잡아먹혔거나 살점을 뜯긴 덕분에 우리가 네안데르탈인의 DNA가 비교적 많고 박테리아 DNA가 비교적 적은 뼛조각들을 몇 개라도 만날 수 있게 되었는지도 모른다. 만일 네안데르탈인의 유해가 매장되었다면 박테리아와 여타 미생물들이 연조직들을 모두 먹어 치울 때까지 몇 달이 걸렸을 것이다. 따라서 오랜 시간에 걸쳐 박테리아들이 뼛속으로 침투해 네안데르탈인의 세포와 그 안의 DNA를 분해하면서 증식하다가 결국 거기서 죽었을 것이다. 그러한 뼈에서 DNA를 뽑아내면 주로 미생물의 DNA가 나올 것이다.

반면에 네안데르탈인이 도축당했다면 뼈들이 부서지고 긁히고 살점과 골수를 다 잃은 다음에 내던져졌을 것이고 그중 몇몇 뼛조각들은 금방 건조되어서 박테리아가 증식할 기회가 없었을 것이다. 따라서 우리는 빈디자의 몇몇 표본에서 DNA를 회수할 수 있었던 것에 대해 네안데르탈인의 식인 풍습에 감사해야 할지도 모른다.

심하게 부서져서 동물의 것인지 네안데르탈인의 것인지조차 구별하기 어려운 뼈들이 담긴 상자를 들여다보면서 이런 생각을 했다. 나는 데야나 브라이코비치를 돌아보며 어차피 누구의 뼈인지도 확실치 않으니 이 뼛조각들에서 시료를 조금만 채취할 수 없는지 물었다. 만일 그 안에 DNA가 보존되어 있다면 그 뼈들이 어떤 종의 것인지도 알아낼 수 있을 것이라고 주장했다.

하지만 브라이코비치는 완강했고 우리는 어떤 뼈에도 손을 댈 수 없었다. 그녀는 몇 년 내에 뼈에 센서만 갖다 대면 전체 게놈 서열을 알 수 있는 날이 올 거라는 이야기를 들었으며, 따라서 뼛조각의 작은 일부조차 희생할 수 없다고 말했다. 나는 앞으로 기술이 더 발전할 것이라는 데는 동의했지만 그녀가 상상하는 발전이 이루어질 때까지 우리가 살아 있을지 의문이라고 정중하게 말했다. 더 큰 권력의 입김이 미치고 있다는 의심을 떨칠 수가 없었다. 나는 크로아티아 아카데미와 논의해 보고 다시 연락하겠다고 말했다.

✄

그날 오후에 우리는 크로아티아 자연사 박물관의 야코브 라도브치치를 찾아갔다. 그는 우리 프로젝트를 지지하는 것처럼 보였지만 크라피나 동굴의 수집물에서든 빈디자 동굴의 수집물에서든 시료를 채취하는 것은 꺼렸다. 나는 이런다고 해결될 일이 아님을 확신하고 우울한 기분으로 작고 꾀죄죄한 호텔 방으로 돌아왔다. 그리고 침대에 누워 칠이 벗겨진 천장을 바라보면서 엄청난 좌절감에 빠졌다.

내가 아는 한 이 뼈들은 세계 최상의 네안데르탈인 DNA를 포함하고 있었다. 그 가운데 많은 뼈들이 형태학적 가치가 거의 없거나 아예 없고 너무 조각이 나서 네안데르탈인의 것인지 동굴곰의 것인지 아니면 다른 동물의 것인지 구별조차 할 수 없었다. 하지만 이 연구소 사람들에게 영향력을 행사할 수 있는 누군가가 우리가 이 뼈들을 연구하지 못하게 만들겠다고 결심한 것 같았다. 가장 좋아하는 사탕을 못 먹게 된 어린아이처럼 소리 지르며 발버둥치고 싶었지만 스웨덴에 자란 나는 화를 그렇게 대놓고 분출하면 안 된다고 배웠다. 그 대신 요하네스와 나는 그날 저녁에 호텔 모퉁이에 있는 한 허름한 레스토랑에서 미지의 적이 누구인지 추측해 보았다.

✄

다음 날 나는 자그레브 대학교 의학부 앞에서 고대 DNA 연구에 대한 일반적인 내용과 우리가 하고 있는 네안데르탈인 연구에 대한 강연을 했다. 많은 사람들이 경청했고 여러 학생들이 질문을 했다. 자그레브의 젊은 사람들이 과학에 열정을 갖고 있다는 사실에 좀 기운이 났다.

그날 저녁에 우리는 그 대학의 인류학 교수인 파바오 루단Pavao Rudan과 함께 저녁 식사를 했다. 그는 아드리아 해 연안의 아름다운 섬 흐바르의 오래된 지주 가문 출신이었다. 그가 '갈로'라는 이름의 레스토랑에서 자기 동료들과 함께 식사하자고 우리를 초대한 것이었는데 갈로는 내가 가 본 최고의 레스토랑 중 하나였다. 훌륭한 해산물 요리와 독창적인 지중해 요리들이 순서대로 나왔고 좋은 와인이 곁들여졌다. 식사의 마무리로는 과일즙과 샴페인 그리고 내가 알 수 없는 다른 성분들로 만들어진 매우 상쾌한 음료가 나왔다. 나는 기분이 좀 좋아졌다. 그때 파바오가 과학에 대해 이야기하기 시작했다. 그와의 대화는 훌륭한 식사보다 훨씬 더 오래 지속되는 포만감을 주었다.

우리는 먼저 파바오가 크로아티아의 섬에 사는 소규모 집단을 대상으로 실시하고 있는 연구에 대해 이야기했다. 그는 고혈압과 심장병 같은 흔한 질환들에 기여하는 유전인자와 생활 방식을 찾기 위해 노력하고 있었다. 수년 동안 미국, 프랑스, 영국으로부터 이 프로젝트를 위한 연구비를 받아왔는데, 이 사실 자체가 그의 과학적 신임도를 증명하는 것이었다. 나는 그런 사람이라면 좋은 프로젝트를 알아볼 것이라고 생각하고 우리의 계획과 당면한 문제들에 대해 자세히 이야기했다. 파바오는 내 두려움에 공감하면서 기꺼이 돕겠다고 했다.

가장 도움이 된 것은 그가 크로아티아의 복잡한 정치를 헤쳐 나가는 방법을 안다는 점이었다. 그는 자신이 얼마 전 크로아티아 과학·예술 아카데미의 회원으로 선출되어 곧 취임할 예정이라고 말했다. 그는 이 프로젝트를 단지 우리 연구진과 빈디자 수집물을 소장하고 있는 연구소 둘 사이의 협업으로만 보지 말고 크로아티아 아카데미와 내가 회원으로 있는 또 다른 아카데미 사이의 협업으로 추진하라고 조언했다.

나는 실제로 여러 과학 아카데미의 회원이었다. 그때까지는 그러한 자격이 단지 명예일 뿐 실제로 과학 하는 것과는 크게 관계가 없는 일이라고 생각했다. 나는 그러한 아카데미들이 주최하는 모임에 참석한 적이 없는데, 그러한 모임은 노년에 접어든 지 한참 된 존경받는 과학자들이 모여 열띤 토론을 벌이는 곳이라고 생각했기 때문이다. 하지만 갑자기 그 모임이 중요해 보였다. 어떤 아카데미가 좋을까? 내가 소속된 곳 가운데서 가장 명성이 높은 미국 국립과학아카데미가 어떻겠느냐고 제안하니, 파바오는 좋은 생각이 아니라고 말했다. 그는 독일에 있는 아카데미가 오히려 나을 거라고 말했다.

결국 1999년에 회원으로 가입한 베를린-브란덴부르크 과학·인문학 아카데미Berlin-Brandenburg Academy of Sciences and Humanities로 결정했다. 그는 베를린-브란덴부르크 아카데미의 회장에게 연락해서 우리 프로젝트를 두 아카데미의 협업으로 추진하자고 제안하는 편지를 크로아티아 아카데미의 회장에게 보내 주기를 부탁하라고 말했다. 또 자신이 크로아티아 아카데미에 취임할 때까지 몇 주만 기다리라고 조언했다. 그러면 같은 생각을 가진 다른 회원들과 함께 크로아티아 아카데미의 회장에게 우리 프로젝트를 지지하는 말을 해 줄 수 있을 것이라고 말했다.

다음 날 아침에 요하네스와 나는 라이프치히로 돌아갔다. 앞날이 좀 밝아진 것 같은 기분이 들었다. 바랐던 뼈를 가져오지도 못했고 크로아티아 아카데미 측을 상대로 우리와의 협업이 과학적으로 큰 이득임을 설득하는 일도 아직 남아 있었다. 하지만 파바오가 돕겠다고 했으므로 우리에게는 아직 기회가 있었다.

집으로 돌아온 나는 당장 베를린-브란덴부르크 아카데미의 회장인 권터 슈토크Günter Stock에게 전화를 걸었다. 그는 열심히 듣더니 돕겠다고 했다. 크로아티아와의 관계를 강화한다는 것을 그는 좋게 받아들였다. 외교 관계 업무를 돕는 그의 조수와 함께 나는 크로아티아 아카데미의 회장에게 보낼 편지의 초안을 작성했고 그 편지에 네안데르탈인 게놈 프로젝트를 두 아카데미의 협업으로 추진하자고 제안하는 내용을 담았다. 또한 우리는 빈디자 수집물의 목록을 작성하는 데 도움이 될 컴퓨터와 자원을 기부하겠다고 제안했다.

나는 거기서 만족하지 않았다. 자그레브에서 느꼈던 알 수 없는 저항감을 극복하기 위해 내가 할 수 있는 모든 것을 하고 싶었다. 한 가지 방법은 자그레브에 있는 모든 관련자들을 프로젝트에 끌어들이는 것이었다. 나는 야코브 라도브치치에게 편지를 써서 7월에 454 라이프사이언스와 함께 열기로 한 기자회견에 초청하면서 네안데르탈인의 고생물학적 측면을 기자들에게 설명해 달라고 부탁했다. 그는 다른 일이 있어서 참석할 수 없다는 답장을 보내왔다.

그다음에는 내가 회원으로 있는 유럽분자생물학기구EMBO의 의장인 프랭크 개넌Frank Gannon에게 연락을 취해 우리를 대신해 크로아티아의 과학·교육·체육 장관인 드라간 프리모라츠Dragan Primorac에게 연락해 달라고 부탁했다. 프리모라츠는 특이한 정치인으로 크로아티아에 있는 스플리트 대학교의 법의학 교수일 뿐 아니라 미국 펜실베이니아 대학교의 겸임 교수이기도 했다. 이 일로 친구가 된 드라간은 아카데미 측에 우리 프로젝트를 지지하는 말을 해 주겠다고 답했다. 나는 이런 일들이 우리 프로젝트에 도움이 될지 알 수 없었지만 할 수 있는 것은 다해 보고 싶었다.

그 사이에 네안데르탈인 프로젝트를 공식적으로 제안하는 베를린-브란덴부르크 아카데미 측 슈토크 교수의 편지와 내 편지가 자그레브의 과학·예술 아카데미에 도착했다. 파바오 루단은 자신의 동료들이 의견을 물었을 때 협업에 대한 몇 가지 조건을 제안했다. 우리가 빈디자 시료와 관련하여 출판하게 되는 모든 논문에 적어도 한 명의 크로아티아인 공저자를 포함시키고, 감사의 말에 크로아티아 아카데미를 언급하고, 프로젝트가 지속되는 동안 해마다 적어도 두 명의 크로아티아 출신 과학자를 라이프치히로 초청한다는 것이었다. 나는 이 세 가지 조건에 동의했고 이에 덧붙여 우리가 베를린 아카데미와 함께 빈디자 수집물에 대한 카탈로그 작업을 지원하기로 했다.

이 모든 일에는 시간이 좀 걸렸고, 그러는 사이 여름이 가을이 되고 가을이 겨울이 되었다. 그동안 나는 유망해 보이는 다른 네안데르탈인 유적지들을 찾아 나섰는데, 특히 우리가 앞서 했던 연구에서 DNA가 보존되어 있는 것이 확인된 장소들에 초점을 맞추었다. 가장 확실한 첫번째 장소는 1856년에 기준표본이 발견된 네안더 계곡의 동굴이었다. 발견 당시에 그 동굴은 과학적인 목적으로 발굴된 것이 아니라 채석장 인부들이 돌을 캐내던 곳이었고, 그들은 눈에 띄는 대로 뼈를 수집했다. 그때 이후로 동굴뿐 아니라 그 동굴이 위치한 작은 산까지 석회암 채석장이 되어 안타깝게도 기준표본의 뼈 중 상당수가 수집되지 못했다.

그런데 몇 년 전 기준표본과 관련하여 우리와 일한 랄프 슈미츠가 아무나 할 수 없는 엄청난 생각을 했다. 사라진 뼈를 찾겠다는 것이었다. 오래된 지도들을 조사하고 네안더 계곡에서 발품을 팔고 예리한 직감을 발휘해 가며 꼼꼼하게 살펴본 결과 마침내 그는 150년 전 동굴 잔해의 대부분이 파묻힌 장소를 찾을 수 있었는데, 그 장소의 절반이 어느 카센터 밑에 있었다. 그는 발굴을 시작했고 그의 노력은 큰 보상을 가져다주었다. 기준표본의 뼛조각을 찾았을 뿐 아니라 두 번째 네안데르탈인의 뼈도 발견했던 것이다. 2002년에 우리는 이 개체로부터 mtDNA를 회수해 랄프와 함께 그것을 발표했다.[2] 그리고 최근에 요하네스가 그때 남은 시료로 새로운 DNA 추출물을 만들고 핵 DNA를 찾는 새로운 방법들로 그것을 분석했다. 결과는 실망스러웠다. 그 추출물에는 네안데르탈인의 DNA가 0.2에서 0.5퍼센트밖에는 포함되어 있지 않았다. 이것은 게놈 서열을 해독하기에는 충분치 않은 양이었다.

두 번째 유적지는 캅카스 북서부 지역에 있는 메즈마이스카야 동굴로 러시아의 상트페테르부르크에 근거지를 두고 있는 고고학자인 루보프 골로바노바 Lubov Golovanova와 블라디미르 도로니체프 Vladimir Doronichev에 의해 발굴되었다. 그들은 작은 네안데르탈인 어린이의 유해를 발견했다. 뼈들이 모두 온전하고 예상되는 위치에서 발견된 것으로 볼 때 이 아이는 고의적으로 매장되었으며 잡아먹힌 것 같지는 않았다. 이 아이는 특별한 면이 있었다. 우리가 그 시점까지 분석한 네안데르탈인들이 모두 약 4만 년 전의 개체였던 반면에 이 아이는 6만~7만 년이나 되었던 것이다.

루보프와 블라디미르는 우리에게 분석을 맡기기 위해 그 아이의 갈비뼈 한 조각과 그 동굴의 상층부에서 발견된 한 네안데르탈인 두개골의 뼛조각 한 점을 가지고 우리 연구소를 찾았다. 요하네스가 이 표본들로 추출물을 만들어 분석한 결과 갈비뼈에는 네안데르탈인의 DNA가 1.5

그림 12.2
네안데르탈인의 유적지 위치도.
독일 네안더 계곡의 동굴,
캅카스 북서부 지역에 있는 메즈마이스카야 동굴,
스페인 북서부에 위치한 엘 시드론 동굴.
그리고 크로아티아 빈디자 동굴이다.

퍼센트 포함되어 있었다. 이것은 우리의 기대에 미치지 못하는 양이었다. 게다가 갈비뼈는 너무 작아 거기서 게놈 전체를 해독하기에 충분한 DNA를 얻을 수 있겠다는 생각은 버려야 했다. 하지만 그 뼈가 도움이 되는 데이터를 제공할 가능성은 있었다.

✄

우리가 찾아 나선 세 번째 유적지인 엘 시드론 동굴은 스페인 북서부의 아스투리아스 지방에 있었다. 그곳을 방문한 것은 2007년 9월이었다. 고생물학자가 되고 싶은 아이가 상상할 만한 모습의 유적지인 엘 시드론은 아름다운 시골에 자리 잡고 있다. 입구가 작고 감추어져 있어서 그 동굴은 오랜 세월 동안 사람들에게 피난처 구실을 해 왔다. 그 사실을 증명하듯 입구 앞에는 스페인 내전 때 그곳에 숨어 지내다가 파시스트들에게 죽임을 당한 한 전사의 기념비가 있다. 입구를 통해 안으로 기어 들어가서 약 200미터를 걸어가면 오른쪽에 길이가 28미터이고 폭이 12미터인 측실이 나오는데, 그곳에서 오비에도 대학교의 마르코 데 라 라사야Marco de la Rasilla 교수와 그의 공동 연구자들 및 학생들이 매년 여름마다 발굴을 한다.

그들은 지금까지 네안데르탈인 아기 한 구, 아동 한 구, 청소년 두 구, 성인 네 구의 뼈를 발굴했다. 긴 뼈들은 부서져 있었고 자른 흔적이 역력했다. 손뼈들만이 합체된 상태로 발견되었는데, 유해와 분리되어 구석에 던져져 있었다. 마르코 데 라 라사야는 이런 신체 부위들이 약 4만 3000년 전에 작은 호수에 던져졌고 그런 다음에 동굴로 쓸려 들어왔을 것이라고 짐작했다.

여름마다 이 유적지에서 새로운 뼈가 발견되고 있었고, 그래서 우리는 그 뼈의 DNA를 분석해 보기 위해 DNA 보존을 최대화하고 현대인의 DNA에 오염될 확률을 최소화하는 방식으로 뼈를 수집하기로 합의했다. 바르셀로나 대학교의 분자생물학자 카를레스 랄루에사 폭스Carles Lalueza-Fox와 마드리드 국립 자연과학 박물관의 체질 인류학자 안토니오 로사스Antonio Rosas와 함께 일하는 발굴팀은 멸균 장갑, 보호복, 얼굴 방패, 그 밖에 우리 연구실의 멸균실에서 사용하는 도구들을 준비했다. 그런 다음에 그들은 DNA 추출에 적합하다고 여겨지는 뼈를 발견할 때마다 멸균 장비를 착용하고 뼈를 제거해서 그것을 곧바로 아이스박스에 넣어 얼렸다. 그리고 마드리드의 안토니오의 연구실로 돌아와서 컴퓨터 단층 촬영으로 뼈의 형태를 기록한 다음 그것을 라이프치히에 있는 우리에게 냉동된 상태로 보냈다.

발견된 이후로 그 뼈를 건드린 사람은 아무도 없었고 박테리아 성장도 최소로 억제되었다. 나는 요하네스가 추출물을 만들 때 네안데르탈인의 DNA가 많이 포함되어 있을 것이라는 기대에 부풀었다. 하지만 그 뼈들에 있는 DNA 중에서 단 0.1~0.4퍼센트만이 네안데르탈인의 것이었다.

결국 세 곳의 유적지들 중 어느 곳에서도 네안데르탈인 게놈 서열을 해독하기에 충분한 DNA를 발견하지 못했고, 그 밖의 다른 유적지들에서는 네안데르탈인의 DNA 비율이 이보다 더 낮게 나왔다. 지금까지 빈디자 동굴이 쓸 만한 DNA를 포함한 뼈가 발견된 유일한 장소였다. 하지만 자그레브에서는 일이 엄청나게 더디게 진행되었다.

한 가지 다행스러웠던 일은 2006년 늦여름에 재능 있는 크로아티아인 대학원생인 토미슬라브 마리치치Tomislav Maričić가 우리 팀에 온 것이었다. 토미는 제4기 고생물학·지질학 연구소를 방문할 때 우리와 동행했고, 우리가 크로아티아의 네안데르탈인 뼈에 대한 합의에 이르기 위해 노력하는 과정에서 그의 문화적 배경이 도움이 되었다. 크로아티아에서는 우리 프로젝트에 대한 공개적 논쟁이 벌어지고 있었는데, 크로아티아 일간지들을 토미가 번역해 준 덕분에 나도 그 논쟁을 따라갈 수 있었다.

7월에 라이프치히에서 네안데르탈인 게놈 프로젝트를 발표하고 나서, 크로아티아 유력 일간지 「유타르니 리스트Jutarnji List」가 야코브 라도브치치를 인터뷰했다. 그 일간지에서 "그 사람 없이는 네안데르탈인 연구를 상상할 수 없는" 인물로 묘사된 야코브는 이렇게 말했다. "문제는 연구의 목적이 무엇이냐는 것입니다. 또한 전체 네안데르탈인 게놈을 회수할 수 있는지도 여전히 불투명합니다. (…) 그들은 재료를 파괴하는 화학적으로 공격적인 방법을 사용하고 있는데, 그러한 재료들은 희생시키기에는 너무 귀중한 것입니다." 11월에 같은 일간지에 그의 말이 다시 인용되었다. "세 달 반 전에 스반테 페보가 자신의 분자유전학 분석을 위한 시료를 구하기 위해 자그레브에 왔습니다. (…) 하지만 나는 다음 세대의 연구자들이 이용할 수 있도록 우리가 그 시료를 특별히 관리하고 안전하게 지켜야 한다고 생각합니다."

이것을 보고 나는 야코브에게 길고 정중한 이메일을 보내 우리 프로젝트를 다시 한 번 설명했다. 그는 "몇 주 또는 몇 달"이 걸리기도 하는 큐레이터의 격식을 차린 후 자신은 우리 프로젝트를 "강력히 지지한다."라고 답장을 보내왔다. 한편 자그레브에서는 사방에 루머가 떠돌고 있었다. 누가 프로젝트를 지지하고 누가 반대하는지, 무슨 말을 누가 했는지, 사람들이 내게 한 말이 진심인지 나는 도저히 알 수 없었다.

내가 확실히 믿을 수 있는 유일한 사람들은 파바오 루단과 그의 두 친구들이었다. 파바오의 두 친구도 크로아티아 과학·예술 아카데미의 회원으로서 우리를 지지했다. 그중 한 명이 젤리코 쿠찬 Željko Kučan 이었는데, 그는 약 50년 전에 자그레브 대학교에 DNA 연구를 처음 도입한 침착함과 판단력을 갖춘 정치인 같은 과학자였다. 나머지 한 명은 친구들 사이에서 '조니'로 통하는 이반 구시치 Ivan Gušić 라는 이름의 지질학자였다. 명랑하고 긍정적이고 항상 친절한 조니는 곧 제4기 고생물학·지질학 연구소의 새로운 소장이 되었다.(그림 12.3을 보라.)

11월 말 『네이처』와 『사이언스』에 우리의 논문들이 출판된 것을 계기로 파바오가 우리에게 유리한 공식 입장을 취했다. 그는 크로아티아 주요 일간지 「베스니크 Vjesnik」의 일요판에 우리 프로젝트에 대한 기사를 써서 DNA 연구는 인류 진화에 대해 많은 것을 밝혀 줄 것이고 빈디자의 재료는 이 연구에 필수적임을 강조했다. "그러므로 막스플랑크협회 측 동료들과의 협력은 계속되어야 하고 더 강화되어야 한다."라고 주장했다. "역사상 처음으로 플라이스토세의 호미닌 게놈을 회수할 수 있느냐가 HAZU〔크로아티아 과학·예술 아카데미의 약자〕수집물 내의 빈디자 표본에 달려 있다. (…) HAZU와 베를린-브란덴부르크 아카데미 측의 협력 특히 스반테 페보 팀과의 협력은 고인류학, 분자유전학, 인류학의 발전을 가져올 것이다." 나는 파바오의 신뢰가 잘못되지 않았음을 우리 연구를 통해 보여 주게 되기를 진심으로 바랐다.

서서히 크로아티아의 여론이 우리 편으로 돌아섰다. 2006년 12월 8일 숱한 우여곡절 끝에 주로 알 수 없는 말이 적혀 있는 양해 각서가 조인되었다. 얼마나 다행인가! 이제 우리와 그 뼈 사이를 가로막는 건 아무것도 없었다. 나는 요하네스와 크리스틴 베르나 Christine Verna 와 함께 최대한 빨리 자그레브로 갈 수 있는 방문 일정을 잡았다. 라이프치히 연구소의 인류진화 분과에서 일하는 프랑스 출신의 젊은 고생물학

그림 12.3
파바오 루단, 젤리코 쿠찬, 이반 '조니' 구시치.
이들은 빈디자 동굴의 네안데르탈인 뼈에서 시료를 채취할 수 있게 도와준
크로아티아 과학 아카데미의 회원들이다.
(사진: 파바오 루단, 크로아티아 과학·예술 아카데미HAZU)

자인 크리스틴은 제4기 고생물학·지질학 연구소에서 열흘 동안 머물면서 빈디자 수집물에 포함된 모든 네안데르탈인 뼈들의 1차 목록을 작성했다. 요하네스와 나는 자그레브에서 나흘을 머문 다음에 파바오, 젤리코, 조니와 함께 라이프치히로 돌아왔다. 그들은 지금은 공식 명칭이 Vi-33.16이 된 그 유명한 Vi-80을 포함해 빈디자 동굴에서 나온 여덟 점의 뼈를 멸균 봉지에 넣어서 가져왔다.(그림 12.1을 보라.)

✄

밤늦게 도착한 우리는 다음 날 아침에 먼저 그 뼈를 인류진화 분과로 가져가서 뼈의 형태를 디지털 형식으로 영구 보존하기 위해 봉지에 담겨 있는 상태로 컴퓨터 단층 사진을 찍었다. 그런 다음에 그 뼈를 멸균실로 가져가서 요하네스에게 넘겼다.

요하네스는 멸균된 날을 끼운 치과 드릴을 이용해 각 뼈의 표면을 2~3제곱밀리미터쯤 제거했다. 그런 다음에 각 뼈의 치밀질 부분에 작은 구멍을 뚫었다. 그는 작업 과정에서 과열로 DNA가 손상되는 것을 막기 위해 자주 멈추었다.(그림 12.4를 보라.) 마침내 그는 약 0.2그램의 뼈를 모아서 몇 시간 내에 뼈의 칼슘과 결합하는 용액에 그것을 넣었다. 뼈의 남은 부분은 단백질과 비무기질 부분에서 나온 다른 성분들로서 하나의 덩어리로 뭉쳐졌다. DNA는 용해된 액체 부분에 있었고, 요하네스는 그것을 실리카와 결합시키는 방법으로 정제했다. 이것은 마티아스 회스가 14년 전에 개발한 기법으로 오래된 뼈에서 DNA를 분리하는 데 탁월하다는 것이 밝혀졌다.

그다음으로 DNA 분자들을 454 시퀀싱 방식에 적합하게 만들기 위해, 요하네스는 효소를 이용해 DNA 분자 끝에 매달린 단일 가닥 부위들을 잘라내거나 이어 주었다. 그렇게 하면 '어댑터adaptor'라고 하는 짤

그림 12.4
멸균된 드릴로 네안데르탈인의 뼈 시료를 채취하는 장면이다.
(사진: 막스플랑크 진화인류학연구소MPI-EVA)

막하게 합성한 DNA 조각을 두 번째 효소를 이용해 고대 DNA의 양 끝에 붙일 수 있었다. DNA 분자에 어댑터를 붙이고 나면 시퀀싱 기계들이 이 분자들을 책처럼 '읽을' 수 있다고 해서 이렇게 준비된 DNA 분자들의 집합체를 '도서관library'이라고 부른다. 어댑터는 이 프로젝트를 위해 특별히 합성됐고 TGAC라는 네 개의 염기 서열이 추가로 포함되었다. 덧붙인 서열은 고대 DNA 단편 옆에서 마커 또는 꼬리표 역할을 하게 된다.

이러한 작고 세부적인 기술들이 일반적으로는 분자생물학에, 세부적으로는 고대 DNA 연구 분야에 큰 차이를 가져오는 것이다. 꼬리표를 도입한 것은 우리가 준비한 고대 DNA 도서관이 454 시퀀싱 기계로 해독되기 위해서는 우리 연구실의 멸균실을 떠나야 했기 때문이다. 다른 도서관들에서 나온 DNA가 네안데르탈인 도서관에 들어가지 않았다는 것을 확인하기 위해 우리는 특별한 어댑터를 사용했고 TGAC로 시작

하는 서열만을 신뢰했다. 우리는 2007년에 발표한 한 논문에서 이 혁신적인 어댑터 기술을 설명했다.[3]

이러한 절차들을 통해 요하네스는 새로 가져온 여덟 점의 빈디자 뼈로 DNA 추출물과 도서관을 준비했다. 그런 다음에 그는 PCR를 이용해 추출물에 네안데르탈인의 mtDNA가 있는지 보고 현대인 DNA의 오염 정도를 추산했다. 거의 모든 뼈에 네안데르탈인의 mtDNA가 있었다. 고무적인 결과였지만 러시아, 독일, 스페인에서 가져온 뼈들에 실망한 뒤라 마냥 기뻐할 수 없었다.

우리는 네안데르탈인의 핵 DNA 비율을 추산하기 위해 곧바로 각각의 도서관에서 DNA 단편을 무작위로 추출해 염기 서열을 해독했다. 결과가 나올 때까지는 며칠이 걸렸고 그동안 나는 다른 일에 좀처럼 집중할 수가 없었다. 우리는 세상 사람들에게 네안데르탈인의 게놈을 해독하겠다고 발표했다. 새로운 빈디자 뼈에서 그런 일을 할 수 있을 정도의 핵 DNA가 포함되어 있지 않다면 우리는 실패를 선언해야 했다. 현재로서는 더 나은 뼈를 찾을 가망이 없었다.

마침내 결과가 나왔다. 그 뼈들 가운데 일부는 네안데르탈인의 핵 DNA를 0.06~0.2퍼센트가량 포함하고 있어서 다른 유적지들에서 본 것과 크게 차이가 없었다. 하지만 세 점의 뼈에서는 네안데르탈인의 핵 DNA가 1퍼센트 넘게 있었고 한 점은 거의 3퍼센트를 포함하고 있었다. 그 뼈는 그동안 Vi-80이라고 불렀던 우리가 가장 좋아하는 뼈 Vi-33이었다. 기대했던 것처럼 네안데르탈인의 핵 DNA가 엄청나게 많이 포함된 마법의 뼈는 없었지만 적어도 쓸 수 있는 뼈가 하나는 있었다.

완전히 패배한 것은 아니었다.

13
세부적 문제들에 시달리다

크리스마스와 새해 휴가 기간에 자유 시간이 생긴 나는 우리의 현재 상황을 짚어 보았다. 안심할 상황이 아니었다. 네안데르탈인 게놈 서열을 완전히 해독하기 위해 필요한 뼈가 얼마나 되는지 계산해 봤더니 몇 십 그램이라는 답이 나왔다. 우리가 현재 갖고 있는 뼈들의 전체 무게보다 많은 양이었다. 기분이 좋지 않았다. 이 일을 할 수 있다고 생각한 내가 너무 낙관적이었거나 순진했던 것은 아닐까? 처음에 분석한 뼈보다 네안데르탈인의 DNA를 더 많이 포함하고 있는 뼈를 빈디자 동굴에서 찾을 수 있을 것이라고 생각한 내가 무모했던 걸까? 454가 더 많은 양을 해독할 수 있는 강력한 시퀀싱 기계를 마법처럼 개발할 것이라고 생각한 것이 지나친 기대였을까? 왜 나는 고요하고 평온한 과학자의 길을 마다하고 질 게 뻔한 도박에 뛰어들었을까?

분자생물학에 종사한 나의 스물두 해는 연속적인 기술혁명의 시대였다고 해도 과언이 아니다. 나는 DNA 시퀀싱 기계가 시장에 출시되어 대학원생 때 몇 날 며칠씩 걸려서 했던 일을 하룻밤 새 할 수 있게 만드는 것을 보았다. 또 박테리아에서 DNA를 대량 복제하는 성가신 과정을 대체한 PCR 기술이 전에는 몇 주에서 몇 달씩 걸리던 일을 몇 시간에 처리하는 것도 보았다. 시험 데이터로 원리를 증명한 『네이처』 논문에 제시된 것보다 3000배는 더 많은 DNA를 해독할 수 있게 될 것이라고 생각했던 것은 아마 그 때문일 것이다.

기술혁명은 계속될 것이다. 그리고 그동안의 경험으로 보면 정말 똑똑한 사람이 나오지 않는 한 기술이 크게 개선될 때 가장 활발하게 돌파구가 모색되었다. 그렇다고 해서 다음 차례의 기술혁명이 우리를 구해 줄 때까지 잠자코 기다릴 수밖에 없는 죄수라는 뜻은 아니다. 나는 우리가 기술의 진보를 얼마쯤은 도울 수 있을지도 모른다고 생각했다.

우리가 갖고 있는 뼈가 너무 소량인 데다가 그 뼈에 포함된 DNA도 너무 적었으므로 나는 추출물에서 도서관으로 가는 사이에 일어나는 DNA 손실을 최소화할 필요가 있다고 판단했다. 휴가가 끝나고 나서 처음 열리는 금요일 회의에서 나는 연구팀 내에 날카로운 위기의식을 불어넣었다. 네안데르탈인의 DNA를 많이 포함하고 있는 마법의 뼈가 나타나 우리를 구원할 확률은 없다는 것이 이제 분명해졌다고 말했다. 우리가 가진 것으로 어떻게든 해내야 했는데 이는 실험 과정의 모든 단계를 재고해야 한다는 뜻이었다. 나는 실험 과정에서 DNA 손실이 엄청나게 일어나고 있을 것이라고 주장했다. 예를 들어 DNA를 정제하는 과정에서 단백질 같은 기타 성분들이 아주 소량씩 포함된 용액이 나오는데, 그러한 순도를 확보하는 대가로 많은 DNA가 손실된다. 만일 그러한 손실을 최소화할 수 있다면 우리가 가지고 있는 뼈만으로도 충분할 것이다. 적어도 454 라이프사이언스가 마침내 더 효율적인 새 기계를 개발하면 가능할 것이다.

나는 몇 주 동안 팀원들에게 연구실에서 그들이 하는 모든 단계에 대해 같은 질문을 반복했다. 똑같은 질문을 되풀이하는 전략은 젊은 시절 스웨덴에서 군사 훈련을 받을 때 전쟁 포로 심문관으로서 교육받으면서 익힌 것이다. 질문을 하면 할수록 시퀀싱 도서관을 준비할 때 정제를 심하게 하도록 권하는 454의 지침이 지나친 DNA 손실을 초래한다는 의심이 강해졌다. 나는 우리가 하는 실험의 모든 단계를 체계적으로 분석할 필요가 있다고 주장했다. 어떤 방법이 가장 좋을까?

내가 대학원생이던 시절만 해도 분자생물학의 거의 모든 실험에 방사능을 이용했다. 하지만 성가신 안전 수칙들 때문에 생물학자들이 방사능을 사용하는 분석을 이용하지 않은 지 오래되었다. 그래서 요즘의 생물학도들은 방사능을 이용해서 연구한 경험이 거의 없다. 하지만 방사능 표지는 지금까지도 소량의 DNA를 감지하는 가장 민감한 방법들 중 하나다.

그래서 금요일 회의에서 나는 토미 마리치치에게 소량의 DNA에 방사성 인을 표지하고 그것을 이용해 시퀀싱 도서관을 준비해 보라고 제안했다. 그런 다음에 평상시에는 버리는 부산물을 모아서 방사능이 얼마나 많이 검출되는지 측정해 볼 수 있었다. 부산물에서 감지되는 방사능의 양은 그 단계에서 일어나는 DNA 손실을 직접적으로 알려 주는 척도가 될 터였다.

금요일 회의에서 내가 이 아이디어를 말했을 때 팀원들은 아무 말도 하지 않았다. 토를 달 수 없을 만큼 깔끔한 방법이라서라고 내 멋대로 짐작했지만, 그들이 침묵했던 것은 내가 우리 팀의 중요한 운영 방침에 정면으로 도전했기 때문이다. 그 방침이 우리 팀의 가장 큰 장점임은 자타가 공인하는 사실이었지만 가끔은 약점으로 드러나기도 했다. 나는 모든 의견이 나올 수 있는 분위기를 조성했다. 즉 회의를 하는 동안 모든 사람이 자기 생각을 말하고 마지막에 무엇을 해야 할지에 대한 합의를 도출해 내는 방식을 유도했다.

하지만 모든 민주주의가 그렇듯이 가끔은 불합리한 생각들이 승리를 거두기도 했다. 팀 내의 영향력 있는 몇몇 사람들이 방사능 표지 기법(특정 성분의 양이나 분포, 위치를 알아내기 위해 그 성분에 방사성 동위원자를 결합시켜 방사능 탐지 장치로 추적하는 기법—옮긴이)을 이용하자는 내 아이디어에 회의적인 반응을 드러냈다. 그들은 그 계획에 여러 가지 반론을 제기했다. 해본 경험이 별로 없는 방법에 대한 무의식적인 거부감이 작용한 데다(나는 그렇게 생각했다) 그 방법은 무서울 것까지는 없어도 이제는 한물간 안전하지 못한 방법처럼 들렸기 때문이다.

나는 억지로 밀어붙이지 않기로 했다. 대신 다른 방법들을 시도해 보았다. 예컨대 도서관을 준비하는 각 단계에서 DNA의 양을 측정해 본다든지 PCR에 기반한 더 현대적인 방법들을 이용해 보았다. 하지만 이러한 방법들은 충분히 민감하지 않거나 다른 면에서 비효율적인 것으로 드러났다. 몇 달 동안 나는 방사능 실험을 계속해서 제안했고 인내심이 바닥을 드러냈을 때는 교수의 말이 곧 법이던 독재 시대로 돌아가고 싶다는 생각도 가끔씩 했다. 그래도 나는 다수의 의견에 잠자코 따랐다. 우리 팀의 값진 자산인 생각을 자유롭게 교환하는 분위기에 찬물을 끼얹고 싶지 않았기 때문이다.

모든 시도가 실패로 돌아가자 마침내 팀원들이 내 말에 응했다. 토미가 마지못해 방사성 인을 주문해서 테스트 목적으로 사용하는 평범한 인간의 DNA를 방사성 인으로 표지해 454 시퀀싱 도서관을 준비하는 각 단계들을 거쳤다.

결과는 놀라웠다. 그는 도서관을 준비하는 첫 세 단계에서 각기 DNA의 15~60퍼센트가 사라진다는 것을 증명해 보였다. 사실 이 정도의 손실은 생화학 분리 실험에서 어느 정도 예상되는 것이었다. 하지만 강력한 알칼리 용액으로 상보적인 DNA 가닥들을 분리하는 마지막 단계에서는 DNA의 95퍼센트 이상이 손실되었다! 보통의 현대인 DNA를 대상으로 이러한 분리 방법을 적용하는 사람들이 이 정도의 비효율성을 알아채지 못한 것은 왜일까? 이렇게 큰 손실도 문제가 되지 않을 만큼 DNA의 양이 많기 때문이다. 하지만 고대 DNA 연구에서 이 정도 수준의 손실은 재앙이었다.

문제가 확인되자 간단한 해결책이 나왔다. 알칼리 용액이 DNA의 이중 가닥을 분리하는 유일한 방법은 아니다. 열을 가해도 이중 가닥이 분리된다. 따라서 토미는 열처리를 시도했고 DNA 준비의 최종 단계에서 10~250배 많은 방사능을 발견했다! 판을 뒤집을 수 있는 놀라운 발전이었다.

대부분의 연구실들은 DNA 정제 과정에서 분리되어 나오는 분획물을 부산물로 취급해 버린다. 다행히 우리는 이전의 실험들에서 나온 분획물을 모두 모아 놓았다. 수년 동안 나는 혹시 유용하게 쓰일 순간을 대비해서 그것을 모아 둘 것을 고집했다. 이 제안은 내가 주장한 가장 인기 없는 의견들 중 하나였고, 나중에 쓰일 거라고는 아무도 생각하지 않던 부차적인 분획물들로 많은 냉장고가 채워졌다. 하지만 이 경우에는 감사하게도 교수의 이상한 생각을 팀원들이 충실하게 지켜 주었다.

덕분에 토미는 추출물을 추가로 만들지 않고도 이전에 빈디자 뼈들로 도서관을 만들 때 나온 부차적인 분획물을 가열하는 간단한 방법으로 비교적 많은 양의 네안데르탈인 DNA를 추가로 회수할 수 있었다. 또 그는 도서관을 준비하는 다른 단계들도 최적화했다. 이 변화들은 추출된 DNA를 시퀀싱에 적합한 도서관으로 바꾸는 과정을 수백 배는 더 효율적으로 만들었다.[1]

✂

크로아티아의 협업팀과 협의한 내용에 따라 우리는 세 점의 빈디자 뼈—Vi-33.16과 두 개의 새로운 뼈인 Vi-33.25와 Vi-33.26—를 프로젝트에 쓰기로 했다. 세 개의 뼈 모두 긴 뼈의 파편들로서 골수를 빼내기 위해 누군가가 부순 것처럼 보였다. 토미가 이루어 낸 발전 덕분에 우리는 이제 원칙적으로는 단 세 개의 뼈로 30억 개의 네안데르탈인 뉴클레오티드를 포함하는 도서관을 생산할 수 있었다. 하지만 이 도서관들은 적어도 97퍼센트의 박테리아 DNA를 포함하고 있을 것이고, 따라서 브랜퍼드에 있는 사람들이 네안데르탈인의 DNA를 이루고 있는 30억 개의 염기쌍을 해독하기 위해서는 시퀀싱 기계를 약 4000번에서 6000번쯤 돌려야 했다. 미켈 에그홀름에게 이렇게까지 요구할 수는 없었다.

우리는 여전히 진퇴양난에 빠진 것처럼 보였다. 그때 누군가가 박테리아 DNA가 훨씬 더 적어서 네안데르탈인의 DNA가 비교적 많은 공간을 찾을 수 있을지도 모른다고 제안했다. 실제로 우리는 지난 몇 년 동안 뼈의 몇몇 부분들이 다른 부분들보다 더 많은 양의 박테리아 DNA를 포함하고 있는 것 같은 징후들을 때때로 보았다. 그것은 아마 박테리아가 그 뼈의 다른 부분들보다 그 부분에서 더 나은 성장 조건을 찾았고 그 때문에 그곳에서 더 많이 증식했을 것이다.

요하네스는 여기에 기대를 걸고 시료를 얻기에 가장 좋은 부위들을 체계적으로 찾아보았다. 그는 뼈들에 처음에는 플루트처럼 줄줄이 구멍을 냈고, 그런 다음에는 스위스 치즈처럼 구멍을 냈다. 실제로 그는 단 1~2센티미터가 떨어진 부위에서 네안데르탈인 DNA가 포함된 비율이 10배쯤 차이가 나는 경우를 발견했지만, 최고의 부위에도 여전히 4퍼센트 이상의 네안데르탈인 DNA는 포함되어 있지 않았다!

우리는 금요일 회의에서 이 문제를 거듭해서 논의했다. 내게는 이 모임이 지적 체험의 장일 뿐 아니라 사회적 체험의 장이기도 했다. 대학원생들과 박사후 연구생들은 자신들의 경력이 실험 결과와 논문에 달려 있음을 잘 알고 있어서 중요한 실험을 할 수 있는 기회를 노리는 반면, 팀의 목적에는 이익이 되지만 중요한 출판물의 주요 저자가 될 가망이 없는 일은 피하려 한다. 나는 신예 과학자들이 주로 이기심에 따라 움직인다는 생각을 갖고 있었고, 내 역할은 개인의 능력을 평가해서 그 사람의 경력에 도움이 되면서도 프로젝트의 필요를 충족시킬 수 있도록 균형을 잡는 것이라고 여겼다.

하지만 네안데르탈인 프로젝트에 위기가 닥치면서 자기중심적 역학 관계가 집단 중심적 역학 관계에 기꺼이 자리를 내주는 것을 보고 놀랐다. 우리 팀은 한 몸처럼 움직이고 있었다. 연구원들은 개인의 영광에 도움이 되는지는 따지지 않고 힘들기만 하고 보상은 못 받는 허드렛일도 프로젝트에 도움이 된다면 기꺼이 떠맡았다. 이 역사적인 일을 꼭 해내겠다는 공동의 목표 의식이 팀 내에 확고하게 자리 잡고 있었다. 나는 우리가 완벽한 팀이라고 느꼈다.(그림 13.1을 보라.) 감상에 젖는 순간에는 내가 테이블에 둘러앉은 한 사람 한 사람을 모두 사랑한다는 느낌이 들었다. 그러다 보니 아무런 진전이 없는 것이 더 괴로웠다.

그림 13.1

네안데르탈인 게놈 연구팀(2011년 라이프치히에서). 왼쪽부터 에이드리언 브리그스, 헤르난 부르바노Hernan Burbano, 마티아스 마이어, 안야 하인체Anja Heinze, 제시 데브니Jesse Dabney, 케이 프뤼퍼, 나, 복원된 네안데르탈인의 골격, 재닛 켈소, 토미 마리치치, 푸차오메이, 우도 슈텐첼, 요하네스 크라우제, 마르틴 키르허.

(사진: 막스플랑크 진화인류학연구소MPI-EVA)

2007년 봄에도 금요일 회의는 단결된 팀의 최상의 측면을 계속 보여 주었다. 우리는 네안데르탈인 DNA의 비율을 높이거나 보존이 더 잘 되어 있을지도 모르는 뼈의 미세한 구멍들을 찾기 위한 기상천외한 아이디어들을 앞다투어 내놓았다. 모두가 참여하는 토론들이 계속 이어지는 동안 아이디어들이 동시 다발적으로 생산되었기 때문에 누가 어떤 아이디어를 냈다고 말하는 것이 거의 불가능했다. 우리는 추출물에서 네안데르탈인 DNA로부터 박테리아 DNA를 분리하는 방법들에 대해 논의하기 시작했다. 박테리아 DNA와 네안데르탈인 DNA 사이에 차이가 있는 어떤 특징을 이러한 목적에 이용할 수 있지 않을까? 예를 들면 박테리아의 DNA 단편과 네안데르탈인의 DNA 단편이 크기가 다르지 않을까? 그렇지 않았다! 이 뼈들에 포함된 박테리아 DNA 단편들과 네안데르탈인 DNA 단편들을 크기로 구분하는 것은 거의 불가능했다.

우리는 박테리아 DNA와 포유류 DNA 사이에 있을 수 있는 차이가 무엇인지 계속해서 질문을 던졌다. 그러다 마침내 이 생각을 떠올렸다. 메틸화였다! 메틸기는 박테리아 DNA, 그중에서도 특히 A 뉴클레오티드에서 흔히 나타나는 작은 화학적 변형이다. 하지만 포유류의 DNA에서는 C 뉴클레오티드가 메틸화된다. 혹시 메틸화된 A의 항체를 추출물에 있는 박테리아 DNA에 결합시켜 그것을 제거할 수 있지 않을까. 항체는 박테리아나 바이러스의 DNA 같은 몸 밖의 물질들을 감지할 때 면역 세포들이 생산하는 단백질이다. 이렇게 생산된 항체는 혈액 내를 순환하다가 외래 물질을 만날 때마다 강력하게 결합해서 그것을 제거하도록 돕는다.

면역 세포가 전에 노출되었던 물질에 특이적으로 결합할 수 있다는 점 때문에 항체는 실험실에서 강력한 도구로 쓰일 수 있다. 한 예로 만일 메틸화된 A를 포함하는 DNA를 쥐에 주입한다면 쥐의 면역 세포들이 메틸화된 A를 외래 물질로 인식해서 거기에 대한 항체를 만들 것이다. 그런 다음에 쥐의 혈액에서 이 항체들을 정제해 실험실에서 사용할 수 있다. 나는 그러한 항체를 만든 다음에 그 항체를 DNA 추출물 내의 박테리아 DNA에 결합시킴으로써 그것을 제거해 봐야겠다고 생각했다.

재빨리 관련 문헌을 검색해 본 결과 뉴잉글랜드 바이오랩New England Biolabs이라는 회사의 연구자들이 메틸화된 A에 대한 항체를 이미 생산해 놓았다는 것을 알 수 있었다. 나는 DNA 수선 기제에 관심이 있는 뛰어난 과학자인 톰 에반스Tom Evans가 그 회사에 있다는 것을 알고 그에게 편지를 썼고 고맙게도 그가 항체를 보내 주었다. 이제 그 항체를 추출물 내의 박테리아 DNA에 결합시켜서 그것을 제거하는 일을 맡아 줄 사람을 팀 내에서 찾아야 했다. 그렇게 하면 추출물 내의 네안데르탈인 DNA의 비율이 훨씬 더 높아질 거라고 생각했다.

나는 이것이 기발한 계획이라고 생각했지만 금요일 회의에서 이 계획을 말하자 사람들은 회의적인 반응을 보였다. 이번에도 익숙하지 않은 기술이라서 그런 것 같았다. 하지만 나는 방사능 아이디어가 성공했던 것에 용기를 얻어 이번에는 좀 더 강력하게 주장했다. 결국 에이드리언이 이 일을 맡아 주었다. 그는 박테리아 DNA에 항체를 결합시켜서 그 것을 다른 DNA로부터 분리하는 방법을 몇 달에 걸쳐 시도했고 온갖 종류의 변형된 방식을 적용했다. 하지만 잘 되지 않았고 우리는 지금도 그 이유를 모른다. 나는 이 항체와 관련하여 한동안 놀림을 당해야 했다.

박테리아 DNA를 제거하기 위해 그 밖에 어떤 방법을 시도해 볼 수 있을까? 한 가지는 박테리아 DNA에서 자주 발견되는 서열 패턴을 찾는 것이었다. 그런 다음에는 항체를 결합시켜 원하는 DNA를 골라내 듯, 그 박테리아 DNA 서열에 특이적으로 결합하는 DNA 가닥을 합성해서 그 박테리아 DNA를 제거할 수 있지 않을까. 컴퓨터과학을 전공하는 학생으로 우리 연구실에 온 뒤로 생물학 전공자들이 아는 것보다 더 많은 게놈 생물학을 스스로 깨우친 부드러운 목소리의 케이 프뤼퍼Kay Prüfer가 유용한 서열 패턴을 찾았다. 그는 두 개에서 여섯 개의 뉴클레오티드 조합으로 이루어진 몇몇 서열—예컨대 CGCG, CCGG, CCCGGG—이 네안데르탈인의 DNA보다 미생물의 DNA에 훨씬 더 자주 나타난다는 것을 알아냈다.

한 회의에서 이 사실을 말했을 때 나는 그가 무엇을 말하는 것인지 금방 이해했다. 사실 더 일찍 이 생각을 했어야 했다! C 다음에 G가 따라오는 뉴클레오티드 조합이 포유류의 게놈에 비교적 드물다는 것은 모든 분자생물학 교과서에 나와 있는 사실이다. 그 이유는 포유류에서 일어나는 C 뉴클레오티드의 메틸화가 그다음에 G가 따라올 때만 일어나기 때문이다. 메틸화된 C는 화학적 변형 때문에 DNA 중합 효소에 의해 잘못 읽힐 가능성이 있어 T로 돌연변이를 일으킨다. 그 결과 수백만 년에 걸쳐 포유류의 게놈에 CG 서열 패턴이 느리지만 꾸준하게 줄어들었다. 박테리아에서는 C의 메틸화가 일어나지 않거나 드물기 때문에 CG 서열 패턴이 더 흔하다.

이 정보를 어떻게 이용할 수 있을까? 이 질문에 대한 답 역시 분자생물학자라면 금방 할 수 있었다. 박테리아는 DNA 사슬에서 특정한 패턴의 DNA 염기 서열(예컨대 CGCG 또는 CCCGGG)을 인식해 그 근처나 내부를 자르는 효소인 '제한 효소'를 만든다. 따라서 네안데르탈인 도서관을 이러한 효소들과 함께 일정한 온도에 두면, 이 효소들이 박테리아의 특정한 서열을 잘라 놓기 때문에 그 서열은 해독될 수 없는 반면에 네안데르탈인의 서열은 대부분 멀쩡하게 남을 것이다. 따라서 이 방법은 네안데르탈인 DNA의 비율을 높여 줄 것이다.

케이는 자신이 분석한 서열을 토대로 특별히 효과적인 여덟 가지 제한 효소들을 섞자고 제안했다. 우리는 당장 도서관들 중 한 개에 이 효소 혼합물을 처리해 서열을 해독해 보았다. 시퀀싱 기계에서 4퍼센트의 네안데르탈인 DNA 대신에 약 20퍼센트가 나왔다! 이는 브랜퍼드에서 시퀀싱 기계를 약 700번만 돌리면 우리의 목표에 도달할 수 있다는 뜻이었다. 700번은 가능한 범위에 드는 숫자였다.

이 작은 묘안이 불가능을 가능하게 만들었다. 유일한 단점은 효소를 처리하면 네안데르탈인 서열 중 일부―특히 C와 G가 이어지는 서열―를 잃게 된다는 것이었다. 하지만 다른 효소들의 혼합물을 이용해서 시퀀싱 기계를 돌리고 그런 다음에 효소 없이 시퀀싱 기계를 몇 차례 돌리면 이러한 서열을 건져낼 수 있었다. 우리가 제한 효소의 마술을 454의 미켈 에그홀름에게 말했을 때 그는 대단한 아이디어라고 말했다. 이 프로젝트를 시작하고 나서 처음으로 우리는 원칙적으로 목표에 도달할 수 있게 되었다!

이 모든 일이 일어나는 동안 나도 몇 번 만난 적이 있는 샌프란시스코의 젊고 재능 있는 집단유전학자 제프리 월Jeffrey Wall의 논문이 발표되었다. 그 논문은 우리 팀이 『네이처』에 발표한 데이터와 에디 루빈이 『사이언스』에 발표한 데이터를 비교했다. 우리 팀은 네안데르탈인의 뼈 Vi-33.16에서 추출한 DNA를 454 시퀀싱 기술로 해독해 75만 개의 뉴클레오티드를 생산했고, 에디 루빈은 같은 뼈에서 우리가 추출한 DNA를 박테리아 클로닝 기법으로 해독해 3만 6000개의 뉴클레오티드를 생산했다.

월과 그의 공저자 김성Sung Kim은 두 데이터의 여러 가지 차이점을 지적했다. 그중의 다수는 우리가 이미 보았고 두 논문이 검토 단계일 때 폭넓게 논의했던 것이었다. 그들은 454 데이터에 문제를 일으켰을 가능성이 있는 여러 가지 원인을 제시했지만, 우리가 만든 도서관에 오염된 현대인 DNA가 매우 많은 것을 가장 유력한 원인으로 삼았다. 그들은 우리가 네안데르탈인의 DNA라고 생각한 것의 70~80퍼센트가 실제로는 현대인의 DNA일 수 있다는 가능성을 제기했다.[2]

골치 아픈 상황이었다. 우리는 『네이처』와 『사이언스』에 발표한 두 데이터 모두에 어느 정도의 오염이 있을 가능성을 알고 있었다. 멸균 환경에서 작업하지 않는 연구실들에 그 추출물을 보냈기 때문이다. 우리는 또한 오염 수준에 차이가 있다면 454에서 생산된 『네이처』의 데이터에 오염이 더 많을 것이라는 점도 알고 있었다. 하지만 우리는 오염 수준이 70~80퍼센트가 될 수는 없다고 확신했다. 월의 분석은 GC 함량이 짧은 단편과 긴 단편에서 비슷하다는 것 같은, 우리가 사실이 아니라고 알고 있는 가정들에 근거했기 때문이다.

이 문제들을 해명하기 위해 우리는 『네이처』에 짧은 공지를 요청해 454 기법과 박테리아 클로닝 기법으로 해독된 서열은 여러 가지 면에서 달랐고 그 가운데 일부가 분석에 영향을 미쳤을 가능성이 있다고 지적하기로 했다. 또한 우리는 mtDNA를 기준으로 도서관 자체가 오염되었는지 알아보기 위해 추가로 염기 서열 해독을 실시한 결과 오염 수준이 매우 낮다는 것을 확인했다는 점도 언급하고 싶었다. 하지만 우리는 454의 연구실에서 우리 도서관이 오염되었을 가능성도 추가로 확인다. 454가 우리의 네안데르탈인 도서관을 제임스 왓슨Jim Watson의

DNA 도서관과 동시에 해독했기 때문에 거기서 오염이 발생할 수 있었다.(454의 조너선 로스버그는 2007년에 자신의 차세대 염기 서열 분석법으로 DNA 이중나선 구조를 발견한 제임스 왓슨의 게놈을 분석하는 데 성공했다. ─옮긴이)

따라서 그 공지에서 우리는 "mtDNA 분석으로 추산한 것 이상의 오염이 있음"을 시인했다. 하지만 어느 정도인지 말하는 것은 불가능했다. 우리는 독자들에게 월의 논문과 멸균실 밖에서의 오염을 원천 봉쇄하기 위해 도서관 제작에 꼬리표를 사용하는 기법을 기술한 우리의 논문을 참조하라고 지적했다.[3] 또한 우리는 공개된 DNA 서열 데이터베이스에도 공지를 올려 사용자들에게 이 데이터들과 관련한 우려를 알렸다. 하지만 『네이처』는 우리가 작성한 공지를 검토하고 나서 그것을 게재하지 않기로 해 나를 곤혹스럽게 했다.

우리는 『네이처』에 시험 데이터를 출판하는 것을 너무 서두른 것이 아닌지 논의했다. 에디와의 경쟁에 떠밀렸던 게 아니었을까? 좀 더 기다렸어야 했을까? 그렇다고 생각하는 사람도 있었지만 아니라고 생각하는 사람도 있었다. 우리는 당시 오염 수준을 직접적으로 알 수 있는 유일한 증거였던 mtDNA 분석 결과를 통해 오염이 낮다는 것을 증명해 보였다. 그리고 지금도 mtDNA는 오염 수준을 알려 주는 유일한 직접적인 증거였다. mtDNA 분석에는 한계가 있지만 나는 직접적인 증거가 항상 간접적인 추론보다 우선되어야 한다고 생각한다. 『네이처』가 싣지 않은 그 공지에서 우리는 "핵 DNA 서열을 기준으로 하는 오염 검사 방법이 현재로서는 알려져 있지 않지만 고대 DNA에서 믿을 수 있는 핵 서열을 얻기 위해서는 이러한 검사들이 개발되어야 할 것"이라고 말했다. 이 문제는 향후 몇 달 동안 우리 연구실의 금요일 회의에 의제로 올라왔다.

14
게놈을 매핑하다

필요한 만큼의 DNA 도서관을 만들 수 있다는 것을 알게 된 우리는 454가 그 전부를 해독할 수 있을 만큼 빠른 시퀀싱 기계들을 곧 개발할 것이라는 기대를 품고 다음 과제로 관심을 돌렸다. 그것은 매핑mapping이었다. 이 작업은 네안데르탈인의 짧은 DNA 단편들과 일치하는 부위를 인간 참조 게놈에서 찾아 그 단편들이 게놈의 어디에 위치하는지를 결정하는 과정이다. 별것 아닌 것처럼 들릴 수도 있지만 실제로 해 보면 엄청난 일로 거대한 지그소 퍼즐jigsaw puzzle을 맞추는 것과 비슷하다. 그것도 많은 조각들이 빠져 있거나 손상되어 있는 데다 아무 데도 맞지 않는 여분의 조각들도 많은 상태로 말이다.

매핑 작업을 위해서는 무엇보다도 상반된 두 가지 문제 사이에서 적절한 균형을 잡는 것이 필요했다. 우선 네안데르탈인의 DNA 단편과 인간 참조 게놈의 일치 기준을 엄격하게 정할 경우 진짜 차이(또는 오류)를 한두 곳 이상 지니고 있는 단편을 놓칠 수 있었다. 그러면 네안데르탈인의 게놈과 현대인의 게놈이 실제보다 더 비슷해 보일 것이다. 반면에 일치 기준을 너무 느슨하게 잡을 경우 인간 게놈의 일부분과 비슷해 보이는 박테리아 DNA 단편이 네안데르탈인의 DNA로 오인될 수 있었다. 이때는 네안데르탈인의 게놈과 현대인의 게놈이 실제보다 더 다르게 보일 것이다. 이 두 가지 문제 사이에서 균형을 잘 맞추는 것이 분석 과정에서 가장 중요한 단계였다. 그것이 현대인 게놈과의 차이를 세는 일과 관련한 후속 과정 전체에 영향을 미치기 때문이었다.

또한 우리는 실용적인 문제도 고려해야 했다. 매핑에 쓰이는 컴퓨터 알고리즘에 매개변수가 너무 많으면 곤란했다. 변수가 많으면 우리가 네안데르탈인의 뼈로 해독할 계획인 30~70개 뉴클레오티드로 구성된 10억 개가 넘는 DNA 단편을 인간 게놈의 30억 개 뉴클레오티드와 효율적으로 비교하는 것이 불가능해지기 때문이었다.

네안데르탈인의 DNA 단편을 매핑할 알고리즘을 설계하는 엄청난 일을 맡은 사람들은 에드 그린, 재닛 켈소Janet Kelso, 우도 슈텐첼Udo Stenzel이었다. 재닛은 2004년에 자신의 고향인 남아프리카의 웨스턴케이프 대학교에서 우리 연구실의 생물정보팀 팀장으로 왔다. 겸손하지만 효과적인 지도자였던 그녀는 생물정보팀을 구성하는 특이한 사람들을 데리고 응집력 있는 팀을 만들었다.

생물정보팀의 특이한 사람들 중 하나가 우도였다. 그는 사람을 싫어하는 성향이 있었고 학계에서 높은 자리에 있는 사람들은 거만한 멍청이들이라고 생각해 정보과학 학위를 마치기 전에 대학을 그만두었다. 그렇다 해도 그는 본인의 스승들보다 프로그래머로서나 논리적인 이론

가로서 더 유능했던 것 같다. 그런 우도가 네안데르탈인 프로젝트를 관심 가질 만한 가치가 있는 일로 생각했다는 것은 기분 좋은 일이었다. 물론 자신이 항상 모든 것을 가장 잘 안다고 믿는 태도가 때로는 나를 미치게 만들었지만 말이다. 실제로 재닛의 중재가 없었다면 나는 우도와 잘 지내기 어려웠을 것이다.

에드는 원래 하고 있던 RNA 스플라이싱 프로젝트가 결국 잘 안 되어 네안데르탈인의 DNA 단편을 매핑하는 작업의 실질적인 코디네이터로 나섰다. 그와 우도는 네안데르탈인의 DNA 단편에 나타나는 오류 패턴을 고려한 매핑 알고리즘을 개발했다.

오류 패턴은 그 사이에 버클리의 몬티 슬랏킨Monty Slatkin 연구팀의 뛰어난 학생인 필립 존슨Philip Johnson과 함께 에이드리언이 알아냈다. 그들은 오류가 주로 DNA 가닥의 말단 쪽에 위치한다는 것을 발견했다. 끊어진 DNA 분자의 경우 두 가닥의 길이가 대개 다른데, 이 경우 길이가 더 긴 가닥이 단일가닥 상태로 풀린 채 매달려 있게 되고 이 부분은 화학적 공격을 받게 된다. 또 에이드리언은 자세한 분석을 통해 1년 전에 우리가 내린 결론과 달리 그 오류들이 아데닌 잔기가 아니라 시토신 잔기의 탈아미노화 때문이라는 사실도 밝혀냈다. 실제로 C가 DNA 가닥의 맨 끝에 있을 때 해독된 서열에서는 20~30퍼센트가 T로 나타났다.

서열 오류가 어떻게 일어나는지에 대한 에이드리언과 필립의 모델을 반영한 에드의 매핑 알고리즘은 위치에 따른 오류 확률에 따라 일치와 불일치를 영리하게 결정했다. 예를 들어 네안데르탈인의 DNA 분자는 T로 끝나고 인간의 게놈은 C로 끝나면 그것을 거의 완벽한 일치로 간주했다. 네안데르탈인 DNA 단편의 끝부분에서 탈아미노화에 의해 C가 T로 나타나는 오류는 매우 흔했기 때문이다. 반면에 네안데르탈인 분자는 C로 끝나고 인간의 게놈은 T로 끝나는 경우는 완전한 불일치로 간주했다. 우리는 에드의 알고리즘이 단편의 잘못된 매핑을 줄이고 올바른 매핑을 늘릴 것이라고 확신했다.

또 하나의 문제는 네안데르탈인 단편을 매핑하는 데 사용할 비교 대상 게놈을 선택하는 것이었다. 우리 연구의 목표 중 하나는 네안데르탈인이 다른 현대인들보다 유럽인들과 더 가까운 관계라는 사실이 네안데르탈인 게놈 서열에 드러나는지 검토하는 것이었다. 예컨대 네안데르탈인 DNA 단편들을 유럽인의 게놈(표준 참조 게놈으로 이용되는 인간 게놈의 약 절반이 유럽 혈통의 한 사람에게서 왔다)에 매핑한다면, 유럽인의 게놈과 일치하는 단편이 아프리카인의 게놈과 더 비슷한 단편보다 더 자주 선택될 것이다. 그러면 네안데르탈인이 아프리카인보다 유럽인과 더 비슷하다는 잘못된 결과가 나올 것이다.

우리는 중립적인 비교 대상이 필요했고 그것이 침팬지의 게놈이라고 생각했다. 네안데르탈인과 현생인류가 침팬지와 공유하는 공통 조상은 약 400만~700만 년 전에 존재했는데, 이는 침팬지의 게놈이 네안데르탈인의 게놈과도 현생인류의 게놈과도 똑같이 다르다는 뜻이었다. 또한 우리는 한 가상의 게놈에서 네안데르탈인의 DNA 단편들과 일치하는 곳을 찾았다. 다른 사람들이 만든 이 가상의 게놈은 인류와 침팬지의 공통 조상이 갖고 있었던 게놈이 어떤 모습일지를 추산해서 만든 것이었다. 유연관계가 더 먼 이러한 게놈들을 이용해 네안데르탈인 DNA 단편들의 위치를 결정한 다음에 세계 각지의 현대인 게놈들에서 그에 해당하는 서열을 찾아 차이를 비교한다면 왜곡된 결과를 미연에 방지할 수 있을 터였다.

이 모든 일을 하려면 막강한 컴퓨터가 필요했다. 우리는 그 점에서 행운이었는데 막스플랑크협회가 전폭적인 지지를 해 주었기 때문이다. 협회는 독일 남부의 컴퓨터 시설에 갖추어져 있는 256대의 성능이 우수한 컴퓨터들을 모두 우리 프로젝트에 몰아주었다. 이 정도 규모의 컴퓨터들을 쓴다 해도 시퀀싱 기계를 한 번 돌릴 때 나오는 데이터를 매핑(시퀀싱 기계가 읽어 낸 짧은 서열들이 참조 게놈의 어느 곳에 위치하는지 결정하는 작업—옮긴이)하는 데는 며칠씩 걸렸다. 그래서 모든 데이터를 매핑하는 데는 몇 달이 걸릴 것 같았다.

우도가 맡은 중요한 임무는 이 컴퓨터들에 작업을 더 효율적으로 배분하는 방법을 찾는 것이었다. 그는 아무도 그 일을 자신만큼 잘 할 수 없다고 확신했으므로 모든 일을 혼자 하고 싶어 했다. 나는 물론 그가 해내기를 기다리는 동안 인내심을 길러야 했다.

에드가 브랜퍼드에서 새로 도착한 1차분의 DNA 서열을 매핑했을 때 연구진을 긴장시키고 내 가슴을 철렁하게 만든 걱정스러운 패턴이 발견되었다. 짧은 단편이 긴 단편보다 인간의 게놈과 더 많은 차이를 보였던 것이다! 그레이엄 쿱, 에디 루빈, 그리고 제프리 월이 우리가 『네이처』에 발표한 데이터에서 보았던 패턴이 떠올랐다. 그 패턴을 오염으로 해석한 그들은 긴 단편이 현대인과 더 적은 차이를 보이는 것은 그 가운데 다수가 실제로는 DNA 도서관을 오염시킨 현대인의 DNA이기 때문이라고 추정했다. 우리는 멸균실에서 DNA 도서관을 준비하고 특별한 TGAC 꼬리표를 사용하면서 이 방법들이 오염의 공포로부터 우리를 자유롭게 해 주기를 바랐다. 에드는 시퀀싱을 위한 DNA 도서관에 현대인의 DNA가 오염되어 들어갔는지를 확인하기 위해 서둘러 조사를 시작했다.

다행히도 그는 그렇지 않다는 것을 알아냈다. 그는 일치 기준을 더 엄격하게 하면 짧은 단편과 긴 단편이 참조 게놈과 똑같은 정도로 달라지는 것을 확인했다. 에드는 우리가 (그리고 윌과 나머지 사람들이) 게놈 과학자들이 일반적으로 사용하는 기준 값을 사용할 때마다 박테리아의 짧은 DNA 단편이 인간 참조 게놈에 잘못 대응된다는 사실을 증명할 수 있었다. 긴 단편보다 짧은 단편이 참조 게놈과 더 많은 차이가 나는 것처럼 보였던 것은 이 때문이었고 기준 값을 올렸더니 문제가 사라졌다. 짧은 단편과 긴 단편을 비교해서 오염률을 추산하는 방식에 문제가 있다고 믿었던 내가 옳았던 것이다.

하지만 이 일이 있고 나서 얼마 지나지 않아 다시 비상사태가 터졌다. 이번에는 문제가 더 복잡해서 그것을 이해할 때까지 시간이 좀 걸렸고 따라서 내 이야기도 좀 길다. 인간의 정상적인 유전적 변이로 인해 같은 염색체의 두 버전을 비교하면 대략 뉴클레오티드 1000개당 한 개꼴로 차이가 나타난다. 그러한 차이는 앞 세대들에서 일어난 돌연변이의 결과다. 따라서 두 염색체를 비교했을 때 특정한 위치에 서로 다른 뉴클레오티드(유전학자들은 이것을 대립인자 또는 대립유전자 allele 라고 말한다)가 나타나면 우리는 둘 중 어느 것이 오래된 것('조상형 대립인자')이고 어느 것이 최근의 것('파생형 대립인자')인지 물을 수 있다.

다행히 이것을 쉽게 알아내는 방법이 있는데, 침팬지를 비롯한 다른 유인원들의 게놈에 어떤 뉴클레오티드가 나타나는지 확인해 보면 된다. 그들에게 나타나는 대립인자는 우리가 유인원들과 공유하는 공통 조상이 갖고 있던 뉴클레오티드일 것이므로 조상형이다.

우리는 현대인에게 나타나는 새로운 파생형 대립인자들을 네안데르탈인이 얼마나 많이 갖고 있는지 궁금했다. 이것을 알면 네안데르탈인의 조상들이 현생인류의 조상들과 언제 갈라졌는지 추측할 수 있기 때문이었다. 기본적으로 현생인류와 네안데르탈인이 공유하는 파생형 대립인자가 더 많을수록 두 계통이 더 최근에 분기했다는 뜻이다.

2007년 여름에 454 라이프사이언스에서 받은 새로운 데이터를 본 에드는 깜짝 놀랐다. 우리가 2006년에 발표한 더 작은 분량의 시험 데이터에서 윌을 비롯한 여러 사람들이 보았던 것처럼 네안데르탈인의 긴 DNA 단편—50개 이상의 뉴클레오티드가 연결된 단편—이 짧은 단편보다 파생형 대립인자를 더 많이 지니고 있었다. 이는 긴 단편이 짧은 단편보다 현대인의 DNA와 유연관계가 더 가깝다는 뜻이었다. 이러한 결과가 나올 리 없었기 때문에 이번에도 오염 때문일 가능성이 있었다.

위기를 겪을 때마다 그랬던 것처럼 우리는 금요일 회의에서 이 문제를 집중적으로 논의했다. 우리는 몇 주 연속 이 문제를 토론하면서 가능한 설명을 차례차례 내놓았지만 어느 것도 타당해 보이지 않았다. 결국 나는 인내심을 잃고 아무래도 오염이 일어난 것 같으니 이제 그만 포기하고 믿을 수 있는 네안데르탈인의 게놈을 생산할 수 없다는 것을 인정하자고 말해 버렸다. 나는 어찌할 바를 몰라 울고 있는 어린아이가 된 심정이었다. 나는 그렇게 생각하지 않았지만 팀 내의 많은 사람들은 그때를 진정한 위기로 인식했던 것 같다. 어쩌면 이러한 위기감이 새로운 에너지를 불어넣었을지도 모르겠다. 에드가 몇 주 동안 잠을 자지 못한 얼굴로 나타나더니 마침내 그 수수께끼를 풀어 주었다.

파생형 대립인자는 한 개인에게 일어난 돌연변이로 시작된다. 그러다 보니 파생형 대립인자는 드물 수밖에 없다. 전체적으로 보면 한 사람의 게놈은 변이가 있는 위치들의 약 35퍼센트에서 파생형 대립인자를 보이고 약 65퍼센트에서 조상형 대립인자를 보인다. 이는 네안데르탈인의 DNA 단편이 파생형 대립인자를 지니고 있으면 인간 참조 게놈의 서열과 다를 확률이 65퍼센트이고 일치할 확률은 35퍼센트밖에는 안 된다는 뜻이었다.

이것을 깨달았을 때 에드는 문제를 해결할 수 있었다. 다시 말해 네안데르탈인의 DNA 단편이 조상형 대립인자를 지니고 있는 경우 제 위치를 올바로 찾아갈 확률이 더 높았다. 또한 그는 인간의 게놈과 차이가 있을 경우 매핑 프로그램이 긴 단편보다 짧은 단편을 더 자주 놓친다는 것을 알았다. 긴 단편은 일치하는 위치가 더 많아서 한두 개의 차이가 있더라도 정확하게 매핑될 수 있기 때문이었다. 그 결과 파생형 대립인자를 지닌 짧은 단편은 긴 단편보다 매핑 프로그램에 의해 선택되지 못하는 경우가 더 많고 그래서 짧은 단편이 긴 단편보다 파생형 대립인자를 더 적게 지니고 있는 것처럼 보이게 된다.

에드가 여러 번 설명해 주고 나서야 나는 이 내용을 이해할 수 있었다. 심지어 이해하고 나서도 내 직관을 믿을 수 없어서 에드가 자신의 생각이 옳다는 것을 어떤 식으로든 직접적으로 증명해 주기를 바랐다.

에드는 회의 도중에 내가 우는 것을 보고 싶지 않았는지 결국 자신의 생각을 증명하는 영리한 실험을 생각해 냈다. 그는 자신이 매핑한 긴 DNA 단편들을 컴퓨터에서 반으로 잘라 절반의 길이로 만들었다. 그런 다음에 그는 그 단편들을 다시 매핑했다. 그러자 마법 같은 일이 일어났다. 그 단편들이 파생형 대립인자를 지니고 있는 빈도가 원래의 긴 단편들보다 떨어진 것이다. 그것은 파생형 대립인자를 지닌 단편의 다수가 길이가 짧아졌을 때 매핑될 수 없었기 때문이다.

마침내 우리는 데이터에 나타나는 오염을 암시하는 것처럼 보이는 패턴을 설명해 낼 수 있었다! 『네이처』에 발표한 시험 데이터에서 확인된 오염을 암시하는 패턴들도 적어도 일부는 설명할 수 있었다. 나는 에드가 이 실험을 제시했을 때 속으로 안도의 한숨을 내쉬었다. 2009년에 발표한 매우 기술적인 논문에 우리가 알아낸 사실을 보고했다.[1]

에드의 연구 결과는 오염 수준을 직접적으로 분석하는 방법이 필요하다는 내 확신을 더 강화시켰고, 금요일 회의에서 우리는 핵 DNA의 오염을 측정할 수 있는 방법을 계속해서 논의했다. 하지만 이제는 이런 토론을 할 때 전과 같이 긴장하지 않았다. 나는 우리가 제대로 가고 있다는 확신이 들었다.

15

뼈에서 게놈으로

코네티컷의 454 라이프사이언스에서 일하는 사람들은 2008년 초까지 우리가 Vi-33.16으로 준비한 9개의 DNA 도서관으로 시퀀싱 기계를 147번 돌렸고 그 결과 3900만 개의 서열을 생산했다. 많은 양이었지만 이 시점까지 나오기를 바랐던 양에는 미치지 못했고 핵 게놈을 복원하는 일을 시작할 만한 양에는 한참 모자랐다. 그럼에도 불구하고 나는 매핑 알고리즘을 시험해 보고 싶어서 우리는 미토콘드리아 게놈을 복원하는 훨씬 더 가벼운 일에 착수했다. 우리 또는 다른 누군가가 그때까지 한 것은 네안데르탈인 mtDNA의 변이가 많은 부위들을 이루고 있는 약 800개의 뉴클레오티드를 해독한 것이었다. 이제 우리는 1만 6500개 뉴클레오티드 전부를 알아내고 싶었다.

에드 그린은 먼저 3900만 개의 DNA 단편을 샅샅이 뒤지면서 현대인의 mtDNA와 비슷한 것을 찾았다. 그런 다음에 그러한 단편을 서로 비교해 가며 중첩되는 곳을 찾음으로써 네안데르탈인 mtDNA의 1차 서열을 만들 수 있었다. 다음으로 그는 처음에 놓쳤을 가능성이 있는 서열을 찾기 위해 3900만 개의 서열을 다시 훑으면서 네안데르탈인 mtDNA의 1차 서열과 가장 비슷한 서열을 찾았다. 이렇게 총 8341개의 네안데르탈인 mtDNA 서열을 찾아냈는데, 단편의 평균 길이는 69개 뉴클레오티드였다. 그 서열을 가지고 그는 1만 6565개의 개의 뉴클레오티드로 이루어진 완전한 mtDNA 분자를 조립했다. 그것은 지금까지 복원된 가장 긴 네안데르탈인 mtDNA 서열이었다.

이 일로 뭔가 구체적인 것을 성취했다는 안도감이 생겼다. 하지만 이 네안데르탈인 mtDNA 게놈을 통해 그들에 대해 우리가 몰랐던 어떤 사실을 알아낸 것은 아니었다. 우리가 얻은 유용한 통찰은 기술적인 측면이었다. 예컨대 우리는 회수된 단편의 수가 게놈의 부위에 따라 차이가 있음을 발견했다. 에드는 이것이 단편상에 A와 T에 비해 G와 C가 얼마나 많은지와 관계가 있다는 것을 알아냈다. 이는 G와 C가 많은 DNA 분자들이 뼈에서 더 오래 견딘다는 뜻이었다. 아니면 뼈로부터 DNA를 추출하는 과정을 더 잘 견딘다는 뜻일 수도 있었다. 하지만 좋은 소식은 mtDNA에 빠진 부분이 없었다는 것이다. 나는 네안데르탈인의 DNA 단편을 분석하는 일과 관련한 기술적 문제들의 대부분이 잘 통제되고 있다고 느끼기 시작했다.

또한 우리는 네안데르탈인의 mtDNA가 오늘날의 모든(또는 거의 모든) 인간의 mtDNA와 다른 위치를 133개 발견했다.[1] 그 전에는 우리가 1997년에 발표한 네안데르탈인 mtDNA의 짧은 단편에서 찾아낸 3개밖에는 알지 못했다. 우리는 이 133개 위치를 이용해 새로운 데이터가 현대인 mtDNA에 의해 어느 정도나 오염되었는지를 더 자신 있게 추측할 수 있었다. 오염률은 0.5퍼센트였다.

우리는 앞으로 되돌아가서 2006년의 『네이처』 논문에 실린 과거의 시험 데이터와 그 『네이처』 논문이 아직 인쇄 중일 때 추가로 생산한 데이터의 mtDNA 오염 수준도 측정했다. 75개 mtDNA 단편 중에서 67개가 네안데르탈인의 유형이었다. 따라서 그 도서관의 오염률은 11퍼센트였다. 이것은 우리가 기대한 것보다는 높았지만 김Kim과 월Wall이 자신들의 논문에서 주장한 70~80퍼센트보다는 훨씬 낮았다.

우리는 이 모든 정보를 한 편의 논문으로 묶어서 1997년 최초의 네안데르탈인 mtDNA 결과를 발표한 학술지인 『셀』에 제출했다. 이번에도 우리는 핵 게놈으로 오염을 측정하는 직접적인 방법이 더 나을 것이라고 강조했다. 그리고 금요일 회의에서 우리는 그 방법에 대한 논의를 재개했다.

mtDNA 논문 때문에 정신이 잠시 딴 데 가 있었지만, 그 일이 끝나자 네안데르탈인 DNA 서열이 느리게 생산되고 있는 것이 슬슬 걱정되기 시작했다. 프로젝트 2년 차에 들어선 지도 한참 되었으니, 네안데르탈인의 30억 개 뉴클레오티드 서열을 생산하는 일을 끝내기로 한 시간까지 이제 몇 달밖에는 남지 않았다. 약간 늦는 것은 별일 아니지만 불행히도 훨씬 더 늦어질 것 같다는 느낌이 들었다.

그 결과 회의 분위기가 점점 날카로워졌다. 나는 이따금 목소리를 높이고 빈정대기도 했다.(그리고 나중에는 몹시 후회했다.) 그것은 누군가가 비논리적인 주장을 펼치거나 자신이 실험한 것을 간명하게 설명하지 못해서였지만, 화를 참지 못한 더 근본적인 이유는 프로젝트가 진전이 없는 것처럼 여겨졌기 때문이다.

일이 느리게 진행되고 있는 것은 네안데르탈인 DNA를 포함해 DNA 추출물이 충분히 없어서 DNA 도서관을 우리가 원하는 만큼 빠르게 제작할 수 없어서인 탓도 있었지만 454의 시퀀싱 작업이 빨리 진행되고 있지 않는 탓도 분명히 있었다. 미켈 에그홀름은 우리 프로젝트에 최선을 다하고 있는 것이 틀림없었지만, 2007년 3월 454 라이프사이언스가 스위스의 거대 제약회사인 로슈에 매각되면서 브랜퍼드에서 시퀀싱 실무를 담당했던 사람이 그해 가을에 회사를 떠나는 사건이 있었다. 나는 그 때문에 에그홀름과 그 밖의 관련자들이 네안데르탈인 게놈에만 전념하는 것이 어려워졌을 것이라고 생각했다. 그때 처음으로 454의 경쟁자들과 함께 일하는 방안에 대해 고민했다.

그러한 경쟁자들 중 한 사람이 2007년 5월에 콜드스프링하버 회의에서 만났던 유능한 인간 유전학자인 데이비드 벤틀리David Bentley였다. 2005년에 그는 웰컴 트러스트 생어 연구소Wellcome Trust Sanger Institute에서 솔렉사Solexa로 옮겼다. 솔렉사는 케임브리지 대학교 화학과에 있던 사람들이 만든 새로운 회사였다. 솔렉사에서 그는 조너선 로스버그가 개발한 454 기계의 가장 강력한 경쟁작으로 떠오른 DNA 시퀀싱 기계의 개발을 감독했다.

454 기법과 마찬가지로 솔렉사의 기법도 증폭과 해독을 위한 DNA 도서관을 만들기 위해 분자들의 끝에 어댑터를 붙였다. 하지만 454 기술처럼 도서관에 있는 각각의 분자가 작은 기름방울 안에서 증폭되는 것이 아니라 유리판에 부착된 프라이머에 의해 증폭된다. 그래서 유리판에 내려앉은 첫 DNA 가닥으로부터 도서관에 원래 있던 분자의 복제본들이 수백만 부가 뭉쳐진 작은 집락이 생겨난다. 이 집락에 시퀀싱 프라이머, DNA 중합 효소, 서로 다른 형광 염료로 표지된 네 개의 염기를

첨가해 서열을 해독한다.

2006년에 이 기계의 첫 테스트 버전이 시퀀싱 센터로 배달되었다. 그 기계는 겨우 25개 뉴클레오티드 길이만을 해독할 수 있었고 고장이 잦다는 소리도 들렸다. 하지만 이 기술의 최대 장점은 기계를 한 번 돌릴 때 454 기계에서와 같이 수십만 개의 DNA 단편을 해독하는 대신 수백만 개를 해독할 수 있다는 것이었다. 게다가 기계가 개선되면 이 숫자는 더 늘어날 수 있었다.

얼마 지나지 않아 읽을 수 있는 뉴클레오티드 길이가 30개가 되었고, 머지않아 각각의 DNA 단편을 양쪽 끝에서 읽을 수 있을 거라는 이야기도 있었다. 그렇게 되면 총 60개의 뉴클레오티드를 읽을 수 있었다. 고대 DNA 연구자들에게는 솔깃한 이야기가 아닐 수 없었다. 관심을 갖고 있는 사람들은 우리만이 아니었다. 2006년 11월에 미국의 생명공학 회사인 일루미나Illumina Company가 솔렉사를 인수했고, 데이비드 벤틀리가 새로운 회사의 수석 과학자이자 부사장이 되었다.

콜드스프링하버 회의에서 나는 데이비드와 함께 우리 프로젝트에 대해 논의했다. 그는 매머드나 네안데르탈인의 DNA 추출물로 일루미나의 기술을 테스트해 보자는 내 의견에 동의했다. 사실 우리는 그러한 테스트를 이미 시작했다. 우리는 이 기술을 써 보고 싶은 마음에 몇 달 전인 2007년 2월 우리가 가진 최상의 매머드 DNA 추출물을 케임브리지의 생어 연구소에 있는 솔렉사 기계의 담당자인 제인 로저스Jane Rogers에게 보냈다. 하지만 아직 그녀로부터 소식이 오지 않았고, 콜드스프링하버에 다녀와서 마음이 급해진 나는 결과를 빨리 알려 달라고 생어 연구소의 담당자에게 조르기 시작했다.

6월 초에 데이터가 왔다. 그 서열을 살펴본 우리는 그 기술이 오류투성이인 듯해서 약간 실망했다. 회사에서도 이 문제를 개선하기 위해 열심히 노력하고 있었지만, 나는 그 기계들이 해독할 수 있는 DNA 단편 수가 많다는 것이 그러한 오류 비율을 상쇄시킬 수 있다고 생각했다. 원칙적으로 도서관에 있는 모든 DNA 단편을 여러 번 해독할 수 있으므로 오류를 찾아내어 무시하면 되는 것이었다.

불행히도 일루미나는 454처럼 자체 시퀀싱 센터를 운영하지 않아서 사용할 기계를 우리가 사야 했다. 하지만 이 기계는 수요가 많아 6개월 뒤에나 받아 볼 수 있었다. 그 무렵 이 기계는 70개의 뉴클레오티드를 읽을 수 있었지만 여전히 오류가 많았는데, 서열을 읽어 나갈수록 오류는 점점 더 자주 일어났다.

하지만 2008년에 기계의 성능이 개선되어 우리는 도서관에 있는 각각의 DNA 단편을 양쪽 끝에서 읽을 수 있게 되었다. 우리가 갖고 있는 네안데르탈인 DNA 단편의 평균 길이가 55개의 뉴클레오티드밖에는 되지 않으므로 우리는 각 DNA 서열을 양쪽 끝에서 각기 한 번씩 총 두 번을 읽을 수 있었다. 이는 각 단편의 대부분에서 우리가 믿을 수 있는 서열 정보를 얻는다는 뜻이었다.

일루미나 기계에서 생산된 데이터를 분석하는 일을 맡은 사람은 마르틴 키르허Martin Kircher였다. 그는 2007년 여름에 대학원생으로 재닛 켈소의 생물정보팀에 합류했다. 소년 같은 외모와 매력적인 미소 때문에 잘 알아차리기 어렵지만 내가 느끼기에 그는 자칫 오만해 보일 수 있을 만큼 자신감이 넘쳤다. 아마 그의 비공식적인 멘토인 우도의 영향 때문이었을 것이다. 처음에는 그 점이 엄청나게 거슬렸지만 그의 의견이 실제로 옳은 경우가 많다는 것을 점점 깨닫게 되었다. 기술적 문제들을 빨리 이해하고 시퀀싱 기계에서 나오는 데이터를 컴퓨터에 배분하고 그 기계들을 운영하는 기술진에게 피드백을 제공하는 그의 능력은 감탄을 불러일으켰다. 게다가 그는 믿을 수 없을 만큼 열심히 일했다. 시간이 갈수록 일루미나의 시퀀싱 기계를 돌리고 컴퓨터 분석을 처리하기 위해 나뿐 아니라 재닛과 다른 모든 사람이 마르틴에게 의존하게 되었다.

2008년 초가 되었을 때, 적절한 시간 내에 네안데르탈인 게놈의 해독을 끝내려면 454 기술을 완전히 포기할 필요가 있다는 것이 분명해졌다. 454 기계의 최대 장점은 긴 DNA 단편을 읽어 낼 수 있는 것이었지만, 우리가 갖고 있는 DNA 단편은 짧아서 그러한 장점이 이익으로 작용하지 않았다. 우리의 목표는 많은 양의 짧은 DNA 단편을 가능한 한 빨리 해독하는 것이었다. 그리고 그러한 대량 생산의 측면에서 일루미나는 454보다 확실히 한 수 위였다.

하지만 454 기술에서 다른 기술로 옮기는 것은 간단한 문제가 아니었다. 에드 그린과 여러 사람들이 그동안 454 데이터를 처리하는 프로그램을 만드느라 바쁘게 움직여 왔기 때문이다. 일루미나 기계로 바꾸면 데이터 처리 방법도 바꾸어야 하고 서로 다른 버전의 서열 데이터를 합쳐야 했다. 이 기술들은 너무 최신이라서 그러한 문제들을 해결할 수 있는 소프트웨어가 시중에 나와 있지 않았다. 이 모든 일을 우리가 직접 해야 했다.

2008년 여름이 다가오면서 이러한 문제들이 곪아 터졌다. 7월 중순은 우리가 기자회견을 한 지 2년이 되는 시점이었다. 우리가 마감을 지키지 못하게 된 것은 분명했지만 기자들이 연락해서 묻는다면 적어도 새 마감 시한을 제시할 수 있어야 했다. 이제 우리에게는 30억 개의 뉴클레오티드를 얻는 데 필요한 DNA 도서관을 만들 수 있을 만큼 충분한 뼈와 DNA 추출물이 있었지만 우리가 약속한 대로 게놈 전체를 해독할 방법은 일루미나 기계로 갈아타는 것밖에는 없었다.

결국 나는 시퀀싱 비용으로 454에 지불할 예정이던 돈 가운데 상당 부분을 떼어 일루미나 기계를 네 대 더 주문했다. 다섯 대의 기계가 동시에 돌아간다면 우리가 약속한 일을 해낼 수 있을 것이라고 생각했고 그 기계들이 당장 배달된다면 올해 말까지도 가능할 것 같았다. 그래서 나는 또다시 협업을 끝내기 위해 덴마크에서 열린 한 학회에서 454의 미켈 에그홀름을 만났다. 다행히 그는 내 생각을 이해해 주었지만, '오류투성이의 초미니 서열 조각'(그는 일루미나 기계가 생산하는 짧은 서열을 이렇게 비꼬았다)을 다루게 된 것을 후회할 것이라고 말했다.

감정적 부담이 심한 나날들을 보내던 중에 나는 잠시 일을 떠나 사적인 시간을 갖게 되어 기뻤다. 7월 1일 린다와 함께 하와이 섬의 코나로 갔다. 여행의 공식적인 이유(그리고 내가 연구실에 말한 이유)는 공로 학회 Academy of Achievement라는 모임에 초청받은 것이었다. 이 모임은 일년에 한 번씩 음악가, 정치인, 과학자, 작가, 그리고 전 세계에서 온 100명의 대학원생들이 한적하고 친밀한 공간에서 서로의 생각과 경험을 나누는 행사였다. 유명하고 현명한 사람들과 함께 며칠을 보내는 것도 좋았지만 내가 거기에 간 가장 큰 이유는 따로 있었다. 린다와 나는 이 기회를 이용해 결혼을 하기로 했다. 우리는 이 일을 한참 동안 미루고 있었는데, 그것은 내가 결혼을 한물간 형식으로 여겼기 때문이다. 이제 와서 결혼을 하기로 결정한 이유 중 하나는 독일 연금 제도와 관련하여 내가 그녀보다 먼저 죽을 경우에 대비하는 실용적인 이유 때문이었다.

하지만 우리는 이 의식을 사적으로 그리고 약간 색다르게 하고 싶었다. 우리는 우리가 상상할 수 있는 가장 아름다운 무대인 해변에서 뉴

에이지 목사를 불러 결혼식을 치렀다. 목사는 동서남북을 향해 소라고 둥을 길게 불며 하와이의 정령들을 불러내면서 식을 시작했다. 우리는 서로에게 서약을 했고 목사는 우리를 부부로 선언했다. 실용적인 고려로 결혼을 결정하게 됐지만 나는 결혼식을 통해 그동안 우리 사이에 깊어진 사랑을 확인할 수 있었다. 린다와 함께하면서부터 내 인생은 뮌헨에서 수도승 같은 교수 생활을 하던 과거에 비해 훨씬 더 풍요로워졌고 특히 2005년에 아들 루네가 태어나면서는 더더욱 그러했다.

해변에서 식을 올리고 나서 우리는 도보 여행을 떠났다. 린다가 하와이 섬의 한 공원에 위치한 인적이 드물면서도 아름다운 곳을 미리 알아 놓았다. 우리는 무거운 배낭을 메고 뜨거운 태양 아래를 걷기 시작해 달 표면 같은 용암대지를 지나 해변에 이르렀다. 그곳에서 나흘을 보내면서 원시적인 풍경으로 둘러싸인 해변에서 벌거벗은 채로 산책하고 물고기와 바다거북과 더불어 스노클링을 하고 해변과 야자나무 아래서 사랑을 나누었다. 마음을 어루만지는 듯한 태평양의 파도와 머리 위에서 바스락거리는 나뭇잎들을 벗 삼아 잠이 드는 순간만큼은 네안데르탈인이 살았던 아북극의 스텝이 아주 멀리 있는 듯했다. 그 시간은 내 인생에서 가장 극심한 압박에 시달리던 시기에 끼어든 완벽한 휴식이었다.

✄

하지만 하와이에서 보낸 막간의 휴식은 짧았다. 하와이에서 돌아오고 나서 그다음 주에 베를린에서 열린 세계유전학 회의에서 발표를 했다. 나는 게놈 서열의 해독을 위해 우리가 이루어 낸 기술적 진보와 mtDNA의 전체 서열을 해독한 결과를 설명했다. 그 밖에는 더 할 이야기가 없다는 게 안타까웠다. 그 회의에서 발표한 또 다른 연사는 인간 게놈 서열을 분석하는 공공사업을 주도한 사람 중 한 명인 에릭 랜더Eric Lander였다. 그의 통찰력과 명민함은 항상 나를 주눅 들게 했다. 나는 콜드스프링하버와 보스턴(그는 보스턴에서 잘나가는 유전체학 연구소인 브로드 연구소Broad Institute의 소장이었다)에서 그를 자주 만났으며 그의 조언으로부터 종종 도움을 받았다.

학회가 끝나고 나서 그는 우리 연구팀을 만나러 라이프치히로 왔다. 우리는 새로 주문한 네 대의 일루미나 기계를 아직 받지 못한 상태였고 현재 가지고 있는 한 대로는 원하는 속도로 데이터를 생산할 수 없었다. 기계를 한 번 돌리는 데 2주가 걸리는 데다 컴퓨터로 데이터를 처리하는 시간도 필요했기 때문이다. 다행히도 일루미나 기계의 신봉자인 에릭이 브로드 연구소에 그 기계를 여러 대 갖고 있었고 도와주겠다는 제안을 했다. 스스로 정한 마감까지 며칠밖에 남겨 두지 않았던 상황이라서 나는 망설일 것도 없이 그의 제안을 받아들였다. 마감 시간까지 끝내지 못하는 것은 분명했지만, 2008년 말까지 데이터를 생산한다면 적어도 우리가 말한 연도 내에는 그 일을 끝내게 되는 것이었다.

2년의 마감 시한이 다가오자 『네이처』와 『사이언스』는 네안데르탈인 게놈 프로젝트에 대한 논문을 자신들에게 제출하라고 유혹하기 시작했다. 나는 1996년에 최초의 네안데르탈인 mtDNA 서열을 발표할 때와 같이 『셀』에 제출하려고 했다. 『셀』이 더 진지한 분자생물학 학술지였기 때문이다. 하지만 두 학술지 중 한 곳에 제출하는 것을 고려해 볼 이유가 있었다. 모든 사람들 특히 그곳에 발표하면 자신들의 경력에 도움이 된다고 생각하는 학생과 박사후 연구생들이 그것을 바랐다.

6월에 『사이언스』의 편집자 로라 잔Laura Zahn이 네안데르탈인 논문에 대해 논의하기 위해 우리를 방문했다. 『사이언스』는 미국 과학진흥협회 American Association for the Advancement of Science, AAAS가 발간하는 학술지인데, 로라가 다녀간 직후에 그 협회 측으로부터 자신들의 연례 학회에서 네안데르탈인 연구에 대한 최우수 연구 발표를 해 달라는 초청을 받았다. 그 학회는 2009년 2월 12일부터 16일까지 시카고에서 열릴 예정이었다. 초청에 응한다면 새로운 마감 시한이 정해지는 것이었고 나는 그때까지는 마칠 자신이 있었다. 그래서 발표를 하겠다고 했고 이는 우리가 이변이 없는 한 그 논문을 『사이언스』에 발표한다는 뜻이었다.

항상 그렇듯이 일은 예정보다 늦어졌다. 네안데르탈인의 단편임을 알려 주는 특별한 꼬리표를 붙인 일루미나 스타일의 DNA 도서관 다섯 개를 생산했을 때는 10월 말이 되어 있었다. 우리는 각 도서관의 일부를 우리가 갖고 있는 일루미나 기계로 해독해서 도서관에 들어 있는 분자들의 수를 알아냈다. 그 도서관들에는 10억 개가 넘는 DNA 단편이 있었다. 이 정도면 게놈 서열을 완성하기 위해 필요한 단편을 충분히 제공할 수 있었다.

우리는 시퀀싱 작업을 위해 그 도서관들을 맞춤 프라이머와 함께 브로드 연구소로 보냈다. 하지만 그곳의 일루미나 기계에서 생산된 산물들을 분석하는 작업은 마르틴 키르허가 개발한 컴퓨터 프로그램으로 하기로 했다. 그의 프로그램은 일루미나가 제공하는 상업용 프로그램보다 오류를 적게 내면서 더 많은 뉴클레오티드를 읽을 수 있었다. 그런데 그의 프로그램이 필요로 하는 시퀀싱 데이터의 양이 너무 방대해서 인터넷으로는 전송할 수가 없어서 그것을 대용량 하드 드라이브에 담아 우편으로 받기로 했다.

2009년 1월 중순에 우리는 1차 시퀀싱 결과가 담긴 두 개의 하드 드라이브를 받아 보았다. 그런데 여기서 우리가 네안데르탈인 DNA 도서관에 사용한 특별한 꼬리표가 진가를 발휘했다. 마르틴은 브로드 연구소로부터 받은 몇 차례의 시퀀싱 결과 중 하나가 이 꼬리표를 달고 있는 서열을 전혀 포함하고 있지 않다는 것을 발견했다. 브로드 연구소에서 뭔가가 섞인 게 분명했다. 비상사태였다. 나는 네 대의 새 일루미나 기계가 들어와 있는 우리 연구실에서 시퀀싱 작업을 하는 방안을 고려해 보았다. 하지만 브로드 연구소에서 온 두 개의 하드 드라이브에 있는 다른 회차의 데이터들은 괜찮아 보여서 우리는 에릭에게 계속 맡기기로 했다. 마침내 2009년 2월 6일 18개의 하드 드라이브가 페덱스를 통해 도착했다. 여유가 별로 없었다. 6일 후인 12일에 미국 과학진흥협회 회의가 열릴 예정이었다.

마르틴, 에드, 그리고 우도가 브로드 연구소에서 보낸 데이터를 점검했다. 그 기계들이 생산한 서열 조각들은 우리가 붙인 꼬리표를 달고 있었고, 단편의 크기 분포는 우리가 자체적으로 시퀀싱 기계를 돌려서 확인한 것과 똑같았으며, 우도가 그 서열 조각들을 매핑한 결과도 우리가 라이프치히에서 생산한 데이터와 일치했다. 정말 다행이었다. 미국 과학진흥협회가 내 발표와 함께 기자회견까지 준비해 놓은 터라 나는 말할 게 없을까 봐 정말 두려웠다. 이제 네안데르탈인 게놈을 적어도 한 번씩 읽기 위해 필요한 서열을 생산해 냈다고 발표할 수 있었다.

하지만 나는 그 프로젝트를 최초로 발표하는 장소로 사회주의적 과거의 그늘에서 벗어나고 있는 도시인 라이프치히를 선택했던 것처럼 미국 과학진흥협회의 기자회견도 라이프치히에서 개최해야 한다고 생각했다. 그리고 454 라이프사이언스가 우리 프로젝트 초반에 기여한 공로를 인정하는 뜻으로 그들과 함께 기자회견을 준비하고 싶었다. 과학진

홍협회가 이에 동의하면서 우리는 2월 12일 라이프치히에서 454와 함께 기자회견을 열고, 시카고와는 비디오 연결을 통해 학회 참석자들과 시카고 언론의 질문을 받기로 했다. 그런 다음에 2월 15일로 예정된 발표를 위해 시카고로 갈 예정이었다.

이것을 준비할 수 있는 날이 엿새밖에 없었다. 언론 발표와 시카고 발표에서 나는 세계 최초로 멸종한 인류의 게놈을 보기 위해 우리가 극복해야 했던 기술적 장벽들을 주로 이야기할 생각이었다. 토미 마리치치가 방사능으로 표지한 DNA를 이용해 DNA 손실이 일어나는 단계들을 어떻게 찾아내 바로잡았는지, 우리 실험실의 멸균실에서 생산된 특별한 꼬리표를 붙인 DNA 도서관들이 시험 연구에서 나타났던 오염 문제를 어떻게 해결했는지, 에이드리언 브리그스와 필립 존슨의 자세한 연구가 어떻게 DNA 서열의 오류 패턴을 밝혀냈는지, 그리고 우도 슈텐첼과 에드 그린이 개발한 컴퓨터 프로그램이 어떻게 함정들을 피해 가며 네안데르탈인의 DNA 단편을 찾아내고 매핑할 수 있었는지를 말하려고 했다.

또 네안데르탈인에 대해서도 뭔가를 말하고 싶었다. 우리는 약 10억 개의 DNA 서열을 분석하는 것은 고사하고 매핑할 시간도 없었지만, 다행히 지난 6개월 동안 우도와 여러 사람들이 우리가 454 기술로 해독한 1억 개가 넘는 DNA 단편을 매핑해 두었다. 우리는 이 자료를 토대로 생물학적으로 중요한 몇 가지 사실을 알아낼 수 있었다.

오늘날의 현대인에게 나타나는 유전자 변종이 네안데르탈인으로부터의 유전자 이동에 의한 것이라고 다른 연구자들이 주장한 두 가지 경우에 대해 에드가 조사했다. 그중 하나는 17번 염색체상에 있는 90만 개 염기로 이루어진 거대 부위였다. 많은 유럽인들에게서 염색체의 이 부위가 거꾸로 뒤집혀 있다. 아이슬란드인의 훌륭한 족보 기록을 통해 이러한 역위가 여성들의 약간 더 높은 생식력과 관계가 있다는 것이 밝혀졌다. 이 역위된 형태가 몇몇 사람들이 추측하는 것처럼 네안데르탈인에게서 왔을까? 에드가 네안데르탈인 서열을 확인해 봤더니 우리 데이터에 포함된 네안데르탈인 세 개체의 서열에는 역위된 버전이 없었다. 물론 다른 네안데르탈인들이 역위된 변종을 지녀 그것을 유럽인들에게 전달했을 수도 있지만 그럴 가능성은 희박해 보였다.

두 번째는 돌연변이가 일어나면 뇌 크기를 엄청나게 줄이는 8번 염색체상의 한 유전자에 대한 것인데, 이 유전자는 전 세계의 정상인들에게서 여러 버전으로 존재한다. 그런데 유럽과 아시아에 흔한 변종이 네안데르탈인에게서 왔다는 주장이 있었다. 하지만 에드는 우리가 확보한 서열에 그 변종이 없다는 것을 확인했다. 따라서 이 두 사례에서는 네안데르탈인이 현대 유럽인에게 유전자를 기여한 정황이 전혀 없었다. 나는 우리가 10년 전에 미토콘드리아 DNA 데이터로 알아낸 사실과 일치하는 이 결론에 만족했다. 하지만 마지막 순간에 발견한 몇 가지 사실에서 도출된 결과는 정말 놀라운 것이었다.

4부

네안데르탈인은 우리 몸 안에 살아 있다
-유전자 이동과 이종교배 이야기-

Neanderthal Man
In Search of Lost Genomes

16
유전자가 흘러 갔을까?

비행기를 타고 시카고에서 라이프치히로 돌아오는 긴 시간 동안 나는 네안데르탈인 게놈 프로젝트의 현 상황을 냉정하게 평가해 보았다. 우리에게 필요한 DNA 서열은 모두 생산했지만 아직 할 일이 많았다. 첫 번째로 할 일은 일루미나의 기술로 서열을 해독한 모든 DNA 단편을 침팬지 게놈뿐 아니라 인간과 침팬지의 공통 조상의 게놈으로 재구성된 게놈에 매핑하는 작업이었다. 이제부터 라이프치히의 연구팀은 454 기계가 생산한 데이터를 처리하기 위해 개발한 에드와 우도의 알고리즘을 일루미나의 기계가 생산한 새로운 데이터에 맞추어 변경하는 일에 전념할 것이다.

이 일이 끝나면 네안데르탈인과 우리의 관계에 대해 여러 가지 질문을 던질 수 있을 터였다. 현생인류와 네안데르탈인은 언제 갈라졌는가? 서로 얼마나 다른가? 두 계통이 섞였는가? 오늘날의 인간과 네안데르탈인 사이에 흥미로운 방식으로 바뀐 유전자가 있는가? 그러한 질문에 답하기 위해서는 우리 연구팀에 있는 사람들보다 더 많은 인력이 필요했다. 우리는 세계 각지에서 온 많은 사람들이 필요했다.

✄

지난 2006년 나는 우리 프로젝트가 역사적인 시도임을 깨닫게 되었다. 이 프로젝트는 멸종한 인류의 게놈을 분석하는 최초의 사례일 뿐 아니라 소규모 학자들이 한 포유류의 전체 게놈을 분석하는 최초의 사례였기 때문이다. 이전에는 거대한 시퀀싱 센터들만이 그러한 프로젝트를 맡을 수 있었다. 심지어 그러한 거대한 센터들도 게놈의 이런저런 측면들을 분석하기 위해 다른 연구소들과 협력했다. 우리도 일종의 컨소시엄을 조직할 필요가 분명히 있었다. 어떤 전문가들이 필요하며 어떤 사람들과 일하고 싶은지 나는 생각해 보기 시작했다.

무엇보다도 집단유전학자들이 필요했다. 집단유전학자들은 한 종 또는 한 집단 내에 나타나는 DNA 서열 변이를 연구하고 그것을 토대로 과거에 그 종 또는 그 집단에 무슨 일이 일어났는지를 추론하는 유전학자들이다. 집단유전학자들은 집단이 언제 갈라졌는지, 그들이 유전자를 교환했는지, 그들에게 선택이 작용했는지에 대해 말할 수 있다. 우리 팀의 집단유전학자들인 미하엘 라흐만Michael Lachmann과 수잔 프탁이 이런 일들을 도울 수 있었지만, 우리는 더 많은 사람들의 조언이 필요했고 나는 최고들과 일하고 싶었다.

프로젝트가 출범하자마자 사람들에게 연락을 취하기 시작했다. 대부분 미국에 있는 사람들이었다. 내가 연락을 한 거의 모든 사람이 참여하고 싶어 했다. 이 프로젝트에 참여하는 것은 염기 서열을 해독하는 것이 불가능하다고 여겨지는 게놈을 연구할 수 있는 둘도 없는 기회였기 때문이다. 하지만 우리는 분석을 빨리 끝내기 위해 적어도 몇 달 동안은 이 프로젝트에만 전념할 수 있는 사람들이 필요했다. 나는 수개월에서 수년을 질질 끌었던 게놈 프로젝트들을 숱하게 보았던 터였다. 중요 연구진들이 상반되는 여러 가지 일을 했기 때문이다. 고맙게도 이런 취지를 밝히자 여러 사람들이 다른 할 일이 너무 많다는 사실을 깨닫고 프로젝트에서 빠져 주었다.

내가 우리 팀에 특별히 영입하고 싶었던 사람은 데이비드 라이시David Reich였다. 그는 하버드 대학교 의과대학의 젊은 교수였고 비정통파 집단유전학자였다. 그는 처음에는 하버드에서 물리학을 공부하다가 옥스퍼드 대학교에서 유전학으로 박사 학위를 받았다. 나는 2006년 9월 데이비드를 라이프치히로 초청했고, 그는 자신과 동료들이 그해 여름에 『네이처』에 발표한 논란의 여지가 있는 논문[1]에 대한 강연을 했다. 그들은 그 논문에서 인류가 되는 집단과 침팬지가 되는 집단이 처음에 갈라졌다가 100만 년쯤 지나서 다시 만나 유전자를 교환한 뒤에 영구히 갈라졌다는 가설을 제안했다.

나는 데이비드와 이야기하는 것이 큰 자극이 된다는 것을 알았다. 사실 그의 지적 능력은 겁이 날 정도였다. 무서운 기세로 쏟아져 나오는 그의 생각과 가설들을 따라가는 것은 버거운 일이었으며 때로는 거의 불가능했다. 하지만 이러한 공격적일 정도의 지적 면모와 상반되게 그는 상상할 수 있는 가장 친절하고 부드러운 사람이었다. 그는 과거나 지금이나 학계의 명성에는 놀랍도록 무관심했다. 나 역시 학계에서의 위치와 연구비는 흥미로운 문제들에 대한 좋은 연구를 하면 따라오기 마련이라고 믿었다.

그가 라이프치히에 있는 동안 나는 그와 함께 네안데르탈인 프로젝트에 대해 이야기했고 보스턴으로 돌아가는 비행기 안에서 읽어 보라고 우리의 시험 연구에 관한 논문을 주었다. 며칠 뒤 나는 그 논문에 대한 여섯 쪽에 걸친 자세한 논평을 받아 보았다. 그는 네안데르탈인 게놈을 함께 연구하기에 이상적인 후보임이 분명했다.

사실 데이비드와 함께 일한다는 것은 그의 뛰어난 두뇌뿐 아니라 그와 가까운 동료인 닉 패터슨Nick Patterson의 독보적인 능력까지 우리 프로젝트에 끌어올 수 있다는 뜻이었다. 닉은 데이비드보다 더 특이한 경력을 갖고 있었다. 그는 영국의 케임브리지 대학교에서 수학을 공부한 다음에 영국 정보국에서 암호학자로 20년 넘게 일했다. 내가 만난 몇몇 사람들은 당시 그가 영국과 미국의 정보계에서 최고의 암호 해독자들 중 하나로 이름을 날렸다고 말했다. 비밀스러운 정보계를 떠난 후 그는 금융 시장을 예측하는 일로 관심을 돌렸다. 2000년이 되었을 때는 여생을 안락하게 보낼 수 있을 만큼 큰돈을 월스트리트에서 벌었다. 언제나 지적 호기심에 넘치는 그는 보스턴에 있는 지금의 브로드 연구소로 갔다. 그곳에서 홍수처럼 쏟아져 나오는 게놈 서열에 자신의 암호 해독 능력을 활용하기 위해서였다. 보스턴에서 그는 결국 데이비드와 함께 일하게 되었다.

닉은 어린아이가 상상하는 뛰어난 과학자의 모습에 딱 맞는 사람이다. 타고난 뼈 질환 때문에 머리가 비정상적으로 커 보이고 눈은 각기 다른 방향을 향하고 있다. 그래서 늘 고차원적인 수학 문제들을 생각하고 있는 사람처럼 보인다. 나는 그가 불교신자라는 사실도 알게 되었다. 나 역시 비록 헌신적인 신자가 되지는 못했지만 오래전부터 선불교에 관심이 있었다.

닉에게는 방대한 양의 데이터에 감추어져 있는 패턴을 식별하는 특별한 능력이 있었다. 나는 닉과 데이비드를 우리 프로젝트에 끌어들인다는 생각에 너무 들뜬 나머지 만일 본인들의 시간 중에서 적어도 75퍼센트를 라이프치히에서 보낸다면 프로젝트가 끝날 때까지 두 사람을 고용하겠다고 제안했다. 그들은 이 제안을 수락할 수 없었지만 네안데르탈인의 게놈에 가능한 한 많은 관심을 쏟겠다고 약속했다. 실제로 그들은 내 기대 이상으로 이 약속을 지켰다.

내가 영입하고 싶었던 또 다른 집단유전학자는 '몬티Monty'라고도 불리는 몽고메리 슬랏킨이었다. 그는 UC 버클리에 재직하고 있었는데, 1980년대에 그곳의 앨런 윌슨 연구실에서 박사후 과정을 밟고 있을 때 그를 처음 만났다. 몬티는 오랜 경력의 뛰어난 수리생물학자였으며 지혜와 경험이 풍부한 사람들의 특징인 침착함과 균형 감각을 갖추고 있었다. 그는 제각기 자기 연구팀을 이끌게 된 뛰어난 학생들을 많이 길러냈는데, 당시 그의 연구실에 있던 더 젊은 학생들도 앞날이 유망했다. 대표적인 학생이 필립 존슨이었다. 그는 나중에 에이드리언 브리그스와 함께 네안데르탈인 게놈 서열에 나타나는 오류 패턴을 알아내게 된다.(14장을 보라.)

나는 몬티가 우리 컨소시엄에 참여하고 싶어 한다는 것이 기뻤다. 무엇보다 그의 과학적 스타일이 데이비드와 닉의 스타일에 균형을 잡아줄 수 있을 것 같았기 때문이다. 데이비드와 닉은 과거에 집단이 겪은 사건들을 추론하는 영리한 알고리즘을 짜는 것을 좋아하는 반면, 몬티는 분명한 개체군 모델을 구축한 다음에 그 모델이 DNA 서열에 나타나는 변이와 맞는지 검증하는 것을 좋아했다.

✂

우리의 컨소시엄이 풀어야 할 첫 번째 질문은 가장 뜨거운 논란거리인 '오늘날 유럽에 살고 있는 사람들에게 네안데르탈인의 피가 섞여 있는가?'라는 문제였다. 따지고 보면 네안데르탈인은 현생인류가 약 4만 년 전에 출현할 때까지 유럽 전역에 살았고 몇몇 고생물학자들은 유럽에 살았던 초기 현생인류의 골격에서 네안데르탈인의 형질을 보았다고 주장했다. 하지만 고생물학자들 대다수는 이 견해에 동의하지 않았고, 우리도 네안데르탈인의 mtDNA를 분석한 1997년 논문에서 네안데르탈인의 DNA가 현대 유럽인들에게 전달되었다는 증거가 없다고 밝혔다. 핵 게놈을 분석하는 것만이 이 질문에 확실한 답을 줄 수 있었다.

왜 핵 게놈을 분석하는 것이 mtDNA를 분석하는 것보다 훨씬 더 확실한 방법일까. 이를 이해하려면 핵 게놈은 30억 개가 넘는 뉴클레오티드로 이루어져 있는 반면에 mtDNA 게놈은 단지 1만 6500개의 뉴클레오티드로 이루어져 있다는 사실을 기억할 필요가 있다. 게다가 핵 게놈은 세대마다 새로 섞인다. 쌍을 이루는 각각의 염색체가 짝 염색체와 조각들을 교환하고 각각의 염색체는 나머지 염색체들과 독립적으로 자손에게 전달되기 때문이다.

핵 게놈은 크기가 큰 데다 이렇게 세대마다 새로 섞이는 탓에 두 집단이 조금만 섞여도 대개는 그 사실을 확인할 수 있다. 만일 한 아이가 네안데르탈인과 현생인류 사이의 결합으로 태어났다면 DNA의 약 50퍼센트씩을 두 집단으로부터 각각 얻을 것이다. 또 이때 태어난 아이가 현생인류 집단에서 자란 다음에 현생인류의 구성원과 결혼해 자식을 낳는다면 그 자식들의 DNA 가운데 평균 25퍼센트가 네안데르탈인의 DNA일 것이고, 손자들은 DNA의 12.5퍼센트, 증손자들은 6퍼센트가 네안데르탈인의 DNA일 것이다. 이 가설처럼 기여분이 빠르게 감소한다 해도 게놈의 6퍼센트는 여전히 1억 개가 넘는 뉴클레오티드에 해당한다.

게다가 결국에는 네안데르탈인의 DNA가 집단 내에 퍼져서 모든 구성원이 그것의 일정 비율을 갖게 된다. 그 시점이 되면 한 아이의 양친이 대략 비슷한 비율의 네안데르탈인 DNA를 갖고 있을 때 그 DNA는 더 희석되지 않고 집단 내에 계속 남는다.

또 이종교배가 일어났다면 한 번만 일어났을 리가 없다. 그리고 이종교배로 태어난 자식들의 집단이 팽창하기 시작한다면, 그래서 다음 세대에서 한 명당 한 명 이상의 자식을 낳는다면 그 기여분은 사라지기 어려울 것이다. 우리는 현생인류 집단이 유럽에 와서 네안데르탈인을 대체한 후에 팽창했다고 알고 있다. 따라서 나는 네안데르탈인의 DNA가 조금만 전달되더라도 그것을 볼 수 있을 것이라고 확신했다. 하지만 mtDNA는 그러한 흔적을 전혀 보여 주지 않았으므로 나는 유전적 기여가 전혀 없었다고 생각할 수밖에 없었다.

네안데르탈인의 DNA가 전달되지 않았을 것이라고 생각한 한 가지 이유는 어떤 생물학적 문제가 성공적인 짝짓기를 방해했을 수도 있다고 생각했기 때문이다. 네안데르탈인과 현생인류가 섹스한 것은 거의 확실하지만—인간의 집단 중에 그렇지 않은 집단이 있는가?—이따금 어떤 요인이 그 자식들의 생식력을 떨어뜨렸을지도 모른다는 생각이 들었다.

예컨대 인간은 23쌍의 염색체를 갖고 있는 반면에 침팬지와 고릴라는 24쌍을 갖고 있다. 우리가 갖고 있는 가장 큰 염색체들 중 하나인 2번 염색체가 유인원들이 갖고 있는 더 작은 염색체 두 개가 합쳐져 생겼기 때문이다. 진화의 과정에서 그러한 염색체 재배열이 때때로 일어나며 일반적으로는 게놈의 기능에는 아무런 영향을 미치지 않는다. 하지만 염색체 개수가 서로 다른 두 개체가 결합해서 낳은 잡종은 대개 자식을 갖는 데 어려움을 겪는다. 만일 2번 염색체를 만든 염색체 융합이 현생인류가 네안데르탈인과 갈라진 이후에 일어났다면, 우리가 그들과 이종 교배를 했어도 거기서 태어난 자식들은 후대를 남기지 못했을 테고 그러면 네안데르탈인의 DNA가 전달되지 못했을 것이다.

하지만 이것은 그저 생각일 뿐이었는데, 이제는 우리가 확실히 알아낼 수 있기를 바랐다. 그리고 그것을 알아낼 가장 좋은 방법은 네안데르탈인의 게놈을 현대인의 게놈과 비교해서 그것이 네안데르탈인이 살지 않았던 아프리카의 사람들보다 네안데르탈인이 살았던 유럽의 사람들과 더 비슷한지 조사해 보는 것이었다.

✂

2006년 10월에 데이비드와 닉은 이미 프로젝트에 깊이 몰두해 있었다. 그들은 컨소시엄의 구성원 중 한 명인 짐 뮬리킨Jim Mullikin과 함께 일했다. 짐은 미국 메릴랜드 주 베서스다에 있는 국립인간게놈연구소National Human Gemone Research Institute, NHGRI의 소장이었다. 그는 부드러운 말투를 가진 사람으로 우리 프로젝트에 엄청난 도움을 주었다. 그는 곰돌이 푸를 연상시켰는데, 물론 이 다정한 곰의 대단히 유능한 버전이라고 할 수 있었다.

짐은 현대 유럽인과 아프리카인 여러 명의 게놈을 해독했다. 이 게놈들을 네안데르탈인의 게놈과 비교하기 위해 그는 그 사람들을 둘씩 묶어서 둘 중 한 명의 뉴클레오티드가 다른 한 명과 다른 위치를 찾아냈다. 그러한 위치를 앞에서 말했듯이 단일염기다형성 또는 SNP라고 부르는데, 이것은 거의 모든 유전적 분석의 바탕이 된다. 나는 1999년에 알렉스 그린우드가 빙하기의 SNP를 최초로 발견했을 때 흥분에 휩싸였던 일이 기억났다.(9장을 보라.) 알렉스는 그때 매머드에서 핵 DNA 서열을 복구해 낸 다음에 한 쌍의 매머드 염색체 각각에 서로 다른 뉴클레오티드가 있는 위치 한 곳을 찾아냈다.

이제 우리는 인간에게서 확인된 SNP 수십만 개를 분석해서 매머드가 살았던 빙하기보다 훨씬 더 오래전인 약 4만 년 전에 네안데르탈인들이 어떤 버전을 갖고 있었는지 확인하고 싶었다. 우리는 수년 동안 이 목표를 향해 달려왔지만 아직까지는 그것이 공상과학소설 같기만 했다.

SNP를 이용해서 네안데르탈인과 현생인류 사이에 있었을지도 모르는 이종교배의 흔적들을 찾기 위해 우리는 최초의 네안데르탈인 mtDNA를 분석한 1996년 당시의 기본 논리로 되돌아갔다. 그때 우리는 네안데르탈인들이 유럽과 서아시아에만 살았던 것으로 알려져 있으므로 만일 그들의 mtDNA가 건너가는 일이 있었다면 그곳에서 일어났을 것이라고 주장했다. 따라서 만일 네안데르탈인과 현생인류가 이종교배를 했다면 일부 유럽인들은 약 3만 년 전까지 네안데르탈인의 몸에 있었던 mtDNA를 지니고 다닐 것이다. 그렇다면 네안데르탈인의 mtDNA는 아프리카 사람들에게서 발견되는 mtDNA보다 일부 유럽인들에게서 발견되는 mtDNA와 평균적으로 더 비슷할 것이다. 하지만 우리는 당시 이 사실을 확인하지 못했고 따라서 네안데르탈인의 mtDNA가 전달되지 않았다는 결론을 내렸다.

핵 게놈의 경우에도 똑같은 논증이 성립한다. 만일 네안데르탈인의 DNA가 세계 어느 지역의 현대인에게도 전달되지 않았다면 많은 사람들을 대상으로 게놈의 많은 SNP들을 비교해 보면 네안데르탈인들이 모든 집단과 평균적으로 같은 수의 뉴클레오티드 차이를 지닐 것이다. 반면에 네안데르탈인의 DNA가 일부 집단에 전달되었다면 그 집단의 게놈이 다른 집단의 게놈보다 네안데르탈인의 게놈과 평균적으로 더 비슷할 것이다.

따라서 데이비드와 닉 그리고 짐은 이미 짐이 게놈 서열을 해독해 놓은 아프리카인들 중 한 명이 유럽인들 중 한 명과 서로 다른 뉴클레오티드를 지니고 있는 SNP를 찾아보기로 했다. 그런 다음에 그들은 네안데르탈인의 게놈이 아프리카인의 게놈 및 유럽인의 게놈과 각기 일치하는 위치를 세어 보기로 했다. 네안데르탈인이 유럽인과 더 비슷하다면 그것은 네안데르탈인에게서 유럽인의 조상들로 유전자가 흘러갔다는 증거가 될 터였다.

2007년 4월 콜드스프링하버 게놈 회의를 준비하면서 짐과 데이비드는 우리가 454 기술로 생산한 네안데르탈인 서열에 대한 첫 번째 분석 결과를 내게 보냈다. 자신들의 분석 방법을 검증하기 위해 그들은 먼저 현대 유럽인과 아프리카인이 서로 다른 뉴클레오티드를 지니고 있는 SNP 위치들에서 또 다른 현대 유럽인 한 명이 어떤 뉴클레오티드를 갖고 있는지를 분석했다. 분석 결과 그 유럽인은 다른 유럽인과 SNP의 62퍼센트가 일치한 반면에 아프리카인과는 SNP의 38퍼센트가 일치했다. 따라서 예상대로 같은 지역 사람들끼리는 출신 지역이 다른 사람들끼리보다 평균적으로 서로 더 많은 SNP 변종들을 공유했다.

그런 다음에 짐과 데이비드는 그 유럽인과 아프리카인이 서로 다른 뉴클레오티드를 갖고 있는 269개 SNP 위치를 네안데르탈인의 서열과 비교했는데, 네안데르탈인은 134개 위치에서 유럽인과 일치했고 135개 위치에서 아프리카인과 일치했다. 이것은 50대 50에 거의 근접한 비율이었고, 이종교배가 없었다는 내 이전의 생각과 완벽하게 일치했다.

나는 이 결과가 또 한 가지 이유에서도 반가웠다. 우리가 확보한 서열이 유럽인과 아프리카인으로부터 똑같은 유전적 거리를 갖고 있는 한 개체의 DNA임을 의미했기 때문이다. 요컨대 우리가 얻은 네안데르탈인 서열 사이에 오염되어 들어온 현대인의 DNA가 그리 많지 않다는 뜻이었다. 오염이 많았다면 그 오염된 DNA는 유럽인에게서 왔을 가능성이 높고, 그렇다면 그 네안데르탈인이 아프리카인보다 유럽인과 더 비슷하게 보였을 것이다.

콜드스프링하버 게놈 회의를 하루 앞둔 2007년 5월 8일 '네안데르탈인 게놈 분석 컨소시엄 Neanderthal Genome Analysis Consortium'이라는 공식 명칭이 붙은 이 회의의 모든 구성원들이 처음으로 콜드스프링하버에서 만났다. 나는 그 회의를 시작하면서 맨 먼저 DNA 도서관이 우리 연구실의 멸균실을 떠난 후 발생하는 오염을 배제하기 위해 우리가 도입한 꼬리표에 대해 설명했다. 또한 세 곳의 고고학 유적지들(12장을 보라)과 데이터를 생산해 낸 뼈들에 대해 이야기했다. 우리는 DNA 도서관에 꼬리표를 붙이는 새로운 방식으로 빈디자 동굴의 표본으로부터 네안데르탈인 DNA의 120만 개 뉴클레오티드를 해독했다. 또 우리가 1997년에 mtDNA의 한 부위를 분석한 독일의 네안더 계곡에서 나온 기준표본으로부터 약 40만 개의 뉴클레오티드를 얻었다. 그리고 마지막으로 하비에르 포르테아 Javier Fortea와 그의 팀이 스페인 동굴 엘 시드론에서 우리를 위한 멸균 조건 아래서 수집한 뼈에서 30만 개의 뉴클레오티드를 얻었다.

네안데르탈인의 유해가 나온 유적지들에 대한 이야기는 우리가 뼈에서 DNA를 어떻게 추출해 염기 서열을 해독했는지, 그리고 이 염기 서열을 어떻게 분석하는지와 같은 난해하고 딱딱한 기술적 이야기들 속에서 반가운 완충제 역할을 했다. 유럽인과 아프리카인이 네안데르탈인으로부터 유전적으로 똑같이 멀다는 사실에 모두가 깊은 인상을 받은 듯했지만, 데이비드 라이시는 겨우 269개의 SNP를 가지고 우리가 확실히 이야기할 수 있는 사실은 네안데르탈인이 유럽인에게 커다란 유전적 기여를 한 것은 아니라는 점뿐이라고 지적했다.

실제로 SNP가 유럽인과 일치할 확률로 추산된 49.8퍼센트에 90퍼센트의 신뢰구간을 적용하면 45~55퍼센트였다. 즉 90퍼센트 신뢰구간이 정확하다면 우리가 말할 수 있는 사실은 네안데르탈인이 유럽인에게 게놈의 5퍼센트 이상을 기여하지 않았다는 것뿐이었다. 다시 말하면 네안데르탈인이 5퍼센트 이상의 게놈을 기여했을 확률이 10퍼센트는 있었다.

나는 이렇게 불확실성의 수준을 계산할 수 있다는 점만으로도 분자 유전학적 분석이 고생물학적 분석보다 확실한 우위에 있다고 생각했다. 만일 네안데르탈인 뼈의 형태, 모양, 구멍, 융기부를 가지고 토론하고 있었다면 우리는 스스로 발견한 것을 얼마나 확신할 수 있는지 현실적으로 계산할 수 없었을 것이다. 또 더 많은 데이터를 모으면 이 문제를 더 높은 신뢰도로 해결할 수 있다고 자신할 수도 없을 것이다. 하지만 DNA를 가지고 이야기할 때는 그것이 가능했다.

데이비드는 짐이 현대인들에게서 찾아낸 SNP를 다른 분석들에도 이용했다. 그는 각 SNP의 DNA 서열을 침팬지의 서열과 비교해서 두 변종 즉 두 대립인자 중 어떤 것이 조상형이고 어떤 것이 파생형인지 알아냈다. 네안데르탈인 집단이 현생인류 집단과 갈라진 것은 먼 옛날이므로 네안데르탈인은 SNP 위치에 오늘날 현대인에게서 발견되는 새로운 파생형 대립인자를 더 적게 지니고 있을 것이다. 데이비드가 아프리카인에게서 발견된 951개 SNP를 분석한 결과 지금의 유럽인은 그 SNP의 31.9퍼센트에 새로운 대립인자를 지니고 있었다. 그리고 네안데르탈인의 서열을 분석해 보니 네안데르탈인은 현대 유럽인의 약 절반인 17.1퍼센트에 새로운 대립인자를 갖고 있었다. 시간이 흐름에 따라 인구가 일정하게 성장했다는 것을 포함한 몇 가지 사실을 가정한다면 이 결과로 부터 네안데르탈인들이 약 30만 년 전에 아프리카인들로부터 갈라졌음을 유추할 수 있었다.

나는 이 결과가 반가웠다. 우리가 해독한 서열은 오늘날 살고 있는 사람들의 역사와 매우 다른 역사를 지닌 생명체에서 나온 것이 분명했기 때문이다. 하지만 데이비드는 우리가 갖고 있는 데이터는 아직 충분하지 않다는 사실을 다시 한 번 지적하면서 내 열광에 찬물을 끼얹었다. 실제로 90퍼센트의 신뢰구간을 적용하면 네안데르탈인의 새로운 대립인자 비율은 11~26퍼센트였다. 그렇다 해도 우리가 제대로 가고 있는 것만은 분명했다.

✄

우리가 시퀀싱 기계를 일루미나의 것으로 바꾸고 훨씬 더 빠른 속도로 DNA 서열을 생산하기 시작하고부터 한 달에 두 번 하던 컨소시엄과의 전화 회의가 더 길어져서 우리는 매주 회의를 가졌다. 미국 과학진흥협회AAAS 회의가 눈앞으로 다가왔던 2009년 1월에 나는 데이비드와 닉에게 454의 기계가 생산한 서열을 빨리 분석해 달라고 부탁했다. 그것은 우리가 확보한 총 데이터의 약 20퍼센트에 해당하는 분량이었다. 그때까지도 나는 네안데르탈인과 현생인류 사이에는 이종교배가 일어나지 않았다고 생각했지만, 네안데르탈인이 유럽인에게 유전적 기여를 했다는 증거는 찾아내지 못했어도 혹시 기여를 했다면 최대가 얼마쯤일지 일단 추산이라도 해 보고 싶었다. 데이비드에게 그것을 부탁했다. 다시 말해 우리는 얼마 이상은 기여하지 않았다고 말할 수 있을까? 나는 기자회견과 AAAS 회의에서 그 수치를 제시하고 싶었다.

2009년 2월 나는 데이비드에게 이메일을 받았다. "네안데르탈인의 게놈 서열이 아프리카인들보다 비아프리카인들과 더 비슷하다는 유력한 증거를 확보했습니다." 나는 너무 놀랐다. 데이비드는 우리가 확보한 네안데르탈인의 서열이 SNP의 51.3퍼센트에서 유럽인과 일치한다는 것을 발견했다. 50퍼센트와 별로 다르지 않은 숫자처럼 보이겠지만 현재 우리는 충분한 데이터를 확보했기 때문에 불확실성은 0.22퍼센트에 불과했다. 즉 51.3퍼센트에서 0.22를 빼도 50퍼센트보다는 높다는 뜻이었다. 나는 생각을 바꿔 네안데르탈인과 유럽인의 조상들이 유전적으로 섞였음을 인정해야 했다.

하지만 그러한 분석이 어딘가 잘못되었을지도 모른다는 의문을 불러일으키는 결과도 있었다. 데이비드가 중국인과 아프리카인의 게놈을 비교했을 때 중국에 네안데르탈인이 살았던 적이 없었음에도 네안데르탈인의 게놈은 중국인과 51.54퍼센트가 일치했고 불확실성은 0.28퍼센트였다. 데이비드 본인도 이 결과에 흥미와 불안을 동시에 느꼈다. 우리는 이 사실이 매우 흥미로운 것이기는 하지만 우리가 얻은 결과가 크게 잘못된 것일 수 있다는 데에 동의했다.

우리는 엄청난 양의 이메일을 주고받았고 결국 기자회견과 AAAS 모임에서는 네안데르탈인과 유럽인이 섞였다는 연구 결과를 비밀로 하기로 했다. 이 사실을 언급한다면 모든 언론 매체가 그것을 보도할 텐데, 그러다 나중에 오류라는 게 밝혀지면 우리는 실없는 사람들이 될 것이다. 나는 시카고에서는 덜 뜨거운 화제들에 대해 이야기하기로 했다. 이종교배의 가능성에 대한 이야기는 AAAS 회의 직후에 크로아티아에서 열릴 예정인 컨소시엄의 회의로 미루었다.

17

머리를 맞대다

시카고에서 돌아온 이틀 뒤에 나는 다시 비행기를 탔다. 이
번에는 크로아티아 과학·예술 아카데미에서 네안데르탈인 게놈 프로
젝트에 관한 강연을 하기 위해 자그레브로 가는 길이었다. 그리고 다음
날 남쪽의 두브로브니크로 갔다. 우리 컨소시엄과 크로아티아의 공동
연구팀이 그 도시 외곽의 해안가에 있는 한 호텔에서 만나기로 되어 있
었다. 우리가 그곳에 가는 것은 단지 축하하기 위해서가 아니라 네안데
르탈인의 게놈을 어떻게 분석해 발표할 것인지 결정하기 위해서였다.

하지만 두브로브니크로 가는 비행은 순조롭지 않았다. 두브로브니크
공항은 산과 바다 사이에 끼어 있어서 옆으로 받는 바람이 심하기로 악
명 높다. 미국 상무장관 론 브라운이 1996년 비행기 사고로 죽은 곳이
바로 이 공항이었다. 미국 공군의 조사 결과 비행기 추락의 원인은 조종
사의 실수와 잘못 설계된 계기접근착륙장치 때문으로 밝혀졌다. 우리

가 그 공항으로 접근할 때도 바람이 불어 비행기가 흔들렸지만 크로아티아인 조종사는 현명한 판단으로 착륙을 시도하지 않았다. 그리고 약 230킬로미터 떨어진 곳으로 크로아티아에서 자그레브 다음으로 큰 도시인 스플리트로 비행했다. 우리는 저녁 늦게 그곳에 도착해서 비좁은 버스에 끼어 타고 밤새도록 달려 두브로브니크로 갔다. 그 때문에 9시에 시작하는 첫 세션에서는 엄청나게 피곤했다.

비록 피곤하긴 했지만 우리 컨소시엄 구성원의 거의 전부인 25명이 회의실에 모여 있는 것을 보자 기운이 났다.(그림 17.1을 보라.) 이제부터 우리는 우리가 알아낸 4만 년 전의 DNA 서열에 담긴 정보를 함께 밝혀낼 예정이었다. 내가 먼저 우리 손에 있는 데이터에 대한 개요를 제시했다. 이어서 토미가 DNA 도서관을 어떻게 준비했는지에 대한 기술적인 설명을 했다. 에드는 2006년 우리가 첫 번째 논문을 준비할 때 우리를 괴롭혔던 문제인 현대인 DNA의 오염 수준을 어떻게 추산했는지를 설명했다. '전통적인' mtDNA 분석 방법으로 조사한 결과 오염 수준은 0.3퍼센트였다.

그리고 이 모임이 열리기 전에 우리는 mtDNA를 기준으로 하지 않는 또 다른 분석 방법을 고안한 상태였다. 네안데르탈인 게놈의 특정 부분들—특히 성염색체 X와 Y—에서 얻은 많은 수의 DNA 단편을 이용하는 방법이었다. 여성은 X염색체를 두 개 지니고 있는 반면에 남성은 X염색체 한 개와 Y염색체 한 개를 지니고 있기 때문에 만일 어떤 뼈가 여성의 것이라면 X염색체의 단편만 있고 Y염색체의 단편은 없어야 한다. 그러므로 여성의 뼈로 만든 DNA 도서관에서 Y염색체의 단편이 나온다면 그것은 현대인 남성의 DNA로 오염되었다는 뜻일 것이다.

라이프치히의 연구실의 금요일 회의에서 제안된 이 분석 방법은 처음에는 간단한 일처럼 들렸다. 하지만 에드가 진행했던 수많은 일들이 그

그림 17.1

2009년 2월 크로아티아 두브로브니크에서 열린 컨소시엄 회의.

(사진: 스반테 페보, 막스플랑크 진화인류학연구소MPI-EVA)

랬듯이 그리 간단하지 않았다. 문제는 X염색체와 Y염색체가 형태적으로는 구별되지만 일부 부위들이 서로 가까운 진화적 관계를 갖고 있다는 점이었다. 이러한 관계 때문에 두 염색체가 공유하는 DNA 부위는 우리가 짧은 DNA 단편을 매핑할 때 분석에 혼란을 초래할 수 있었다.

이 문제를 피하기 위해 에드는 비록 30개 뉴클레오티드 길이의 작은 조각들로 분절시키기는 했지만 게놈 내의 어떤 부분과도 비슷하지 않은 Y염색체상의 뉴클레오티드 11만 1132개를 찾아냈다. 에드는 네안데르탈인의 DNA 단편 중에서 이 Y염색체 서열을 지니고 있는 단편을 딱 네 개 찾아냈다. 우리가 이용한 뼈들이 모두 남성의 것이라면 666개를 발견해야 했다. 따라서 그는 세 점의 뼈 모두가 여성 네안데르탈인의 것이며 Y염색체상의 DNA 단편 네 개는 오염된 DNA에서 비롯된 것이라고 추론했다. 즉 현대인 남성의 DNA로부터 약 0.6퍼센트의 오염이 발생했다는 뜻이었다. 물론 이 값은 완벽한 것은 아니었는데, 우리가 남성 DNA의 오염만을 찾아낼 수 있었기 때문이다. 하지만 이 결과는 오염 수준이 낮으며 오염률이 우리가 mtDNA에서 추산한 값과 비슷하다는 것을 알려 주었다.

우리는 오염 수준을 추산하는 다른 방법들에 대해서도 논의했다. 버클리의 몬티 슬랫킨 연구팀에서 온 필립 존슨이 한 가지 방법을 제안했다. 현대인 대부분은 새로 생긴 뉴클레오티드(파생형 대립인자)를 갖고 있고 네안데르탈인은 유인원에 있는 뉴클레오티드(조상형 대립인자)를 갖고 있는 위치들을 찾아보는 방법이었다. 그런 다음에 같은 네안데르탈인 개체 또는 다른 네안데르탈인 개체로부터 나온 다른 DNA 단편이 조상형을 갖고 있지 않은 사례들을 찾아서 이것이 네안데르탈인들 사이의 일반적인 변이 때문인지, 시퀀싱 오류 때문인지, 아니면 현대인의 DNA에 오염되었기 때문인지 각각의 가능성을 수학적인 모델로 만들어 보는 것이다. 필립이 나중에 이러한 모델을 만들어 본 결과 오염 수준은 이번에도 1퍼센트 이하로 나왔다. 우리는 마침내 오염 수준에 대한 신뢰할 수 있는 값을 얻었고, 이 값에 따르면 우리가 확보한 서열의 순도는 높았다!

마르틴은 일루미나 기계가 생산한 아직 매핑하지 않은 데이터에 대해 이야기했다. 이 데이터는 시퀀싱 기계가 읽어 낸 모든 단편의 80퍼센트가 넘는 분량으로 거의 10억 개의 DNA 단편에 달했다. 논의의 초점은 이 단편을 독일에 있는 컴퓨터들로 빠르게 매핑할 수 있게끔 컴퓨터 알고리즘을 변형하는 것과 관련하여 우도가 직면한 난관들에 맞추어졌다. 전체 게놈을 분석하는 작업은 우도가 모든 단편을 매핑해야 시작할 수 있었지만, 그래도 우리는 이 일을 어떤 식으로 해야 할지 논의했다.

가장 먼저 해결해야 할 문제는 네안데르탈인의 게놈이 현대인의 게놈과 얼마나 다른가였다. 간단한 것처럼 보이지만 네안데르탈인 서열의 오류 때문에 답하기 쉽지 않은 문제였다. 오류의 원인은 고대 DNA에 일어난 뉴클레오티드 변형 때문일 수도 있고 시퀀싱 기술의 오류 때문일 수도 있었다. 일루미나의 기계는 뉴클레오티드 100개당 1개씩 오류를 냈다. 이 한계를 보완하기 위해 우리는 고대 DNA 분자들을 각기 여러 번 해독했다. 그래도 네안데르탈인 DNA 서열에 있는 오류는 '최고의 모범gold standard'으로 여겨지는 인간 참조 게놈의 서열에서보다 약 5배 많았다. 이 상태에서 네안데르탈인의 게놈과 인간의 게놈 사이에 서로 다른 뉴클레오티드가 몇 개인지 센다는 것은 우리가 얻은 네안데르탈인 게놈에 있는 오류가 몇 개인지 세는 것과 같은 결과가 될 터였다.

에드는 이 문제를 해결할 방법을 찾았다. 네안데르탈인의 단편에서만 나타나는 차이는 전부 무시하고 인간의 게놈이 바뀌어 유인원의 게놈과 달라져 있는 위치들에서 네안데르탈인이 어떤 뉴클레오티드를 갖고 있는지 확인하는 것이었다. 이를 위해 그는 인간의 게놈이 침팬지 및 짧은 꼬리원숭이의 게놈과 다른 모든 위치를 찾아냈다. 그런 다음에 네안데르탈인이 그러한 위치에서 현대인과 같은 뉴클레오티드를 갖고 있는지 유인원과 같은 뉴클레오티드를 갖고 있는지 확인했다. 만일 네안데르탈인이 현대인과 같은 뉴클레오티드를 갖고 있다면 그것을 초래한 돌연변이는 오래된 것으로 네안데르탈인의 DNA 단편과 인간 참조 게놈이 갈라지기 전에 일어난 것이다. 반면에 네안데르탈인이 유인원과 같은 뉴클레오티드를 갖고 있다면 그 돌연변이는 최근의 것으로 현생인류가 네안데르탈인과 갈라진 뒤에 현생인류에게서 발생한 것이다.

따라서 인류 계통에서 일어난 모든 염기 치환 중에서 네안데르탈인이 '유인원 같은' 염기를 갖고 있는 부분의 비율을 따져 보면 인류 계통의 역사에서 얼마나 오래전에 네안데르탈인의 DNA 서열이 오늘날 인간의 DNA 서열과 갈라졌는지 추산할 수 있었다. 그 비율은 12.8퍼센트였다.

그것은 침팬지와 우리의 공통 조상이 650만 년 전에 살았다고 추정할 경우 오늘날의 사람들과 네안데르탈인 모두에게 자신의 DNA 서열을 전달한 최후의 남성들과 여성들이 83만 년 전에 살았다는 뜻이다. 에드가 현대인을 두 사람씩 묶어서 같은 계산을 해 봤더니 그들의 DNA 공통 조상들은 약 50만 년 전에 살았던 것으로 나왔다. 따라서 네안데르탈인은 현대인 두 사람 사이의 관계보다 오늘날의 인간과 더 먼 관계임이 분명했다. 다시 말하면 네안데르탈인들과 나의 관계는 나와 두브로브니크의 회의실 안에 있는 다른 누군가의 관계보다 약 65퍼센트쯤 더 멀다.

나는 햇빛이 환하게 비쳐 드는 방 안에 있는 내 친구들 몇 명을 슬쩍 훔쳐보면서 네안데르탈인이 우리 사이에 앉아 있다는 상상을 해 보지 않을 수 없었다. 내가 네안데르탈인보다 그들과 얼마나 더 가까운지에 대한 직접적인 유전적 추산을 해 본 것은 그때가 처음이었다.

모두가 궁금해하는 가장 중대한 질문은 네안데르탈인과 현생인류가 과연 이종교배를 했는가였다. 이것은 데이비드가 답할 질문이었다. 그는 비록 두브로브니크에서 우리와 함께할 수는 없었지만 스피커폰을 통해 이종교배의 가능성을 암시하는 자신의 분석 결과를 설명했다.

우리는 두브로브니크에서 회의가 열리는 시간뿐 아니라 휴식 시간과 주최 측이 마련한 풍성하고 맛있는 지중해식 식사가 길게 이어지는 동안에도 그의 결과에 대해 논의했다. 심지어는 두브로브니크의 외곽에서 요하네스와 함께 아침 조깅을 하면서도 이 문제에 대해 이야기했던 탓에 우리는 그 도시의 중세적 아름다움도 최근의 발칸 전쟁으로 인한 피해상도 눈여겨볼 틈이 없었다. 물론 지뢰를 밟을 위험이 있으니 보도를 벗어나지 말아야 한다는 경고까지 잊지는 않았다. 우리의 대화는 항상 3만 년 전까지 우리가 조깅하고 있는 바로 이 장소에 살았던 네안데르탈인과 현생인류가 서로 몸을 섞었는지에 대한 이야기로 돌아왔다.

걱정스러운 점 한 가지는 이종교배에 관한 분석 결과의 전부가 네안데르탈인의 서열과 아프리카인, 유럽인, 또는 중국인 사이에 뉴클레오티드가 얼마나 일치하는지를 조사한 닉의 자료에 근거했다는 사실이다. 따라서 우리는 닉의 컴퓨터 코드에 발생한 오류에서 자유롭지 못했다. 이 부분을 점검해 봐야 할 필요성을 가장 먼저 강조한 사람은 닉 본인이었다. 오류는 현대인들의 서열을 해독하는 데 쓰인 기술 사이의 미세한 구조적인 차이에서 비롯되었거나 아니면 짐 뮬리킨이 SNP를 찾기 위해 그 서열을 인간 참조 게놈에 매핑한 방식에서 비롯되었을 수도 있었다. 설령 그 오류가 작다 해도 오류의 효과는 엄청나게 클 수 있었다. 따지고 보면 우리는 겨우 1~2퍼센트의 차이를 가지고 이야기하고 있는 것이었기 때문이다.

회의를 하면서 우리는 닉과 데이비드의 결과를 점검하기 위해 해야 할 일에 대해 목록을 작성해 보았다. 짐은 자신이 갖고 있는 현대인의 서열을 인간 참조 게놈 대신 침팬지의 게놈과 맞춰 보기로 했다. 인간 참조 게놈이 일부는 유럽인에게서 일부는 아프리카인에게서 왔다는 사실에서 비롯될 수 있는 어떤 왜곡을 제거하기 위해서였다.

또한 우리는 현대인들의 DNA 서열을 직접 생산해야 할 필요를 느꼈다. 그렇게 해야만 그 서열이 모두 정확한 방식으로 생산되고 분석되었다고 확신할 수 있었다. 그리고 우리의 방법에 구조적인 문제가 있다면 우리가 다시 생산한 서열도 똑같은 유형의 오류를 갖고 있을 것이 분명했다. 우선 유럽인 한 명과 파푸아뉴기니인 한 명의 게놈을 시퀀싱 대상으로 선정했다. 다소 뜻밖의 선택으로 보이겠지만 그것은 유럽뿐만 아니라 중국에서도 이종교배가 있었을지도 모른다는 흥미로운 관찰에서 나온 결정이었다.

일반적으로 네안데르탈인은 중국에 간 적이 없는 것으로 알려져 있었지만 나는 고생물학의 통념에 의문을 제기할 준비가 늘 되어 있었다. 내가 '마르코 폴로 네안데르탈인'이라고 부르는 사람들이 중국에 존재했던 것은 아닐까? 2007년에 요하네스가 고생물학자들이 네안데르탈인이 살았다고 생각하는 지역에서 동쪽으로 약 2000킬로미터쯤 더 떨어진 곳인 시베리아 남쪽에 네안데르탈인들—혹은 네안데르탈인의 mtDNA를 지닌 사람들—이 살았다는 사실을 보여 주지 않았던가. 혹시 그들 중 일부가 중국으로 가지 않았을까?

하지만 우리는 파푸아뉴기니에는 네안데르탈인이 간 적이 없는 게 확실하다고 생각했다. 따라서 만일 그곳에서도 이종교배의 증거를 찾는다면 파푸아뉴기니인의 조상들이 파푸아뉴기니에 가기 전에, 그리고 아마도 중국인과 유럽인이 갈라지기 전에 네안데르탈인의 유전자가 그들에게 들어갔을 것이다. 또한 우리는 서아프리카인, 남아프리카인, 중국인 한 명씩을 우리의 시퀀싱 계획에 포함시켰다. 이 다섯 명의 게놈을 확보하면 지금까지 했던 분석들을 다시 해서 결과가 똑같이 나오는지 알아볼 계획이었다.

두브로브니크의 회의는 푸짐한 음식이 제공되는 연회로 마무리되었다. 만찬은 몇 시간 동안 이어졌고 우리는 모두 맛있는 음식을 배불리 먹고 기분 좋게 취했다. 나는 과학자로 살아오면서 많은 협업에 참여했지만 이처럼 훌륭한 협업은 없었다. 그렇더라도 나는 프로젝트를 완성시켜야 한다는 절박감을 느꼈다. 저녁을 먹는 동안 모든 사람들에게 시간이 촉박하다는 것을 강조했다. AAAS 회의에서 이 프로젝트에 대해 발표한 뒤로 전 세계가 우리의 결과를 기다리고 있기 때문이기도 했지만, 에디 루빈이 그가 수집했다고 하는 네안데르탈인의 뼈로 버클리에서 무엇을 하고 있는지 알 수 없었기 때문이기도 했다. 저녁을 먹는 자리에서 즉흥적으로 하게 된 연설에서 나는 악몽을 꾸는 일이 거의 없는 사람이지만 우리가 발견한 사실들이 그대로 들어 있는 에디 루빈의 논문이 우리 논문이 나오기 일주일 전에 출판되는 악몽을 계속 꾼다는 사실을 털어놓았다.

✄

다음 날 아침 독일로 돌아가는 비행기 안에서 잠을 잤다. 그런데 라이프치히로 돌아온 직후에 감기에 걸려 열이 났고 그런 다음에는 숨 쉴 때마다 가슴에 통증이 느껴졌다. 병원에 갔더니 폐렴이라고 하면서 항생제를 처방해 주었다. 하지만 집에 오자마자 병원으로 즉시 돌아오라는 전화를 받았다. 내 몸의 어딘가에 피떡이 생겼다는 검사 결과가 나왔다고 했다. CT 사진을 보니 내 폐의 많은 부분을 피떡이 막고 있었다.

아찔한 생각이 들었다. 이러한 피떡이 여러 개의 작은 덩어리들이 아니라 하나의 큰 덩어리로 폐에 도달했다면 곧바로 죽었을 것이다. 의사들은 비행을 너무 자주 했거나 스플리트에서 두브로브니크로 비좁은 버스를 타고 밤새 여행했기 때문에 피떡이 생겼을 거라고 말했다.

나는 여섯 달 동안 항응고제를 처방받았고 답답한 사람이 우물 파는 심정으로 대안적인 치료 방법을 검색하기 시작했다. 놀랍게도 1943년에 나온 내 아버지의 연구를 언급한 자료들을 보았다. 그는 헤파린의 화학 구조를 밝힌 사람이다. 내가 병원에 입원했을 때 의사들이 준 약이 그것인데, 그것이 나를 살렸을지도 모른다. 나는 이 사실이 신기했던 한편으로 이 일로 조금 흔들렸다. 그것이 내 어두침침한 가족사를 상기시켰기 때문이다.

나는 수네 베리스트룀Sune Bergström의 혼외 아들로 자랐다. 그는 유명한 생화학자로 1982년 프로스타글란딘을 발견한 공로로 노벨상을 공동수상했다. 프로스타글란딘은 우리 몸 안에서 중요한 기능을 많이 하는 천연화합물군이다. 나는 성인이 되어서 아버지를 뵌 적이 별로 없었고, 그가 헤파린의 구조를 연구했다는 사실은 그에 대해 내가 모르고 있는 수많은 사실들 중 하나에 불과했다.

내 아버지에 대해 아는 게 너무 없다는 것이 슬펐다. 그래서인지 세 살짜리 내 아들이 성장했을 때 곁에 있고 싶은 바람이 더 간절해졌다. 내 아들이 나를 모르는 일이 없기를 바랐다. 그리고 나는 네안데르탈인 프로젝트가 완성되는 것을 보고 싶었다. 죽기에는 아직 너무 일렀다.

18
유전자가 흘러갔다!

2009년 5월 우리는 현대인 다섯 명의 게놈을 해독하기 시작했다. 네안데르탈인의 시료처럼 박테리아에 오염되지도 않았고 화학적 손상도 없었던 그 DNA 시료들은 우리가 네안데르탈인으로부터 추출한 것보다 다섯 배 많은 DNA 서열을 산출했다. 1~2년 전만 해도 라이프치히에서 그러한 게놈들을 해독한다는 것은 상상할 수 없는 일이었지만 454와 일루미나의 시퀀싱 기계들 덕분에 이제 우리 같은 소규모 연구 집단도 단 몇 주 만에 여러 명의 완전한 게놈을 해독할 수 있게 되었다.

에드는 두브로브니크에서 자신이 설명한 방식을 이용해 현대인 다섯 명의 게놈이 얼마나 오래전에 인간 참조 게놈과 공통 조상을 공유했는지 추산해 보았다. 그는 유럽인, 파푸아뉴기닌, 중국인의 게놈들이 50만 년 전보다 약간 더 오래전에 참조 게놈과 공통 조상을 공유했음을 알아냈다. 남아프리카 출신인 산족을 추가했더니 분기 시점이 거의 70만 년 전으로 올라갔다. 산족(그리고 관련 집단)과 아프리카 등지의 다른 민족들이 서로 갈라진 것은 현대인들 사이의 분기로서는 가장 오래된 일이었다. 네안데르탈인의 게놈과 현대인의 게놈들이 공통 조상을 공유한 시점이 83만 년 전이라는 사실을 함께 생각해 보라. 겨우 13만 년 더 일찍 분기한 네안데르탈인은 우리와 달랐지만 그리 많이 다르지 않았다.

그런데 이러한 계산들은 조심스럽게 다루어져야 한다. 공통 조상의 연대에 대한 단 하나의 값이 마치 전체 게놈에 해당하는 것처럼 들릴 수 있기 때문이다. 하지만 게놈은 한 덩어리로 유전되지 않는다. 즉 한 개인이 갖고 있는 게놈의 각 부분은 그 자체의 역사를 지니고 있고, 그러므로 어떤 다른 개체의 게놈과 각기 다른 공통 조상을 공유한다는 뜻이다. 그것은 각 개인이 염색체를 두 부씩 갖고 있으며 염색체들이 자식에게 각기 따로따로 전달되기 때문이다.

따라서 각각의 염색체는 모두 독립적인 역사 패턴—즉 계보—을 갖는다. 게다가 난자 세포와 정자 세포들이 형성될 때 일어나는 '재조합 과정'에서 각 염색체 쌍은 조각들을 서로 교환한다. 그러므로 한 집단의 각 염색체만이 독자적인 계보를 갖고 있는 것이 아니라 각 염색체의 조각들도 각기 그렇다. 따라서 에드가 인간 참조 게놈과 공통 조상을 공유한 시기로 계산한 값—네안데르탈인은 83만 년 전, 산족은 70만 년 전—은 게놈의 모든 부분들을 총괄한 평균값이다.

실제로 우리가 두 명의 현대인에게서 얻은 DNA 부위를 비교해 보면 단 몇 만 년 전에 공통 조상을 공유한 부위뿐 아니라 150만 년 전에 마지막으로 조상을 공유한 부위들도 쉽게 찾을 수 있다. 현대인들과 네안데르탈인들을 비교해 봐도 마찬가지다. 따라서 내 염색체들 중 한 개를 훑어 내려가면서 그것을 네안데르탈인과 이 책의 독자 한 명과 비교해 보면 어떤 곳은 나와 네안데르탈인이 더 비슷하고, 어떤 곳은 독자와 네안데르탈인이 더 비슷하고, 또 어떤 곳은 독자와 내가 더 비슷할 것이다. 에드의 평균값이 의미하는 것은 독자와 내가 서로 비슷한 부위가 우리 둘과 네안데르탈인이 비슷한 부위보다 약간 더 많다는 것뿐이다.

83만 년 전은 현대인의 DNA 서열과 네안데르탈인 화석에 있는 DNA 서열이 공통 조상을 공유하는 평균적인 시점이라는 것도 중요한 점이다. 그 당시 이러한 공통 조상 서열을 갖고 있던 한 집단의 후손들이 결국에 현대인의 조상들뿐 아니라 네안데르탈인의 조상들을 낳았다. 하지만 이때는 현생인류와 네안데르탈인이 되는 집단이 서로 갈라진 시점이 아니다. 분기는 더 나중에 일어났음에 틀림없다. 왜냐하면 한 현대인과 한 네안데르탈인의 DNA 서열의 역사를 시간을 거슬러 올라가며 추적하면, 먼저 현생인류와 네안데르탈인 모두의 조상이 되는 최후의 집단으로 진입하고(분기가 처음으로 일어난 집단) 그런 다음에 그 조상 집단에 존재한 변이로 진입한다. 따라서 83만 년은 현생인류와 네안데르탈인이 별개의 집단이었던 시기와 그들의 공통 조상 집단에 존재했던 유전적 변이를 둘 다 포함하는 복합적인 개념이다.

그 조상 집단은 아직까지 완전한 미스터리로 남아 있다. 하지만 우리는 그 조상 집단이 아프리카에 살았으며 그 후손들 중 일부가 결국 아프리카를 떠나 네안데르탈인의 조상이 되었다고 생각한다. 뒤에 남은 자들이 오늘날 살고 있는 사람들의 조상들이 되었다. 두 집단이 언제 분기했는지를 DNA 서열의 차이를 이용해 추산하는 것은 간단치 않은 일이다. 그것은 DNA 서열이 언제 공통 조상을 공유했는지를 추산하는 것보다 훨씬 더 복잡한 일이다. 예컨대 만일 네안데르탈인과 현대인의 조상 집단에 많은 변이가 있었다면, 우리가 발견한 DNA 서열 차이의 더 많은 수는 네안데르탈인과 현생인류가 각자의 길을 걷기 시작한 이후가 아니라 그 조상 집단에서 축적된 것이다. 그럴 경우 분기 시점을 더 최근으로 봐야 한다.

우리는 게놈의 서로 다른 부위들이 DNA 공통 조상을 공유한 시점들이 서로 얼마나 다른지 추산한 것을 토대로 이 조상 집단의 변이 수준을 대강 추측할 수 있었다. 그 집단의 분기 시점을 추산하기 위해서는 한 세대가 몇 년이었는지, 자식을 낳는 평균 연령이 몇 살이었는지와 같은 우리가 분명히 알 수 없는 사실들도 알아야 했다. 이러한 불확실성을 최대한 고려해 우리가 내린 결론은 그 집단의 분기가 27만~44만 년 전의 어느 시점에 일어났다는 것이었다. 하지만 그 값조차 불확실성을 충분히 반영했다고는 볼 수 없을 것이다. 그렇다 해도 현대인의 조상들과 네안데르탈인의 조상들은 적어도 30만 년 전에는 각자의 길을 걸었을 것이다.

✄

네안데르탈인과 현생인류가 서로 얼마나 다른지를 추측한 우리는 현대인의 조상들이 아프리카를 떠나서 예전에 헤어진 네안데르탈인 '사촌들'을 만났을 때 무슨 일이 일어났는가라는 질문으로 돌아왔다. 그러한 현생인류와 네안데르탈인들이 유전자를 교환했는지 알기 위해 에드는 현대인 다섯 명의 게놈을 침팬지 게놈에 매핑했고, 데이비드와 닉이 그것을 다시 분석했다. 나는 이제 그 결과의 신뢰도가 높다고 확신했고 네안데르탈인이 다른 집단보다 유럽인이나 중국인과 더 비슷하다는 결과는 나오지 않을 것이라고 조용히 추측했다.

7월 28일에 나는 데이비드와 닉에게 두 통의 긴 이메일을 받았다. 데이비드는 아내 유제니가 7월 14일에 첫 아이를 낳았는데도 분석을 계속할 정도로 과학적 열정이 대단했다. 닉은 현대인 다섯 명의 게놈들을 둘씩 짝지어 10개의 조합을 만들고 이 10쌍을 각기 비교했다. 각각의 경우에 그는 한 사람의 한 염색체가 다른 사람의 염색체와 차이를 보이는 SNP 위치들을 찾았다. 그는 한 쌍에서 약 20만 개의 차이를 찾아냈다. 그 정도 분량의 데이터라면 네안데르탈인이 각 조합의 두 사람 중 누구와 더 비슷한지 정확하게 결정할 수 있었다.

닉은 네안데르탈인이 산족과 SNP의 49.9퍼센트가 일치하고 요루바족과는 50.1퍼센트가 일치한다는 것을 알아냈다. 이것은 예상된 결과였는데, 네안데르탈인들이 아프리카에 간 적이 없었고 따라서 특정 아프리카인과 더 비슷할 이유가 없었기 때문이다. 그다음으로 그는 프랑스인과 산족이 서로 차이를 보이는 SNP를 조사했는데, 네안데르탈인은 프랑스인과 SNP의 52.4퍼센트가 일치했다. 우리가 보유한 데이터의 양이 방대해서 이 값들의 불확실성은 단지 0.4퍼센트에 지나지 않았다. 따라서 산족의 게놈보다 프랑스인의 게놈이 네안데르탈인과 더 비슷하다는 것은 거의 확실했다. 프랑스인과 요루바족이 서로 차이를 보이는 SNP에서는 네안데르탈인이 프랑스인과 52.5퍼센트가 일치했다.

중국인과 산족이 서로 차이를 보이는 SNP에서는 네안데르탈인이 중국인과 일치하는 부분이 52.6퍼센트, 중국인과 요루바족이 서로 차이를 보이는 SNP에서는 네안데르탈인이 중국인과 일치하는 부분이 52.7퍼센트였다. 파푸아뉴기니인과 아프리카의 두 부족이 차이를 보이는 SNP에서는 파푸아뉴기니인이 네안데르탈인과 일치를 보이는 부분이 각기 51.9퍼센트와 52.1퍼센트였다. 프랑스인, 중국인, 파푸아뉴기니인을 두 쌍씩 묶어 서로 차이를 보이는 SNP를 분석했을 때는 그 값들이

49.8~50.6퍼센트로 나왔다.

따라서 아프리카인을 포함하지 않은 사람들을 비교했을 때는 모든 경우에 그 값이 약 50퍼센트였다. 하지만 아프리카인과 비아프리카인의 게놈을 비교했을 때는 항상 비아프리카인이 아프리카인보다 약 2퍼센트쯤 더 많은 SNP에서 네안데르탈인과 일치를 보였다. 네안데르탈인은 어느 지역이든 아프리카 외부에 사는 사람들에게 작지만 분명하게 알아볼 수 있는 유전적 기여를 한 것처럼 보였다.

나는 두 통의 이메일을 한 번 읽고 나서 다시 한 번 읽었다. 두 번째 읽을 때는 분석상의 결함이 없는지 아주 꼼꼼하게 읽었다. 결함은 찾을 수 없었다. 나는 사무실 의자에 등을 기댄 채 지난 몇 년 동안의 논문과 노트들이 층층이 쌓여 있는 어수선한 책상을 멍하니 바라보았다. 데이비드와 닉의 결과가 컴퓨터 스크린에 떠 있었다. 그것은 어떤 기술적 오류가 아니었다. 현대인에게 정말로 네안데르탈인의 피가 섞여 있다. 이럴 수가! 지난 25년 동안 꿈꾸어 왔던 순간이었다.

우리는 인류의 기원과 관련해 수십 년 동안 도마 위에 올랐던 근본적인 질문에 답할 수 있는 확실한 증거를 손에 쥐었다. 그런데 그 대답은 예상치 못했던 것이었다. 현대인들의 유전정보가 모두 아프리카에서 나온 최근의 조상들로 거슬러 올라가지는 않는다는 사실은 내 멘토인 앨런 윌슨이 앞장서 주창했던 엄격한 아프리카 기원설과 달랐다. 그것은 내 자신이 믿고 있던 사실과도 달랐다. 네안데르탈인은 완전히 멸종한 것이 아니었다. 그들의 DNA는 오늘날의 사람들에게 계속 남아 있다.

책상을 멍하니 바라보던 나는 우리가 얻어 낸 뜻밖의 결과가 아프리카 기원설만을 부정하는 것이 아님을 깨달았다. 그것은 다지역 기원설의 일반 논증을 뒷받침하지도 않았다. 이 가설의 예측들과 달리 네안데르탈인의 유전적 기여는 그들이 살았던 유럽에서만 나타나지 않았다. 그러한 기여는 중국과 파푸아뉴기니에서도 나타났다. 어떻게 된 일일까? 나는 어안이 벙벙한 상태로 책상을 치우기 시작했다. 처음에는 천천히 시작했지만 점점 속도를 내며 수년 묵은 자료들을 쓰레기통에 던져 넣었다. 책상 위에 뽀얗게 쌓여 있던 먼지가 공중으로 날아올랐다. 나는 새로운 장을 시작할 필요가 있었다. 나는 깨끗한 책상이 필요했다.

✂

집안일을 하다 보면 생각이 술술 풀릴 때가 있다. 나는 청소를 하면서 현생인류가 아프리카 밖으로 나가서 유럽의 네안데르탈인과 만나는 경로를 지도상에 화살표로 그려 보았다. 그들은 네안데르탈인과 결합해 아기를 낳았을 것이고, 그 아기들은 현생인류에 통합되었을 것이다. 하지만 나는 그들의 DNA가 어떻게 동아시아로 왔는지는 알 수 없었다. 현생인류의 일부가 나중에 중국으로 이주하면서 네안데르탈인의 DNA를 가져왔을 가능성이 있었지만 그랬다면 중국인과 네안데르탈인의 유사성이 유럽인과 네안데르탈인의 유사성보다 평균적으로 적을 것이다.

그때 떠오른 생각이 아프리카에서 나오는 현생인류를 나타내는 상상의 화살표들이 중동을 통과했다는 것이었다! 현생인류와 네안데르탈인은 이곳에서 처음 만났을 것이다. 만일 그러한 현생인류가 네안데르탈인과 이종교배를 했고 그런 다음에 오늘날 아프리카 밖에 사는 모든 사람들의 조상이 되었다면, 아프리카 밖의 모든 사람들은 대략 같은 양의 네안데르탈인의 DNA를 갖고 있을 것이다.(그림 18.1을 보라.) 이것은 분명히 가능한 시나리오였다. 하지만 내 직관이 때로는 매우 잘못될 수 있음을 경험으로 알고 있었다. 그리고 다행히도 내 생각이 잘못되었을 경우에는 가설을 수학적으로 검증하는 닉, 데이비드, 몬티 같은 사람들이

그림 18.1

네안데르탈인이 아프리카를 떠나온 초기 현생인류와 이종교배를 했고, 그런 다음에 이 현생
인류가 아프리카 외부의 나머지 장소들에 살게 되었다면 그들은 네안데르탈인이 존재한 적
이 없는 지역으로 네안데르탈인의 DNA를 가져갔을 것이다. 예컨대 중국에 사는 사람들도
DNA의 약 2퍼센트를 네안데르탈인에게서 받은 것이다.

(그림: 스반테 페보, 막스플랑크 진화인류학연구소MPI-EVA)

바로 잡아 줄 수 있다는 것도 알았다.

✂

　우리는 데이비드와 닉의 연구 결과를 연구실의 금요일 회의와 매주
전화로 열리는 컨소시엄 회의에서 논의했다. 우리 가운데 일부는 이제
네안데르탈인이 현생인류와 섞였다고 확신했지만 아직까지 믿지 못하
는 사람들도 있었다. 하지만 그런 사람들도 데이비드와 닉의 분석이 어
떻게 틀렸는지 설명하지 못했다. 나는 컨소시엄 내부 사람들에게 이 결
과를 납득시키는 것이 이토록 어렵다면 세상을 납득시키기는 이보다
훨씬 더 어려울 것이라고 생각했다. 특히 화석 기록에서 네안데르탈인
과의 이종교배에 대한 증거를 목격하지 못한 많은 고생물학자들을 납
득시키는 것은 매우 어려울 것이다. 그러한 고생물학자들 중에는 이

분야에서 가장 존경받는 런던 자연사 박물관의 크리스 스트링거Chris Stringer와 스탠퍼드 대학교의 리처드 클라인Richard Klein 등이 포함되어 있었다.

이 고생물학자들은 화석 기록의 신중한 해석을 대표하는 사람들이기는 했지만, 당시에 나와 있던 유전 연구 결과도 그들에게 영향을 미쳤을 것이다. 우리 팀을 포함한 많은 연구팀이 그때까지 제시한 현대인의 유전적 변이에 대한 대략적인 그림은 그러한 유전적 변이가 비교적 최근에 아프리카에서 비롯되었다는 것이었다. 네안데르탈인의 mtDNA가 현대인에게 전혀 전달되지 않았음을 밝힌 우리 팀의 1997년 논문도 큰 영향을 미쳤다.

미시건 대학교의 밀포드 울포프와 세인트루이스에 있는 워싱턴 대학교의 에릭 트린카우스Erik Trinkaus 같은 몇몇 고생물학자들은 화석에서 이종교배의 증거를 찾아냈으며, 일부 유전학자들은 네안데르탈인에게서 비롯되었을 가능성이 있는 유전자 변종들을 지목하기도 했다. 하지만 그러한 주장들은 일반적인 견해를 뒤흔들 만큼 설득력 있지 않았다. 적어도 내게는 설득력이 있어 보이지 않았다.

지금까지는 오늘날 세계 각지 사람들에게 나타나는 형태적 변이나 유전적 변이의 패턴들을 설명하기 위해 네안데르탈인의 기여를 상기시킬 필요가 없었다고도 볼 수 있다. 하지만 상황이 바뀌었다. 이제는 네안데르탈인의 게놈을 직접 볼 수 있었다. 그리고 네안데르탈인이 작게나마 유전적 기여를 했다는 증거가 있었다.

그래도 나는 우리의 결과를 세상 사람들에게 납득시키기 위해서는 더 많은 증거가 필요하다고 느꼈다. 과학은 일반인들이 생각하는 것처럼 확고부동한 진리를 객관적이고 공정하게 추구하는 활동과는 거리가 멀다. 오히려 과학은 유력 인사들과 죽은 뒤에도 영향을 미치는 학자들의 제자들이 '통념'을 결정하는 사회적 활동이다. 이렇게 결정된 통념을 무너뜨리는 한 가지 방법은 데이비드와 닉이 한 것처럼 SNP의 대립인자들을 세는 것 외에 네안데르탈인의 게놈에 대한 추가 분석을 내놓는 것이었다. 추가된 독립적인 증거들도 네안데르탈인의 유전자가 현생인류로 흘러갔음을 가리킨다면 그때는 세상 사람들도 납득할 것이다. 우리가 할 수 있는 추가 분석 방법들을 찾는 것이 이제부터 주간 전화 회의의 주된 주제가 되었다.

✄

예기치 않게도 컨소시엄 외부에서 괜찮은 아이디어가 들어왔다. 2009년 5월 콜드스프링하버 회의에서 데이비드가 덴마크인 집단유전학자 라스무스 닐센Rasmus Nielsen을 만난 적이 있었다. 닐센은 1998년에 몬티 슬랏킨의 연구실에서 박사 과정을 밟았고 지금은 UC 버클리의 집단유전학 교수로 있었다. 라스무스는 데이비드에게 박사후 연구생인 자이웨이웨이Weiwei Zhai와 함께 현대인의 게놈에서 아프리카 내부보다 외부에서 더 많은 변이를 보이는 부위들을 찾고 있다고 말했다. 그러한 패턴은 가능하기는 했지만 일반적으로 예상되는 것은 아니었다. 큰 집단에서 떨어져 나온 작은 분파로 시작한 집단은 일반적으로 조상 집단에 있는 변이의 일부만을 갖고 있기 때문이다.

만일 그러한 부위가 발견된다면 여러 가지 설명이 가능하겠지만, 우리는 그중 한 가지 설명에 특히 관심이 있었다. 네안데르탈인들은 현생인류의 조상들과 따로 떨어져 아프리카 밖에서 몇 십만 년 동안 살았으므로 틀림없이 현생인류에 축적된 것과는 다른 유전적 변종들을 축적했을 것이다. 만일 그들이 그 이후에 아프리카 밖으로 나온 현생인류에게 게놈의 일부분을 기여했다면, 라스무스의 접근 방식으로 네안데르탈인이 기여한 부위들을 찾을 수 있을지도 모른다. 그러한 부위들에서는 아프리카 내부보다 외부에서 더 많은 변이를 보이는 패턴이 나타날 것이기 때문이다.

우리는 우리 손에 있는 네안데르탈인의 게놈을 이용해서 이러한 특이한 변이 패턴을 보이는 현대인의 게놈 부위들 중 적어도 일부가 네안데르탈인들에게서 왔는지 확인해 볼 수 있었다. 라스무스가 찾아낸 게놈 부위들에서 비아프리카인은 우리가 얻은 네안데르탈인의 DNA 서열과 흡사한 서열을 갖고 있을 것이기 때문이다. 2009년 6월 나는 라스무스와 웨이웨이에게 네안데르탈인 게놈 분석 컨소시엄에 합류해 달라고 부탁했다.

라스무스는 아프리카에 비해 유럽에서 더 많은 차이를 보이는 매우 이례적인 부위들을 집중적으로 찾았다. 그러한 부위는 17곳 있었다. 우리는 이 17개 부위 중 15개에서 네안데르탈인의 DNA 서열을 보유하고 있었고, 이것을 에드가 라스무스에게 보냈다. 7월에 라스무스가 놀라운 결과를 회신했다. 네안데르탈인은 15개 부위 중 13개에서 오늘날 유럽에서는 발견되지만 아프리카에서는 발견되지 않는 변종들을 지니고 있었다. 그런 다음에 라스무스는 기준을 더 높여 뉴클레오티드 길이가 10만 개가 넘는 12개 부위를 집중적으로 조사했다. 조사 결과 네안데르탈인은 그중 10개 부위에서 오늘날 유럽에서 발견되는 변종들을 지니고 있었다.

정말 놀라운 결과였다! 네안데르탈인의 유전자가 아프리카 밖의 사람들에게 흘러갔다는 것 말고는 이 사실을 달리 설명할 방법이 없었다. 네안데르탈인들이 유럽 또는 아시아 사람들에게 기여한 DNA의 양을 계산할 수 없다는 뜻에서 과학자들은 이것을 질적 결과라고 부르지만,

그럼에도 이 결과는 그러한 기여가 일어났다는 사실을 생생하게 보여주었다. 그리고 이 결과는 똑같은 결론을 이끌어 낸 데이비드와 닉의 양적 분석들을 뒷받침하는 다른 종류의 증거였다.

✄

우리는 유전자 이동을 검증할 또 다른 방법들을 계속해서 생각했다. 언제나 그랬듯이 데이비드가 뛰어난 생각들을 내놓았다. 그는 현대인 게놈의 한 부위가 네안데르탈인과 비슷한 것은 단지 그 부위가 잘 변하지 않기 때문일 수도 있다고 주장했다. 잘 변하지 않는 것은 단지 돌연변이율이 낮아서일 수도 있고 돌연변이가 일어난 개체는 살 수 없기 때문일 수도 있다. 만일 내 게놈의 한 부위가 이러한 이유로 네안데르탈인과 비슷하다면, 그 부위는 이 세계에 살고 있는 다른 사람들과도 비슷할 것이다. 그 부위는 잘 변하지 않는 부위이기 때문이다.

하지만 내 게놈의 한 부위가 네안데르탈인과 비슷한 것이 내 조상들이 그것을 네안데르탈인에게 물려받았기 때문이라면 내가 다른 사람들과 비슷할 이유가 없다. 오히려 나는 네안데르탈인의 독자적인 진화사를 일부 공유하기 때문에 다른 사람들과 훨씬 다를지도 모른다.

데이비드는 이 생각을 분석에 적용해 보았다. 그는 인간 참조 게놈의 유럽인 부분들을 조각조각 나누고 그 분절들에서 네안데르탈인 게놈과의 차이와 또 다른 유럽인 게놈(그것은 크레이그 벤터의 게놈이었다)과의 차이를 세었다. 참조 게놈의 유럽인 분절들은 일반적으로는 네안데르탈인과 비슷할수록 크레이그의 게놈과도 비슷해졌다. 이는 돌연변이가 축적되는 속도가 네안데르탈인의 게놈 및 크레이그의 게놈과의 차이를 결정했을 가능성을 암시했다. 하지만 참조 게놈의 유럽인 분절이 네안데르탈인과 매우 비슷해지자 일반적인 상관관계가 역전되어 갑자기 크레이그의 게놈과의 차이가 더 벌어졌다.

나는 다른 분석들을 통해 유전자 이동이 일어났음을 이미 확신하고 있었다. 하지만 데이비드가 2009년 12월에 우리 연구실에 와서 이 결과를 내놓았을 때 비로소 네안데르탈인의 DNA 분절들이 현대인에게 존재한다는 사실을 세상 사람들에게 납득시킬 수 있을 것이라는 확신이 들었다. 어떤 방식으로 데이터를 분석해도 결과는 같았다.

✄

이제 우리는 현생인류가 언제 어디서 어떻게 네안데르탈인과 몸을 섞었는지에 온전히 집중할 수 있었다. 첫 번째 질문은 유전자가 어떤 방향으로 흘러갔는가였다. 현생인류가 네안데르탈인에게 DNA를 기여했을까, 네안데르탈인들이 현생인류에게 DNA를 기여했을까? 아니면 둘 다일까?

두 집단이 만나면 양쪽 방향으로 똑같이 유전자가 이동한다고 생각하기 쉽지만 인간의 실제 삶에서는 그런 경우가 드물다. 대개는 한 집단이 다른 집단을 사회적으로 지배하기 때문이다. 일반적인 패턴은 지배 집단의 남성들이 피지배 집단의 여성들에게 자식을 임신시키고 그 자식들은 어머니와 함께 피지배 집단에 남는 것이다. 그 결과 유전자의 흐름은 사회적 지배 집단에서 피지배 집단으로 향하는 경향이 있다. 대표적인 예가 미국 남부에서 노예를 부리던 백인 주인들과 아프리카와 인도의 영국 식민 지배자들이다.

우리는 현생인류가 네안데르탈인을 지배했을 것이라고 생각하기 쉽다. 결국 사라진 것은 네안데르탈인이니까. 하지만 우리가 갖고 있는 데이터는 유전자가 네안데르탈인에게서 현생인류로 흘러갔음을 암시했다. 예컨대 데이비드의 최종 결과는 일부 유럽인들에게서 네안데르탈인과 서로 비슷하게 나타나는 DNA 부위들은 다른 유럽인들의 상응하는 부위와 매우 다른 경향이 있음을 보여 주었다. 이 결과가 암시하는 것은 이 부위들이 현대 유럽인의 유전자풀에 들어가기 전에 다른 유럽인들의 상응하는 부위들과 따로 차이를 축적했다는 것이다. 이러한 차이는 네안데르탈인에게서 축적되었을 것이다. 만일 반대 방향으로—즉 현생인류에게서 네안데르탈인으로—유전자가 흘러갔다면 그러한 부위들은 단지 다른 유럽인들과 평균적인 차이를 지니는 평균적인 게놈 부위들이었을 것이다. 이러한 이유를 포함해서 몇 가지를 근거로 우리는 유전자 흐름의 전부 또는 거의 전부가 네안데르탈인에게서 현생인류로 일어났다고 결론 내렸다.

그렇다고 해서 네안데르탈인과 현생인류의 결합으로 태어난 아이들이 네안데르탈인 집단에서 양육된 일이 전혀 없었다는 것은 아니다. 우리 연구팀이 생산하는 데이터에 항상 관심을 기울이는 로랑 엑스코피에 Laurent Excoffier가 2008년에 논문 한 편을 발표했다. 유전자가 흘러간 뒤로 한 집단은 팽창한 반면에 다른 집단은 팽창하지 못하거나 심지어 줄어든 두 집단에 관한 논문이었다. 그러한 경우 두 집단 사이에 교환된 유전자 변종들은 줄어드는 집단보다는 성장하는 집단에서 보존될 가능성이 더 높다. 그리고 만일 '파도'처럼 전진하는 집단의 '파면(이곳에서 그 집단은 불어나는 와중에 있다)'을 따라 유전자 기여가 일어난다면, 흘러온 변종들이 그 파도를 타고 매우 높은 빈도로 치솟을 수 있다.

엑스코피에는 이러한 현상을 '대립유전자 서핑 allelic surfing'이라고 불렀는데, '파도'처럼 전진하는 식민 지배 집단에 들어온 대립유전자가 높은 빈도로 치솟을 수 있다는 것을 실감나게 표현하고 있다. 즉 이종교배가 양방향으로 일어났을 가능성이 있지만 두 집단이 만난 후 네안데르탈인의 집단 크기가 줄어들었기 때문에 네안데르탈인에게 그 흔적이 나타나지 않는다는 뜻이다.

현생인류에게서 네안데르탈인으로 유전자가 흘러간 흔적을 발견할 수 없는 더 사소한 이유 한 가지는 빈디자 동굴에서 발견된 3만 8000년 전의 네안데르탈인들이 현생인류와 유전자를 교환하기 전에 살았기 때문이다. 우리는 네안데르탈인과 현생인류가 어떻게 이종교배를 했는지에 대한 자세한 사실을 영원히 알지 못할 수도 있지만 나는 그 점에 별로 개의치 않는다. 플라이스토세 후기에 '누가 누구와 섹스했는가'라는 것은 내게 부차적인 질문이기 때문이다. 중요한 것은 네안데르탈인들의 유전자가 오늘날의 사람들에게 실제로 흘러갔다는 것이다. 현대인의 유전적 기원과 관련이 있는 중요한 문제는 그것이다.

데이비드와 닉의 연구 결과를 재확인한 우리는 아프리카 외부 사람들의 게놈에서 네안데르탈인에게 온 것이 얼마나 되는지 조사했다. 이 질문에 대한 답은 단순히 일치하는 SNP의 개수를 세어서 알 수 있는 것이 아니다. 네안데르탈인과 아프리카 외부 사람들이 특별한 일치를 보이는 위치들의 개수는 여러 다른 변수들에 따라 달라지기 때문이다. 한 가지 변수는 네안데르탈인과 현생인류의 공통 조상이 살았던 시기이고, 두 번째 변수는 그들이 이종교배 한 시기이며, 세 번째 변수는 네안데르탈인 집단의 규모였다.

몬티 슬랏킨은 현재 사람들이 갖고 있는 네안데르탈인 DNA의 양을 추산하기 위해 네안데르탈인과 현생인류의 개체군 역사 population history를 모델화했다. 그의 연구 결과에 따르면 유럽 또는 아시아 계통인 사람들의 DNA 가운데 1~4퍼센트가 네안데르탈인에게 물려받은 것이다. 데이비드와 닉은 유럽인과 아시아인이 100퍼센트 네안데르탈인과 얼마나 거리가 있는지를 따져 보는 다른 방식의 분석을 했다. 그 대답은 1.3~2.7퍼센트였다. 따라서 우리는 아프리카 외부 사람들의 DNA 가운데 5퍼센트 이하가 네안데르탈인에게서 왔다는 결론을 내렸다. 이것은 작지만 분명히 식별할 수 있는 비율이었다.

✕

마지막으로 우리는 네안데르탈인의 DNA가 어떻게 유럽인뿐 아니라 중국인과 파푸아뉴기니인에게까지 흘러갔는지를 조사했다. 우리가 아는 한 네안데르탈인들은 중국에 간 적이 없고 파푸아뉴기니에도 간 적이 없다. 이 사실을 근거로 우리는 중국인과 파푸아뉴기니인의 조상들이 더 서쪽의 어딘가에서 네안데르탈인과 만났음에 틀림없다고 추론했다.

우리가 라이프치히 사무실의 스피커폰 주변에 모여 앉아 주간 전화 회의를 하는 동안 나는 이 '중동설'을 혼자서만 생각했다. 컨소시엄 내의 똑똑한 사람들이 모든 가능성을 탐색하게 하기 위해서였다. 몬티가 우리가 목격한 변이 패턴들을 설명하기 위한 복잡한 시나리오를 내놓았다.

그는 첫째로 네안데르탈인 조상들이 아프리카의 한 귀퉁이에서 기원했고 그런 다음에 아프리카를 떠나서 30만~40만 년 전의 어느 시점에 유라시아 서쪽에서 네안데르탈인으로 진화했다고 추정했다. 둘째로 만일 네안데르탈인의 조상들이 아프리카에서 기원한 장소와 20만 년쯤 후에 현생인류의 조상들이 기원한 장소가 같다면, 그리고 만일 그 사이에 아프리카 내부의 집단들이 계속 나뉘어 살아서 대립유전자 빈도의 차이가 네안데르탈인의 조상들이 아프리카를 떠난 시점부터 현생인류의 조상들이 전 세계로 퍼져 나가기 시작할 때까지 유지되었다면, 그리고 만일 현생인류가 기원할 때 아프리카 밖으로 그냥 나간 것이 아니라 아프리카 내부를 가로질러 아프리카에 있던 고생인류와의 이종교배를 통해 그곳에 존재했던 변종들을 통합했다면, 그 결과는 우리가 목격하고 있는 것과 같이 네안데르탈인이 아프리카 내부인보다는 아프리카 외부인과 더 비슷해야 한다.

이 시나리오는 이론적으로는 가능했지만 수십만 년 동안 아프리카에 모집단에서 갈라진 안정된 아집단이 존재했다는 가정이 필요했다. 몬티도 지적했듯이 그럴 가능성은 낮아 보였다. 인간은 이동을 잘 하기 때문이다. 더 큰 문제는 그것이 너무 복잡한 설명이라는 것이다. 과거를 재구성할 때는 더 복잡한 설명들이 가능하다 해도 관찰된 패턴들을 설명할 수 있는 가장 간단한 시나리오를 골라야 한다는 원리가 있다. 가장 간단한 설명을 가장 우선에 놓는 이 원리를 '절약의 원리'라고 부른다.

예를 들어 현생인류와 네안데르탈인의 조상들이 아시아에서 기원했으며, 현생인류의 조상들이 유라시아에 후손을 남기지 않고 아프리카로 간 다음에 다시 밖으로 나와 네안데르탈인을 대체했다고 생각하는 사람들도 있다. 이 가설은 관찰된 모든 사실을 설명할 수 있지만, 네안데르탈인이 아프리카에서 기원했다는 더 간단한 추정보다 더 많은 집단의 이동과 절멸에 대한 설명이 필요하다. 따라서 아시아 기원설은 아프리카 기원설보다 절약의 원리에 더 부합하지 않고 설명으로서 더 열등하다.

마찬가지로 우리는 몬티가 제기한 아프리카 하부 구조설(아프리카에는 유전적으로 다양한 집단이 살았으며, 따라서 네안데르탈인이 아프리카인보다 비아프리카인과 유전적으로 더 비슷한 것은 이종교배 때문이 아니라 두 집단이 아프리카에서 공유한 공통 조상 집단의 잔재 때문이라는 가설—옮긴이)도 우리의 데이터를 설명할 수는 있지만 옳을 가능성이 낮다고 보았다. 여러 명이 동시에 생각해 낼 만큼 분명하고도 더 간단한 설명이 존재했기 때문이다. 그것은 '중동설'이었다.

19
대체 집단

지금까지 아프리카 외부에서 발견된 현생인류의 초창기 유해들은 이스라엘의 카르멜 산맥에서 발견되었다. 스쿨Skhul 동굴과 카프제Qafzeh 동굴에 발견된 뼈들은 10만 년 이상 된 것이다. 그리고 겨우 몇 킬로미터 떨어진 다른 두 곳의 유적지인 타분Tabun 동굴와 케바라Kebara 동굴에서 약 4만 5000년 된 네안데르탈인 골격들이 발견되었다. 이 두 가지 발견이 네안데르탈인과 현생인류가 카르멜 산맥에서 5만 년이 넘도록 이웃으로 살았음을 의미하는 것은 아니다. 사실 많은 고생물학자들은 기후가 온난했던 시기에는 남쪽에서 현생인류가 올라왔으며, 더 한랭한 시기에는 북쪽의 네안데르탈인이 내려오고 현생인류는 그곳을 떠났다고 말한다. 또한 스쿨과 카프제의 현생인류는 후손을 남기지 않고 절멸했다는 견해도 있다.

하지만 설령 후손을 남기지 않았더라도 친척은 있었을 것이다. 항상 이웃해서 살지는 않았더라도, 기후변화에 따라 만남의 장소가 북쪽과 남쪽으로 바뀌었을지는 몰라도 두 집단은 수만 년에 걸쳐 만났음에 틀림없다. 이것이 중동설의 간략한 개요다.

고생물학자들 중 특히 2004년에 인류진화 분과장으로 우리 연구소에 합류한 프랑스 과학자 장 자크 위블랑과 이야기를 나누면서 알게 된 사실은 5만~10만 년 전의 중동은 현생인류와 네안데르탈인이 이종교배 하기에 이상적인 장소였다는 것이다. 네안데르탈인과 현생인류가 오랫동안 접촉했을 가능성이 있는 세계 유일의 장소라는 것이 한 가지 이유이다. 또 한 가지 이유는 그 시기에는 두 집단의 어느 쪽도 분명한 지배 집단이 아니었던 것으로 보이기 때문이다. 한 예로 두 집단은 같은 석기를 사용했다. 실제로 그들의 도구 세트가 동일했기 때문에 중동 지역에 있는 그 시기의 고고학 유적지가 누구의 것인지는 골격 유해가 존재해야만 확실히 알 수 있다.

5만 년 전 직후에 이 모든 상황이 바뀌었다. 그 시점에 현생인류는 아프리카 밖에서 확고한 입지를 다지고 구세계 전역으로 빠르게 퍼져 나가기 시작해 단 몇 천 년 만에 오스트레일리아까지 도달했다. 그때는 현생인류가 네안데르탈인과 교류한 방식이 바뀌어 있었던 것 같다. 화석 기록이 특별히 잘 연구되어 있는 유럽을 살펴보면 현생인류가 한 지역에 출현하면 네안데르탈인들은 그 즉시 또는 곧이어 사라진 것이 분명해 보인다. 결국 전 세계에서 같은 일이 일어났다. 즉 현생인류가 등장할 때마다 고생인류 형태들은 앞서거니 뒤서거니 사라졌다.

팽창해 나가는 이 야심찬 현생인류를 5만~10만 년 전 아프리카와 중동을 배회하던 현생인류와 구별하기 위해 나는 그들을 '대체 집단replacement crowd'이라고 부르려고 한다. 이들은 고고학자들이 오리냐시안 문화Aurignacian culture라고 부르는 더 정교한 도구 문화를 발달시켰다. 이 문화는 다양한 돌날을 포함해 부싯돌로 만든 여러 전문화된 석기가 발달한 것이 특징이다. 오리냐시안 유적지들에서는 뼈로 만든 창촉과 화살이 자주 발견되는데 몇몇 고고학자들은 이것을 최초의 발사 무기로 본다. 그게 사실이라면 현생인류는 동물과 적을 먼 거리에서 죽일 수 있는 이 발명품 덕분에 네안데르탈인과 그 밖의 다른 고생인류를 만났을 때 그들을 이길 수 있었을 것이다.

또 오리냐시안 문화는 최초의 동굴 예술과 반인반수의 신화적 형상들을 포함한 최초의 동물 조각상을 생산했다. 이는 그들이 집단 내의 타인들과 소통하고 싶어 하는 풍부한 내면을 소유했음을 암시한다. 따라서 '대체 집단'은 네안데르탈인과 스쿨과 카프제의 초창기 현생인류에게는 전혀 보이지 않거나 이따금 나타나는 행태들을 보였을 것이다.

우리는 '대체 집단'이 어디서 왔는지 모른다. 그들이 실은 중동에 이미 살고 있던 현생인류의 후손들로서 단지 '대체'를 가능하게 한 문화적 발명품과 기질을 축적했을 뿐이었는지도 모른다. 하지만 더 가능성 있는 쪽은 그들이 아프리카의 어딘가에서 왔다는 것이고, 어느 경우든 '대체 집단'은 중동에서 살았던 것이 틀림없다.

대체 집단이 중동으로 이주하면서 그곳에 이미 거주하던 현생인류를 통합했을 가능성은 충분히 있다. 또 그곳에 살고 있던 현생인류는 네안데르탈인과 이미 짝짓기를 했을 테니, 네안데르탈인의 DNA가 그들을 통해 대체 집단으로 전달되었고 그런 다음에 다시 오늘날의 우리에게 전달되었다고 생각해 볼 수 있다. 하지만 이것은 이상적인 모델로 보기에는 복잡하므로 절약의 원리에 부합하지 않는다.

한편 대체 집단이 네안데르탈인과 직접 짝짓기를 했다는 '직접 모델'의 큰 문제는 그들이 중동에서는 네안데르탈인과의 사이에서 태어난 아이를 길렀으면서 왜 나중에 중앙 유럽과 서유럽에서 네안데르탈인을 만나 그들을 대체했을 때는 그렇게 하지 않았는지를 설명하기 어렵다는 것이다. 만일 대체 집단이 나중에 그렇게 했다면 유럽인들은 아시아인들보다 네안데르탈인의 DNA를 더 많이 갖고 있어야 한다.

간접 모델이 맞다면 대체 집단은 네안데르탈인과 이종교배를 한 적이 없고 그 대신 스쿨과 카프제에서 유해가 발견된 다른 현생인류를 통해 네안데르탈인이 기여한 유전자를 물려받은 것이다. 이 초창기 현생인류는 네안데르탈인과 매우 흡사한 문화를 가졌고 수만 년 동안 그들과 이웃해 살았으므로 네안데르탈인을 '대체'하기보다는 네안데르탈인과 짝짓기를 했을 가능성이 높다.

이러한 간접 모델은 물론 순전히 추측이다. 유럽인에게서 네안데르탈인이 추가로 기여한 DNA가 확인되지 않는 것은 단지 그 분량이 너무 적어서 식별할 수 없기 때문일 수도 있다. 아니면 중동에서 네안데르탈인과 이종교배 한 집단이 그 이후에 폭발적인 성장을 했기 때문일 수도 있다. 그랬다면 집단유전학자 엑스코피에가 말한 '서핑' 때문에 그 이종교배 사건의 흔적은 잘 포착되지만, 그러한 폭발적인 인구 팽창으로 이어지지 않은 나중의 이종교배 사건들은 잘 포착되지 않을 것이다. 그것도 아니면 더 나중에 아프리카에서 유럽으로 이주한 집단이 유럽에서 네안데르탈인이 추가로 기여한 유전자를 '희석'시켰을 수도 있다.

나는 미래에 직접적인 증거가 나와서 이 문제를 해결할 수 있기를 바란다. 스쿨과 카프제에 살았던 사람들의 DNA를 연구하는 것이 가능하다면 그들이 네안데르탈인과 유전적으로 섞였는지, 또 얼마나 섞였는지를 알 수 있을 것이다. 그런 다음에는 그들이 오늘날 유럽과 아시아에 사는 사람들에게 존재하는 네안데르탈인 DNA 단편과 똑같은 것을 갖고 있는지도 확인할 수 있을 것이다.

현재로서는 가장 간단하여 절약의 원리에 제일 충실한 가설은 대체 집단이 중동의 어딘가에서 네안데르탈인과 만나 짝짓기를 했고 그 결합에서 태어난 자식들을 길렀다는 것이다. 반은 현생인류이고 반은 네안데르탈인인 그러한 아이들은 그 네안데르탈인들의 DNA를 일종의 내적 화석으로 품은 채 대체 집단의 구성원이 되었다. 그러한 네안데르탈인의 내적 화석은 오늘날 남아메리카 남단의 티에라 델 푸에고, 태평양 한복판의 이스터 섬까지 이르렀다. 네안데르탈인은 오늘날 많은 사람들의 몸 안에 아직도 살아 있다.

✕

분석을 이 정도까지 진행했을 때 나는 우리가 알아낸 사실의 사회적 함의가 걱정되기 시작했다. 과학자들은 당연히 자신들이 알아낸 사실을 대중에게 전달할 필요가 있지만 오용될 여지를 최소화하는 방법으로 전달하도록 노력해야 한다. 인류 역사와 인간의 유전적 변이와 관련해서는 특히 그렇다. 그럴 때 우리는 이렇게 자문해 볼 필요가 있다. 우리가 알아낸 사실이 사회적 편견에 악용될 여지가 있을까? 인종차별주의자들의 논리를 대변하는 것처럼 잘못 전달될 수 있을까? 그 밖의 다른 방식으로 고의적 또는 비고의적으로 오용될 여지가 있을까?

나는 몇 가지 가능성을 상상해 봤다. '네안데르탈인'이라고 불리는 것은 일반적으로 칭찬이 아니며, 일부 사람들은 네안데르탈인의 DNA를 공격성 또는 유럽인 식민 지배자들의 팽창주의와 관련된 여타 행동들과 연결 지을 수도 있다는 생각이 들었다. 하지만 이것은 큰 걱정거리가 아니라고 생각했다. 왜냐하면 유럽인에 대한 '역 인종차별주의'는 그리 치명적이지 않기 때문이다. 더 심각한 쟁점은 아프리카인들에게 이러한 기질이 없는 것이 무엇을 의미하는가였다. 아프리카인들은 '대체 집단'의 일원이 아니었을까? 그들의 역사는 근본적으로 달랐을까?

내가 내린 결론은 그럴 가능성이 없다는 것이었다. 가장 타당한 시나리오는 오늘날의 모든 인간은 아프리카에 살든 다른 곳에 살든 관계없이 대체 집단의 일부라는 것이다. 그동안 많은 고생물학자들과 나를 포함한 유전학자들은 대체 집단이 그들이 만난 다른 인류 집단과 이종교배 하지 않고 전 세계로 퍼져 나갔다고 생각해 왔지만, 유전적으로 섞인 사례가 확인된 이상 그런 일이 더 있었을 것이라고 생각할 이유가 충분하다. 세계의 다른 지역에서 확보한 고생인류 게놈이 없는 상황이라서 우리는 다른 고생인류가 기여한 유전자를 볼 수가 없다. 아프리카에서는 특히 그러한데, 유전적 변이가 다른 어떤 지역보다도 많은 곳이라서 어떤 고생인류 집단이 기여한 유전자를 찾아내기 어려울 것이다.

그럼에도 불구하고 대체 집단이 아프리카를 가로질러 퍼져 나갈 때 그들은 그곳에 있던 고생인류 집단과 이종교배 해서 그들의 DNA를 자신들의 유전자풀에 결합시켰을 것이다. 나는 기자들에게 이 대목을 지적하기로 결정했고 강연에서도 아프리카인들이 그들의 게놈에 고생인류의 DNA를 갖고 있지 않다고 생각할 이유가 별로 없다는 것을 분명히 밝히기로 했다. 아마 모든 인간은 고생인류의 DNA를 갖고 있을 것이며 실제로 아프리카에 사는 현대인을 대상으로 실시된 더 최근의 몇몇 분석들은 그럴 가능성을 암시했다.

✄

긴 일과를 마치고 돌아와 시끄럽고 제멋대로인 다섯 살배기 아들과 놀아 주다가 완전히 녹초가 된 어느 날 저녁, 아들이 막 잠들었을 때 내 머릿속에 말도 안 되는 질문 하나가 떠올랐다. 오늘날의 모든 인간이 네안데르탈인 게놈의 1~4퍼센트를 지니고 있다면, 정자와 난자가 생산 되고 결합되는 동안 DNA 분절들이 무작위로 조립되는 과정에서 한 아 이가 완전한 네안데르탈인 또는 거의 네안데르탈인에 가까운 사람으로 태어나는 기이한 일도 일어날 수 있지 않을까? 현대인들에게 존재하는 네안데르탈인 DNA 단편이 우연히 내 정자 세포와 린다의 난자 세포에 모여 시끄럽고 제멋대로인 내 아들이 되었을 수도 있지 않을까? 내 아 들 또는 나는 얼마쯤 네안데르탈인일까?

나는 간단한 계산을 해 보기로 했다. 라스무스가 찾아낸 단편은 뉴 클레오티드 길이가 약 10만 개였고, 평균적으로 아프리카 외부 사람들 중 약 5퍼센트가 이 중 어느 한 개를 갖고 있었다. 만일 모든 네안데르 탈인 단편이 이 정도 길이이고 그것을 합치면 완전한 네안데르탈인 게 놈이 된다면 약 3만 개의 단편이 존재할 것이다.(인간의 염기 서열이 약 30 억 쌍으로 이루어져 있으므로 10만 개 단위로 자르면 3만 개의 조각이 나온다는 뜻이 다.—옮긴이) 많은 네안데르탈인 DNA 단편이 실제로는 길이가 더 짧고 5퍼센트보다 적은 빈도로 존재하며 다 합친다 해도 전체 게놈이 되지는 않지만, 나는 왜곡된 계산을 통해서라도 내 아들이 완전한 네안데르탈 인 혈통일 가능성이 조금이라도 있는지 알아보고 싶었다.

이러한 가정들에서 내 아들이 네안데르탈인의 특정한 DNA 단편을 갖고 있을 확률은 5퍼센트가 당첨되는 복권에서 당첨권을 뽑는 것과 같 았다. 내 아들이 한 쌍을 이루는 두 염색체 모두에 네안데르탈인 단편을 갖고 있을 확률은 이 복권에서 당첨권을 두 번 뽑는 것과 같았다. 5퍼센 트의 5퍼센트 즉 0.25퍼센트였다. 내 아들이 린다에게서 받은 게놈과 내게서 받은 게놈 모두가 완전히 네안데르탈인의 단편만으로 구성되기 위해서는 3만 개의 단편 각각에 대해 당첨권을 두 번씩 뽑았어야 한다. 즉 당첨권을 6만 번 연속으로 뽑았어야 한다! 이 복권에 당첨될 확률은 물론 엄청나게 낮다.(소수점 뒤로 영이 7만 6000개 이어지고 나서야 숫자가 나오는 확률이다.)

따라서 내 아들이 완전한 네안데르탈인일 확률만 0에 가까운 게 아니라 지구상의 80억 인구를 통틀어서도 네안데르탈인 아이가 태어날 확률은 제로다. 그래서 나는 내 아들이 네안데르탈인일 수도 있다는 가설은 버려야 했다. 또 우리 연구실에 어느 날 현대 네안데르탈인이 걸어 들어와 혈액 샘플을 제시하면서 고생인류의 뼈로 네안데르탈인의 게놈을 분석하려는 우리의 시도 자체를 불필요하게 만들지도 모른다는 걱정을 다행스럽게도 털어 버릴 수 있었다.

그렇다 해도 게놈상의 DNA 분절 중 어떤 것이 네안데르탈인에게서 온 것인지 분명하게 찾아내는 것 그리고 네안데르탈인 게놈의 모든 부분이 현대인들에게 흩어져 존재하는지 알아내는 것은 둘 다 중요한 연구 목표다. 이 분절들의 크기와 개수는 실제로 몇 명의 혼혈아가 네안데르탈인의 DNA를 대체 집단에 기여했는지 그리고 이러한 기여가 언제 일어났는지에 대해 무언가를 말해 줄 것이다. 또 사라진 부분들도 매우 흥미로울 수 있는데, 그러한 부분에는 현생인류의 대체 집단과 네안데르탈인의 중요한 차이를 만든 유전자들이 포함되어 있을 것이기 때문이다.

여기까지 생각이 흘러왔을 때 내가 내 아들에 대해 계산을 했듯이 다른 사람들도 자기 게놈 중 어떤 부분이 네안데르탈인에게서 왔는지 알고 싶어 할 것이라는 생각이 들었다. 어떤 사람들은 매년 자신들(또는 사랑하는 사람들)이 어느 정도는 네안데르탈인인 것 같다고 주장하는 편지를 보내온다. 그들은 늘 사진을 동봉했는데, 그 사진 속의 사람들은 대개 다부진 체격을 갖고 있었다. 그리고 우리 연구를 위해 혈액 샘플을 제공하겠다는 경우도 꽤 있었다. 이제 우리가 네안데르탈인 게놈 서열을 확보했으니, 이러한 네안데르탈인의 DNA 서열을 어떤 사람의 DNA 서열과 비교해서 네안데르탈인에게서 왔다고 여겨질 정도로 비슷한 부분들을 찾아내는 일을 할 수도 있을 것이다.

실제로 혈통을 찾아 주는 일을 하는 많은 회사들이 이미 이러한 종류의 분석을 제공하고 있다. 예컨대 미국 사람들은 자신의 핏줄에 아프리카, 유럽, 아시아, 그리고 아메리카 원주민의 피가 얼마나 섞였는지 알고 싶어 한다. 미래에는 네안데르탈인의 피가 얼마나 섞였는지도 알아볼 수 있을 것이다. 이것은 흥미로운 일이지만 나는 이번에도 걱정이 앞섰다. '네안데르탈인'이라는 것이 오명이 될 수도 있기 때문이다. 사람들은 자신의 게놈에서 뇌세포 작동에 관여하는 유전자가 위치하는 부위가 네안데르탈인에게서 온 것임을 안다면 기분 나쁘지 않을까? 앞으로는 부부 싸움 중에 이런 말도 나오지 않을까? "당신이 쓰레기를 절대로 내다 버리지 않는 것은 당신의 어떤 뇌 유전자가 네안데르탈인에게 왔기 때문이야!" 만일 어떤 집단이 한 유전자의 여러 가지 변종들 중 네안데르탈인 변종을 매우 높은 빈도로 갖고 있다면 이러한 오명이 집단 전체에 씌워질 수도 있지 않을까?

우리 연구가 그런 식으로 오용되는 것은 막아야겠다는 생각이 들었다. 그러기 위해 내가 생각할 수 있는 유일한 방법은 네안데르탈인의 게놈을 혈통 검사에 이용하는 것에 대해 특허를 내는 것이었다. 우리가 이렇게 한다면 혈통 검사로 돈을 벌고 싶은 사람은 우리에게 사용권을 획득해야 것이다. 그러면 우리가 사용권을 발급할 때 고객에게 정보를 제공하는 방식과 관련한 조건을 걸 수 있다. 또 사용료를 부과함으로써 우리 실험실과 막스플랑크협회가 네안데르탈인 프로젝트에 투자한 돈의 일부를 회수할 수도 있을 것이다. 나는 이러한 생각을 크리스티안 킬거Christian Kilger에게 이야기했다. 그는 내 연구실에서 대학원생으로 있다가 지금은 베를린에서 생명공학 기술과 관련한 특허 변호사로 활동하고 있었다. 우리는 컨소시엄의 연구진들이 수익을 공유하는 방법에 대해서도 논의했다.

나는 약간은 논란이 있을 수도 있겠다고 생각하고 금요일 회의에서 연구팀에게 이 이야기를 꺼냈다. 하지만 내가 상황을 완전히 잘못 판단했다는 것을 곧 알았다. 몇몇 사람들이 특허 계획에 결사반대했다. 특히 내가 높이 평가하는 마르틴 키르허와 우도 슈텐첼은 네안데르탈인 게놈처럼 자연 발생한 어떤 것의 사용에 특허를 내는 것에 반대했다. 전체적으로 보면 이러한 생각은 팀 내의 소수 의견이었지만 거의 종교처럼 신봉되었다. 다른 사람들은 정반대 의견을 냈다. 예컨대 에드는 혈통을 찾아 주는 대기업인 23앤미23andMe를 직접 찾아가기까지 했고 미래에 이 회사와 협력할 생각도 있는 듯했다.

회의 때뿐 아니라 구내식당에서도 그리고 실험실과 책상 앞에서도 격렬한 논쟁이 벌어졌다. 나는 크리스티안 킬거와 막스플랑크협회 소속의 한 특허 변호사를 초청해 특허가 무엇이며 어떻게 기능하는지를 설명해 달라고 했다. 그들은 특허는 네안데르탈인 게놈의 상업적 사용에만 제한을 두는 것이며—이 경우도 혈통 검사 같은 특정한 목적을 추구할 때만 제한을 둔다—과학적 사용에는 어떠한 제한도 두지 않는다는 점을 매우 자세하게 설명했다. 그런데도 의견은 바뀌지 않았고 감정싸움도 끝나지 않았다.

나는 연구팀 내에서 이 문제로 편을 갈라 길게 싸우고 싶은 마음이 없었다. 헌신적인 소수의 뜻을 무시해 가면서까지 어떤 결정을 밀어붙이고 싶은 마음은 더더욱 없었다. 논문을 제출하려면 아직 멀었고 팀원들의 화합은 필수적이었다. 따라서 이 문제를 제기한 지 2주 만에 금요일 회의 자리에서 특허 논의를 그만두겠다고 발표했다. 크리스티안이 내게 보낸 편지의 끝에는 "좋은 기회를 놓쳤군요."라고 씌어 있었다. 나도 같은 생각이었다. 그것은 앞으로의 연구에 자금을 제공하는 동시에 영리를 목적으로 하는 회사들이 우리의 연구 결과를 이용하는 방식에 확실하게 영향을 미칠 수 있는 기회였다. 실은 내가 이 책을 쓰고 있을 때 23앤미가 네안데르탈인 혈통 검사를 제공하기 시작했다. 다른 회사들도 분명히 뒤따를 것이다.

하지만 팀의 화합은 우리 프로젝트를 추동하는 힘이었다. 그것은 함부로 건드리기에는 너무도 귀중한 자산이었다.

5부

프로젝트의 완성과 또 다른 인류의 발견

-게놈 서열 발표와 그 반향,
데니소바인의 DNA 발견까지 -

Neanderthal Man
In Search of Lost Genomes

20

인간의 본질?

라이프치히 연구소는 매혹적인 장소다. 그곳에 있는 거의 모든 연구자는 이런저런 방식으로 인간이란 무엇인가를 연구하지만 그들 모두는 오직 사실 지향적이고 실험과학적인 관점에서 이 애매모호한 질문에 접근한다. 비교발생심리학 분과장인 마이클 토마셀로Michael Momasello(마이크)는 특히 흥미로운 연구를 한다. 그의 관심사는 인간과 대형 유인원의 인지 발달에 나타나는 차이다.

그러한 차이를 측정하기 위해 마이크의 연구팀은 인간과 유인원에게 똑같은 '지능' 검사를 실시한다. 인간과 유인원의 어린 개체들이 장난감이나 사탕이 나오는 복잡한 기계장치를 다루는 방법을 알아내는 것과 같은 목표들을 위해 또래들과 얼마나 잘 협력하는지는 매우 흥미로운 주제다. 마이크의 연구에 따르면 약 10개월까지는 인간과 유인원의 인지능력에 눈에 띄는 차이가 거의 없다.

하지만 약 한 살 무렵부터 인간은 유인원의 새끼들은 하지 않는 행동을 하기 시작한다. 즉 인간의 아이들은 흥미 있는 사물을 가리키며 타인의 관심을 끌기 시작한다. 게다가 그때부터 대부분의 아이들은 뭔가를 가리키는 행위 자체에 재미를 느낀다. 그들은 램프, 꽃, 고양이 등을 가리키는데, 그것을 원해서가 아니라 단지 부모와 타인들의 관심을 그곳으로 돌리기 위해서다. 타인의 관심을 유도하는 것 자체가 신나는 일이다. 한 살쯤 되면 아이들은 타인이 자신과 크게 다르지 않은 세계관과 관심을 갖고 있다는 사실을 알기 시작하면서 타인의 관심을 유도하는 능력을 갖추기 시작하는 것 같다.

마이크는 타인의 관심을 유도하려는 충동은 아동기 발달 과정에서 가장 먼저 나타나는 인지적 특징들 중 인간에게서만 나타나는 독특한 것이라고 주장했다.[1] 이것은 심리학자들이 '마음 이론theory of mind'이라고 부르는 능력이 생기기 시작하는 첫 번째 신호임에 분명하다. 마음 이론은 타인이 어떤 대상을 자신과는 다르게 인식한다는 것을 이해하는 능력이다. 사회생활을 하고 타인을 조종하고 정치를 하고 협력 행위를 통해 크고 복잡한 사회를 만들어 가는 인간의 엄청난 역량이 남의 입장에서 생각해 보고 그 사람의 관심과 흥미를 유도하는 능력에서 비롯된다고 상상하는 것은 그리 어렵지 않다. 마이크와 그의 연구팀이 지적한 이러한 능력은 우리 인간이 유인원들과 네안데르탈인을 포함한 많은 멸종한 형태의 인류와 매우 다른 역사적 경로를 밟게 만든 근본 바탕이었을 것이다.

마이크는 또한 인간의 아이들에게는 유인원의 새끼들과 구별되는 매우 중요한 또 하나의 성향이 있다고 지적했다. 인간의 아이들은 유인원의 새끼들보다 부모와 타인이 하는 행동을 훨씬 잘 모방한다는 것이다.

다시 말해 인간의 아이들은 흉내를 잘 내는 반면에 유인원의 새끼들은 흉내를 내지 않는다. 그리고 이에 대한 반응으로 인간의 부모와 그 밖의 성인들은 유인원의 부모들보다 아이들의 행동을 고치고 수정해 주는 경우가 훨씬 더 많다.

여러 사회에서 인간은 이러한 활동을 공식화하기까지 했는데, 바로 우리가 교육이라고 알고 있는 것이다. 사실 인간이 어린아이들과 함께 하는 활동의 대부분이 명시적인 형태든 암묵적인 형태든 교육이다. 그리고 그러한 활동은 흔히 학교와 대학의 형태로 제도화되어 있다. 반면에 유인원에게는 교육이 거의 관찰되지 않는다. 타인에게 기꺼이 배우는 인간의 성향이 관심의 공유에서 비롯되며 그러한 행동이 아빠의 관심을 유도하기 위해 램프를 가리키는 어린아이에게서 처음 그 모습을 드러낸다는 사실이 내게는 매혹적으로 느껴졌다.

교육과 학습에 대한 강조는 인간 사회에 근본적인 영향을 미칠 것이다. 유인원은 모든 기술을 부모나 집단의 다른 구성원들이 가르쳐 주지 않는 상태에서 시행착오를 통해 습득해야 하는 반면, 인간은 앞 세대들이 축적해 놓은 지식 위에서 훨씬 더 효과적으로 해 나갈 수 있다. 그 결과 한 공학자가 차의 성능을 개선하고 싶을 때 그는 처음부터 시작할 필요가 없다. 20세기에 발명된 내연기관과 옛날에 발명된 바퀴 같은 앞 세대가 만들어 놓은 발명품들을 토대로 만들면 된다. 그는 조상들이 축적해 놓은 지혜에 약간의 변형을 가하기만 하면 되고, 후대의 공학자들은 다시 그것을 바탕으로 더 나은 것을 만들 것이다. 마이크는 이러한 작용을 '톱니바퀴 효과ratchet effect'라고 부른다. 이것이 바로 인간의 놀라운 문화적·기술적 성공을 가능하게 한 열쇠임은 분명하다.

✄

마이크의 연구에 나는 매혹되었다. 관심을 공유하는 성향과 타인에게 복잡한 것을 배우는 능력에는 유전적 기초가 존재한다고 확신하기 때문이다. 실제로 유전 형질이 인간의 이러한 행동의 필수적인 토대임을 암시하는 증거가 많이 존재한다. 과거에 인간은 오늘날 우리가 비윤리적이라고 여기는 실험을 때때로 했는데, 한 예로 갓 태어난 유인원을 자기 집에서 자기 아이와 함께 기르기도 했다. 유인원은 인간과 비슷한 행동들을 배웠지만—그들은 두 단어짜리 간단한 문장을 만들고 가전제품들을 조작하고 자전거를 타고 담배를 피울 수 있었다—매우 복잡한 기술들은 배우지 못했고 인간 수준의 의사소통을 하지 못했다. 한 마디로 유인원은 인지적으로 인간이 되지 못했다. 그렇다면 인간의 문화를 완전히 습득하기 위해 반드시 필요한 생물학적 기질이 존재하는 것이 분명하다.

내 말은 유전자가 필수적인 기질이라는 것이지 인간의 문화를 습득하기 위해서는 유전자만 있으면 충분하다는 것은 아니다. 인간의 아이를 타인과의 접촉이 전혀 없는 조건에서 기르는 상상의 실험을 한다면 그 아이는 타인의 관심사를 알아차리는 것을 포함해 우리가 인간의 특징으로 간주하는 인지적 형질의 대부분을 발달시키지 못할 것이다. 아마 이 불운한 아이는 타인과 관심을 공유하는 것에서 비롯되는 가장 정교한 문화적 형질인 언어도 발달시키지 못할 것이다. 따라서 나는 사회적 인풋이 인간의 인지 능력을 발달시키는 데에 필수적이라고 확신한다.

하지만 아무리 태어나자마자 확실하게 인간 사회의 구성원으로 통합시킨다 해도 그리고 아무리 철저히 교육한다 해도 유인원은 기초적인 문화적 기량 이상의 것을 발달시키지 못한다. 사회적 훈련만으로는 충분하지 않고 인간의 문화를 습득하는 유전적 능력이 필수라는 것이다. 마찬가지로 나는 태어나자마자 침팬지에게 길러진 인간도 인지적으로 침팬지가 되지 못할 것이라고 확신한다. 완전한 침팬지가 되기 위해서는 반드시 필요한, 인간에게는 없는 유전적 기질이 분명히 존재한다.

하지만 우리는 인간이기 때문에 무엇이 침팬지를 침팬지로 만드는가 보다는 무엇이 인간을 인간으로 만드는가에 더 관심이 있다. 우리의 관심이 '인간 중심적'이라는 것을 부끄러워할 필요는 없다. 실제로 우리가 이렇게 편협해져야 하는 객관적 이유가 있다. 침팬지가 아니라 인간이 지구와 생물권의 대부분을 지배하게 되었다는 것이 그 이유다. 우리는 문화와 기술의 힘으로 그렇게 했다. 그러한 힘 덕분에 우리는 엄청난 수로 불어날 수 있었고 사람이 살 만한 곳이 아니었던 지역에서도 살 수 있게 되었으며, 생물권의 여러 측면에 영향을 미치는 것에서 더 나아가 생물권을 위협할 수 있게 되었다. 오직 인간만이 이렇게 할 수 있었던 이유가 무엇인지 이해하는 것은 오늘날 과학자들이 직면한 가장 매혹적인 문제 중 하나이고, 어쩌면 가장 시급한 문제 중 하나일지도 모른다.

인간이 이렇게 할 수 있게 만든 유전적 토대를 알아내는 가장 확실한 방법은 네안데르탈인과 현대인의 게놈을 비교하는 것이다. 사실 네안데르탈인의 게놈 서열을 알아내는 것과 관련한 기술적 문제들을 붙들고 고군분투하는 지난 몇 년 동안 내가 버틸 수 있었던 것은 그런 확신이 있었기 때문이다.

화석 기록에 따르면 네안데르탈인은 30만 년 전과 40만 년 전 사이에 출현해서 약 3만 년 전까지 존재했다. 존재하는 기간 내내 그들의 기술은 크게 변하지 않았다. 그들은 역사를 통틀어 거의 똑같은 기술을 생산했는데, 그들의 역사는 현생인류가 지금까지 경험한 것보다 서너 배나 길었다. 네안데르탈인이 현생인류와 접촉한 역사의 막바지에서 와서야 그들의 기술이 몇몇 지역에서 변화를 보인다. 그 오랜 세월 동안 그들은 자신들이 살던 유럽과 서아시아 지역의 기후변화에 따라 팽창했다 물러났다 했을 뿐 바다를 건너 지금까지 살지 않았던 지역으로 뻗어 나가지는 않았다. 그들은 그들 이전에 다른 대형 포유류가 했던 것과 거의 흡사한 방식으로 퍼져 나갔다. 그런 점에서 네안데르탈인은 지난 600만 년 동안 아프리카에 존재했던 그리고 약 200만 년 동안 아시아와 유럽에 존재했던 인류의 다른 멸종한 형태들과 비슷했다.

완전한 현생인류가 아프리카에서 출현해 대체 집단의 형태로 전 세계로 퍼져 나갈 때 이 모든 것이 갑자기 바뀌었다. 이후 5만 년 동안—네안데르탈인이 존재했던 전체 기간보다 4~8배 짧은 시간—대체 집단은 지구상의 살 만한 땅이라면 거의 모든 곳에 정착했을 뿐 아니라 달과 그보다 먼 우주로 갈 수 있는 기술을 개발했다. 만일 이러한 문화적·기술적 폭발의 유전적 토대가 존재한다면—나는 그렇다고 확신하는데—과학자들은 네안데르탈인의 게놈과 현대인의 게놈을 비교함으로써 그것이 무엇인지 마침내 이해할 수 있을 것이다.

이러한 꿈에 부풀어 있던 나는 2009년 여름 우도가 마침내 네안데르탈인 DNA 단편의 매핑을 모두 끝냈을 때 네안데르탈인과 현대인 사이의 중요한 차이를 찾고 싶어서 손이 근질근질했다. 하지만 그러한 차이가 실제로 무엇을 말해 줄 수 있는지 냉정하게 돌아볼 필요도 있었다. 게놈이 살아 숨 쉬는 한 인간의 구체적인 면모들에 대해 무엇을 말해 주는지와 관련하여 우리는 여전히 아는 게 거의 없다는 것이 유전체학에 관한 불편한 진실이다. 만일 내가 내 자신의 게놈 서열을 분석해서 그것을 유전학자에게 보여 준다면, 그 유전학자는 내 게놈에 있는 변종들을 전 세계에 존재하는 변종들의 지리적 패턴들과 맞춰 봄으로써 나와 내 조상들이 지구상의 어느 지역에서 왔는지 대략 말해 줄 수 있을 것이다.

하지만 그 유전학자는 내가 똑똑한지 멍청한지 키가 큰지 작은지를 포함해 내가 한 인간으로서 어떻게 기능하는지와 관련한 그 밖의 모든 중요한 사실을 거의 알려 줄 수 없을 것이다. 사실 게놈을 이해하기 위한 노력의 대부분이 질병을 퇴치하기 위한 것에서 비롯되었지만 알츠하이머병, 암, 당뇨병, 심장병 같은 대부분의 질병들에 대해 현재 우리가 알고 있는 것은 한 개인이 그 병에 걸릴 가능성을 애매한 확률로 말할 수 있는 수준에 불과하다. 그래서 나는 현실적으로 볼 때 네안데르탈인과 현생인류의 차이를 만든 유전적 토대를 직접적으로 확인할 수는 없을 것이라고 생각한다. 아마 분명한 증거는 발견할 수 없을 것이다.

그렇다 해도 네안데르탈인의 게놈은 네안데르탈인과 인류를 다르게 만든 것이 무엇인가에 대한 질문을 시작할 수 있게 하는 도구였다. 우리뿐 아니라 미래 세대의 생물학자들과 인류학자들도 그 도구를 이용할 수 있을 것이다. 첫 번째 단계는 현대인의 조상들이 네안데르탈인의 조상들과 갈라진 뒤에 일어난 모든 유전적 변화를 찾아서 목록으로 만드는 것이었다. 이러한 변화들은 상당할 것이고 대부분은 큰 영향을 미치지 않겠지만 우리가 관심을 갖고 있는 중요한 유전적 사건들은 그러한 변화들 사이에 숨어 있을 것이다.

현생인류에게만 일어난 모든 변화의 1차 목록을 작성하는 중요한 임무를 마르틴 키르허가 맡았고, 그의 지도 교수인 재닛 켈소가 함께 했다. 이상적으로는 현생인류가 네안데르탈인의 조상과 갈라진 이후에 생긴, 오늘날 거의 모든 인간에게 존재하는 모든 변화가 그 목록에 포함되어야 한다. 따라서 그러한 목록에는 네안데르탈인과 침팬지를 포함한 유인원들은 서로 비슷해 보이지만 모든 인류는 어디에 살든 네안데르탈인 및 유인원들과 달라 보이는 게놈상의 위치들이 포함되어야 할 것이다.

하지만 2009년에는 그러한 목록을 완전하고 정확하게 작성하기에는 많은 한계가 있었다. 일단 우리는 네안데르탈인 게놈의 약 60퍼센트만을 해독한 상태라서 그 목록의 완성도가 60퍼센트에 그칠 수밖에 없었다. 둘째로 설령 네안데르탈인의 게놈과 침팬지의 게놈과 비슷해 보이는 위치에서 인간 참조 게놈과의 차이를 하나 발견했다 해도 오늘날의 모든 인간이 인간 참조 게놈과 비슷하리라는 보장은 없었다. 사실 그러한 위치들의 대부분에는 변이가 존재할 것이다. 하지만 인간의 유전적 변이에 대해 현재 우리가 알고 있는 지식으로는 참조 게놈에서 발견한 차이가 진짜 차이인지 그저 차이처럼 보이는 것인지 구별하기 어려웠다. 다행히 인간의 유전적 변이를 파악하기 위한 대규모 프로젝트가 여러 곳에서 진행되고 있었다. 그중 하나가 1000 게놈 프로젝트였는데, 이 프로젝트의 목표는 인간의 1퍼센트 이상에 존재하는 게놈상의 변종들을 모두 찾아내는 것이었다. 하지만 이 프로젝트는 겨우 시작 단계였다. 셋째는 우리가 확보한 네안데르탈인의 게놈이 겨우 세 개체에서 얻은 서열을 합친 것인 데다 게놈상의 대부분의 위치에서 한 명의 네안데르탈인 서열밖에는 얻지 못했다는 점은 분명한 한계였다. 하지만 나는 이것은 큰 문제가 되지 않는다고 생각했다. 한 명의 네안데르탈인이라도 게놈상의 한 위치에 유인원과 비슷한 조상형 뉴클레오티드를 갖고 있다면 게놈 서열을 모르는 다른 네안데르탈인들이 오늘날의 인간에게 나타나는 새로운 파생형을 갖고 있다 해도 상관이 없었다. 조상형 변종이 적어도 하나의 네안데르탈인 개체에 있었다는 것은 약 40만 년 전에 네안데르탈인과 현생인류가 갈라질 무렵에 그 변종이 아직 존재했다는 뜻이었다. 그것만으로도 그 변종은 일반적인 현생인류를 정의하는 후보가 될 수 있었다.

재닛과 마르틴은 인간 참조 게놈을 침팬지, 오랑우탄, 짧은꼬리원숭이의 게놈들과 비교해서 서로 차이가 나는 위치들을 모두 찾아냈다. 그런 다음에 그들은 네 종의 게놈을 우리가 갖고 있는 네안데르탈인 DNA 서열과 비교하되, 게놈의 어디에 위치하는지 확실하게 알고 있는 네안데르탈인 DNA 서열만을 비교했다. 재닛과 마르틴이 확인한 결과 우리는 인류 계통에서 뉴클레오티드 변화가 일어난 320만 2190개 위치에서 네안데르탈인 서열을 갖고 있었다. 네안데르탈인은 이 위치들의 대부분에서 인간과 비슷했다. 우리가 유인원보다 네안데르탈인과 훨씬 더 가깝다는 사실을 고려하면 이것은 놀랍지 않은 결과였다. 하지만 이 위치들의 12.1퍼센트에서 네안데르탈인은 유인원과 비슷했다.

재닛과 마르틴은 그다음으로 유인원과 네안데르탈인에게서 나타나는 조상형 변종들이 오늘날의 일부 사람들에게 아직도 존재하는지 확인해 보았다. 그들은 대부분의 경우에 현대인에게서 조상형 변종과 새로운 변종들을 둘 다 발견했다. 이 변종들을 야기한 돌연변이들이 비교적 최근에 일어났기 때문에 놀라운 결과는 아니었다. 그런데 이러한 새로운 변종들의 일부는 우리가 알기로는 오늘날의 모든 인간에게 존재했다. 우리가 특별히 관심 있게 살펴본 것은 이러한 위치들이었다.

우리를 가장 두근거리게 한 것은 기능에 영향을 미친 것으로 보이는 변화들이었고, 그중에서도 특히 단백질의 아미노산을 바꾸는 변화들이었다. 단백질은 게놈상의 한 구간에 존재하는 '유전자'라고 불리는

DNA 서열에 의해 지정된다. 단백질은 20개의 서로 다른 아미노산들이 연결되어 만들어지며 우리 몸에서 유전자의 활성을 조절하고 체내 조직을 만들고 대사를 조절하는 등 많은 역할을 한다. 따라서 단백질에 변화를 일으키는 돌연변이는 확인된 모든 돌연변이 중에서 무작위로 고른 한 돌연변이보다 그 유기체에 영향을 미칠 가능성이 높다. 그러한 유의미한 돌연변이—단백질의 한 아미노산을 다른 아미노산으로 바꾸거나 단백질의 길이를 바꾸는 것—는 그와 같은 극적인 변화를 초래하지 않는 염기 치환과 달리 진화 과정에서 자주 일어나지 않는다.

마르틴은 아미노산을 바꾸는 78개 뉴클레오티드 위치들을 최종적으로 확인해서 보여 주었다. 그 위치는 우리가 아는 한 오늘날의 모든 인간이 서로 비슷했지만 네안데르탈인의 게놈 및 유인원들의 게놈과는 달랐다. 네안데르탈인 게놈 프로젝트와 1000 게놈 프로젝트가 완성됨에 따라 이 목록에서 뭔가가 추가되고 뭔가가 빠질 것이다. 우리는 네안데르탈인과 갈라진 이래로 모든 현생인류로 확산된 아미노산 변화의 총 개수는 200개 미만이 될 것으로 예상한다.

앞으로 각각의 단백질이 우리 몸과 마음에 어떤 영향을 미치는지 훨씬 더 완전하게 이해하게 되면 생물학자들이 한 단백질상의 특정 아미노산에 어떤 기능을 부여할 수 있을 것이고, 그것이 네안데르탈인에게도 같은 방식으로 기능했는지 확인할 수 있을 것이다. 하지만 게놈과 생물학에 대한 그러한 포괄적인 지식은 내가 저세상에 가서 네안데르탈인을 만나고 나서도 한참 뒤에야 얻을 수 있을 것이다. 그래도 네안데르탈인 게놈(그리고 우리와 또 다른 사람들이 앞으로 얻을 개선된 버전의 네안데르탈인 게놈)이 이 시도에 중요한 기여를 할 것이라고 생각하면 약간 위안이 된다.

아쉬우나마 우리는 아미노산을 바꾸는 78개 위치를 통해 몇 가지 사실들을 아주 대략적으로나마 알 수 있었다. 하지만 어떤 변화들이 일어났는지 확인하는 것만으로는 그 새로운 변종을 지닌 최초의 사람에게 어떤 생물학적 변화가 일어났는지 알 수 있는 것은 거의 없었다. 한 가지 눈에 띄는 점은 있었다. 한 개가 아니라 두 개의 아미노산 변화를 갖고 있는 단백질이 다섯 개가 있었다는 것이다. 게놈이 암호화하는 2만 개의 단백질들 사이에 78개의 돌연변이가 무작위로 흩어져 있다면 우연에 의해 이런 상황이 일어날 가능성은 매우 낮았다. 그러므로 이 다섯 개의 단백질들은 인류 역사에서 최근에 그 기능을 바꾸었을 것이다. 아니면 이 단백질들이 기능이나 중요성을 잃음으로써 그동안은 기능상의 제약 때문에 축적하지 못했던 돌연변이를 자유롭게 축적했을 가능성도 있다. 어느 쪽이든 우리는 이 다섯 개의 단백질들을 좀 더 면밀하게 조사해 봐야 한다고 생각했다.

두 개의 변화가 일어난 첫 번째 단백질은 정자 운동성에 관여하는 단백질이었다. 나는 이 사실에 별로 놀라지 않았다. 인류든 비인류 영장류든 수컷의 생식과 정자의 운동성에 관여하는 유전자들은 잘 변한다고 알려져 있었는데, 그것은 아마도 암컷이 여러 명의 파트너와 교미할 때서로 다른 수컷들의 정자 세포들 간에 직접적인 경쟁이 일어나기 때문일 것이다. 다시 말해 정자 세포가 더 빨리 헤엄칠 수 있게 해서 경쟁자들보다 난자를 더 잘 수정시키게 만드는 유전적 변화가 일어난다면 그변화는 개체군 내에 퍼져 나갈 것이다. 그러한 변화가 선택되는 이유는 그 돌연변이를 지닌 개체가 후세를 남길 확률이 높기 때문이다. 실제로한 암컷 안에서 서로 다른 수컷들의 정자 경쟁이 더 직접적으로 이루어질수록(말하자면 난자의 막을 뚫기 위한 정자들의 머리 대 머리 경쟁) 더 강력한 선택이 일어날 수 있다.

따라서 한 종의 성적 문란함과 수컷의 생식과 관계가 있는 유전자들에 일어난 선택의 강도 사이에는 상관성이 있다. 발정기의 한 암컷이 주변에 있는 모든 수컷과 교미하는 경향이 있는 침팬지 집단이 우두머리 수컷 고릴라 한 마리가 집단 내의 모든 암컷을 독점하는 고릴라 집단보다 그러한 유전자들에 선택이 일어난 증거가 더 많이 발견된다. 우두머리 수컷 고릴라의 정자는 난자를 수정시킬 때까지 필요한 시간을 혼자 독점한다. 더 젊고 지위가 낮은 수컷들은 이 경쟁에 참여할 수 없기 때문이다. 아니면 그보다 앞서 집단 내의 위계가 결정되는 시기에 사회적 수준에서 이미 경쟁이 일어났을 것이다.

놀라운 사실은 몸집 대비 고환 크기 같은 조야한 척도들조차 수컷 간의 수정 경쟁을 반영한다는 것이다. 침팬지는 큰 고환을 갖고 있으며, 문란하지만 몸집은 더 작은 보노보는 심지어 더 큰 정자 공장을 갖고 있다. 반면에 무시무시할 정도로 몸집이 큰 우두머리 고릴라는 보잘것없이 작은 고환을 갖고 있다. 고환의 크기와 수컷의 생식과 관계가 있는 유전자들에 일어난 선택의 증거로 볼 때 인간은 침팬지의 심한 문란함과 고릴라의 일부일처제 사이의 어딘가에 위치하는 것 같다. 이는 우리 조상들이 우리와 별로 다르지 않았음을 암시한다. 즉 그들은 한 파트너에게 정절을 지킬 때 주어지는 정서적 보상과 성적 유혹 사이에서 갈팡질팡했을 것이다.

마르틴의 목록 중에 두 개의 변화를 지닌 두 번째 단백질은 아직 기능을 모른다. 이는 유전자가 하는 일에 대해 우리가 얼마나 모르는지를 잘 보여 준다. 세 번째 단백질은 세포 내에서 단백질을 생산하는 데 필요한 분자들의 합성에 관여했다. 나는 이 부분에 일어난 변화가 무엇을 의미하는지 알 수 없었고, 그 유전자가 실은 우리가 모르는 다른 기능들을 갖고 있을지도 모른다고 생각했다. 유전자의 기능에 대해 우리가 모르는 부분이 여전히 많다는 것을 감안하면 그럴 가능성은 충분히 있었다.

하지만 아미노산 두 개가 바뀐 나머지 두 단백질들은 모두 피부에 존재했다. 하나는 상처가 아무는 동안 세포들이 서로 붙는 방식에 관여하는 단백질이었고, 다른 하나는 피부 바깥층이나 특정한 땀샘 그리고 모근에 존재했다. 이는 최근에 인류가 진화하는 과정에서 피부의 어떤 점이 바뀌었음을 암시했다. 아마 앞으로 연구가 더 이루어지면 전자의 단백질은 인간보다 유인원에게서 상처가 더 빨리 아무는 경향과 관계가 있고, 후자는 인간에게 털이 없는 것과 관계가 있는 것으로 밝혀질 것이다. 하지만 당분간은 알 수 없을 것이다. 유전자가 우리 몸이 작동하는 방식에 어떤 영향을 미치는지에 대해 우리는 아는 게 너무 없다.

마르틴과 재닛이 앞으로 작성할 2차 목록은 네안데르탈인의 완전한 게놈과 현대인의 유전적 변이에 대한 더 많은 정보를 바탕으로 작성될 것이다. 또 우리 조상들이 네안데르탈인과 갈라진 약 40만 년 전과 '대체 집단'이 전 세계로 퍼져 나간 5만 년 전 사이에 변화가 일어서 모든 인간에게 존재하게 된 게놈상의 위치들을 포함하게 될 것이다. 5만 년 전 이후에는 인류가 전 대륙으로 퍼져 나갔기 때문에 모든 인간에게 생긴 변화는 있을 수 없다.

우리가 갖고 있는 네안데르탈인의 게놈 부위를 이용해서 얻은 수치들을 토대로 우리는 네안데르탈인이 오늘날의 모든 인간과 다른 DNA 서열상의 위치들이 약 10만 개쯤이라고 추산했다. 이것은 현생인류를 '현대적'으로 만드는 것이 무엇인가라는 질문에 대한—적어도 유전적 관점에서는—완전한 대답이다. 만일 현생인류에서 이 10만 개의 뉴클레오티드들 각각을 조상형으로 되돌리는 상상의 실험을 한다면 그 사람은 유전적으로 네안데르탈인과 현생인류의 공통 조상과 비슷해질 것이다. 앞으로 이 목록을 연구함으로써 현생인류가 생각하고 행동하는 방식과 관련이 있는 유전적 변화들을 찾아내는 것은 인류학의 가장 중요한 연구 목표 중 하나가 될 것이다.

21
게놈 서열을 발표하다

과학에서 최종 결과라고 할 수 있는 것은 별로 없다. 실제로는 엄청나게 노력해서 어떤 통찰에 도달하면 눈앞에 더 높은 단계가 보이기 마련이다. 하지만 어느 시점에 선을 긋고 발표할 타이밍을 정하는 것도 필요하다. 2009년 가을에 나는 그 시점에 이르렀다는 느낌이 들었다.

우리가 쓸 논문은 여러 가지 면에서 이정표가 될 터였다. 우선 그것은 멸종한 형태의 인류로 해독한 최초의 게놈이었다. 물론 그해 봄에 덴마크 코펜하겐에서 에스케 빌레르슬레우Eske Willerslev의 연구팀이 에스키모의 머리 타래로 해독한 게놈을 발표했다. 하지만 그 머리 타래는 겨우 4000년 전의 것이었고 영구동토에 보존되어 있었으며 그 DNA의 80퍼센트가 인간의 것이었다. 그 논문의 제목에는 그들이 "멸종한 고 에스키모인"의 게놈을 해독했다고 되어 있지만 나는 오늘날의 에스키모인들이 자신들이 멸종했다는 주장에 대해 어떻게 생각할지 궁금했다. 네안데르탈인들은 정말로 오래되었고 정말로 멸종했으며 다른 형태의 인류이다. 또 사는 지역에 관계없이 지구상의 모든 현대인의 가장 가까운 친척이라는 진화적 중요성을 지닌다.

나는 우리가 미래 연구를 위한 기술적 토대를 마련했다고 느꼈다. 영구동토에 보존된 사체와 달리 우리가 사용한 뼈들은 특별한 방식으로 보존되어 있지 않았다. 그 뼈들은 전 세계 많은 장소의 동굴들에서 발견되는 인간과 동물의 뼈 수 천 점과 다를 게 없었다. 나는 우리가 개발한 기술들이 그러한 수많은 유해들로부터 완전한 게놈을 복구하는 데 쓰일 수 있기를 바란다.

가장 논란을 일으킬 것으로 예상되는 연구 결과는 네안데르탈인들이 그들의 게놈 일부를 유라시아의 현대인들에게 기여했다는 사실이었다. 하지만 서로 다른 세 가지 접근 방식으로 세 차례 이 결론에 도달했으므로 나는 우리가 이 질문에 마침표를 찍었다고 여겼다. 그런 일이 언제, 어디서, 어떻게 일어났는지는 더 연구해야겠지만 그런 일이 일어났다는 사실은 확실하게 밝힌 것이다. 결과를 세상에 발표할 때가 온 것이다.

나는 폭넓은 독자가 이해할 수 있는 논문을 쓰고 싶었다. 우리가 한 일에 관심을 가질 사람들 중에는 유전학자들만이 아니라 고고학자와 고생물학자, 그 밖의 다른 사람들도 있었기 때문이다. 실제로 연구 결과를 발표하라는 압력이 사방에서 들어오고 있었다. 『사이언스』의 편집자는 논문을 언제 제출할 것인지 계속 물었고, 기자들은 나뿐 아니라 다른 팀원들에게까지 전화를 걸어 언제 발표할 것인지 물었다. 우리가 세상에 알릴 흥미로운 결과를 확보했음을 모두가 눈치챈 상황에서 그 게놈이 우리에게 무엇을 말해 주는지에 대한 이야기보다는 기술적 문제들에 초점을 맞춘 과학 강연과 발표를 계속하는 것이 점점 난처해지기 시작했다.

많은 압력에도 불구하고 나는 우리의 주요 연구 결과를 논문 발표 때까지 비밀로 하는 것이 중요하다고 보았다. 연구의 내막을 잘 아는 50여 명 중 누군가가 우리 팀이 네안데르탈인의 유전자가 현대인에게 흘러갔다는 증거를 발견했다는 사실을 기자에게 말할까 봐 걱정스러웠다. 그런 일이 일어난다면 소식은 언론 매체를 타고 순식간에 퍼질 것이다.

지속적으로 나를 괴롭히는 걱정거리가 또 하나 있었는데, 그것은 다른 연구 집단이 우리보다 먼저 네안데르탈인의 서열을 발표하는 것이었다. 이 두 번째 걱정은 물론 특정인을 향한 것이었다. 그 사람은 바로 예전에 우리 파트너였지만 현재는 경쟁자가 된 버클리의 에디 루빈이었다. 우리는 그가 네안데르탈인의 뼈와 그것을 연구하는 데 필요한 자원을 확보했다는 것을 알고 있었다. 나는 지난 4년 동안 이 프로젝트에 참여한 사람들의 피땀 어린 노력이 떠올랐다. 어느 날 아침에 눈을 떠 신문을 펼쳤다가 네안데르탈인의 유전자가 현대인에게 전달되었다는 기사를 접한다면, 게다가 그것이 우리보다 10배 적은 데이터로 서둘러 분석해서 내놓은 결과라면 어떤 기분일지 상상해 보았다. 평소의 나답지 않게 초조해서 잠을 이루지 못했다.

주간 전화 회의에서도 이러한 걱정을 숨길 수 없었다. 아무리 기자가 채근하더라도 우리가 얻은 연구 결과와 관련하여 언론에 어떤 말도 하지 말라고 신신당부하기 시작했다. 컨소시엄의 구성원 중 단 한 명도 말을 흘리지 않았다는 것은 팀에 대한 충성심이 그만큼 컸다는 뜻이었다.

나는 컨소시엄의 모든 사람에게 본인이 그동안 한 일을 적어 내라고 압박하기 시작했다. 그들에게는 이것이 생각처럼 쉬운 일이 아니었다. 어떤 과학자들은 지적 호기심으로 일하기 때문에 문제에 대한 해결책을 찾고 나면 적어서 발표하는 지루한 일을 하지 않으려고 한다. 이것은 물론 나쁜 습관이다. 결국 연구 기금을 제공하는 장본인들인 대중은 연구 결과에 대해 알 권리가 있으며, 다른 과학자들도 결과가 어떤 과정을 거쳐 나왔는지 알아야 그것을 토대로 더 나은 결과를 낼 수 있기 때문이다. 실제로 과학자들을 어떤 직책에 임명하거나 승진시킬 때 그가 몇 개의 흥미로운 프로젝트를 진행하고 있는지가 아니라 마무리해서 발표한 프로젝트가 몇 개인지를 바탕으로 평가를 하는 이유가 거기에 있다.

컨소시엄의 일부 구성원들은 자신이 담당한 부분을 빨리 적어 냈지만, 몇몇은 느릿느릿 초고만 작성했으며, 몇 명은 아예 하지 않았다. 나는 저명한 동료들이 자신이 맡은 부분을 빨리 작성해서 넘기도록 압박할 방법을 생각하다가 마침내 아이디어 하나가 떠올랐다. 그것은 그들의 허영심을 이용하는 것이었다.

대부분의 과학자들도 대부분의 사람들처럼 잘한 일에 대해 인정을 받고 싶어 한다. 그들은 자신의 논문이 다른 출판물에서 자주 언급되는 것과 강연회에 자주 초청받는 것을 낙으로 여긴다. 우리 프로젝트의 경우는 공로를 인정받는 것이 어려웠다. 여러 팀과 50명이 넘는 과학자들이 프로젝트에 기여했기 때문이다. 그들 모두가 논문의 저자로 등장하겠지만 창의적이고 고생스러웠던 여러 종류의 분석들 각각에 대한 개별적인 공로를 일일이 언급하기는 어려웠다. 그럼에도 불구하고 모두가 공동의 목표를 향해 사심 없이 일했지만 개별적인 공적을 어느 정도는 명시해야 했다. 나는 그것을 어떤 식으로 할지 그리고 그것을 이용해 사람들에게 자신이 맡았던 과정을 더 빨리 더 훌륭하게 적어 내도록 어떻게 자극할 수 있을지 궁리했다.

방대한 과학 논문들이 대개 그렇듯이 우리 논문에 제시되는 결과의 대부분은 인쇄된 학술지에는 포함되지 않고 학술지의 웹 사이트에 전자 문서로 발표되는 이른바 '보충 자료'로 제시될 것이다. 이 방대한 분량의 자료에는 전문가들만이 관심을 갖는 기술적인 내용이 자세히 담길 것이다. 보통은 보충 자료의 저자들도 논문의 저자들과 같고 그들의 이름은 논문에서와 똑같은 순서로 등장한다.

나는 그러한 관행을 바꾸기로 했다. 보충 자료의 각 섹션마다 별도의 저자들을 두고, 관심 있는 독자가 질문할 경우에 문의하게 되는 교신 저자corresponding author 한 명을 넣자는 제안을 했다. 이렇게 하면 누가 어떤 실험과 분석을 했는지 훨씬 더 분명해지고 각자 자신이 맡은 섹션의 질에 개인적인 책임을 지게 된다. 영광도 비난도 적어도 일부는 그 사람에게 돌아가는 것이다. 원고의 질을 더 높이기 위해 우리는 그 부분의 연구에 관여하지 않은 컨소시엄 구성원 한 명에게 보충 자료를 꼼꼼히 읽으며 표현상의 실수와 오류를 찾아내게 했다.

이 모든 방법이 도움이 되었다. 사람들은 자신들이 맡은 보충 자료 섹션을 제출했고 그것은 결국 19장 174쪽으로 불어났다. 내 일은 이러한 섹션들을 수정해서 학술지에 게재될 본문을 쓰는 것이었다. 항상 에너지가 넘치는 데이비드 라이시가 이 일에 큰 도움이 되었다. 우리는 논문의 본문 내용을 바꾸는 것과 관련해 많은 이메일을 주고받았고, 마침내 2010년 2월 초에 에드 그린이 모든 것을 『사이언스』에 제출했다.

3월 1일에 우리는 검토자 세 명의 논평을 받았고, 거의 3주 뒤에 네 번째 검토자의 논평을 받았다. 검토자들은 보통 원고를 읽고 수정할 점들을 많이 찾아낸다. 하지만 우리 논문의 경우 그들은 언급할 말이 별로 없었다. 지난 2년 동안 우리가 서로의 연구에 대한 오류를 찾아내려고 시도한 결과 약점의 대부분을 우리 스스로 찾아낼 수 있었다. 그럼에도 불구하고 본문과 관련하여 편집자와 이런저런 실랑이가 있었다. 결국 2010년 5월 7일에 논문이 나왔고 보충 자료 174쪽도 전자 문서로 게재되었다.[1] 한 고생물학자의 말에 따르면 그 논문은 "과학 논문이라기보다는 책에 가까웠다."

과학계에 게놈 서열 정보를 제공하는 두 개의 주요 기관인 잉글랜드 케임브리지의 유럽생물정보연구소European Bioinformatics Institute와 미국 캘리포니아 대학교 샌타크루즈 캠퍼스에서 운영하는 게놈 브라우저 Genome Browser는 그 논문이 나온 날 네안데르탈인 게놈을 공개해 누구나 자유롭게 이용할 수 있도록 했다. 그뿐 아니라 우리는 네안데르탈인의 뼈로 해독한 모든 DNA 단편의 정보를 박테리아 DNA라고 판단한 것까지 포함해 공공 데이터베이스에 올렸다. 나는 우리가 한 일을 누구나 점검해 볼 수 있기를 바랐고 가능하다면 그들이 그것을 개선하기를 바랐다.

✄

논문이 나오자 예상대로 언론에서 난리가 났다. 하지만 기자들을 상대하는 데 싫증이 난 나는 에드, 데이비드, 요하네스를 비롯해 컨소시엄의 나머지 사람들에게 그 일을 맡겼다. 사실 논문이 나온 날 나는 테네시 주 내쉬빌에 있는 밴더빌트 대학교에서 대규모 강연을 하기로 되어 있었다. 오래전에 계획된 그 일정을 구실로 나는 언론의 호들갑을 편리하게 피할 수 있었다.

하지만 그러한 흥분은 내쉬빌에서 나를 초청한 친절한 사람들에게까지 영향을 미쳤다. 이상한 사람이 호텔에 전화를 걸어 나를 찾았다는 사실을 알고 그들은 내 안전을 염려했다. 그 사람이 인간의 진화적 기원에 반대하는 기독교 근본주의자라고 생각했던 것이다. 경찰에게 발신자 추적을 의뢰한 결과 발신 장소가 대학 캠퍼스로 밝혀졌지만, 무슨 이유에선지 그들은 신경을 더 곤두세우고는 사복 입은 경찰 두 명을 붙여 캠퍼스에서 내가 가는 곳마다 졸졸 따라다니도록 했다.

나는 난생처음으로 보디가드를 세우고 강연을 했다. 내 안전에 대한 배려에 감사했고 그런 관심을 받으니 자신이 중요한 사람처럼 느껴졌다. 하지만 검은 양복과 이어폰을 착용한 거구의 두 남자가 내게 접근하는 모든 사람을 의심스러운 눈으로 쳐다보는 바람에 강연 이후에 열린 연구진과 학생들과의 뒤풀이가 좀 어색한 분위기로 흘러갔다.

공교롭게도 2010년 콜드스프링하버 게놈 회의가 열리기 일주일 전에 네안데르탈인 논문이 나와서 나는 내쉬빌에서 곧장 롱아일랜드로 갔다. 그리고 4년 전 네안데르탈인 게놈 프로젝트에 착수하겠다고 발표한 바로 그 강당에서 우리의 연구 결과를 발표하는 것을 마음껏 즐겼다. 나는 발표를 끝내면서 네안데르탈인 게놈이 미래의 과학자들에게 유용한 자원이 되기를 바란다고 말했다. 우연히도 그 미래는 내가 연단에서 내려오고 나서 5분 뒤에 바로 다가왔다.

내 다음 연사는 스탠퍼드 대학교의 대학원생 코리 매클레인Corey McLean이었다. 자리에 앉으면서 나는 저 친구의 상황이 아니라서 다행이라고 느꼈다. 많은 관심을 모은 발표자에 뒤이어 연단에 오르는 것은 쉽지 않은 법이니까. 하지만 나는 이 거만한 태도를 금방 후회하게 되었다. 코리의 발표는 뛰어났다. 그는 인간과 유인원의 게놈을 분석해서 인간에게서는 사라졌지만 유인원에게는 존재하는 큼직한 DNA 부위를 총 583곳 찾아냈다. 그런 다음 그 부위에 어떤 유전자가 있는지 살펴보았고 인간에게서는 사라진 여러 개의 흥미로운 유전자를 확인했다.

그중 하나가 음경 가시penile spines에서 발현되는 한 단백질을 지정하는 유전자였다. 음경 가시는 유인원의 음경에 있는 구조로 수컷이 급하게 사정하게 만드는 조직이다. 인간은 이러한 음경 가시가 없어서 긴 성교를 즐길 수 있다. 그것은 아마 코리가 확인했듯이 인간에게는 이 유전자가 사라진 덕분일 것이다. 인간이 잃어버린 또 다른 큼직한 부위는 뉴런이 분열하는 정도를 제한하는 단백질을 암호화하는 부위였고 따라서 인간의 뇌가 커진 것과 관계가 있을 터였다.

매혹적인 발견이었다! 하지만 무엇보다 반가웠던 점은 네안데르탈인 게놈이 공개된 지 단 며칠이 지났을 뿐인데 코리가 벌써 네안데르탈인의 게놈을 점검해서 현대인과 네안데르탈인이 공유하는 결실缺失이 무엇인지 확인했다는 것이었다. 다른 연구자들이 인류 진화에서 언제 변화들이 일어났는지 확인함으로써 자신의 연구를 확장하는 것은 내가 바랐던 바였다. 나는 우리 연구가 이렇게 일종의 도구로 이용되기를 바랐다.

코리는 네안데르탈인의 게놈에도 음경 가시 유전자가 결실되어 있음을 알아냈고, 이로써 우리는 화석 기록이 말해 줄 수 없었던 네안데르탈인의 은밀한 해부학적 사실을 알 수 있었다. 뇌 크기에 관여하는 유전자 결실도 네안데르탈인의 게놈에서 확인되었다. 화석 기록을 통해 그들의 뇌가 우리만큼 크다는 사실을 알고 있었기 때문에 이것은 예상된 결과였다. 하지만 코리가 아직 조사하지 않은 다른 결실 부위들 중 몇몇은 네안데르탈인의 게놈에서는 결실되어 있지 않았다. 앞으로 연구가 더 이루어지면 그 부위들이 오늘날의 모든 인간에게서 사라졌는지 여부를 밝힐 수 있을 것이고, 모든 인간에게서 사라졌다면 그것이 현대인과 네안데르탈인의 차이에 영향을 미쳤는지도 알 수 있을 것이다.

나는 강연이 끝난 뒤에 코리를 만날 수 없었는데, 나뿐 아니라 많은 사람들이 그와 이야기를 나누고 싶어 했기 때문이다. 하지만 다음 날 그를 찾아서 내가 그의 연구를 얼마나 높이 평가하는지 말했다. 그가 한 일에 너무 감동해서 하마터면 그를 껴안을 뻔했다. 내가 아는 한 그는 우리가 확보한 게놈을 자신의 연구에 이용한 최초의 사람이었다.

✕

우리의 네안데르탈인 논문에 쏟아진 과학계의 반응은 내가 그동안 발표한 어떤 다른 논문에 대한 관심보다 뜨거웠다. 거의 모두가 긍정적인 반응이었다. 최고의 찬사를 보낸 사람은 위스콘신 대학교 매디슨의 존 호크스John Hawks였다. 밀포드 울포프에게 배운 고생물학자인 존은 다지역 기원설을 창안한 사람들 중 한 명이다. 그는 자신의 블로그를 통해 인류학에 큰 영향을 미치고 있으며 거기에서 인류학 분야의 새로운 논문과 가설들을 사려 깊고 통찰력 있게 논한다.

"이 과학자들은 인류에게 엄청난 선물을 주었다." 그는 자신의 블로그에 이렇게 썼다. "네안데르탈인의 게놈은 바깥에서 우리 자신을 볼 수 있는 사진을 제공한다. 우리는 그 사진을 통해 우리를 인간으로 만든—그리고 우리가 전 지구적인 종으로 부상할 수 있게 만든—필수적인 유전적 변화들을 볼 수 있고 그것에 대해 알 수 있다. (…) 그들은 인류학의 모범을 보여 주었다." 물론 우리 연구팀은 기뻐했다. 하지만 유일하게 냉정한 거리를 둔 에드는 컨소시엄 전체에 이메일을 보내 이렇게 말했다. "누가 가서 존 호크스 좀 말려 줄래요?"

확고하게 부정적인 반응이 딱 하나 눈에 띄었는데 저명한 고생물학자 에릭 트린카우스의 평이었다. 유전학이 인류학에 실질적인 기여를 할 수 있는지에 대해 그가 부정적인 견해를 갖고 있음을 잘 알고 있었던 나는 기자들이 의견을 묻기 전에 그가 미리 살펴볼 수 있도록 논문이 나오기 며칠 전에 원고를 보내 주었다. 그가 논문을 읽어 보면 우리가 한 일의 가치를 알 수 있을 거라고 기대했다. 또한 논문에서 우리가 말한 내용에 대한 그의 오해를 풀기 위해 이메일도 주고받았다.

에릭에게 다가가려고 나름대로 노력했던 만큼 파리의 한 기자로부터 이메일을 받았을 때 나는 실망이 컸다. 그 기자는 에릭 트린카우스가 우리 논문에 대해 쓴, 원래는 꽤 길었을 법한 논평의 일부분을 발췌해 보내면서 내 생각을 물었다. 기자가 인용한 구절에 따르면 그는 이렇게 썼다.

"간단히 말해 약 4만 년 전에 네안데르탈인 집단이 팽창하는 현생인류 집단에 흡수된 결과 네안데르탈인과 초기 현생인류 사이에 유전자가 이동했다는 것을 보여 주는 화석 증거가 충분히 존재한다. 다시 말해 새로운 DNA 자료와 분석은 이 논의에 새로운 내용을 거의 보태지 않는다. (…) 이 논문의 저자들 대부분이 내가 언급하는 문헌을 알지 못하며 화석 자료, 현생인류의 다양성, 인류의 진화적 변화와 관련한 행동학과 고고학의 논의를 이해하지 못한다. (…) 요컨대 돈이 엄청나게 많이 들고 기술적으로 복잡한 분석의 결과인 이 논문은 현생인류의 기원과 네안데르탈인에 관한 연구를 발전시켰다기보다는 어떤 면에서 오히려 퇴보시켰다."

나는 네안데르탈인의 게놈 서열을 알기 전보다 알고 나서 우리가 아는 게 더 적어졌다고 생각할 수 있다는 사실에 놀랐다. 나는 이렇게 답할 수밖에 없었다. "트린카우스 박사님이 우리 연구가 네안데르탈인에 대한 지식에 별로 보탬이 되지 않는다고 생각하신다니 유감입니다." 이것은 그의 반응일 뿐, 나는 유전학과 고생물학이 서로를 보완할 수 있다는 것을 다른 사람들은 잘 알 거라고 확신했다.

그 밖에도 다양한 사람들이 네안데르탈인의 게놈에 관심을 보였다. 가장 뜻밖이었던 사람들은 미국에 있는 일부 기독교 근본주의자 집단이었다. 우리 논문이 발표되고 나서 몇 달 뒤에 나는 UC 버클리 이론진화 유전체학센터에서 박사 과정을 밟고 있는 니콜라스 J. 마츠키Nicholas J. Marzke를 만났다. 나를 포함한 논문의 저자들이 모르는 사이에 우리 논문이 창조론자들의 사회에서 엄청난 논의를 불러일으켰던 모양이었다.

니콜라스는 창조론자들은 두 종류가 있다고 설명해 주었다. 먼저 '어린 지구 창조론자들Young-earth creationists'이 있는데, 이들은 5700년 전과 1만 년 전 사이에 신이 지구와 하늘과 모든 생명을 직접 창조했다고 믿는다. 그들은 네안데르탈인이 '완전한 인간'이라고 생각하며 지금은 멸종했지만 바벨탑이 무너진 뒤 흩어진 또 하나의 '인종'이었다고 말하기도 한다. 따라서 어린 지구를 옹호하는 창조론자들은 네안데르탈인과 현생인류가 섞였다는 우리의 연구 결과를 받아들이는 데 아무런 문제가 없었다. 그다음으로 '오래된 지구 창조론자들Old-earth creationists'이 있는데, 이들은 지구가 오래되었다는 것은 받아들이지만 신의 개입 없이 자연적 수단에 의해 진화가 일어났다는 사실은 받아들이지 않는다.

'오래된 지구' 파의 대표적인 선교 집단이 휴 로스가 이끄는 '믿어야할 이유Reasons to Believe'이다. 그는 현생인류가 약 5만 년 전에 특별히 창조되었으며 네안데르탈인은 인간이 아니라 동물이라고 믿는다. 로스와 '오래된 지구' 파의 여타 창조론자들은 네안데르탈인과 현생인류가 섞였다는 연구 결과가 마음에 들지 않았다. 니콜라스는 로스가 출현해서 우리 연구에 대해 논평한 라디오 프로그램의 녹취록을 전해 주었다. 그는 "초기 인류가 매우 사악한 행동 습관에 빠졌다는 이야기가 창세기에 나오기 때문에" 이종교배가 있었을 것으로 예측했으며, 신이 이러한 이종교배를 멈추기 위해 "지표면 전체에 인류를 강제적으로 흩어 놓았어야" 했을 것이라고 말했다. 또한 그는 이러한 이종교배를 '수간'에 비유했다.

우리 논문은 상상했던 것보다 더 폭넓은 독자에게 읽히고 있는 것이 분명했다. 하지만 대부분의 사람들은 자신의 조상이 네안데르탈인과 이종교배를 했다는 사실에 충격을 받지 않았다. 사실 많은 사람들은 이 생각이 흥미롭다고 생각하는 것 같았고, 그중 일부는 네안데르탈인의 피가 섞였는지 검사를 받아 보겠다고 자원하기까지 했다.

9월 초쯤 되자 어떤 패턴이 보이기 시작했다. 그것은 내게 편지를 보낸 사람들이 주로 남성이라는 점이었다. 그동안 받은 이메일을 다시 살펴보니 47명이 자신이 네안데르탈인인 것 같다고 썼는데 그중 46명이 남성이었다! 내 학생들에게 그 사실을 이야기했더니 그들은 남자들이 여자들보다 유전 연구에 관심이 더 많아서일 것이라고 분석했다. 하지만 그런 것 같지 않았다. 12명의 여성들이 내게 편지를 보낸 이유는 본인이 네안데르탈인이라고 생각해서가 아니라 남편이 네안데르탈인이라고 생각했기 때문이다! 흥미롭게도 자기 아내가 네안데르탈인이라고 주장하는 편지를 보낸 남성은 단 한 명도 없었다.(하지만 그 이후에 한 명이 그런 주장을 했다.)

나는 이 현상 뒤에는 우리가 조사해 볼 필요가 있는 어떤 흥미로운 유전 패턴이 작동하고 있다고 농담했지만, 우리가 보고 있는 현상은 네안데르탈인에 대한 문화적 편견에서 비롯된 것임에 분명했다. 일반적으로 네안데르탈인은 몸집이 크고 강건하고 근육질이고 세련되지 못하고 약간은 단순한 존재로 그려진다. 이러한 특징들은 남성이 갖고 있다면 괜찮거나 심지어는 좋게 평가되는 것들이지만, 여성이 갖고 있다면 분명히 매력적이지 않다고 여겨질 만한 것이다.

『플레이보이Playboy』지가 우리 연구에 대한 인터뷰를 요청해 왔을 때 나는 그것을 확실하게 알았다. 어쨌든 내가 인터뷰에 응한 것은『플레이보이』에 나올 일이 앞으로 영원히 없을 것 같아서였다. 『플레이보이』는 "네안데르탈인의 사랑: 이 여성과 잘래요?"라는 제목의 네 쪽짜리 기사를 썼다. 눈 쌓인 산등성이에서 창을 휘두르는 건장하고 지저분한 여성의 삽화가 함께 실렸다. 누가 봐도 매력적이지 않은 이 이미지는 왜 네안데르탈인과 결혼했다고 자진해서 말하는 남성이 거의 없는지를 설명해 주는 것 같았다.

관심을 끌었던 또 하나의 질문은 아프리카 밖에 사는 사람들이 네안데르탈인의 DNA를 약간 갖고 있다는 것이 무엇을 의미하는가였다. 네안데르탈인들의 평판이 나쁘다는 사실은 여기서도 명백하게 드러났다. 아프리카의 프랑스어권에서 일어나는 정치적·문화적 쟁점들을 다루는 시사 주간지「쥔 아프리크Jeune Afrique」는 우리 연구에 대한 기사를 이렇게 끝맺음으로써 자사의 논조를 확실히 드러냈다. "유인원과 비슷한 네안데르탈인의 생김새를 고려하면 아직도 사하라사막 이남의 아프리카인들이 백인들보다 미개하다고 믿는 사람들은 말이 안 통하는 자들임이 확실하다."[2]

일반적으로 우리 연구에 대한 사람들의 반응은 그들의 세계관을 드러낼 뿐 3만~4만 년 전에 일어난 일에 대해 우리가 알 수 있는 사실들과는 별로 관계가 없었다. 예를 들어 아프리카 외부에 사는 사람들에게 흘러온 네안데르탈인의 DNA 조각들이 무슨 이익이 되었는지 묻는 사람들이 많았다. 이것이 의미가 있는 질문이라 해도 나는 조심스러웠다. 유럽인이나 아시아인처럼 우월한 집단이 그것을 갖고 있으므로 그 DNA 분절들이 어떤 긍정적인 영향을 미치는 것이 틀림없다는 생각을 내포하고 있는 것처럼 보였기 때문이다.

내게 있어서 귀무가설null hypothesis—한 과학적 쟁점을 조사할 때 출발점이 되는 기초적 생각—은 항상 어떤 유전적 변화는 기능에 아무런 영향을 미치지 않는다는 것이다. 그런 다음에 연구자는 그 가설에 위배되는 증거를 찾기 시작하는데, 내 경우에는 인간의 변이 패턴을 연구함으로써 그러한 증거를 찾았다. 지금까지는 유전적 변화가 기능상의 차이를 초래했다는 증거를 찾지 못했으므로 앞의 질문에 대한 내 답변은 귀무가설을 버릴 이유가 없다는 것이었다. 우리가 보고 있는 것은 단지 먼 과거에 일어난 이종교배라는 매우 자연스러운 행동의 흔적들에 지나지 않을지도 모른다. 솔직히 말하면 우리는 아직 그렇게 자세히 조사해 보지 못했다. 사실 네안데르탈인 게놈이 발표되고 나서 1년도 지나지 않아 다른 사람들이 뭔가를 발견했다.

피터 파햄Peter Parham은 주조직적합성 복합체major histocompatibility complx, MHC에 관한 세계 최고의 전문가 중 하나다. 주조직적합성 복합체는 아마 인간의 게놈에서 가장 복잡한 유전자군일 것이다. 오래전에 웁살라에서 나는 이 유전자군으로 박사 연구를 했다. 주조직적합성 복합체는 우리 몸 속의 거의 모든 세포에 존재하는 단백질인 이식항원을 암호화한다. 이식항원의 기능은 세포를 감염시키는 바이러스와 여타 미생물들에서 유래한 단백질 조각들을 붙들어 묶어서 세포 표면으로 이동시키는 것이다. 그러면 근처에 있던 면역 세포들이 그 단백질 조각들을 인식한다. 그것이 자기 단백질이 아님을 인식한 면역 세포들은 감염된 세포를 죽여서 감염이 온몸에 퍼지지 않게 한다.

주조직적합성 복합체는 감염과 싸우는 정상적인 기능 때문에 발견된 것이 아니라 피부, 콩팥, 심장 같은 이식된 조직에 대한 면역계의 격렬한 거부 반응 때문에 알게 되었다. 이식된 조직들에 대한 거부를 일으킨다고 해서 이식항원이라는 이름이 붙은 것인데, 이러한 거부 반응이 가능한 것은 이식항원 단백질의 경우 변이가 매우 많기 때문이다. 수십 개 심지어는 수백 개의 변종들로 존재하는 주조직적합성 복합체 유전자들이 이러한 단백질들을 암호화한다.

따라서 혈연관계가 아닌 사람에게 장기를 이식받을 때 공여자는 항상 수여자와는 다른 이식항원 변종을 지니고 있을 것이고 그러므로 수여자의 면역계는 이식된 장기를 외래 물질로 인식해 공격할 것이다. 이 반응을 잠재우기 위해서는 평생 면역 억제 치료를 받아야 한다. 설령 친척에게 이식을 받아서 장기가 유전적으로 크게 다르지 않다 할지라도 그렇다. 반면에 유전적으로 똑같은 쌍둥이들 사이는 거의 면역학적 합병증 없이 이식이 가능하다. 그들이 갖고 있는 주조직적합성 복합체 유전자와 이식항원은 똑같기 때문이다. 이식항원에 변이가 많은 이유는 아직 완전하게 이해되지 않았지만 아마 서로 다른 변종들이 많이 존재하면 면역계가 감염된 세포와 건강한 세포를 더 잘 구별할 수 있기 때문일 것이다.

피터 파햄은 이식항원을 지정하는 MHC 유전자에 상응하는 네안데르탈인 DNA 단편을 조사했고, 캘리포니아 대학교 샌타크루즈 캠퍼스에 교수로 간 에드 그린이 그를 도와서 이 유전자의 특별한 변이성 때문에 우리가 처음에 놓친 네안데르탈인 단편을 더 찾아냈다. 그들은 우리 논문이 나오고 나서 1년 뒤 한 학회에서 현대 유럽인과 아시아인들에게는 흔하지만 아프리카인들에게서는 아직 발견되지 않은 한 MHC 유전자 변종이 우리가 확보한 네안데르탈인의 게놈에 존재했다고 보고했다.

또한 현대 유럽인이 지니고 있는 MHC 유전자들의 약 절반과 중국인이 지니고 있는 MHC 유전자들의 72퍼센트가 네안데르탈인에게서 왔다고 주장했다. 이들의 전체 게놈 중 기껏 6퍼센트가 네안데르탈인에게서 왔다는 사실을 감안할 때 MHC 변종들의 빈도가 이렇게 놀랍도록 증가했다는 것은 이 변종의 적어도 일부가 새로 도착한 대체 집단의 생존을 도왔음을 암시한다.

피터는 현생인류와 처음 만났을 무렵 네안데르탈인들은 이미 20만 년 넘게 아프리카 밖에서 살아온 상황이었기 때문에 그들이 가진 MHC 유전자 변종들은 유라시아에만 있고 아프리카에는 없는 토착병과 싸우는 데 적응되어 있었을 것이라고 주장했다. 따라서 현생인류가 네안데르탈인에게 이 유전자들을 얻었을 때 이러한 이점이 그 유전자들을 높은 빈도에 이르게 했던 것이다. 2011년 8월에 피터와 그의 동료들은 이러한 연구 결과를 기술한 논문을 『사이언스』에 발표했다.[3]

우리 논문이 나오고 나서 7개월 뒤인 2010년 12월 3일 나는 우리 논문을 담당한 『사이언스』의 편집자 로라 잔에게 이메일 한 통을 받았다. 그녀는 우리 논문이 AAAS 뉴컴 클리블랜드 상을 받게 되었다는 소식을 전했다. 나는 그동안 몇 개의 과학상을 받았으며 그 상들은 언제나 내 자신감을 북돋워 주었다. 하지만 이번 상은 특별했다. 1923년에 제정된 뉴컴 클리블랜드상은 『사이언스』에 발표된 최고의 논문과 보고서의 저자들에게 일 년에 한 번 주는 상이다. 원래는 1000달러 상이라고 불렸지만 내가 상을 받을 때는 상금이 2만 5000달러로 늘어나 있었다. 무엇보다 기뻤던 점은 우리 컨소시엄이 함께 이룬 성취를 인정하여 논문의 모든 저자들에게 상이 주어졌다는 것이다. 린다가 그날 밤에 내게 말했듯이 "『사이언스』에 논문을 발표하는 것만 해도 대단한 일인데, 그런 곳에 그해 최고의 논문을 발표한다는 것은 대부분의 사람들은 꿈조차 꿀 수 없는 일"이었다.

나는 논문의 주요 저자인 데이비드와 에드에게 소식을 전했고, 우리는 2011년 2월 워싱턴 D.C.에서 열리는 미국 과학진흥협회AAAS 회의에서 함께 상을 받기로 했다. 우리는 그 돈을 크로아티아에서 열릴 모임을 준비하는 데 쓰기로 했다. 2011년 가을로 예정된 그 모임은 컨소시엄의 구성원들이 만나서 네안데르탈인의 게놈에 대한 분석이 앞으로 어떤 방향으로 나아가야 할지를 논의하는 자리였다. 나는 이 모임이 2009년에 두브로브니크에서 있었던 치열한 회의의 반복이 될 것이라고 예상했다. 실제로 내가 로라 잔에게 이메일을 받았을 무렵 우리가 그 모임에서 이야기할 안건은 네안데르탈인 게놈만이 아니었다. 우리는 세계의 다른 지역에서 나온 또 한 종류의 멸종한 인류의 게놈을 갖고 있었다.

22

매우 특별한 손가락

2009년 12월 3일 나는 콜드스프링하버 연구소에서 쥐 게놈에 관한 회의에 참석하고 있었다. 내가 그곳에 간 이유는 우리 연구팀이 지난 몇 년 동안 해 왔던 쥐의 인위적 가축화에 관한 프로젝트를 설명하기 위해서였다. 아침을 먹고 나서 식당에서 강당으로 걸어가는데 휴대폰이 울렸다. 요하네스 크라우제가 라이프치히에서 건 전화였는데 평소와 달리 들뜬 목소리였다. 나는 무슨 일이냐고 물었다. 그는 내게 잠깐 자리에 앉을 수 있느냐고 물었다. 안 된다고 말하자 그는 자기 말을 듣기 전에 앉는 것이 좋을 거라고 말했다. 큰일이라도 난 줄 알고 나는 자리에 앉았다.

그는 러시아에서 아나톨리 데레비안코에게 얻은 작은 뼈를 기억하느냐고 물었다.(그림 22.1을 보라.) 아나톨리는 러시아 과학 아카데미 시베리아 지부의 회장이었으며 러시아의 가장 유명한 고고학자 중 한 명이다.

그림 22.1

동료들과 함께 있는 러시아의 고고학자 아나톨리 데레비안코.

(사진: 벤체 비올러, 막스플랑크 진화인류학연구소MPI-EVA)

1960년대에 학계에 처음 발을 내딛은 그는 현재 러시아 학계에서 매우 영향력이 있을 뿐 아니라 정치적 인맥도 넓었다. 그와 함께 일했던 지난 몇 년 동안 나는 그를 점점 더 인정하게 되었고 친구로서도 좋아하게 되었다.

따뜻한 미소를 지닌 아나톨리는 언제나 상대를 존중하며 잠재적 동반자로 생각했다. 또한 그는 매우 숙련된 현장 고고학자인 데다 운동도 잘 한다. 그는 노보시비르스크에 위치한 그의 연구소 근처에 있는 큰 호수에서 수 킬로미터 거리의 장거리 수영을 즐기는 것으로 유명했다. 그는 러시아계였던 이집트학 교수 로스티슬라프 홀퇴르와 외모는 매우 다르지만 러시아인답게 우정과 의리를 중시하는 점은 같았다. 나는 그와 협력하게 된 것이 정말 행운이라는 생각이 든다.

몇 년 전에 아나톨리가 우리 연구소를 방문해 작은 뼈 몇 점을 플라스틱 봉지에 넣어서 주었다. 그 뼈들은 시베리아 남부의 알타이 산맥에 있는 오클라드니코프Okladnikov 동굴에서 발굴된 것이었다. 그곳은 러시아, 카자흐스탄, 몽골, 중국의 접경지대다. 오클라드니코프 동굴에서 나온 이 뼈들은 심하게 조각이 나 있어서 어떤 종류의 인류에서 나온 것인지 알아보기 어려웠지만, 우리는 그 뼈들에서 DNA를 추출해 그 안에 네안데르탈인의 mtDNA가 포함되어 있다는 것을 밝혀냈다. 그런 다음에 우리는 아나톨리와 함께 쓴 논문을 2007년에 『네이처』에 발표했다. 그 논문에서 우리는 네안데르탈인이 살았던 범위를 기존에 알려져 있던 것보다 동쪽으로 최소 2000킬로미터쯤 확장했다.[1] 우리 논문이 발표되기 전에는 우즈베키스탄 동쪽에서 어떤 네안데르탈인도 확인된 적이 없었다.

2009년 봄 우리는 아나톨리에게서 또 하나의 뼛조각을 받았다. 그의

그림 22.2
시베리아 남부 알타이 지역에 있는 유적지 지도.
오클라드니코프 동굴에서 네안데르탈인이 발굴되었고,
데니소바 동굴에서 네안데르탈인의 친척인 데니소바인이 발견되었다.

연구팀이 일 년 전에 알타이 지역에 있는 다른 동굴인 데니소바 동굴에서 발견한 것이었다. 그 동굴은 시베리아의 스텝 지대를 북쪽으로는 중국, 남쪽으로는 몽골과 연결하는 계곡에 위치하고 있다. 그 뼈는 정말 작아서 나는 그것을 별로 중요하게 생각하지 않았다. 그저 언젠가 시간이 나면 그 안에 DNA가 있는지 조사해 봐야겠다는 생각을 했을 뿐이다. 네안데르탈인으로 밝혀질 수도 있을 텐데, 그럴 경우 우리는 가장 동쪽에 살았던 네안데르탈인들 사이의 mtDNA 변이가 어느 정도였는지 추측해 볼 수 있었다.

마침내 요하네스가 시간을 내어 그 뼈에서 DNA를 추출했고, 중국에서 온 젊고 유능한 대학원생 푸차오메이Qiaomei Fu가 DNA 도서관을 만들었다. 그녀는 우리 실험실의 영국인 대학원생인 에이드리언 브리그스가 DNA 도서관에서 mtDNA 단편을 찾아내기 위해 개발한 방법을 사용했다. 두 사람은 단편 수가 총 3만 443개나 되는 다량의 mtDNA 를 찾아냈고 그것을 이용해 완전한 미토콘드리아 게놈을 매우 정확하게 복원할 수 있었다. 실제로 mtDNA의 각 위치가 평균 156번이나 나타났는데 그렇게 오래된 뼈치고는 매우 높은 빈도였다.

요하네스가 내게 전화를 걸어 알려 준 것은 결국 좋은 소식이었지만 그가 내게 앉으라고 권한 이유는 따로 있었다. 그는 데니소바 뼈의 mtDNA 서열을 우리가 전에 해독한 네안데르탈인의 완전한 mtDNA 서열 여섯 개와 비교해 보고 나아가 전 세계의 현대인들에게서 얻은 mtDNA 서열과도 비교했는데, 네안데르탈인은 현대인과 평균 202개의 뉴클레오티드 위치에서 차이를 보였던 반면, 데니소바 개체는 현대인과 평균 385곳이 달랐다는 것이다. 거의 두 배였다!

계통수 분석을 한 결과 데니소바 개체의 mtDNA 계통은 현대인과 네안데르탈인 계통이 공통 조상을 공유하기 한참 전에 갈라졌다. 요하네스가 인간과 침팬지가 600만 년 전에 갈라졌다고 가정하고 계산한 염기 치환 속도를 적용했더니, 네안데르탈인의 mtDNA는 우리가 전에 증명했던 것처럼 약 50만 년 전에 인류 계통에서 갈라졌고, 데니소바 뼈의 mtDNA는 약 100만 년 전에 갈라졌다! 나는 요하네스가 하고 있는 말을 믿을 수 없었다. 데니소바 개체는 현생인류도 네안데르탈인도 아니었다! 그것은 완전히 다른 인류였다.

머릿속이 혼란스러웠다. 100만 년 전에 인류 계통과 갈라진 멸종한 인류 집단은 누구일까? 호모 에렉투스일까? 하지만 아프리카 밖의 가장 오래된 호모 에렉투스 화석은 그루지야에서 발견되었고 약 190만 년 전의 것이었다. 따라서 호모 에렉투스가 아프리카를 떠남으로써 현생인류로 이어지는 계통과 갈라진 것은 거의 200만 년 전이었다. 그러면 호

그림 22.3

2008년 아나톨리 데레비안코와 미하일 슌코프가 데니소바 동굴에서 발견한 작은 손가락뼈.

(사진: 막스플랑크 진화인류학연구소MPI-EVA)

모 하이델베르겐시스일까? 하지만 그들은 네안데르탈인의 직계 조상으로 여겨졌고 그렇다면 네안데르탈인과 같은 시기에 현생인류 계통과 갈라졌을 것이다. 이 뼈는 우리가 전혀 모르는 집단의 것일까? 새로운 형태의 멸종한 인류일까? 나는 요하네스에게 이 뼈에 관한 모든 것을 말해 달라고 했다.

이 뼈는 정말 작아서 쌀알 두 개를 합쳐 놓은 크기밖에는 되지 않았다. 새끼손가락의 마지막 마디, 즉 가장 끝부분에서 나온 것이었고(그림 22.3를 보라) 어린 개체의 것으로 보였다. 요하네스는 치과용 드릴을 이용해 이 뼈에서 30밀리그램의 물질을 제거했고 이 소량의 뼛가루에서 DNA를 추출했다. 그리고 차오메이가 그것으로 DNA 도서관을 만들었다. 차오메이와 요하네스가 발견한 mtDNA의 양으로 볼 때 이 뼈의 DNA 보존 상태는 매우 좋은 것임이 틀림없었다. 나는 사흘 뒤에 라이프치히로 돌아갈 예정이었고 그때 만나서 무엇을 할지 결정하자고 요하네스에게 말했다.

전화를 끊고 나니 여러 쥐 계통의 게놈들이 서로 어떻게 다른지에 관한 발표에 집중이 되지 않았다. 그날 뉴욕은 눈이 내리지 않는 화창한 겨울날이었다. 나는 밖으로 나가 콜드스프링하버 아래쪽의 바람 부는 해변을 산책하면서 수천 년 전에 머나먼 시베리아 동굴에서 죽은 그 어린아이에 대해 생각했다. 그 아이의 인생에서 남은 것은 작은 뼛조각뿐이었지만, 그것은 그 아이가 우리가 모르는 어떤 인류 집단을 대표한다는 사실을 알려 주기에 충분했다. 네안데르탈인의 조상들보다 먼저, 하지만 호모 에렉투스보다는 나중에 아프리카를 떠난 인류 집단. 우리는 이 집단이 무엇인지 알아낼 수 있을까?

✕

라이프치히로 돌아온 나는 요하네스와 몇몇 팀원들과 함께 앉아서 다음 단계에 대해 논의했다. 네안데르탈인의 게놈을 분석하는 일이 거의 끝나가고 있었기 때문에 팀원들은 이 놀라운 발견에 대해 생각할 여유가 있었다. 첫 번째로 따져 본 것은 요하네스가 복원한 DNA 서열에 무슨 문제가 있을 가능성이었다. 차오메이와 요하네스는 수천 개의 mtDNA 단편을 회수했는데 그 가운데 오염을 암시하는 염기 치환을 갖고 있는 것은 1퍼센트보다 훨씬 적었다. 그 mtDNA가 현대인의 mtDNA와 달라 보였으므로 현대인의 mtDNA에 오염되었을 가능성도 없었다.

고대 DNA 연구를 시작한 지 얼마 되지 않았던 시절 나는 몇 만 년 전 또는 몇 백만 년 전에 한 세포의 핵 염색체에 통합된 mtDNA 단편들 때문에 애를 많이 태웠다. 그러한 mtDNA 화석들을 실제 mtDNA 서열로 착각할 수 있었기 때문이다. 다행히 mtDNA의 모양이 원형이라서 우리는 진짜 mtDNA와 핵 DNA에 통합된 mtDNA 화석들을 구분할 수 있다. 요하네스가 중첩되는 단편을 가지고 복원한 DNA 서열은 원형의 분자에서 유래한 것이 틀림없었다. 우리의 연구 결과에 문제가 있을 가능성은 없어 보였다. 그럼에도 요하네스와 차오메이는 남은 뼛가루에서 DNA를 다시 추출해 같은 실험을 반복했다. 하지만 이것은 절차에 불과했다. 나는 그가 같은 결과를 얻을 것이라고 확신했다.

나는 이 특별한 사람이 누구였는가라는 문제로 돌아왔다. 만일 그 동굴에 뼈가 더 있다면 이 문제를 해결하는 데 도움이 될 것이다. 나는 아나톨리 데레비안코가 우리에게 그 뼈의 일부만을 주었다고 들었고 그렇다면 노보시비르스크에 더 큰 조각이 있는 것이 틀림없었다. 뼈 주인이 어떤 모습이었는지에 대한 단서를 제공하거나 더 많은 DNA를 추출할수 있는 다른 뼈들이 있을지도 몰랐다. 우리가 노보시비르스크에 갈 이유가 분명히 있었다.

나는 당장 아나톨리에게 이메일을 썼다. 우리가 예기치 못한 매우 흥미로운 결과를 얻었으며 이 결과를 가능한 한 빨리 직접 만나 보여 주고 싶다고 말했다. 그 뼈의 나머지 부분을 추가로 분석하고 싶고 그 뼈의 연대를 알아낼 수 있을 거라는 말도 전했다. 아나톨리는 다음 날 답장을 보내 그 결과를 더 자세히 알려 달라고 요청했다. 나는 연구 결과를 요약해서 보냈으며 우리가 2010년 1월 중순에 노보시비르스크를 방문하기로 했다.

이번 방문에는 요하네스뿐 아니라 헝가리계의 명랑한 고고학자인 벤체 비올러Vence Viola도 함께 가기로 했다. 벤체는 중앙아시아와 시베리아 지역의 고생물학을 전공한 사람으로 우리는 과거에도 그와 자주 일했다. 그리고 얼마 전에는 빈에 있는 그에게 라이프치히로 와서 우리 연구소에서 함께 일하자고 설득하는 데 성공했다. 우리와 동행할 또 한 사람은 빅토어 비베Victor Wiebe였다. 1970년대에 노보시비르스크에서 박사 학위를 딴 그는 그때부터 아나톨리와 그곳의 여러 사람들과 알고 지냈으며 12년 동안 나와 함께 일해 왔다. 이 여행에서 그는 우리에게 꼭 필요한 통역사가 되어 줄 수 있었다. 나는 35년 전에 스웨덴에서 군 복무를 하면서 러시아어를 배웠지만 이제는 전쟁 포로에게 던지는 조야한 질문들밖에는 기억나지 않았다. 그러한 말은 과학 토론에는 적합하지 않았다.

우리는 모스크바에 기착했다가 밤새 비행기를 타고 가서 1월 17일 이른 아침에 노보시비르스크에 착륙했다. 공항 터미널의 디지털 전광판을 보니 오전 6시 35분이었다. 그런 다음 전광판의 숫자가 -41도라는 기온으로 바뀌었다. 나는 수하물이 도착하자마자 가방을 열어서 챙겨 온 옷을 전부 껴입었다. 터미널 밖의 공기는 매우 건조했으며 우리가 자동차로 급히 걸어가는 동안 발 주변으로 가루 같은 눈이 소용돌이쳤다. 숨을 들이마시니 코의 양옆이 코중격(좌우 코 안의 경계를 이루는 벽―옮긴이)에 얼어붙었다.

아카뎀고로도크Akademgorodok까지는 차로 한 시간이 걸렸다. 이름에서 짐작할 수 있듯이 아카뎀고로도크는 1950년대에 소비에트 과학아카데미가 순전히 과학적 목적을 위해 지은 도시다. 전성기에는 6만 5000명이 넘는 과학자와 가족들이 이곳에 살았다. 소련이 붕괴하자 많은 과학자들이 아카뎀고로도크를 떠났고 그 도시에 있던 대부분의 연구소들이 내리막길을 걸었다. 하지만 러시아 정부와 여러 대기업들이 2010년까지 거의 10년째 투자를 해 온 덕분에 도시 주변에는 조심스럽지만 낙관적 기운이 감돌았다.

우리는 골든 밸리 호텔에 묵었는데 그곳은 소비에트 시대의 전형적인 9층짜리 아파트 건물을 개조한 것이었다. 나는 전에도 그 호텔에 묵은 적이 있었다. 그때의 가장 생생한 기억 중 하나가 온수가 나오지 않아서 아침마다 자작나무 숲속을 30분씩 걸어서 오브 해Ob Sea라고 불렸던 저수지에서 수영했던 일이다. 하지만 그때는 여름이라 괜찮았지만 이번 에도 난방이 제대로 작동하지 않으면 큰일이었다. 하지만 괜한 걱정이 었다. 호텔방에 도착해 보니 수도꼭지에서 더운 물이 나왔을 뿐 아니라 라디에이터가 너무 뜨거워서 방 안이 지나치게 더웠다. 실내 온도가 약 40도였다. 난방을 낮추는 밸브도 없어서 결국 창문을 열어 거의 80도나 낮은 외부 공기를 들여보낼 수밖에 없었다. 우리는 그 방에 머무는 내 내 창문을 열어 놓고 지냈다.

우리가 도착한 날이 일요일이라서 아나톨리와 만나려면 다음 날까지 기다려야 했다. 그래서 한숨 자고 일어나 넷이서 산책을 나가기로 했다. 우리는 아이스크림을 파는 노점이 열려 있는 것을 보고 놀랐다. 나는 영하 35도에서 아이스크림을 먹어 볼 수 있는 유일한 기회라고 생각하 고 그곳으로 갔다. 아이스크림을 파는 여성은 내가 이 동네 사람이 아 니라는 것을 알고는 아이스크림을 빨리 먹으라고 충고했다. 실온에 두 면 바위처럼 딱딱하게 얼어서 먹을 수 없게 된다는 것이었다.

아이스크림을 서둘러 먹고 나서 우리는 서리가 내린 숲속을 걸어 내 가 2년 전 여름날 아침에 수영하러 갔던 호숫가로 갔다. 그곳에는 우리 뿐이었다. 하늘은 청명했지만 파리한 태양은 실낱같은 온기조차 전달 하지 않았다. 다행히 바람은 불지 않았다. 그런데도 옷 속으로 파고드 는 실오라기 같은 공기에도 몸이 얼어붙는 것 같았다. 사실 그때쯤 나 는 발가락에 감각이 느껴지지 않았다. 우리는 푹푹 찌는 호텔방으로 발길을 재촉했다.

다음 날 우리는 고고학·민족지학 연구소Institute of Archaeology and Ethnography의 널찍한 소장실에서 아나톨리를 만났다. 아나톨리는 그 연구소의 소장이었다. 데니소바 동굴에서 발굴을 이끈 고고학자인 미하일 슌코프도 참석했고 그들의 동료들도 몇 명 참석했다. 요하네스가 본인과 차오메이의 연구 결과를 들려주자 모두가 깜짝 놀랐다. 그것은 시베리아에만 혹은 알타이 산맥에만 존재했던 새로운 형태의 멸종한 인류였을까? 실제로 알타이 지역에만 사는 동식물들이 여러 종 있으니 이 가설은 확실히 일리가 있었다. 아나톨리의 사무실에서 맛있는 편육에 보드카를 곁들여 점심 식사를 하면서 우리가 발견한 것이 무엇인지에 대해 열띤 토론을 벌였다.

얼마 후 편안하고 활기찬 분위기가 되었을 때 나는 그 질문에 대한 최종적인 대답을 얻으려면 핵 게놈이 필요하다는 말을 꺼냈다. 우리가 그 손가락뼈의 더 큰 조각에서 시료를 채취할 수 있다면 핵 게놈의 염기 서열을 분석해서 이 개체가 오늘날의 사람들과 어떤 관계인지 그리고 우리가 얼마 전에 게놈 서열을 확보한 네안데르탈인들과 어떤 관계인지를 더 완전하게 파악할 수 있을 것이라고 말했다.

나의 이러한 요청에 아나톨리가 뭐라고 대답을 했지만 나는 말귀를 알아듣지 못했다. 단지 내 러시아어가 서투른 데다 술에 취한 탓이려니 생각했다. 그런데 빅토어의 통역을 들어도 무슨 소리를 하는 것인지 알 수 없었다. 아나톨리는 일 년 전쯤에 내 '친구'에게 주었기 때문에 그 뼈의 나머지 조각이 더 이상 자기에게 없다고 설명하고 있는 것 같았다. 나는 어리둥절한 얼굴로 빅토어, 벤체, 요하네스를 쳐다보았다. 내 친구라니 누구를 말하는 것인가? 그 사람이 그 뼈를 이미 가져갔다니? 하지만 그들도 나처럼 황당한 얼굴이었다. 그때 아나톨리가 상황을 분명하게 정리해 주었다. '내 친구 에디, 그러니까 버클리의 에디 루빈'에게 그것을 주었다고 했다.

✂

어떤 표정을 지어야 할지, 뭐라고 말해야 할지 알 수가 없었다. 나는 에디가 우리보다 먼저 네안데르탈인 게놈을 해독하기 위해 뼈를 수집한 사실은 알고 있었다. 하지만 그가 DNA가 다량 포함된 데니소바 뼈의 훨씬 더 큰 조각을 거의 1년 동안 갖고 있었다는 사실은 이곳에 와서 처음 알게 되었다. 그 정도의 DNA 양이면 복잡한 기술을 쓰거나 시퀀싱 기계를 수백 번씩 돌리지 않아도 몇 주면 핵 게놈을 해독할 수 있었다. 우리는 몇 주는 더 있어야 네안데르탈인 논문을 『사이언스』에 제출할 수 있었다.

내가 계속해서 우려했던 최악의 상황이 갑자기 현실이 될 것만 같았다. 네안데르탈인 게놈보다 같은 위치의 염기를 훨씬 더 여러 번 읽어서 해독한 또 다른 형태의 멸종한 인류의 게놈을 버클리에서 먼저 발표할지도 모른다는 생각이 들었다. 그렇게 되면 우리가 DNA 추출 기법들을 개발하기 위해, DNA의 양을 늘리기 위해, 그리고 훨씬 더 많은 박테리아 DNA들 속에서 네안데르탈인의 DNA를 찾아내기 위해 수년간 공들여 연구한 것을 누가 알아 줄 것인가? 물론 데니소바 뼈처럼 기적적으로 잘 보존된 경우가 아닌 수백 점의 뼈에서는 이 모든 기술들이 결국 중요하게 쓰일 것이다. 하지만 인류의 멸종한 한 친척의 게놈을 얻는 일에서는 에디가 더 빨리 더 잘 했을지도 모르고, 그랬다면 그것은 순전히 운이 좋아서였다.

나는 냉정을 되찾으면서 최대한 감정을 드러내지 않고 말하려고 노력했다. 하지만 과학적 협력과 관련하여 몇 마디를 우물거렸을 뿐이다. 우리는 아카뎀고로도크의 사교 센터인 '과학자들의 집'에서 함께 저녁을 먹기로 하고 곧바로 자리에서 일어났다. 호텔방으로 돌아오는 길은 추위가 하나도 느껴지지 않았다. 요하네스가 나를 위로하려고 애썼다. 그는 우리가 할 수 있는 최고의 연구를 계속할 뿐 경쟁은 잊어야 한다고 거듭 강조했다. 물론 그의 말은 옳았다. 하지만 우리가 시간을 지체해서는 안 된다는 것은 분명했다. 이제는 정말 서둘러야 했다.

그동안 아나톨리와 함께 했던 모든 저녁 식사가 그랬듯이 매우 화기애애한 분위기였다. 음식도 훌륭했다. 연어, 청어, 캐비어에 이어 맛있는 주요리들이 나왔다. 좋은 보드카를 마시는 동안 건배의 인사가 저녁 내내 이어졌다. 러시아의 관습에 따라 저녁 식사에 참석한 모든 사람이 차례로 협력, 평화, 스승, 제자, 사랑, 연인 같은 주제로 건배를 제안했다. 소련을 처음 여행할 때는 이 관습이 정말 불편했다. 많은 사람들 앞에서 별로 하고 싶지 않은 주제에 대해 무슨 말이든 해야 한다는 것이 여간 쑥스럽지 않았다. 하지만 시간이 지나면서 나는 그 일에 점점 익숙해졌고, 이제는 식사 자리에 모인 모든 사람들 즉 사회적 지위상 대화를 주도하는 것은 고사하고 말할 기회도 없는 사람들에게조차 잠시 동안 그 자리의 주인공이 될 기회를 준다는 사실이 마음에 들었다.

이런 관습을 좋아하게 된 것은 내게 숨어 있는 감상적인 기질 탓도 분명히 있을 것이다. 그러한 성향이 술의 힘을 빌려 겉으로 표출되는 것이다. 결국 이러한 건배는 감상을 털어놓는 자리니까. 나는 먼저 우리의 건설적인 협력을 위해 건배했고 그다음에는 평화를 위해 건배했다. 나는 자본주의 국가인 스웨덴에서 자랐고 그러다 보니 유럽에서 언제든 큰 전쟁이 터질 수 있으며 러시아는 우리의 천적이라는 생각을 갖게 되었다고 말했다. 공식적으로 중립 국가인 스웨덴에서는 군대에서 적을 지칭하는 공식 명칭이 '슈퍼파워'였지만 군사 훈련에서 죄수에게 쓰는 언어는 러시아어였다. 하지만 모두가 대비했던 전쟁은 일어나지 않았다. 우리는 서로를 적으로 대할 필요가 없다. 그 대신 우리는 이곳에 친구가 되어 앉아 있고 함께 일하면서 놀라운 사실들을 함께 발견하고 있다. 술 덕분인지 나는 내 말에 스스로 감동했다.

저녁 식사 자리에서 가장 어린 축에 드는 요하네스는 적절하게 스승들을 위해 건배했다. 요하네스의 이야기를 듣고 눈물이 나는 것을 보고 내가 얼마나 취했는지 깨달았다. 그는 자신의 과학 인생에는 두 명의 아버지가 있다고 말했다. 한 명은 자신을 분자진화학과 고대 DNA 연구로 인도한 나였고, 또 한 명은 알타이와 우즈베키스탄으로 두 차례 현장 연구를 떠났을 때 자신을 고고학으로 인도한 아나톨리 데레비안코였다. 사실 내가 그의 말에 그토록 감동한 것은 평소에는 서로에게 그런 속마음을 잘 이야기하지 않았기 때문이다.

저녁 모임이 파한 뒤에 우리는 아카뎀고로도크의 큰 도로를 따라 호텔로 걸어갔다. 그날 밤은 매우 춥고 어두웠으며 별들은 믿을 수 없을 만큼 밝았다. 얼음처럼 차가운 공기가 습기를 거의 머금을 수 없었기 때문이다. 하지만 나는 그 모습이 눈에 잘 들어오지 않았다. 그날 낮에 있었던 일로 긴장한 탓에 평소보다 빨리 보드카를 마셨기 때문이다. 실제로 십 대 이후로 그렇게 취한 적은 처음이었던 것 같다.

하지만 눈 쌓인 길을 비틀거리며 걸어갈 때 벤체가 한 말에 나는 정신이 번쩍 들었다. 이곳에 오자마자 아나톨리가 그에게 이빨 한 점을 주었는데, 그것은 9년 전에 데니소바 동굴에서 발견된 것이었다. 어금니였고(그림 22.4을 보라) 미성년의 것으로 보였지만 크기가 매우 컸다. 벤체는

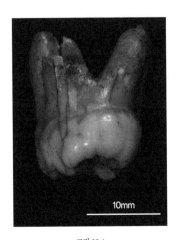

그림 22.4
데니소바 개체의 어금니.
(사진: 벤체 비올러, 막스플랑크 진화인류학연구소MPI-EVA)

그런 이빨을 처음 본다고 말하면서 네안데르탈인의 것과도 현생인류의 것과도 달라 보였다고 했다. 실제로 그는 그것이 발견된 장소를 몰랐다면 훨씬 더 오래된 인류의 조상에서 나왔다고 생각했을 것이라고 말했다. 아마 아프리카에 살았던 호모 에렉투스나, 호모 하빌리스, 심지어는 오스트랄로피테쿠스의 것이라고 생각했을 터였다.

그것은 그가 지금껏 본 가장 놀라운 이빨이었다. 우리는 술에 취한 상태에서 그 이빨의 주인이 손가락뼈의 주인과 동일인이라고 믿었고, 이 생명체는 우리가 전에 본 적이 없는 존재임에 틀림없다고 확신했다. 알타이 지역에는 '알마Alma'라고 불리는 스노우맨이 산속에 살고 있다는 소문이 떠돌았다. 호텔로 돌아가면서 우리가 '알마'를 발견했다고 외쳤다! 그 이빨로 방사성탄소 연대 측정을 해 보면 겨우 몇 년 전으로 밝혀질지도 모른다는 농담도 했다. 그래서 그토록 많은 DNA가 포함되어 있는지도 모른다. 히말라야 산맥에 산다고 알려진 눈 사나이 '예티 Yeti'와 비슷한 이 생명체는 러시아와 몽고의 접경지대 어딘가에서 아직 살고 있을지도 모를 일이었다. 그날 어떻게 호텔로 돌아가 잠자리에 들었는지 기억이 잘 나지 않는다.

✄

다음 날 아침에 우리는 겨우 일어나 택시를 잡아타고 공항으로 갔다. 모스크바 행 비행기에 올라서 한두 시간이 지날 때까지 우리는 거의 말을 하지 않았다. 그때 나는 우리가 처한 암울한 현실을 서서히 깨닫기 시작했다. 게다가 심한 숙취로 우울하고 식은땀까지 났다. 버클리에서는 이미 데니소바 뼈에 관한 논문을 쓰고 있을지도 모른다. 우리도 데니소바 개체의 mtDNA 결과를 기술하는 논문을 크리스마스 즈음에 쓰기 시작했지만 마음이 급해졌다. 이 논문을 가능한 한 빨리 마무리할 필요가 있었다.

이 논문을 어디에 제출해야 할까? 『사이언스』의 편집자들은 네안데르탈인 게놈에 관한 논문을 기다리는 것으로도 인내심이 한계에 달해 있었다. 그들에게 다른 주제에 관한 다른 논문 이야기를 꺼낸다면 우리를 둘은 고사하고 한 프로젝트도 끝낼 능력이 없는 사람들로 치부할 것이다. 그래서 우리는 『네이처』에 연락해 보기로 했다.

비행기를 갈아타기 위해 모스크바 공항에서 제법 긴 시간을 머무는 동안 나는 『네이처』의 고생물학 담당 선임 편집자인 헨리 기 Henry Gee 와 유전체학 담당 편집자인 막달레나 스키퍼 Magdalena Skipper 에게 이메일을 썼다. 그 편지들에서 "완전한 미토콘드리아 DNA 서열을 분석한 결과 네안데르탈인의 mtDNA보다 두 배쯤 먼저 인류 계통에서 갈라진 호미닌의 새 종"에 대한 논문을 거의 끝마쳤다고 말했다.

나는 논문 출판 과정이 몇 달씩 걸릴 수도 있다는 것을 너무나 잘 알고 있었다. 최악의 경우 검토자들과 편집자들이 몇 달 동안 그것을 가지고 머무적거리다가 결국 거절할 수도 있었다. 그러고 나면 우리는 또 다른 학술지에 제출해서 비슷하게 긴 시간을 기다려야 한다. 이번만큼은 그런 일을 피하고 싶어서 경쟁이 붙어 있는 상황이니 논문을 빨리 처리해 주면 좋겠다고 말했다. 1시간 15분 뒤에 헨리 기가 답장을 보내왔다. "흥미롭군요! 예측은 힘든 거지요. 앞날을 예측한다는 건 더욱 그렇고요. 어쨌든 원고를 보내 주신다면 최우선으로 검토하겠습니다."

✂

우리는 라이프치히로 돌아가자마자 원고를 마무리하고 제목을 "시베리아 남부에서 발견된 미지의 호미닌에서 얻은 완전한 mtDNA 게놈"이라고 붙여서 『네이처』에 보냈다. 그것은 아주 특별한 논문이었다. 멸종한 인류의 새로운 형태를 골격 유해 없이 DNA 서열만으로 보고하는 최초의 사례였다. 그 mtDNA가 현생인류의 것과도 네안데르탈인의 것과도 매우 다르다는 점에서 우리는 멸종한 인류의 새로운 형태를 발견했다고 확신했다. 실제로 이 생각에 너무 사로잡힌 나머지 우리는 잠시 토론을 거친 후 그것을 '호모 알타이엔시스 Homo altaiensis'라는 새로운 종으로 기재하기로 결정하기까지 했다.

하지만 나는 새로운 종으로 보고한다는 것이 왠지 모르게 불안해서 다시 한 번 생각해 보았다. 살아 있는 유기체를 종, 속, 과, 목, 강, 문, 계로 나누는 분류학은 엄밀하게 학술적인 활동이며 인류의 멸종한 형태와 관련해서는 특히 그렇다고 생각한다. 제자들이 일반인도 아는 동물들을 라틴어로 된 린네식 학명으로 적어 놓은 논문 원고를 보낼 때마다—예컨대 "판 트로글로디테스 Pan troglodytes의 유전적 변이 패턴을 더 잘 이해하기 위해 우리가 분석한 (…)"—나는 항상 라틴어를 삭제해서 보내고 가끔은 '침팬지' 대신 '판 트로글로디테스'라고 말해서 누구에게 잘 보이려고 하느냐고 심하게 질책하기도 한다.

내가 분류학 명칭을 좋아하지 않는 또 하나의 이유는 그것이 해결책이 없는 과학 논쟁을 유발하는 경향이 있기 때문이다. 예를 들어 만일 연구자들이 네안데르탈인을 '호모 네안데르탈렌시스 *Homo neanderthalensis*'라고 부른다면 그것은 그 집단을 '호모 사피엔스 *Homo sapiens*'와 구별되는 별개의 종으로 간주한다는 뜻이다. 이 경우 다지역 기원설을 주장하는 학자들이 어김없이 격분한다. 그들은 네안데르탈인과 현대 유럽인의 연속성을 주장하기 때문이다. 반면에 연구자들이 '호모 사피엔스 네안데르탈렌시스 *Homo sapiens neanderthalensis*'라고 말한다면 그것은 그 집단을 '호모 사피엔스 사피엔스 *Homo sapiens sapiens*'와 동등한 지위를 갖는 아종으로 간주한다는 뜻이다. 이 경우에는 엄격한 아프리카 기원설을 주장하는 학자들이 격분한다. 나는 이러한 논쟁을 피하고 싶었다.

게다가 우리가 네안데르탈인과 현생인류 사이에 이종교배가 있었음을 이미 증명했다 해도(물론 아직은 발표하기 전이었다) 이러한 이종교배 사례를 완벽하게 담아내는 종의 정의가 존재하지 않는 상황에서는 네안데르탈인의 분류를 둘러싼 분류학 전쟁이 계속될 수밖에 없었다. 일반적으로는 자기들끼리는 생식 능력이 있는 자손을 생산할 수 있지만 다른 집단의 구성원들과는 그렇게 할 수 없는 유기체들의 집단을 종이라고 말한다. 그러한 관점에서 보면 우리는 네안데르탈인과 현생인류가 같은 종임을 증명한 것이다.

하지만 이러한 종 개념에는 한계가 있다. 예를 들어 북극곰과 회색곰은 야생에서 만나면 서로 생식력이 있는 자손을 생산할 수 있고 가끔씩 그렇게 하지만 그들은 모습과 행동이 서로 다르며 각기 다른 생활 방식과 환경에 적응되어 있다. 그들을 한 종으로 간주하는 것은 전혀 말이 안 되는 일은 아니지만 매우 임의적인 판단일 것이다. 우리는 많은 현대인의 게놈에서 2~4퍼센트가 네안데르탈인에게서 왔다는 사실이 그들이 같은 종임을 의미하는지 다른 종임을 의미하는지 알 수 없었다. 따라서 그동안 논문에서 네안데르탈인을 라틴어 학명으로 지칭하는 것을 삼가해 놓고 이제 와서 새로운 린네식 종명을 도입하는 것은 모순이었다.

하지만 소득 없는 분류학 논쟁에 대한 불안에도 불구하고 이번만큼은 원칙을 깨야 할 몇 가지 이유가 있는 것 같았다. 데니소바 개체와 현생인류의 mtDNA 차이는 네안데르탈인과 현생인류의 차이의 약 두 배였다. 그러므로 그들은 라틴어 종명을 얻게 된 호모 하이델베르겐시스와 더 비슷한 경우일 수도 있었다. 하지만 허영심도 작용했다. 호미닌의 새로운 종에 종명을 붙이게 되는 사람은 많지 않으며, 게다가 이것은 DNA 자료만으로 새로운 종을 기재하는 최초의 사례였다.

그런데 결정적인 주장이 우리 팀의 몇몇 사람들과 『네이처』의 헨리 기로부터 동시에 나왔다. 헨리는 우리가 먼저 종명을 붙이지 않는다면 다른 누군가가 할 것이라고 지적했다. 게다가 그 누군가가 우리 마음에 들지 않는 이름을 제안할 수도 있었다. 우리는 그 손가락뼈를 발굴한 아나톨리와 함께 숙고한 끝에 호모 알타이엔시스라는 종명을 붙이기로 잠정적으로 합의했다.

『네이처』는 우리 논문을 빨리 처리하겠다는 약속을 지켰다. 논문을 제출한 날로부터 11일 뒤 우리는 익명의 네 검토자들로부터 논평을 받았다. 그들 모두가 우리 논문의 기술적 측면들을 칭찬했지만 그들은 새로운 종을 명명하는 문제에 대해서는 의견이 갈렸다. 두 검토자는 우리가 후기 호모 에렉투스의 mtDNA를 해독한 것일 수도 있다는 우려를

표했다. 그들은 만일 호모 에렉투스가 아프리카 내부 집단과 계속 접촉했다면 200만 년 전에 아프리카를 나올 때만큼 큰 mtDNA의 차이를 보이지 않을 수 있다고 생각했다. 나는 이 의견에는 선뜻 동의할 수 없었다.

하지만 네 번째 검토자의 지적을 보았을 때 아차 싶었다. 그 검토자는 "분류학 문헌에 종명이 한번 기재되면 철회하는 것이 불가능하다. 따라서 잠정적으로 새로운 종을 명명하는 것은 현명하지 않다."라고 말했다. 이 논평을 읽으면서 나는 우리가 어리석었음을 깨달았다.

✄

그 사이에 우리는 데니소바 개체의 DNA 도서관에서 다량의 mtDNA을 얻을 수 있었다는 것은 우리가 이 개체의 핵 게놈에서 꽤 많은 부분을 해독할 수 있다는 뜻임을 깨달았다. 그렇게 한다면 네안데르탈인과의 관계 및 현생인류와의 관계를 더 분명하게 알 수 있을 뿐 아니라 그 개체가 새로운 종의 지위를 가질 수 있는지의 문제도 해결될 것이다. 우리는 새로운 종으로 언급한 대목을 모두 빼고 원고를 고쳤다. 그 대신에 "데니소바 개체가 현대인 및 네안데르탈인과 어떤 관계인지 분명하게 밝히기 위해서는 핵 DNA 서열이 필요하다."라고 썼다. 우리는 이 원고를 『네이처』에 다시 보냈고 논문은 4월 초에 출판되었다.[2] 나중에 알게 된 일이지만 그 개체를 새로운 종으로 명명하지 않은 것은 정말 잘한 일이었다.

23
네안데르탈인의 친척

우리는 요하네스가 손가락뼈로 준비한 DNA 도서관으로 핵 DNA를 해독하는 작업을 최대한 빨리 시작했다. 결과는 놀라웠다. 우도가 그 서열을 인간 게놈에 매핑한 결과 모든 DNA 단편의 약 70퍼센트가 일치를 보였다. 현대인 DNA의 오염 수준은 mtDNA 결과로 판단할 때 지극히 낮았다. 이는 그 뼈에 포함된 DNA의 삼분의 이 이상이 그 개체에서 왔음을 의미했! 이에 비해 우리가 가진 최고의 네안데르탈인 표본에서 얻은 DNA는 오직 4퍼센트만이 그 개체의 것이었다. 게다가 보통은 그 비율이 1퍼센트보다 훨씬 낮았다.

데니소바 뼈는 헨드릭 포이너가 해독한 매머드의 게놈만큼 그리고 코펜하겐의 에스케 빌레르슬레우가 해독한 에스키모의 게놈만큼이나 잘 보존되어 있었다. 하지만 그 두 개의 표본은 죽은 직후 영구동토에서 급속 냉동된 것이었다. 이 사실은 왜 그 표본들에 포함된 DNA의 대부분이 박테리아의 것이 아닌지를 설명해 주었다. 하지만 왜 데니소바 동굴의 개체에서 그렇게 많은 DNA가 나왔는지는 설명할 길이 없었다.

이유가 무엇이든 DNA의 양이 많은 덕분에 게놈을 분석하는 일이 확실히 쉬워졌다. 실제로 우리의 당면 과제는 네안데르탈인 표본에서와 같이 그 개체의 적은 DNA 단편들을 어떻게 건져내느냐가 아니라 DNA 도서관에서 미생물의 DNA 단편을 어떻게 제거하느냐였다. 이제부터 할 고민도 행복한 고민이었다. 핵 게놈을 얼마나 많이 얻을 수 있을 것인가?

항상 그랬던 것처럼 우리는 뼛조각의 표면은 이용하지 않을 생각이었다. 우선 버클리에서 에디와 그의 팀이 더 큰 뼛조각을 얼마나 많이 사용했을지 알 수 없는 상황에서 그것을 다 써 버리는 것은 무책임한 일처럼 보였다. 둘째로 그 뼈의 어떤 부분이 그것을 다룬 사람들로부터 오염되었다면 오염된 곳은 분명히 표면일 것이라고 생각했다. 그래서 요하네스는 그 뼈의 내부를 이용해 두 개의 추출물을 만들었다. 이 DNA 추출물로 준비한 도서관으로 마르틴 키르허가 시퀀싱 기계를 시험적으로 돌려본 결과 네안데르탈인 때보다 같은 게놈 부위를 훨씬 더 여러 번 읽을 수 있다는 계산이 나왔다.

요하네스는 그 추출물로 DNA 도서관을 만들 때 DNA에서 C가 U로 바뀌는 화학적 손상을 처리하기 위해 에이드리언 브리그스가 개발한 혁신적 방법을 적용했다. 에이드리언은 이러한 우라실의 대부분이 고대 DNA 분자들의 말단 근처에서 발견된다는 사실을 밝혀냈고 손상된 말단을 제거하는 방법을 알아냈다. 요하네스는 이렇게 함으로써 고대 DNA 분자들 중 약 절반에서 말단 부위의 뉴클레오티드 한두 개를 잃었지만 DNA 서열상의 오류를 대부분 제거할 수 있었다. C를 T로 읽는 흔한 오류를 고려할 필요가 없어졌기 때문에 읽어 낸 단편을 인간 게놈에 매핑하는 작업도 더 쉬워졌다.

요하네스는 에이드리언이 개발한 방법으로 두 개의 방대한 도서관을 만들었다. 이 DNA 도서관에 있는 DNA 단편의 약 70퍼센트가 데니소바 개체의 것이었을 뿐 아니라, 그러한 DNA 단편은 네안데르탈인의 DNA 단편보다 훨씬 적은 오류를 지니고 있었다. 이것은 엄청난 진척이었다.

그래도 나는 에디의 연구팀이 같은 프로젝트를 진행하고 있다는 생각에 불안했다. 에디의 팀은 그 게놈에 대한 훌륭한 논문을 벌써 마무리하고 있을지도 모르는 일이었다. 나는 모든 것을 가능한 한 빨리 진행하기 위해 시퀀싱 팀에게 다른 프로젝트를 일단 보류하고 이 도서관들부터 최대한 빨리 처리해 달라고 요청했다.

✂

나는 아나톨리가 우리에게 준 이상하게 생긴 이빨도 무척 궁금했다. 이것이 손가락뼈의 주인과 같은 종류의 사람에게서 나온 것인지는 DNA 연구만이 말해 줄 수 있었다. 요하네스는 살아 있는 환자를 치료하는 치과의사처럼 조심스럽게 그 어금니에 작은 구멍을 뚫었고 거기서 얻어 낸 뼛가루로 DNA 추출물을 만든 뒤 그 추출물 속의 DNA로 도서관을 만들었다. 그런 다음에 그 도서관에서 mtDNA 단편을 골라냈다. 그뿐 아니라 그 도서관에 어금니 주인의 DNA가 얼마나 되는지 알기 위해 DNA 단편을 무작위로 골라 당장 해독해 보았다.

좋은 소식도 있고 나쁜 소식도 있었다. 좋은 소식은 완전한 mtDNA 게놈을 복원할 수 있었다는 것이다. 이빨과 손가락뼈의 서열은 두 곳이 차이가 났다. 이는 이빨이 손가락뼈와는 다른 개체에서 나온 것이라는 사실과 두 주인공이 같은 유형의 인류임을 의미했다. 나쁜 소식은 이빨의 DNA 도서관에는 당사자의 DNA 비율이 0.2퍼센트밖에 되지 않았다는 것이다. 이 결과를 본 우리는 왜 그 손가락뼈에는 당사자의 DNA가 그렇게 많았는지 더 궁금해졌다. 나는 그 손가락이 사후에 매우 빠르게 건조되었을 것이고 그래서 죽어 가는 세포에서 일어나는 효소의 DNA 분해 작용이 제대로 일어나지 않았으며 박테리아 생장도 멈추었을 것이라고 추측했다. 나는 그 손가락뼈의 주인이 새끼손가락으로 공중을 가리킨 채 죽어서 박테리아가 많이 증식하기 전에 손가락이 미라화되었을 거라는 농담을 했다.

이빨이 손가락뼈의 주인과 같은 유형의 사람에게서 나온 것으로 밝혀지자 벤체는 그 이빨의 형태적 분석에 더욱 열의를 보였다. 치아 전문가가 아닌 나조차 그것이 유독 크다는 것을 알 수 있었다. 그것은 내 어금니들보다 거의 50퍼센트나 컸다. 벤체는 그 이빨이 매우 큰 것 외에도 네안데르탈인이 갖고 있는 대부분의 어금니들과 비교할 때 치관에 새롭게 보이는 특징도 있고 보이지 않는 특징도 있다고 지적했다. 또 이빨의 뿌리도 특이했다. 네안데르탈인의 어금니 뿌리들은 간격이 좁거나 붙어 있는 경향을 보이는 반면에 데니소바 어금니의 뿌리들은 왕성하게 갈라져 있었다.

벤체는 이빨의 형태로 볼 때 데니소바 집단은 네안데르탈인과도 현생인류와도 다른 집단일 것이라고 결론 내렸다. 또한 그 데니소바 개체의 어금니에는 약 30만 년 전에 진화한 네안데르탈인의 특징들이 없다는 점에서 그는 데니소바 사람들의 조상이 그 전에 네안데르탈인으로부터 갈라져 나왔을 것이라고 추측했다.

그의 결론은 mtDNA가 말하는 사실과 일치했다. 하지만 나는 형태적 형질들을 해석할 때는 항상 지나치게 회의적이라는 소리를 들을 만큼 신중했다. 그 데니소바 사람들이 현생인류 또는 네안데르탈인으로부터 갈라진 후에 옛날 형태의 이빨로 되돌아갔을지도 모르는 일 아닌가. 핵 게놈만이 완전한 이야기를 들려줄 수 있었다.

우리가 검토자들의 논평을 읽으며 네안데르탈인 논문을 마무리할 무렵 시퀀싱 기계들이 데니소바 개체의 핵 DNA 서열을 생산하기 시작했다. 그래서 데니소바 개체의 DNA 서열을 살펴볼 시간이 당장은 나지 않았지만 나는 시간이 나면 금방 살펴볼 수 있을 거라고 생각했다. 지난 4년 동안 네안데르탈인 게놈을 분석하기 위해 개발한 컴퓨터 프로그램을 곧바로 데니소바 개체의 게놈에 써먹을 수 있었기 때문이다. 그래도 에디가 우리를 앞지를까 봐 두려웠기 때문에 네안데르탈인 게놈 분석 컨소시엄에서 손이 빠른 핵심 그룹을 추려서 데니소바 게놈에 전념해 줄 것을 부탁했다. 누구보다 데이비드 라이시, 닉 패터슨, 그리고 몬티 슬랏킨과 그의 팀이 필요했다.(그림 23.1을 보라.)

처음에는 그 데니소바 개체가 누구인지 몰라서 데니소바 게놈 팀을 '엑스 맨' 그룹이라고 불렀다. 그때 마침 벤체가 손가락의 주인이 약 3~5세쯤 된 어린이라고 알려 주었고, 모계로만 유전되는 mtDNA도 이미 분석했던 터라 만화 속의 마초 캐릭터를 상기시키는 명칭을 팀명으로 사용하는 것이 적절하지 않아 보였다. 나는 '엑스 걸'이 어떨까도 생각해 봤지만 그것 역시 일본 만화 캐릭터처럼 들렸다. 결국 나는 '엑스 우먼'으로 결정했고 그 이름은 끝까지 갔다. 엑스 우먼 컨소시엄은 당장 주간 전화 회의를 갖기 시작했다.

우도는 그 DNA 단편을 인간과 침팬지의 게놈에 매핑했다. 많은 오류를 제거해 주는 에이드리언의 방법을 사용한 덕분에 그 일은 비교적

그림 23.1

몬티 슬럿킨, 아나톨리 데레비안코, 데이비드 라이시.
2011년 데니소바 동굴에서 가진 모임에서.

(사진: 벤체 비올러, 막스플랑크 진화인류학연구소MPI-EVA)

쉬웠지만, 우도는 그것이 초벌 작업임을 감안하라고 말했다. 그래도 우리는 이 자료를 엑스 우먼 컨소시엄에 배포했다. 수정한 mtDNA 논문의 최종본을 『네이처』에 제출하고 나서 얼마 지나지 않았을 때 닉 패터슨이 우도가 초벌 매핑한 결과물을 초벌 분석한 내용을 보내왔다. 그것을 읽으며 나는 데니소바 개체를 새로운 종으로 명명하지 않도록 설득한 검토자에게 감사했다.

우선 닉 패터슨은 데니소바 손가락뼈의 핵 게놈이 현대인의 게놈보다 네안데르탈인의 게놈과 더 가깝다는 것을 발견했다. 실제로 데니소바 개체와 네안데르탈인은 오늘날의 현대인들 사이에서 발견되는 가장 큰 차이―예를 들면 우리가 분석한 파푸아뉴기니인과 아프리카 산족의 차이―보다 약간 더 차이 나는 정도였다. mtDNA 결과가 보여 주는 것과는 상황이 사뭇 달랐다. 금방 떠오른 생각은 그 mtDNA가 데니소바 개체들에게 들어온 것은 아시아에 살았던 더 오래된 다른 고생인류로부터 유전자 이동이 있었기 때문일지도 모른다는 것이었다. 현생인류가 네안데르탈인과 이종교배를 했다는 사실을 이미 증명했던 터라 이러한 유전자 이동 가설은 타당해 보였다. 하지만 이 문제는 더 신중하게 생각해 봐야 할 필요가 있었다.

닉이 발견한 두 번째 사실은 더더욱 예상치 못했던 것이었다. 우리가 네안데르탈인의 게놈을 분석하기 위해 염기 서열을 알아낸 다섯 명의 현대인들 중에서 데니소바 개체는 중국인, 유럽인, 두 명의 아프리카인들보다 파푸아뉴기니인과 SNP의 파생형 대립인자를 더 많이 공유했다. 한 가지 가능한 설명은 데니소바 개체의 친척들이 파푸아뉴기니인의 조상들과 이종교배를 했다는 것이었다.

하지만 시베리아와 파푸아뉴기니의 거리를 감안할 때 우리가 너무 성급한 결론을 내리고 있을지도 모른다는 생각이 들었다. 분석 과정에 어떤 구조적 오류의 가능성도 있다. 그리고 우도는 DNA 단편을 매핑한 결과물이 완성본이 아닌 초벌이었음을 다시 한 번 상기시켰다. 어쩌면 복잡한 컴퓨터 분석 과정 중에 데니소바 개체와 네안데르탈인의 게놈, 그리고 데니소바 개체와 파푸아뉴기니인의 게놈을 더 비슷하게 만든 요인이 있었을지도 모른다. 그럴 경우 닉이 발견한 두 가지 사실 모두 틀린 것으로 밝혀질 수 있었다.

일주일 뒤에 에드가 새로운 자료를 신중하게 분석한 결과물을 내놓았다. 그의 분석 결과 우리가 해독한 DNA에는 Y염색체 단편이 극소수였다. 엑스 우먼은 실제로 여성이었다. 뼈의 크기가 작다는 것을 감안해서 더 정확하게 말하면 소녀였다. 또한 Y염색체 단편이 거의 없다는 사실은 오염된 남성의 핵 DNA가 거의 없다는 뜻이기도 했다.

데니소바 개체의 DNA 서열이 현생인류의 게놈과 네안데르탈인의 게놈으로부터 얼마나 차이가 있는지 조사한 결과도 닉처럼 데니소바 개체의 게놈이 현생인류보다는 네안데르탈인의 게놈과 SNP의 파생형 대립인자를 더 많이 공유한다는 사실을 발견했다. 이 결과는 데니소바 소녀와 네안데르탈인의 공통 조상이 현생인류를 포함하는 계통에서 먼저 갈라졌고, 그런 다음에 데니소바 소녀의 조상과 네안데르탈인들이 서로 갈라졌음을 뜻했다. 다시 말해 데니소바 소녀와 네안데르탈인의 관계는 그들과 현생인류의 관계보다 더 가까웠다.

라이프치히의 연구실에서 열리는 금요일 회의와 닉, 데이비드, 몬티 등과 함께 하는 긴 전화 회의에서 이 자료들에 대해 논의하는 동안 여러 가지 질문이 제기되었다. 데니소바 소녀의 핵 게놈이 현생인류보다 네안데르탈인과 더 가깝다면 mtDNA는 어떻게 그렇게 다를 수 있을까? 데니소바 소녀의 최근 조상들 중에는 네안데르탈인도 포함되어 있고 호모 에렉투스의 후기 형태 같은 더 오래된 어떤 고생인류도 포함되어 있을까? 아니면 데니소바 소녀는 현생인류와 그러한 고생인류가 섞인 혼혈일까? 우리는 이러한 가능성들을 하나하나 따져 보았지만 어떤 것도 맞지 않는 것 같았다.

데니소바 개체의 모든 DNA 단편을 비교 대상으로 선택된 게놈들 각각에 세밀하게 매핑하는 우도의 작업에는 몇 달이 걸렸다. 최종 결과는 달라지지 않았다. 나는 데니소바 소녀가 속한 집단이 네안데르탈인과 공통 조상을 공유했지만 그 집단은 오늘날 핀란드인들이 남아프리카의 산족과 떨어져 산 세월만큼 오랫동안 네안데르탈인과 떨어져 살았다는 것을 확신하게 되었다. 데니소바 개체의 DNA 서열은 아프리카인들보다는 유라시아인들의 DNA 서열과 약간 더 비슷한 경향을 보였지만 그 차이는 네안데르탈인의 DNA 서열을 아프리카인 및 유라시아인과 비교했을 때의 차이보다는 적었다. 이 결과를 가장 잘 설명할 수 있는 시나리오는 데니소바 소녀와 네안데르탈인의 조상이 같아서 네안데르탈인이 현생인류와 이종교배를 할 때 (네안데르탈인이 데니소바 소녀와 가깝기 때문에) 데니소바 소녀의 DNA 서열과 다소 비슷한 네안데르탈인의 DNA 서열이 유라시아인의 조상들에게 전달되었다는 것이었다.

따라서 데니소바 소녀가 속한 집단이 네안데르탈인과 갈라지고 나서 한참 뒤에 네안데르탈인과 현생인류가 만난 것이 분명했다. 이 집단을 뭐라고 부를 것인가? 우리는 라틴어 학명을 부여해 아종이나 종으로 분류하는 것은 확실히 원치 않았다. 그 집단과 네안데르탈인의 차이는 나와 아프리카 산족의 차이 정도밖에는 되지 않으므로 아종이나 종으로 명명하는 것은 말이 되지 않았다.

하지만 그들을 부를 명칭은 필요했다. 우리는 '핀족', '산족', '독일인', '중국인' 같은 통칭이 필요했다. '네안데르탈인'이 그러한 통칭이었다. 네안데르탈인이라는 명칭은 독일의 네안더 계곡에서 딴 것인데, '탈thal'은 '계곡'을 뜻하는 독일어 단어의 옛날 철자다. 나는 이 사례를 본떠서 그들을 '데니소바인'이라고 부르자고 제안했다. 아나톨리도 동의해서 우리는 요란을 떨지 않고 전화 회의에서 이 결정을 허물없이 발표했다. 그때부터 엑스 우먼과 매우 큰 어금니를 지닌 또 다른 데니소바 개체를 포함하는 집단을 데니소바인이라고 불렀다.

아직 한 가지 흥미로운 질문이 남아 있었다. 데니소바 소녀가 우리가 분석한 다른 네 명의 현대인들보다 파푸아뉴기니인과 파생형 서열 변종SNP을 더 많이 공유한다는 닉의 연구 결과가 사실일까? 아니면 컴퓨터 프로그램상의 오류나 데이터의 장난일까? 몇 주에 걸쳐 우리는 데이터를 이렇게 보이게 만들 수 있는 여러 가지 기술적 문제들을 논의했다. 하지만 모두가 불투명했다. 파푸아뉴기니인의 DNA 서열에 존재하는 어떤 특별한 점 때문에 데니소바인의 DNA 서열과 약간 더 비슷해 보였을 수도 있었다. 나는 이종교배를 암시하는 흔적이 중국에서는 나타나지 않는 것이 이상했다. 그것은 파푸아뉴기니인의 조상들이 중국인의 조상들과는 만나지 않은 채 시베리아에 사는 데니소바인들을 만났다는 뜻이었기 때문이다. 물론 데니소바인들이 시베리아 외의 다른 장소에서도 살았을 가능성이 있다.

우리는 이 문제를 해결할 가장 좋은 방법은 더 많은 현대인의 DNA 서열을 확인해 보는 것이라고 생각했다. 논문의 출판은 늦어지겠지만 우리 쪽의 기술적인 실수 때문으로 밝혀질 잘못된 사실을 주장했다가 나중에 웃음거리가 되는 것보다 나았다. 우리는 세계 곳곳의 현대인 일곱 명의 DNA 서열을 더 확인해 보기로 했다. 우선 아프리카 음부티족 한 명과 사르데냐 섬의 유럽인 한 명을 선택했다. 이 두 명은 데니소바인들과 관계가 있을 것 같지 않았기 때문이다. 또한 우리는 알타이 지역에서 그리 멀지 않은 곳에 산다는 이유로 중앙아시아의 몽골인 한 명을 선택했고, 파푸아뉴기니에서 멀지 않은 아시아 본토에 산다는 이유로 캄보디아인 한 명을 골랐다. 그리고 아메리카 원주민을 대표해 남아메리카의 카리티아나족 한 명을 골랐다. 그의 조상은 아시아에서 왔기 때문에 과거에 데니소바인들과 만났을 가능성이 있었다. 마지막으로 우리는 멜라네시아 출신 두 명을 고르기로 결정하고 다른 파푸아뉴기니인 한 명과 부건빌 섬의 한 명을 골랐다.

이 일곱 명의 DNA 서열을 가지고 닉과 그 동료들이 분석을 다시 했다. 그들의 결과는 데니소바인의 게놈이 파푸아뉴기니와 부건빌 섬에 사는 사람들과 특별한 관계가 있다는 것을 확인시켜 주었다. 반면에 캄보디아, 몽골, 남아메리카 출신과는 파생형 SNP를 더 많이 공유하지 않았다.

마르틴은 또 한 가지 흥미로운 사실을 발견했다. 그는 데니소바인의 게놈이 네안데르탈인의 게놈보다 조상형 (유인원 같은) 서열 변종들을 약간 더 많이 갖고 있다는 증거를 포착했다. 이는 어떤 고생인류로부터 데니소바인의 조상들에게로 유전자가 이동했다는 뜻일 수 있었고, mtDNA가 더 오래전에 분기한 것처럼 보이는 것도 이 때문일 수 있었다. 하지만 아직도 닉과 몬티는 우리가 어떤 인위적인 원인을 간과하고 있을지도 모른다고 걱정했다. 네안데르탈인의 게놈과 데니소바인의 게놈을 나란히 놓고 자세한 분석을 하는 것은 위험하지 않을까? 이 게놈들은 둘 다 오래된 것이라서 오랫동안 땅 속에 있을 때 생길 수 있는 어떤 오류를 똑같이 갖고 있을지도 몰랐다. 파푸아뉴기니인에게 유전자가 이동한 흔적도 따지고 보면 어떤 알 수 없는 기술적 문제 때문이 아닌지에 대한 논의도 있었다.

5월 말이 되자 나는 점점 지쳐 갔다. 있을 수 있는 기술적 문제들에 대해 불필요하게 복잡한 논의들이 길게 이어졌던 어느 전화 회의가 끝났을 때 나는 갑자기 화가 나서 컨소시엄에 단체 메일을 보냈다. 내용은 대강 이러했다.

데니소바인의 게놈 서열과 특이한 형태를 지닌 데니소바인의 이빨은 과학계의 큰 자산이다. 지금까지 사람들은 데니소바인의 mtDNA 서열에 대해서만 알았고 그래서 현생인류와 네안데르탈인이 서로 가까운 친척이며 데니소바 개체는 더 먼 친척이라고 생각했다. 하지만 이제 우리는 핵 게놈을 통해 데니소바인과 네안데르탈인이 서로 더 가깝고 현생인류가 그들의 먼 친척임을 알았다. 우리는 이 사실을 가능한 한 빨리 세상 사람들에게 말하고 우리가 해독한 게놈을 다른 연구자들이 이용할 수 있게 해야 한다. 데니소바인이 파푸아뉴기니인과 섞였는지에 확신할 수 없다면 그 문제를 논문에서 다루지 않으면 된다. 더 철저하게 그 문제를 탐구할 시간이 있을 때 후속 논문에서 그것을 다루면 된다.

이것은 팀원들을 자극하기 위해 일부러 한 말이었다. 컨소시엄 내의 많은 똑똑한 사람들이 내 말에 반대했다. 에이드리언은 내게 이런 내용의 이메일을 보냈다. "파푸아뉴기니인을 거론하지 않고 논문을 발표하면 다른 누군가가 그것을 분석해서 그들이 이종교배를 한 사실을 알아내어 재빨리 발표할 겁니다. 그렇게 되면 우리는 1) 무능력해서 2) 급해서 3) 정치적 올바름을 의식해서 그 사실을 언급하지 않은 것이 될 것입니다. 그래도 괜찮은가요?" 닉도 에이드리언의 의견에 동의했다. "우리는 파푸아뉴기니인의 문제를 다루어야 합니다. 그러지 않으면 바보나 겁쟁이로 보일 겁니다."

결국 우리는 이 뜻밖의 결과를 초래했을지도 모르는 기술적 문제들을 알아내기 위해 계속해서 고군분투했다. 마침내 돌파구가 열린 것은 닉이 데니소바인의 게놈과 또 다른 공개된 게놈 자료의 관계를 분석하면서였다. 파리의 한 연구소에서 구할 수 있는 인류 다양성 패널Human Diversity Panel은 전 세계 53개 집단에 속하는 938명의 세포주cell line와 DNA를 모아 놓은 자료다. 각각의 게놈은 게놈상의 64만 2690개 가변 위치에 어떤 뉴클레오티드가 존재하는지를 매우 정확하게 보여 주는 '최고'의 기술로 분석되었다.

닉은 우리가 네안데르탈인의 게놈과 데니소바인의 게놈 모두에 대해 훌륭한 자료를 갖고 있는 위치들에서 두 게놈이 현대인들과 파생형 SNP를 얼마나 자주 공유하는지 살펴보았다. 그는 파푸아뉴기니 출신인 17명 모두와 부건빌 섬 출신인 10명 모두가 아프리카 밖의 다른 모든 사람들보다 데니소바인의 게놈과 더 가깝다는 사실을 알아냈다. 이 결과는 우리가 직접 분석한 게놈들을 통해 발견한 사실과 완벽하게 일치했다. 이제 우리 모두는 파푸아뉴기니인의 조상들과 데니소바인들 사이에 뭔가 특별한 일이 일어났음을 확신했다.

데이비드와 닉은 데니소바인과 네안데르탈인의 게놈 데이터를 이용해 아프리카 외부 사람들의 게놈 중 약 2.5퍼센트가 네안데르탈인으로부터 왔고, 그 이후의 유전자 이동으로 데니소바인 DNA의 약 4.8퍼센트가 파푸아뉴기니인에게 갔다고 추정했다. 파푸아뉴기니인은 게놈에 네안데르탈인의 유전자도 갖고 있으므로 파푸아뉴기니인의 게놈은 약 7퍼센트가 초기 형태의 인류에게서 온 것이었다.

이것은 놀라운 발견이었다. 우리는 이제까지 인류의 멸종한 형태들에게서 얻은 두 게놈을 연구했는데, 거기에서 모두 현생인류로 유전자 이동이 있었다는 사실을 발견한 것이다. 따라서 초창기 인류와의 낮은 수준의 이종교배는 현생인류가 전 세계로 퍼져 나갈 때 예외적인 일이 아니라 항상 있었던 일이었던 것 같다. 이는 네안데르탈인도 데니소바인도 완전히 멸종하지 않았음을 뜻했다. 그들의 아주 작은 일부가 오늘날의 사람들 안에 계속 살아 있었다. 이는 데니소바인들이 과거에 널리 퍼져 있었다는 뜻이기도 했다.

하지만 그들이 왜 몽골, 중국, 캄보디아, 아시아 본토의 여타 지역에서는 현생인류와 섞이지 않은 것처럼 보이는지가 의문이었다. 우리가 발견한 이종교배 흔적들은 초기 현생인류가 아프리카 밖으로 나가서 아시아의 남쪽 해안을 따라 움직일 때 즉 아시아의 나머지 장소에는 그들이 아직 살지 않았을 때 남긴 것이라는 설명이 가능했다. 많은 고생물학자들과 인류학자들은 초기 현생인류가 중동에서부터 해안을 따라 인도 남쪽, 안다만 제도, 멜라네시아, 오스트레일리아로 이주했다고 추측해 왔다. 이 사람들이 현재의 인도네시아 지역에서 데니소바인들과 만나서 이종교배를 했다면 파푸아뉴기니와 부건빌에 사는 그들의 후손들과 어쩌면 오스트레일리아 원주민들까지도 데니소바인의 DNA를 갖고 있을 것이다.

아시아의 다른 곳에서는 데니소바인들과 이종교배를 한 증거가 발견되지 않는 것은 이후에 아시아 본토를 차지한 다른 현생인류 집단이 내륙을 통해 이동해서 데니소바인들과 섞이지 않았기 때문인지도 모른다. 아니면 그 집단이 도착했을 무렵에는 데니소바인들이 이미 멸종했기 때문에 서로 만나지 못했을 수도 있다.

더 나중에 데니소바인의 게놈에 관한 논문이 나오고 나서 우리 분과의 마크 스톤킹이 데이비드와 함께 동남아시아 집단에 대한 훨씬 더 자세한 유전적 조사를 실시했는데, 그들은 멜라네시아, 폴리네시아, 오스트레일리아, 그리고 필리핀 제도의 일부 집단에서는 데니소바인과의 이종교배가 있었지만 안다만 제도와 그 지역의 나머지 장소에서는 이종교배가 없었다는 사실을 알아냈다. 따라서 아프리카에서 나와서 남쪽으로 이동한 초기 현생인류가 동남아시아 본토의 어딘가에서 데니소바인과 만나 섞였을 가능성이 충분하다.

몬티 슬랏킨은 우리가 생산한 모든 DNA 서열을 이용해 다양한 집단 모델을 시험해 보았다. 그 결과 내 예상대로 이 모든 데이터를 설명할 수 있는 가장 간단한 모델은 네안데르탈인과 현생인류가 섞였고 그다음에 멜라네시아인의 조상들과 데니소바인이 섞였다는 것이었다.

하지만 우리는 데니소바인의 매우 이상한 mtDNA를 설명해야 했다. 두 가지 가능성이 제기되었다. 하나는 그 mtDNA 계통이 더 오래된 고생인류 집단과의 이종교배를 통해 데니소바인의 조상들에게 들어갔다는 것이었다. 나는 이 가설을 더 선호했다. 다른 하나는 '불완전 계통 분립incomplete lineage sorting'이라는 과정 때문이라는 것이었다. 간단히 말하면 현생인류, 데니소바인, 네안데르탈인의 공통 조상이었던 집단이 세 종류의 mtDNA를 모두 갖고 있었다는 것이다. 그런 다음에 우연히 다른 둘과 차이가 많이 나는 한 mtDNA 변종이 데니소바인들에게서 살아남았고, 서로 비슷한 다른 두 변종이 네안데르탈인과 현생인류에서 각기 살아남은 것이다. 데니소바인, 네안데르탈인, 현생인류의 조상 집단이 많은 mtDNA 계통들이 공존할 수 있을 만큼 컸다면 이런 일이 일어났을 가능성이 특히 높다.

몬티의 개체군 모델들에 따르면 데이터는 미지의 다른 인류 집단과의 소규모 이종교배로도 설명될 수 있고, '불완전 계통 분립' 시나리오로도 설명될 수 있었다. 이는 우리가 어느 한 설명에 무게를 둘 수 없다는 뜻이었지만 그럼에도 나는 이종교배가 더 설득력 있는 설명으로 보였다.

우리가 고생인류 집단과 현생인류 사이의 이종교배 사례를 이미 두 건이나 찾아낸 만큼 나는 이종교배가 인류의 진화사에서 흔한 사건이었을 가능성을 매우 높게 보았다. 나아가 데니소바인들이 현생인류와 기꺼이 성관계를 했다면 다른 고생인류와도 그렇게 했다고 생각하는 것이 타당하다. 현생인류의 확산에 대한 큰 그림은 대체 집단이 다른 집단을 멸종에 이르게 했다는 것이지만, 나는 이것이 완전한 대체는 아니었다고 생각하게 되었다. 그보다는 일부 DNA가 생존 집단에게로 새어 나간 것처럼 보였다. 그렇다고 확신한 나는 이 과정을 기술하기 위해 쓰인 다른 지면에서 보았던 용어를 적극적으로 사용하기 시작했다. 그것은 "구멍 난 대체leaky repelcement"다. 내 생각으로는 데니소바인들의 확산도 '구멍 난' 사건이었을 것 같다.

우리는 7월에 논문을 작성하기 시작했다. 데니소바인의 뼈에서 나온 DNA의 70퍼센트가 뼈 주인의 것이었으므로 데니소바인의 게놈을 해독한 일은 네안데르탈인의 게놈을 해독한 것에 비하면 대단한 성취가 아니었지만 같은 위치를 여러 번 반복적으로 읽을 수 있어서(1.3배 반복해서 읽는 대신 1.9배 반복해서 읽음) 더 정확한 서열을 생산할 수 있었다. 더 중요한 사실은 탈아미노화된 C를 제거해 오류의 수를 줄인 결과 네안데르탈인의 게놈에서보다 오류의 빈도가 약 5배 줄었다는 것이었다.

우리는 8월 중순에 이 논문을 『네이처』에 제출했다. 나는 이것이 대단한 논문이라고 생각했다. 우리는 각설탕 크기의 약 4분의 1에 해당하는 뼈를 가지고 게놈을 해독했으며 이 서열을 토대로 그 뼛조각이 그동안 알려지지 않았던 인류 집단의 것임을 증명했다. 이 논문을 통해 우리는 분자생물학이 고생물학에 새롭고 예상치 못한 지식을 보탤 수 있음을 보여 주었다.

『네이처』는 이번에도 익명의 검토자들에게 우리 논문을 보냈다. 우리는 '꼬투리 잡기'부터 유익한 비판까지 다양한 논평을 받았다. 앞서 발표한 mtDNA 논문과 마찬가지로 이번에도 한 검토자의 논평 덕분에 논문의 질이 매우 높아졌다. 그 검토자는 데니소바인의 오래된 mtDNA가 고생인류의 유전자 이동에 의한 것이라고 제안한 부분에서 우리가 네안데르탈인의 게놈과 데니소바인의 게놈을 함께 놓고 분석한 것이 문제가 될 수도 있다고 지적했다. 나는 그러한 문제들을 적절히 처리했다고 생각했지만 그 검토자의 지적을 보고 나서 그러한 분석을 아예 피하는 안전한 길을 택하기로 했다. 또 그의 논평을 읽고 나서 우리는 멜라네시아인에게서 나타나는 유전자 이동의 증거들이 DNA 보존 상태의 차이 때문도 시퀀싱 기술 때문도 데이터 수집 방식의 차이 때문도 아니라는 것을 증명하기 위해 더 열심히 노력했다.

우리가 논평들을 반영해서 논문을 다시 제출했을 때 이 검토자는 우리의 노력을 인정하면서 이렇게 말했다. "결론에 도달하기 위해 저자들이 사용한 분석 방법들에 대해 우려를 제기하면 (…) 저자들은 보통 설명하고 끝낸다. (…) 하지만 이 논문의 저자들은 정반대로 내 논평을 매우 진지하게 받아들이고 내가 제기한 문제들을 조사하고 내 우려를 해결하기 위해 상당한 수정을 가했다."라고 말했다. 나는 선생님에게 칭찬받은 학생처럼 으쓱해졌다. 이 검토자는 자신이 누구인지도 밝혔는데, 그는 바로 내가 존경했던 스탠퍼드 대학교의 집단유전학자 카를로스 부스타만테Carlos Bustamante였다.

2010년 11월 말 『네이처』는 우리 논문을 수락했다. 편집자는 언론 보도와 주목을 더 받기 위해 크리스마스 연휴 기간을 피해 1월 중순까지 출판을 미루자고 제안했다. 우리는 이 문제를 컨소시엄 내부에서 논의했다. 몇몇은 편집자의 의견에 동의했다. 하지만 내 생각은 달랐다. 경쟁을 의식하며 서둘러 작업해 놓고 이제 와서 연기하는 것은 말이 안 된다고 보았다. 나는 다수의 반대를 무릅쓰고 빨리 출판하자고 밀어붙였고 결국 12월 23일에 논문이 나왔다.[1] 덜 주목받은 것은 확실했지만 그 논문이 네안데르탈인 게놈과 같은 해에 나와서 나는 기분이 좋았다.

그해 크리스마스에 린다와 아들 루네와 함께 차를 타고 눈 덮인 스웨덴의 작은 우리 집으로 가면서 나는 올해가 정말 특별한 해였다고 생각했다. 내가 꿈꾸었던 것보다 훨씬 더 큰 것을 이루어 냈다. 하지만 우리가 네안데르탈인의 게놈을 해독하고 다른 멸종한 인류 집단의 게놈에 접근하는 길을 열었음에도 아직 많은 미스터리가 남아 있었다.

그중 큰 미스터리 하나는 데니소바인들이 언제 살았는가였다. 손가락 뼛조각과 이빨은 크기가 너무 작아서 방사성탄소를 통한 연대 측정이 불가능했다. 그래서 우리는 데니소바 동굴의 같은 층에서 발견된 일곱 점의 뼛조각들로 연대 측정을 했다. 그 뼈들의 대부분에 자른 흔적이나 인간이 변형을 가한 흔적들이 있었다. 일곱 점 중 네 점은 5만 년 이상 되었고 세 점은 1만 6000~3만 년 된 것으로 밝혀졌다. 따라서 그 동굴에는 5만 년 전 이전에 인류가 살았고 3만 년 전 이후에도 살았던 것 같았다. 나는 더 오래된 사람들이 데니소바인들이고 나중에 온 사람들이 현생인류라고 생각했지만 확신할 수는 없었다. 슌코프 교수와 아나톨리는 손가락뼈가 발견된 곳과 같은 층에서 놀랍도록 정교한 석기들과 반들반들한 돌 팔찌를 발견했다. 그 물건들은 데니소바인이 만든 것일까? 일반적인 생각은 아니었지만 고생물학자들은 그럴 가능성이 있다고 했다.

또 하나의 큰 미스터리는 데니소바인들이 얼마나 멀리까지 분포했는가였다. 시베리아 남쪽에 살았다는 것은 알고 있었지만, 그들이 멜라네시아인의 조상들과 만나서 자식을 낳았다는 것은 그 시절에 그들이 훨씬 더 폭넓게 분포했음을 뜻했다. 어쩌면 그들은 온대와 아북극 지역부터 열대에 이르기까지 동남아시아 전역을 활보했는지도 모른다. 나는 중국에서 출토된 화석들에서 데니소바인의 DNA를 찾아볼 필요가 있다고 생각했다. 또 아나톨리와 그의 팀이 알타이 산맥에서 데니소바인의 더 완전한 유해들을 찾는다면 정말 좋을 것이다. 그러한 뼈들이 데니소바인을 호미닌의 다른 집단과 구별 짓는 특징들을 갖고 있다면, 이 특징들을 기준으로 아시아의 다른 곳에서 발견되는 다른 화석들이 데니소바인들인지 확인할 수 있을지도 모른다.

우리 팀과 다른 연구 단체들은 이 미스터리들을 풀기 위한 연구를 계속해 왔다. 또 다른 연구 집단은 고대 DNA를 이용해 과거에 살았던 인류의 전염병과 선사시대 문명을 연구하기 시작했다.

그해 12월 나는 과학자로 살면서 좀처럼 갖기 힘든 만족감을 느꼈다. 30년 전에 고국 스웨덴에서 대학원생의 비밀스러운 취미로 시작했던 일이 그것을 세상에 발표했던 4년 전까지만 해도 공상과학소설처럼 보였던 한 프로젝트를 낳았고, 우리는 그 프로젝트를 지금 성공적으로 끝마쳤다. 나는 작고 포근한 스웨덴식 주택에서 가족과 함께 오랜만에 편안한 마음으로 크리스마스 휴가를 보냈다.

후기

그로부터 3년이 지나 이 책을 쓰는 지금도 나는 아나톨리가 버클리에 보낸 손가락뼈의 나머지 부분이 어떻게 되었는지 모른다. 언젠가 그 뼈를 이용해 연대 측정을 할 수 있다면 우리는 그 데니소바 소녀가 언제 살았는지 알 수 있을 것이다.

아나톨리와 그의 팀은 데니소바 동굴에서 놀라운 뼈들을 계속 발굴했다. 그들은 데니소바인의 DNA가 포함된 커다란 어금니를 또 하나 발견했고 네안데르탈인의 것으로 밝혀진 발가락뼈도 한 점 발견했다.

데이비드 라이시와 그의 박사후 연구생 스리람 산카라라만 Sriram Sankararaman은 유전 모델을 이용해 네안데르탈인과 현생인류의 이종교배가 약 4만 년 전에서 9만 년 전 사이에 일어났다고 추정했다.[1] 이는 유럽인과 아시아인의 게놈이 네안데르탈인의 게놈과 더 비슷해진 것은 네안데르탈인과 현생인류 사이의 이종교배 때문이지, 2010년에 우리가 검토했던 더 복잡한 가설에서와 같이 아프리카의 오래된 하부구조 때문이 아님을 보여 준다.

우리 연구실에서 기술 마법사로 통하는 마티아스 마이어 Matthias Meyer는 DNA를 추출해서 도서관을 만드는 놀랍도록 민감한 방법들을 새로 개발했다. 그 방법들 덕분에 우리는 데니소바 손가락뼈의 남은 조각으로 그 게놈을 총 30배수까지 읽어 낼 수 있었다.[2] 그리고 최근에는 데니소바 동굴에서 발견된 발가락뼈로 네안데르탈인의 게놈을 50배수까지 읽어 냈다. 이 고대 게놈들의 서열은 현대인에게서 해독된 대부분의 게놈 서열보다 정확성이 높다.

우리가 네안데르탈인의 게놈을 데니소바 소녀의 게놈과 비교해 보면 네안데르탈인과 데니소바인보다 먼저 인류 계통에서 갈라진 호미닌 집단으로부터 온 성분이 그 소녀의 게놈에 있다는 것을 알 수 있다. 또한 우리는 데니소바인들이 네안데르탈인들과 섞였으며 소량의 DNA를 멜라네시아인들뿐 아니라 오늘날 아시아 본토에 사는 사람들에게도 기여했다는 사실도 알 수 있다. 과거의 이종교배가 남긴 이 미세한 흔적들은 2010년 질이 낮은 게놈으로 연구할 때는 볼 수 없었던 것이다. 새롭게 파악된 사실은 후기 플라이스토세에 여러 인류 집단이 서로 섞였지만 그 비율은 대체로 작았다는 것이다.

이제 우리는 두 고생인류의 정확한 게놈 정보와 1000 게놈 프로젝트의 새 자료를 합쳐서 오늘날의 모든 현대인에게서 네안데르탈인, 데니소바인, 유인원들과 달라져 있는 게놈상의 위치들을 거의 완벽하게 찾아낼 수 있다. 그러한 위치들의 목록에는 한 개의 뉴클레오티드가 바뀐 위치가 3만 1389개, 몇 개의 뉴클레오티드가 삽입 또는 결실된 위치가 125개 포함되어 있다. 그중 96개가 단백질의 아미노산을 바꾸는 변화이고, 3000개는 유전자 스위치를 조절하는 서열에 영향을 미치는 변화인 듯하다.

우리가 놓친 뉴클레오티드 차이가 분명히 있을 것이고 그것은 주로 반복 서열에서 있을 것이다. 하지만 분명한 사실은 현생인류를 만드는 유전적 '레시피'는 그리 길지 않다는 것이다. 우리가 도전할 그다음 과제는 이 변화들이 어떤 영향을 미치는지를 알아내는 것이다.

뛰어난 기술 혁신가인 하버드 대학교의 조지 처치George Church는 인간에게서 바뀐 뉴클레오티드의 목록을 이용해 인간 세포를 조상 상태로 변형하고 이렇게 변형된 세포를 이용해서 네안데르탈인을 재창조—즉 '복제'—할 것을 과학자들에게 제안했다. 실제로 우리가 2009년에 AAAS 회의에서 네안데르탈인의 게놈 서열을 완성했다고 발표하던 당시에 이미 "약 3000만 달러만 있으면 현재의 기술로 네안데르탈인을 되살려 낼 수 있다."라는 조지의 말이 「뉴욕타임스」에 인용되었다. 그는 누군가가 돈만 댄다면 자신이 "그 일을 할 수 있을 것"이라고 덧붙였다. 다행히도 그는 그러한 프로젝트에 있을 수 있는 윤리적 문제를 인정했지만 그러한 위험을 피하기 위해서는 인간의 세포가 아니라 침팬지의 세포를 이용하면 된다고 말했다!

그는 나중에도 비슷한 발언들을 했지만 나는 조지가 도발적인 언사를 즐긴다고 여겼을 뿐 심각하게 받아들이지는 않았다. 그럼에도 불구하고 그러한 주장들은 우리가 직면한 딜레마를 보여 준다. 우리가 기술적·윤리적 이유로 조지가 제안한 일을 할 수 없다면 인간의 독특한 형질들—예를 들어 언어나 지능—을 어떻게 연구할 수 있을까? 인간과 네안데르탈인의 유전자 변종들을 인간과 유인원 세포의 게놈에 넣은 다음에 그것으로 개체를 복제하는 대신 실험실의 페트리 접시에서 그 세포들의 생리를 연구하거나 아니면 그러한 변종들을 실험 쥐에 넣는 방법이 있을 것이다. 라이프치히의 우리 실험실은 이미 그러한 방향으로 첫걸음을 내딛었다.

옥스퍼드 대학교의 토니 모나코Tony Monaco 연구팀에 의해 밝혀진 사실로, 인간의 언어 능력에 관여하는 것으로 알려진 FOXP2라는 유전자가 있다. 우리는 2002년 이 유전자가 만들어 내는 단백질이 유인원과 거의 모든 포유류에 있는 같은 단백질과 두 개의 아미노산이 다르다는 사실을 발견했다.[3] 우리는 쥐의 FOXP2 단백질이 침팬지의 FOXP2 단백질과 매우 비슷하다는 것을 알고 인간에게서 바뀐 두 개의 변화를 쥐의 게놈에 도입해 보기로 했다. 그래서 당시 박사후 연구생이었던 볼프강 에나르트Wolfgang Enard가 몇 년 동안 연구를 한 끝에 인간 버전의 FOXP2 단백질을 만드는 쥐를 최초로 탄생시켰다.

이 실험의 결과는 내 예상을 크게 넘어섰다. 이 쥐의 새끼들을 생후 2주째에 보금자리에서 빼내 그들이 내는 울음소리들을 관찰했더니, 인간화되지 않은 다른 새끼들이 내는 소리와 미묘하지만 유의미한 차이가 있었다. 이는 인간에게서 일어난 변화들이 음성 의사소통과 관계가 있다는 가설을 뒷받침한다. 이후 더 많은 연구가 진행된 결과 FOXP2 유전자에 일어난 두 개의 변화는 뉴런들이 뻗어 나와 다른 뉴런들과 접촉하는 방식과 운동 학습과 관계가 있는 뇌 부위에서 뉴런들이 신호를 처리하는 방식에 영향을 미친다는 것이 밝혀졌다.[4] 현재 우리는 조지 처치와 함께 시험관에서 뉴런으로 분화할 수 있는 인간 세포들 안에 이 변화들을 도입하기 위해 연구하고 있다.

FOXP2 유전자에 일어난 두 개의 변화는 사실 네안데르탈인과 데니소바인에게서도 똑같이 나타나지만[5], 그럼에도 불구하고 이 실험은 현생인류를 특별하게 만드는 데 중요한 영향을 미치는 변화가 어떤 것인지 알아내기 위해 우리가 어떻게 하면 되는지 가르쳐 준다. 예컨대 우리는 그러한 변화들을 세포주와 쥐에 하나씩 넣거나 다양한 조합으로 넣어서 생화학 경로나 세포 내 구조들을 '인간화' 또는 '네안데르탈인화'한 다음에 어떤 효과가 나타나는지 연구해 볼 수 있을 것이다. 또 우리가 언젠가는 무엇이 대체 집단을 동시대 고생인류 집단과 다르게 만들었는지, 그리고 왜 모든 영장류 중에서 하필 현생인류가 전 세계로 퍼져 나가 지구의 환경을 고의적 또는 비고의적으로 바꾸었는지를 이해할수 있을 것이다. 나는 인류 역사상 가장 중요한 질문일지도 모르는 이 물음에 대한 대답의 일부는 우리가 해독한 고대 게놈 속에 감추어져 있다고 확신한다.

주

1장

1 R. L. Cann, Mark Stoneking, and Allan C. Wilson, "Mitochondrial DNA and human evolution," *Nature* 325, 31–36 (1987).

2 M. Krings et al., "Neandertal DNA sequences and the origin of modern humans," *Cell* 90, 19–30 (1997).

2장

1 S. Pääbo, "Über den Nachweis von DNA in altägyptischen Mumien," *Das Altertum* 30, 213–218 (1984).

2 S. Pääbo, "Preservation of DNA in ancient Egyptian mummies," *Journal of Archaeological Sciences* 12, 411–417 (1985).

3장

1 S. Pääbo, "Molecular cloning of ancient Egyptian mummy DNA," *Nature* 314, 644–645 (1985).

2 S. Pääbo and A. C. Wilson, "Polymerase chain reaction reveals cloning arte-facts," *Nature* 334, 387–388 (1988).

3 R. L. Cann, Mark Stoneking, and A. C. Wilson, "Mitochondrial DNA and human evolution," *Nature* 325, 31–36 (1987).

4 W. K. Thomas, S. Pääbo, and F. X. Villablanca, "Spatial and temporal con-tinuity of kangaroo-rat populations shown by sequencing mitochondrial-DNA from museum specimens," *Journal of Molecular Evolution* 31, 101–112 (1990).

5 J. M. Diamond, "Old dead rats are valuable," *Nature* 347, 334–335 (1990).

6 S. Pääbo, J. A. Gifford, and A. C. Wilson, "Mitochondrial-DNA sequences from a 7,000-year-old brain," *Nucleic Acids Research* 16, 9775–9787 (1988).

7 R. H. Thomas et al., "DNA phylogeny of the extinct marsupial wolf," *Nature* 340, 465–467 (1989).

8 S. Pääbo, "Ancient DNA-Extraction, characterization, molecular-cloning, and enzymatic amplification," *Proceedings of the National Academy of Sciences USA* 86, 1939–1943 (1989).

4장

1 S. Pääbo, R. G. Higuchi, and A. C. Wilson, "Ancient DNA and the poly-merase chain reaction," *Journal of Biological Chemistry* 264, 9709–9712 (1989).

2 G. Del Pozzo and J. Guardiola, "Mummy DNA fragment identified," *Nature* 339, 431–432 (1989).

3 S. Pääbo, R. G. Higuchi, and A. C. Wilson, "Ancient DNA and the polymerase chain reaction," *Journal of Biological Chemistry* 264, 9709–9712 (1989).

4 T. Lindahl, "Recovery of antediluvian DNA," *Nature* 365, 700 (1993).

5 E. Hagelberg and J. B. Clegg, "Isolation and characterization of DNA from archaeological bone," *Proceedings of the Royal Society B* 244:1309, 45–50 (1991).

6 M. Höss and S. Pääbo, "DNA extraction from Pleistocene bones by a silica-based purification method," *Nucleic Acids Research* 21:16, 3913–3914 (1993).

7 M. Höss and S. Pääbo, "Mammoth DNA sequences," *Nature* 370, 333 (1994); Erika Hagelberg et al., "DNA from ancient mammoth bones," *Nature* 370, 333–334 (1994).

8 M. Höss et al., "Excrement analysis by PCR," *Nature* 359, 199 (1992).

9 E. M. Golenberg et al., "Chloroplast DNA sequence from a Miocene Magnolia species," *Nature* 344, 656–658 (1990).

10 S. Pääbo and A. C. Wilson, "Miocene DNA sequences–a dream come true?" *Current Biology* 1, 45–46 (1991).

11 A. Sidow et al., "Bacterial DNA in Clarkia fossils," *Philosophical Transactions of the Royal Society B* 333, 429–433 (1991).

12 R. DeSalle et al., "DNA sequences from a fossil termite in Oligo–Miocene amber and their phylogenetic implications," *Science* 257, 1933–1936 (1992).

13 R. J. Cano et al., "Enzymatic amplification and nucleotide sequencing of DNA from 120–135–million–year–old weevil," *Nature* 363, 536–538 (1993).

14 H. N. Poinar et al., "DNA from an extinct plant," *Nature* 363, 677 (1993).

15 T. Lindahl, "Instability and decay of the primary structure of DNA," *Nature* 362, 709–715 (1993).

16 S. R. Woodward, N. J. Weyand, and M. Bunnell, "DNA sequence from Cretaceous Period bone fragments," *Science* 266, 1229–1232 (1994).

17 H. Zischler et al., "Detecting dinosaur DNA," *Science* 268, 1192–1193 (1995).

5장

1 H. Prichard, *Through the Heart of Patagonia* (New York: D. Appleton and Company, 1902).

2 M. Höss et al., "Molecular phylogeny of the extinct ground sloth *Mylodon darwinii*," *Proceedings of the National Academy of Sciences USA* 93, 181–185 (1996).

3 O. Handt et al., "Molecular genetic analyses of the Tyrolean Ice Man," *Science* 264, 1775–1778 (1994).

4 O. Handt et al., "The retrieval of ancient human DNA sequences," *American Journal of Human Genetics* 59:2, 368–376 (1996).

5 실제로 이 글을 쓰는 동안에도 여러 연구팀이 PCR를 이용해 오래된 인간 유해의 mtDNA를 연구하고 있었지만, 그들은 유해의 DNA와 오염된 DNA 서열을 어떻게 구별하는지에 대해서는 분명하게 밝히지 않았다. 그들이 알아낸 서열 중에는 물론 맞는 것도 있겠지만 그만큼 틀린 것도 있을 것이다.

6장

1 I. V. Ovchinnikov et al., "Molecular analysis of Neanderthal DNA from the northern Caucasus," *Nature* 404, 490–493 (2000).

2 M. Krings et al., "A view of Neandertal genetic diversity," *Nature Genetics* 26, 144–146 (2000).

8장

1 H. Kaessmann et al., "DNA sequence variation in a non-coding region of low recombination on the human X chromosome," *Nature Genetics* 22, 78–81 (1999); H. Kaessmann, V. Wiebe, and S. Pääbo, "Extensive nuclear DNA sequence diversity among chimpanzees," *Science* 286, 1159–1162 (1999); H. Kaessmann et al., "Great ape DNA sequences reveal a reduced diversity and an expansion in humans," *Nature Genetics* 27, 155–156 (2001).

2 D. Serre et al., "No evidence of Neandertal mtDNA contribution to early modern humans," *PLoS Biology* 2, 313–217 (2004).

3 M. Currat and L. Excoffier, "Modern humans did not admix with Neandertals during their range expansion into Europe," *PLoS Biology* 2, 2264–2274 (2004).

9장

1 A. D. Greenwood et al., "Nuclear DNA sequences from Late Pleistocene megafauna," *Molecular Biology and Evolution* 16, 1466–1473 (1999).

10장

1 H. N. Poinar et al., "Molecular coproscopy: Dung and diet of the extinct ground sloth *Nothrotheriops shastensis*," *Science* 281, 402–406 (1998).

2 S. Vasan et al., "An agent cleaving glucose-derived protein cross-links in vitro and in vivo," *Nature* 382, 275–278 (1996).

3 H. Poinar et al., "Nuclear gene sequences from a Late Pleistocene sloth coprolite," *Current Biology* 13, 1150–1152 (2003).

4 J. P. Noonan et al., "Genomic sequencing of Pleistocene cave bears," *Science* 309, 597–600 (2005).

5 M. Stiller et al., "Patterns of nucleotide misincorporations during enzymatic amplification and direct large-scale sequencing of ancient DNA," *Proceedings of the National Academy of Sciences USA* 103, 13578–13584 (2006).

6 H. Poinar et al., "Metagenomics to paleogenomics: Large-scale sequencing of mammoth DNA," *Science* 311, 392–394 (2006).

7 주석 5번을 보라.

11장

1 J. P. Noonan et al., "Sequencing and analysis of Neandertal genomic DNA," *Science* 314, 1113–1118 (2006); R. E. Green et al., "Analysis of one million base pairs of Neanderthal DNA," *Nature* 444, 330–336 (2006).

12장

1 『네이처』 논문이 나온 뒤 우리는 더 최근에 만들어진 숫자 체계에 따라 그 뼈를 Vi-33.16으로 부르는 것이 더 적절하다는 것을 알았다.

2 R. W. Schmitz et al., "The Neandertal type site revisited: Interdisciplinary investigations of skeletal remains from the Neander Valley, Germany," *Proceedings of the National Academy of Sciences USA* 99, 13342–13347 (2002).

3 A. W. Briggs et al., "Patterns of damage in genomic DNA sequences from a Neandertal," *Proceedings of the National Academy of Sciences USA* 104, 14616–14621 (2007).

13장

1 T. Maricic and Svante Pääbo, "Optimization of 454 sequencing library preparation from small amounts of DNA permits sequence determination of both DNA strands," *BioTechniques* 46, 5157 (2009).

2 J. D. Wall and Sung K. Kim, "Inconsistencies in Neandertal genomic DNA sequences," *PLoS Genetics* 10:175 (2007).

3 A. W. Briggs et al., "Patterns of damage in genomic DNA sequences from a Neandertal," *Proceedings of the National Academy of Sciences USA* 104, 14616–14621 (2007).

14장

1 R. E. Green et al., "The Neandertal genome and ancient DNA authenticity," *EMBO Journal* 28, 2494–2503 (2009).

15장

1 R. E. Green et al., "A complete Neandertal mitochondrial genome sequence determined by high-throughput sequencing," *Cell* 134, 416–426 (2008).

16장

1 N. Patterson et al., "Genetic evidence for complex speciation of humans and chimpanzees," *Nature* 441, 1103–1108 (2006).

20장

1 M. Tomasello, *Origins of Human Communication* (Cambridge, MA: MIT Press).

21장

1 R. E. Green et al., "A draft sequence of the Neandertal genome," *Science* 328, 710–722 (2010).

2 내가 번역한 것이다.

3 L. Abi-Rached et al., "The shaping of modern human immune systems by multiregional admixture with archaic humans," *Science* 334, 89–94 (2011).

22장

1 J. Krause et al., "Neanderthals in central Asia and Siberia," *Nature* 449, 902–904

(2007).

2 J. Krause et al., "The complete mtDNA of an unknown hominin from Southern Siberia," *Nature* 464, 894–897 (2010).

23장

1 D. Reich et al., "Genetic history of an archaic hominin group from Denisova Cave in Siberia," *Nature* 468, 1053–1060 (2010).

후기

1 S. Sankararaman et al., "The date of interbreeding between Neandertals and modern humans," *PLoS Genetics* 8:1002947 (2012).

2 M. Meyer, "A high coverage genome sequence from an archaic Denisovan individual," *Science* 338, 222–226 (2012).

3 W. Enard, et al., "Molecular evolution of *FOXP2*, a gene involved in speech and language," *Nature* 418, 869–872 (2002).

4 W. Enard et al. "A humanized version of *Foxp2* affects cortico–basal ganglia circuits in mice," *Cell* 137, 961–971 (2009).

5 J. Krause et al., "The derived *FOXP2* variant of modern humans was shared with Neandertals," *Current Biology* 17, 1908–1912 (2007).

옮긴이의 말

기쁨과 감동, 경쟁과 위기, 그리고 환희의 순간들…
역사적인 게놈 프로젝트를 완수하는 휴먼 드라마

이 책에도 잠깐 등장하는 곤충학자 조지 포이너가 호박에 갇힌 곤충에 대해 생각했던 것이 마이클 크라이튼에게 영감을 주었고 그 결과 크라이튼은 『쥐라기 공원』을 쓰기 시작했다고 한다. 6500만 년 전에 멸종한 공룡을 되살려 낼 재료는 DNA였다. DNA가 보존되어 있다면 가능하다는 것이다. 물론 DNA가 보존될 수 있는 데는 시간적 한계가 있고, DNA가 보존되어 있다 해도 멸종한 생물을 현재의 환경에 되살려 낼 수 있는지 혹은 그렇게 해도 되는지는 의문이다.

하지만 수천만 년 전의 DNA에 숨결을 불어넣는 것은 아니더라도 수만 년 전의 DNA를 통해 진화의 현장을 포착하려는 연구가 요즘 활발하게 진행되고 있다. 공식 명칭은 아니지만 'DNA 고고학'이라고 불리는 학문이 그것이다. 그리고 이런 연구의 최전선에 서 있는 사람이 이 책의 저자 스반테 페보다. 그는 화석에 새겨진 기록을 찾는 대신 '중합 효소 연쇄 반응(PCR)'과 '피로시퀀싱' 같은 최신 분자생물학 도구를 들고 DNA에 새겨진 진화의 흔적을 찾는 'DNA 고고학자'다. 그리고 그의 관심사는 공룡도 매머드도 아닌 인류의 진화다. 멸종한 인류의 DNA는 인류의 진화에 대해 어떤 이야기를 해 줄 수 있을까?

1970년대만 해도 네안데르탈인과 현생인류가 진화적 연속성을 지닌다는 생각이 인류의 진화를 연구하는 사람들 사이에 주류를 이루었다. 즉 인류가 네안데르탈인 단계를 거쳐서 현생인류로 진화했다는 것이었다. 이러한 전통을 이어받은 고생물학자 밀포드 울포프가 1984년에 이 생각을 변형한 '다지역 기원설'을 발표했다. 현생인류가 호모 에렉투스로부터 여러 대륙에서 독립적으로 진화했다는 가설이다. 하지만 인류의 기원이 하나의 장소일 것이라는 견해도 있었다. 1980년대에 아프리카가 형태학적으로나 고고학적으로나 생각했던 것처럼 뒤처진 장소가 아니었다는 자료가 쌓이면서 우리가 현재 '아프리카 기원설'이라고 부르는 가설이 모양새를 갖추기 시작했다.

전기를 마련한 것은 1987년에 『네이처』에 발표된 한 연구였다. 인간 세포의 미토콘드리아 유전자를 분석해 현존하는 모든 인류는 약 20만 년 전에 동아프리카 사바나 지역에 살았던 한 여성에서 기원했다는 것을 밝혀낸 이른바 '미토콘드리아 이브' 연구였다. 이 연구를 주도한 사람은 스반테 페보에게 많은 영향을 미친 분자진화학자 앨런 윌슨이었다. 그는 현생인류가 약 10만 년 전에서 20만 년 전 사이에 아프리카에서 기원했고, 그런 다음에 전 세계로 퍼져 나가면서 유럽의 네안데르탈인 같은 고생인류들을 이종교배 없이 대체했다는 가설인 '아프리카 기원설'을 주창했다.

그때부터 고생물학자, 고고학자, 진화학자, 유전학자들 사이에 인류의 기원을 둘러싼 치열한 공방이 시작되었다. 그리고 끝나지 않을 것 같던 이 오랜 싸움은 이 책의 주인공 스반테 페보에 의해 일단락되었다.

저자는 뼈에 보존된 미량의 DNA를 건져내어 염기 서열을 해독하고 그것을 토대로 네안데르탈인의 피가 현대인에게 섞여 있다는 것을 증명했다. 그가 손에 넣은 DNA 증거는 이종교배가 없었다는 엄격한 아프리카 기원설과 달랐다. 네안데르탈인의 DNA가 오늘날의 사람들에게 계속 남아 있기 때문이다. 또한 다지역 기원설의 일반 논증을 뒷받침하지도 않았다. 네안데르탈인의 유전적 기여는 그들이 살았던 유럽에서만이 아니라 중국과 파푸아뉴기니에서도 나타났기 때문이다. 게다가 그는 데니소바인이라는 새로운 형태의 고생인류의 정체를 DNA만으로 확인하고 이들과 현생인류 사이에도 이종교배가 있었음을 밝혀냈다.

그는 진정으로 설렐 만한 연구는 이제부터 시작이라고 말한다. 현생인류, 네안데르탈인, 데니소바인의 염기 서열을 비교해 차이가 있는 부분을 분석하고 그 부분이 어떤 기능을 하는지 밝혀낸다면, 어떤 변화들이 현대인의 조상들을 지구상의 다른 모든 생물들과 다르게 만들었는지 알아낼 수 있을 것이기 때문이다. 우리의 본질 즉 우리를 인간으로 만드는 것이 무엇일까? 네안데르탈인과 침팬지는 비슷하지만 현생인류는 다른 DNA 부위들이 이미 확인되었다. 어떤 변화는 뇌와 관련이 있고, 어떤 것은 피부나 생리 기능과 관련이 있으며, 또 어떤 것은 골격의 성장과 관련이 있는 것으로 밝혀졌다. 정자 운동성과 관련이 있는 변화도 확인되었다. 또 네안데르탈인과 데니소바인에게서 온 유전자들이 현생인류가 새로운 환경에 적응하는 데 어떤 이점을 주었는지도 확인할 수 있을 것이다.

그런데 이미 말했다시피 이 책의 주인공은 화석의 형태학적 분석이 아니라 분자생물학적 분석을 다루는 사람이다. 따라서 주 무대는 발굴 현장이 아니라 실험실이다. 일반인들이 쉽게 들여다볼 수 없는 내밀한 실험 풍경이 세밀하게 묘사되어 있는 것은 이 책의 가장 인상적인 특징이다. 뼈에서 DNA를 어떻게 추출하는지, 손상되고 끊어지고 오염된 DNA에서 염기 서열을 어떻게 얻어 내는지, 하루가 다르게 발전하고 있는 분자생물학 기술들이 불가능을 어떻게 가능하게 만드는지를 연구자 본인에게 직접 들을 수 있는 기회는 흔치 않다.

현장에서 다루어지는 최신 기법들이 비교적 자세하게 소개되는 탓에 어려운 대목들도 더러 있지만, 저자의 자전적 서술은 그런 핸디캡을 가뿐하게 넘게 하는 힘이 있다. 세계 각지에서 모인 수십 명의 뛰어난 과학자들이 '네안데르탈인 게놈 프로젝트'라는 역사적인 일을 향해 나아가는 과정에는 기쁨과 감동뿐 아니라 경쟁과 암투, 좌절과 위기의 순간도 있었다. 귀한 뼈를 구하기 위해 박물관과 협의하고, 연구 기금을 따내기 위해 고심하고, 다른 연구실의 과학자가 연구 결과를 먼저 발표할까 봐 전전긍긍하고, 결과를 발표할 적절한 학술지를 고르고, 함께 일할 사람들을 선택하는 과정은 그 자체로 휴먼 드라마다.

1981년에 페보가 슈퍼마켓에서 사온 송아지 간에서 DNA를 추출할 때만 해도 고대 DNA를 분리해 냈다는 연구 결과는 어디서도 찾아볼 수 없었다. 게다가 '차세대 시퀀싱 혁명'은 고사하고 시료에 존재하는 소량의 DNA를 증폭시켜 주는 PCR도 아직 개발되기 전이었다. 2006년에 네안데르탈인 게놈 프로젝트에 대한 계획을 발표할 때까지만 해도 그 일의 성공은 과학소설에서나 가능할 법한 일처럼 보였다.

하지만 고대 DNA를 얻겠다는 생각을 품은 날로부터 30년 뒤, 그리고 프로젝트의 계획을 발표한 지 4년 만인 2010년 그는 네안데르탈인 게놈 서열을 발표함으로써 프로젝트를 성공시킨다. 눈부신 기술 발전과 유능하고 열정적인 과학자들의 협업, 막스플랑크협회의 아낌없는 지원, 거기다 페보의 통찰력과 지도력이 어우러진 결과였다. 또한 이 결과를 이루어 내는 과정에서 페보는 수백, 수천만 년 된 DNA를 회수했다는 허무맹랑한 결과들이 학술지에 버젓이 보고되던 관행에 엄밀한 과학적 기준을 제시함으로써 고대 DNA 연구의 기틀을 마련했다. 완전한 현생인류의 생물학적 기원에 대한 탐구는 그가 놓은 토대 위에서 이제 막 새로운 길을 향해 출발한 듯하다.

2015년 8월

김명주

찾아보기

430

435

436